高职高专公共基础课教材

信息技术基础

陈　林　宁莹莹　主编

清华大学出版社

北　京

内 容 简 介

本书是专为高等职业院校学生设计的信息技术入门教程,旨在通过系统化的学习,帮助学生掌握计算机基础知识,熟练运用常用的办公软件(如 Word、Excel、PowerPoint),并了解新一代信息技术的发展趋势。本书内容实用、结构清晰,注重理论与实践相结合,注重培养学生的信息素养和实际操作能力。

本书立足于信息技术的实用性和延展性,以任务驱动、案例教学为编写核心,案例紧密结合知识点,内容循序渐进、由浅入深,适合作为高职院校信息技术基础课程的教材,也可供广大信息技术爱好者自学使用。

图书在版编目(CIP)数据

信息技术基础 / 陈林 , 宁莹莹主编 . -- 北京 : 清华
大学出版社 , 2025. 7. -- (高职高专公共基础课教材).
ISBN 978-7-302-69653-7

Ⅰ . TP3

中国国家版本馆 CIP 数据核字第 2025GE9953 号

责任编辑:施 猛 张 敏
封面设计:常雪影
版式设计:方加青
责任校对:成凤进
责任印制:曹婉颖

出版发行:清华大学出版社
    网   址:https://www.tup.com.cn,https://www.wqxuetang.com
    地   址:北京清华大学学研大厦 A 座   邮   编:100084
    社 总 机:010-83470000   邮   购:010-62786544
    投稿与读者服务:010-62776969,c-service@tup.tsinghua.edu.cn
    质 量 反 馈:010-62772015,zhiliang@tup.tsinghua.edu.cn
印 装 者:三河市科茂嘉荣印务有限公司
经   销:全国新华书店
开   本:185mm×260mm   印   张:19.25   字   数:445 千字
版   次:2025 年 7 月第 1 版   印   次:2025 年 7 月第 1 次印刷
定   价:59.00 元

产品编号:109258-01

前　言

随着数字经济的快速发展和产业数字化转型的不断深入，信息技术已成为推动社会进步与产业升级的核心驱动力。高等职业教育作为培养高素质技术技能人才的重要阵地，必须紧跟时代步伐，强化学生的信息技术应用能力，以适应未来职业发展的需求。信息技术基础作为高职公共基础课，其作用不仅在于传授信息技术知识，更在于培养学生的信息素养、数字化思维能力，使学生具备自主学习新技术、应对快速变化职场需求的能力。

本教材依据党的二十大关于"推进教育数字化，建设全民终身学习的学习型社会"的重要精神，结合《教育信息化2.0行动计划》和职业教育国家教学标准，以"夯实基础、强化应用、服务专业"为编写理念，旨在帮助高职学生掌握必备的信息技术基础知识和实践技能，提升数字素养，增强职业竞争力。

一、教材特色

1. 立足基础，面向应用

本教材涵盖计算机基础知识、办公自动化、大数据、人工智能等内容，注重理论与实践结合，通过真实案例和项目任务，培养学生的实际操作能力。

2. 对接职业，服务专业

结合不同专业需求，融入行业典型应用场景，如岗位求职、旅游策划、营销数据统计分析、工作总结和新兴技术在不同行业领域应用等，使信息技术学习更具针对性。

3. 强化技能，提升素养

设置丰富的实训任务和拓展练习，帮助学生掌握常用各类软件工具的使用方法，同时培养信息素养、计算思维和终身学习能力。

二、适用对象

本教材适用于高等职业院校各专业的信息技术基础课程，既可作为计算机相关专业的入门教材，也可作为非计算机专业学生的通识教育用书。同时，教材配套数字化资源方便教师开展混合式教学，助力学生自主学习。

三、教材结构说明

项目化设计：全书采用"基础理论+任务实训+拓展提升"的递进式结构，便于分层教学。

配套资源：提供PPT课件(扫描封底二维码获取)、案例答案(扫描案例旁二维码获取)等数字化资源。

考核评价：每个项目设置知识检测和技能实训，支持过程性考核与终结性评价相结合。

信息技术发展日新月异，教材编写团队在内容选取和编排上力求科学与前瞻，但因水平有限，书中难免有不足之处，恳请广大师生和读者提出宝贵意见，以便后续修订完善。反馈邮箱：shim@tup.tsinghua.edu.cn。

希望本教材能助力学生在信息技术领域筑牢基础，为未来职业发展和终身学习赋能！

编　者

2025年3月25日

目　录

项目1　计算机基础知识 ··· 1

任务1.1　认识计算机硬件系统 ··· 2
任务1.2　认识计算机软件系统 ·· 19

项目2　Word文字处理应用 ··· 33

任务2.1　创建与编辑文档 ·· 34
任务2.2　格式化文档 ·· 51
任务2.3　创建与编辑表格 ·· 67
任务2.4　图文混排 ··· 91
任务2.5　编辑长文档 ··· 115

项目3　Excel电子表格应用 ·· 124

任务3.1　数据的输入与编辑 ·· 125
任务3.2　公式与函数 ··· 159
任务3.3　图表与数据透视表 ·· 173
任务3.4　数据分析与管理 ··· 203

项目4　PowerPoint演示文稿应用 ·· 221

任务4.1　PowerPoint基本操作 ··· 222
任务4.2　演示文稿的元素处理 ·· 232
任务4.3　演示文稿的外观设计 ·· 240
任务4.4　演示文稿的动态效果和放映 ·· 251

项目5 新一代信息技术···264

任务5.1 大数据···265

任务5.2 云计算···276

任务5.3 区块链···283

任务5.4 人工智能···290

项目1 计算机基础知识

项目描述

● 日常使用和维护计算机时，需对计算机硬件与软件体系结构有所了解。本项目包括两个任务：一是认识计算机硬件系统；二是认识计算机软件系统。

项目目标

● 知识目标：了解计算机硬件和软件系统构成；理解硬件工作原理；深入理解操作系统的主要特征和功能；熟练掌握操作系统的文件管理、任务管理及环境配置方法。

● 能力目标：能依据使用需求选取硬件配置组装计算机；熟练进行文件管理、任务管理；根据个人使用习惯配置计算机操作环境。

● 素质目标：了解计算机的诞生发展历程，认知我国计算机领域科学家为国家科技进步和社会发展所做的巨大贡献；培养持续学习与创新意识，紧跟最新软件技术及发展趋势，持续更新自身知识与技能。

任务1.1 认识计算机硬件系统

引导案例：选配个人电脑

小明是数字媒体技术专业的毕业生，即将步入职场，目前需要购买一台满足数字媒体设计岗位工作需求的计算机。由于数媒设计岗位对计算机配置的要求较高，不仅需要考虑处理器、内存、显卡、存储空间、屏幕尺寸等硬件配置，还需要考虑预算、性价比以及售后服务等多个方面。

根据案例回答下列问题：

(1) 组装一台计算机通常需要哪些硬件？

(2) 决定显示效果的主要硬件包括哪些？

(3) 计算机主要的性能指标有哪些(衡量计算机处理能力的要素有哪些)？

案例技能点分析：

(1) 购买符合自身需求的个人计算机，需要了解计算机硬件方面的知识，包括计算机硬件组成、功能、参数指标等，避免因相关知识匮乏而被销售人员误导。

(2) 数字媒体岗位的计算机配置因工作内容的不同而有所差异。一般而言，该岗位涵盖平面设计、视频编辑、三维建模、动画设计以及游戏开发等领域，故而对计算机性能有较高要求。对于平面设计工作，如使用Photoshop、Illustrator等软件进行图像处理和平面设计，尽管配置要求相对不高，但仍需确保具备足够的性能以满足大型文件处理和复杂设计的需求。视频编辑工作对计算机性能要求较高，需处理大量视频数据并执行复杂的编解码操作。至于三维建模和动画设计，对计算机的性能要求更高，需处理复杂的图形数据并进行实时的渲染操作。

通过分析可知，用户在选择计算机时，需要根据自己的实际需求和工作内容来合理配置硬件，同时也要关注计算机软件的更新与升级，以适应数字媒体技术的持续进步和工作需求的变化。

相关知识

1.1.1 计算机发展初识

1. 第一台计算机

1940年，世界上第一台通用电子数字计算机ENIAC(electronic numerical integrator and computer)在美国宾夕法尼亚大学启动研制，于1946年研制完成。ENIAC能够执行各种数学运算，且集电子性、数字性、可编程性于一身，这标志着现代计算机时代的开端。

随后，计算机技术飞速发展，经历了从大型计算机到微型计算机，再到我们现在广泛使用的智能手机和平板电脑等便携式设备的演变。在此过程中计算机的体积不断缩小，性能不断提升，应用范围愈发广泛。

2. 计算机发展的4个重要阶段

计算机的发展按电子元器件不同，分为4个主要阶段。

1) 电子管计算机时代(1946—1958年)

(1) 特点：此阶段的计算机主要以电子管作为逻辑元件，具有体积庞大、耗电量高、运算速度慢、存储容量小以及可靠性差等特点。尽管存在这些缺陷，但仍为后续的计算机发展奠定了重要基础。

(2) 重要事件：1946年，美国宾夕法尼亚大学研制出了世界上第一台电子计算机ENIAC，这标志着电子计算机时代的开端。

2) 晶体管计算机时代(1958—1964年)

(1) 特点：随着晶体管的发明和应用，计算机的体积显著缩小、功耗大幅降低，运算速度和可靠性大幅提升。在此时期，计算机软件蓬勃发展，多种高级程序设计语言相继出现，外围设备种类也大幅增加。

(2) 重要事件：IBM等公司推出晶体管计算机，推动了计算机的普及和应用。

3) 集成电路计算机时代(1965—1971年)

(1) 特点：集成电路技术的出现使得计算机体积和功耗进一步减小，运算速度和存储容量大幅提升。在此时期，计算机开始广泛应用于文字处理、图形处理及图像处理等更多领域。

(2) 重要事件：中、小规模集成电路在计算机中的广泛应用，推动了计算机技术的快速发展。

4) 大规模集成电路计算机时代(1971年至今)

(1) 特点：随着大规模和超大规模集成电路的发展，计算机体积和功耗进一步减小，运算速度达到前所未有的高度。同时，计算机软件系统日益完善，各种应用软件层出不穷，应用领域不断拓展。

(2) 重要事件：1971年，世界上第一台微处理器在美国硅谷诞生，标志着微型计算机时代的到来。此后，个人计算机(personal computer，PC)逐渐普及，计算机走进了千家万户。

3. 计算机未来发展趋势

计算机未来发展趋势将呈现巨型化、微型化、网络化、智能化和多媒体化的特征。

1) 巨型化

研发运算速度快、存储容量大且功能强大的超级计算机，以满足尖端科学技术的需要，是当前计算机科学领域的重要趋势。

2) 微型化

随着集成电路技术的不断进步，计算机芯片集成度越来越高，计算机体积逐渐缩小，功耗日益降低。

3) 网络化

随着计算机技术和通信技术的深度融合，计算机网络广泛应用于各个领域，实现资源共享和信息交互。

4) 智能化

计算机能够模拟人类的智力活动，如学习、感知、理解、判断、推理等，朝着更加智能化和人性化的方向发展。

5) 多媒体化

多媒体技术通过集成文本、图像、音频、视频等多种媒体形式，实现信息的综合处理与展示，为计算机在教育、娱乐、医疗等领域赋予更加丰富的表现形式。

4. 计算机的应用范围

计算机的应用范围极为广泛，几乎渗透至现代社会的每个角落。目前，其主要应用方面如下：

1) 科研领域

(1) 科学计算：计算机在科研领域中被用于解决复杂的数学问题，模拟并预测各类物理现象，如气象预报、地震预测、航天工程等。

(2) 数据管理：科研人员借助计算机进行大量数据的收集、存储、分析与处理，推动科学研究进展。

(3) 虚拟实验与模拟：通过计算机模拟实验环境与过程，降低实验成本，提升研究效率。

2) 教育领域

(1) 多媒体教学：借助计算机制作多媒体课件，使教学更加生动、直观。

(2) 在线学习：依托网络平台提供远程教育与在线学习资源，便于学生自主学习。

(3) 教育管理：运用计算机进行学生信息管理、课程安排、成绩统计等，提升教育管理效率。

3) 医疗领域

(1) 医学影像：计算机在医学影像处理中起着关键作用，例如CT、MRI等影像的生成与分析。

(2) 辅助诊断：通过计算机分析患者数据，辅助医生开展疾病诊断与治疗方案制定。

(3) 远程医疗：利用网络技术实现远程会诊、在线问诊等，提高医疗服务效率。

4) 商业领域

(1) 电子商务：计算机与网络技术催生了电子商务，变革了人们的购物方式。

(2) 企业管理：企业利用计算机进行财务管理、人力资源管理、供应链管理等，提升运营效率。

(3) 市场分析：通过大数据分析市场趋势与消费者行为，为企业决策提供有力支撑。

5) 娱乐领域

(1) 电子游戏：计算机技术促进了电子游戏产业的发展，为用户提供丰富的娱乐体验。

(2) 数字媒体：计算机在数字音乐、数字电影等领域的内容制作、分发与播放过程中扮演重要角色。

(3) 虚拟现实与增强现实：为用户打造沉浸式的娱乐体验。

6) 通信与社交

(1) 网络通信：计算机作为网络通信的核心设备，支持电子邮件、即时通讯、视频会议等多种功能。

(2) 社交媒体：社交媒体平台(如Facebook、Twitter等)利用计算机技术实现信息的快速传播与分享。

7) 交通与物流

(1) 智能交通系统：借助计算机和传感器技术，实现交通信号的智能控制及车辆调度等功能。

(2) 物流管理：通过计算机对物流过程进行实时监控和管理，提高物流效率。

8) 制造业

(1) 计算机辅助设计与制造：利用计算机进行产品设计及生产流程的自动化控制。

(2) 工业机器人：借助计算机控制机器人开展自动化生产作业。

9) 农业

(1) 精准农业：运用计算机和传感器技术，实现农作物精准种植、灌溉与施肥等操作。

(2) 农业信息管理：通过计算机对农业生产过程进行数据化管理，提高农业生产效率。

10) 智能家居

(1) 智能家电：如智能冰箱、智能空调等，借助计算机和物联网技术实现家电的远程控制与智能化管理。

(2) 安防系统：利用计算机和摄像头等设备实现家庭安防的智能化管理。

5. 计算机的特点

1) 运算速度快、精度高

计算机运算速度极快，能在极短时间内完成大量复杂的计算任务。现代计算机每秒可执行数百万条指令，甚至更多。同时，其计算精确度可达到极高的有效数字位数，满足科学研究、工程设计等领域对计算精度的需求。

2) 存储容量大、记忆能力强

计算机存储器具有存储、记忆大量信息的功能，使计算机能够"记忆"海量数据和程序。随着科技的发展，计算机存储容量不断提升，目前已达千兆乃至更高的数量级。

3) 逻辑运算能力强

计算机不仅具备基本的算术运算能力，更拥有强大的逻辑运算能力。它能进行各类基本逻辑判断，并依据判断结果自动决定后续操作。这种能力使计算机能够求解各类复杂计算任务，实现各种过程控制和完成各类数据处理任务。

4) 自动化程度高

计算机能依照程序自动执行指令，完成各项任务，无须人工干预。这种高自动化程度使得计算机在数据处理、控制等方面具有极高的效率与准确性。

5) 通用性强

计算机具有很强的通用性，能够应用于各种不同的领域与场景。在科学研究、工程设计、商业管理、娱乐休闲等方面，都能够发挥重要的作用。

6) 可靠性强

计算机采用了多种技术与措施确保运行的稳定性和可靠性。例如，借助冗余设计、备份存储等防止数据丢失或系统崩溃；采用错误检测与纠正机制提升数据传输及处理的准确性等。

1.1.2　计算机硬件系统构成

计算机系统由硬件系统与软件系统构成，通过各种组件协同工作，实现计算、存储、处理数据及网络通信等功能。计算机硬件系统作为计算机的物理组成部分，包括主机与外设。

1. 主机

计算机主机由中央处理器和主存组成。

1) 中央处理器

中央处理器(central processing unit，CPU) 又称微处理器(见图1-1-1)，作为计算机系统的核心部件，承担着运算与控制任务。CPU是一块超大规模集成电路，由运算器与控制器两部分组成，主要功能是解释计算机指令，处理计算机软件中的数据，执行计算机程序中的指令序列，控制计算机运行，是信息处理与程序运行的最终执行单元。

图1-1-1　中央处理器

(1) 运算器。运算器(arithmetic unit，ALU)是计算机执行各种算术和逻辑运算的部件。其基本操作包括加、减、乘、除四则运算，与、或、非、异或等逻辑操作，以及移位、比较和传送等操作。这些操作是计算机进行数据处理和计算的基础。

运算器通常由算术逻辑单元、累加器、状态寄存器、通用寄存器组等部分组成。这些部分协同工作，以完成各种复杂的运算任务。寄存器用于暂时存储数据或运算结果。常见的寄存器包括接收寄存器(用于接收操作数)、累加寄存器(用于保存另一个操作数和运算结果)、乘商寄存器(在进行乘、除运算时保存乘数或商数)等。

随着计算机技术的不断发展，运算器性能将不断提升，为计算机的应用和发展提供更加强劲的支持。

(2) 控制器。控制器(controller)作为计算机系统的一个重要组成部分，能够对接收到的指令和数据，进行解码，并生成控制信号，以控制其他设备或系统按预定程序进行工作。在计算机系统中，控制器是发布命令的"决策机构"，协调和指挥整个系统的操作。

控制器主要由程序计数器、指令寄存器、指令译码器、时序产生器和操作控制器等部分组成。这些部分协同工作，完成指令读取、解码和执行，以及控制信号生成和输出。

目前市场上知名的CPU品牌主要有Intel(英特尔)、AMD(超威半导体)等。除此之外，还有龙芯(Loongson)、飞腾(PHYTIUM)、申威处理器、兆芯、鲲鹏(Kunpeng)、海光(Hygon)、平头哥(T-HEAD)等国产CPU品牌。早期CPU的主频为4.77MHz，现在一些CPU的主频已超过3GHz；早期CPU字长为8位、16位，现在的CPU字长已达到64位；早期CPU都是单内核，现在的CPU通常是四核乃至多核。世界上第一块微处理器芯片是美国Intel公司于1971年研制成功的，名为Intel4004，其字长4位。此后，微处理器技术发展迅速，相继出现了Intel 8008、8080、8086、8088、80286、80386、80486等型号。进入Pentium系列后，更是出现了Pentium、Pentium Pro、Pentium II、III、IV，以及目前市场上主流Intel(英特尔)品牌酷睿(Core)i5/i7/i9系列和AMD(超威半导体)品牌Ryzen AI Max系列。除此之外，还有三星(SAMSUNG)、高通(Qualcomm)和联发科技(Mediatek)等CPU品牌。CPU从诞生之日起，主频就在不断提高，现在的Intel Core i9-14900K处理器基础主频为3.0 GHz，最大主频达6.0 GHz。

2) 主存

主存，即主存储器(main memory)，也称为内存、运行存储，是计算机硬件的重要部件，如图1-1-2所示。主存是计算机内部的存储设备，用于暂时存储CPU处理的数据和程序。它能够高速存取指令和数据，支持CPU直接访问，是计算机系统中数据存储与处理的核心部件。

图1-1-2 主存

(1) 主存的分类。主存根据存储介质和特性可分为多种类型，主要包括随机存取存储器、只读存储器。

① 随机存取存储器(random access memory，RAM)。RAM是易失性存储器，断电后数据会丢失。但RAM读写速度非常快，是计算机中最常用的主存类型。RAM可进一步分为静态RAM(SRAM)和动态RAM(DRAM)。SRAM速度快但成本高，通常用于高速缓存；DRAM速度慢但成本低，广泛用于计算机主存。

② 只读存储器(read-only memory，ROM)。ROM是一种非易失性存储器，断电后数据不会丢失。主要用于存储固定的程序和数据，如计算机的启动程序(BIOS)。ROM有多种类型，包括可编程ROM(PROM)、可擦写可编程ROM(EPROM)和电可擦写可编程ROM(EEPROM)等。

主存除了RAM和ROM外，还有NVRAM(非易失性随机存取存储器)等新型存储器，其技术也在不断发展与应用。

(2) 主存的工作原理。主存的工作原理主要包括读取和写入两个过程。

① 读取过程。当CPU需从主存读取数据时，首先通过地址线发送数据地址，主存的地址编码器将外部地址转换为内部存储单元地址，并将数据缓冲区的读取使能信号设置为有效。随后，主存将对应地址的数据发送到数据缓冲区，供CPU或其他部件使用。

② 写入过程。当CPU需向主存写入数据时，过程与读取类似。此时地址线发送写入数据的地址，数据缓冲区的写使能信号设置为有效。CPU将数据发送到数据缓冲区后，主存会把数据写入相应的存储单元。

2. 外设

计算机外设，指连在计算机主机以外的设备，是计算机系统的重要组成部分，起到输入、输出和存储数据的作用。能扩充计算机系统功能，使计算机操作更便捷、高效。

1) 输入设备

输入设备用于向计算机输入数据和信息，使用户能够向计算机发出指令和输入数据。常见的输入设备包括键盘、鼠标、扫描仪、数码相机等。键盘和鼠标是最基本的输入设备，用于向计算机发送数据和指令；扫描仪可将图形或图像信息转换为数字信号，便于计算机处理和存储；数码相机能捕捉并记录图像和视频信息。

(1) 键盘。键盘(见图1-1-3)是计算机必备的输入设备。通过键盘上的字母、数字和符号键，用户可输入各类数据和指令。现在的键盘通常有101个按键。为更方便使用，市面上还有按键数多于101个的键盘。早期的键盘是普通的四方形状，近年来出现了更人性化的人体工学键盘。无论哪种类型的键盘，其整体布局大致可分为以下5个区域：打字键区、功能键区、编辑键区、小键盘区和指示灯区，如图1-1-4所示。

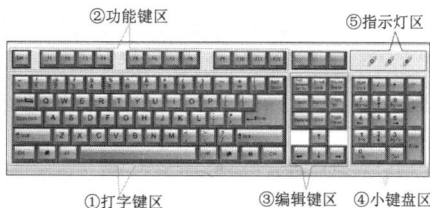

图1-1-3　键盘　　　　图1-1-4　标准键盘及键位分布

① 打字键区。打字键区(也称为主键盘区)包含字母键、数字与符号键，以及控制键，其功能与标准英文打字机类似，主要用于输入文字和符号。

• 字母键

字母键可输入英文A～Z共26个字母，按下时，屏幕上显示相应的字母。此时，输入的字母为小写字母。如果要输入大写字母，需使用"Shift""CapsLock"等控制键。

Shift：上档键或换档键。按下该键，再按下字母键，可输入大写字母。例如，按住Shift键不放，再按下A键，可输入大写字母A。

Caps Lock：大小写字母锁定键。按一次Caps Lock键，键盘右上方的"Caps Lock"灯亮起，表示所键入的字母都为大写。再按一次Caps Lock键，"Caps Lock"指示灯熄灭，表示所键入的字母又恢复为小写。

• 数字与符号键

数字与符号键位于字母键上方，每个键面有上下两种符号，也称双字符键，上面的符号称为上档符号，下面的符号称为下档符号。直接按下数字键，即可在屏幕上显示相应的数字。先按下Shift键，再按数字键，屏幕上显示上档符号。例如，单独按下8键，输入数字8；先按下Shift键后，再按下8键，表示输入数字键8上面的星号"*"。

• 控制键

打字键区包含一些重要的控制键，功能如下：

Ctrl：控制键。该键通常不单独使用，需与其他键配合使用。例如，在Windows操作系统中，按下Ctrl键不放，再按Esc键，可以弹出"开始"菜单，通常这种按键组合被表示为Ctrl＋Esc。

Alt：替换键。该键通常不单独使用，需与其他键配合使用。例如，在Windows操作系统中，按下Alt＋F4组合键可以关闭程序窗口。

Tab：制表键。按下该键，插入点可跳过若干列，跳过的列数通常是能够预先设置。用户在使用Word排版文档时，可灵活使用Tab键来对齐文本。

Space：空格键。键盘下方一个最长的键。按下该键，可在插入点处输入一个空格。

Backspace：退格键。按下该键，可删除当前插入点前的一个字符。

Enter：回车键。该键用于选择某种结果或者使计算机开始执行某项操作。在文字处理软件中，无论插入点当前在什么位置，按下该键后，插入点都移到下一行的行首。

扫描右侧二维码查看打字键区输入指法介绍。

② 功能键区。功能键区位于键盘的最上面一排，如Esc键、F1～F12键。

Esc：用于取消或放弃当前操作。

F1～F12：在不同软件中，可定义不同功能。例如，在Windows操作系统和Microsoft Office中，按F1键可以查看帮助信息，按F10键可以激活菜单。

③ 编辑键区。编辑键区位于打字键区右侧，按键主要用于移动插入点，以及对输入的文字进行编辑操作。

Print Screen：用于对屏幕进行拷贝。在Windows操作系统中，按Alt＋Print Screen组合键可将当前的活动窗口复制到剪贴板中。

Scroll Lock：滚动锁定键。当屏幕上的信息需要滚动显示时可以使用此键。

Pause(Break)：暂停键。当屏幕滚动显示某些信息时按下该键，可暂停显示，直到按下任意键为止。

Insert：插入键。按下该键，当前状态为插入状态，所输入的字符将被插入当前插入点；再按一次该键，当前状态为改写状态，所输入的字符将覆盖当前插入点处的字符。

Delete：删除键。按下该键可删除插入点后的一个字符。

Home：插入点移到行首。

End：插入点移到行尾。

Page Up：显示屏幕前一页的信息。

Page Down：显示屏幕后一页的信息。

↑：插入点上移一行。

↓：插入点下移一行。

←：插入点左移一个字符。

→：插入点右移一个字符。

④ 小键盘区。

小键盘区(也称数字键区)位于键盘右端，主要用于大量数字的输入(如银行系统、会计、财务等常用小键盘输入数字)。在每个数字键上，都标有一个插入点控制符。当按下数字控制键Num Lock后(Num Lock指示灯亮起)，按数字键表示输入数字；再次按下数字控制键后(Num Lock指示灯熄灭)，按数字键可移动插入点，与编辑键区对应按键功能相同。

(2) 鼠标。鼠标(见图1-1-5)是计算机最常用的输入设备。通过移动鼠标、点击鼠标按键、按住并拖动鼠标等操作，用户可以控制计算机屏幕上的光标，进行图形界面的操作。

图1-1-5 鼠标

按照工作原理，可分为机械式鼠标、光电式鼠标和光学式鼠标。目前我们大多使用光学式鼠标，它的上部左右各有一个按键，分别称为左键和右键，中间有一个滚动轮。操作时，一般用右手拿鼠标，拇指放在鼠标的左侧，无名指和小指放在鼠标的右侧，食指和中指分别放在左键和右键上。操作时，屏幕上出现的空心箭头，是鼠标指针。当我们移动鼠标时，鼠标指针会随之移动。常用的鼠标操作有指向、单击、双击、右击和拖动。

指向：将鼠标指针移到某个对象上，但不会选定该对象。

单击：迅速按下鼠标左键并立即松开。该操作常用于选定某个对象。

双击：连续两次快速点击鼠标左键。该操作常用于启动程序或打开窗口。

右击：迅速按下鼠标右键并立即松开，会弹出对象的快捷菜单或帮助提示等。

拖动：用鼠标左键单击某个对象并按住不放，移动鼠标至另一个位置后松开鼠标左键。该操作常用于将对象移至新位置。

(3) 扫描仪。扫描仪(见图1-1-6)通过一系列精密的光学、机械与电子系统协同工作来完成扫描任务。扫描仪主要用于将纸质文档、照片、书籍页面或其他类型的图像资料转换成数字格式，以便在计算机上进行编辑、存储、共享或进一步处理。扫描仪通常支持多种输出格式，如JPEG、TIFF、PNG、PDF等，用户可根据需要选择合适的格式进行保存。

图1-1-6 扫描仪

(4) 数码相机。数码相机(见图1-1-7)利用电子传感器将光学影像转换为电子数据。数码相机自诞生以来,凭借即时查看照片、节省胶卷成本、色彩还原度高和感光度可调等优势,逐渐取代传统胶卷相机,成为摄影领域的主流设备。

图1-1-7 数码相机

在数码相机屏幕上,可立即查看照片,对不满意的作品可即刻重拍。同时,可将照片便捷传输至计算机进行后期编辑和处理。数码相机的色彩还原和范围不受胶卷质量的限制,感光度也不再固定,光电转换芯片能提供多种感光度选择,让拍摄更加灵活。此外,相比传统照相机,数码相机产品结构简单,外观更为精致,便于携带,适合各种拍摄场景。

其他常见输入设备还有光笔、数字化仪、条形码阅读器、数字摄像机、麦克风、游戏手柄等。

2) 输出设备

输出设备是将计算机处理后的数据、文字、图像、声音等信息转换为用户可以感知的形式(如视觉、听觉等)的设备。

(1) 显示器。显示器(见图1-1-8)是基本的输出设备,用户先通过输入设备将各种信息输入计算机,计算机对信息进行加工处理,再将处理结果通过显示器反馈给用户。目前,市场上有液晶显示器和LED显示器两种类型。

图1-1-8 显示器外观图

液晶显示器(liquid crystal display, LCD)采用液晶技术,包括TFT、IPS、VA等类型,具有低功耗、高分辨率和高色彩还原度等特点,是目前最常见的显示器类型。LED显示器在液晶显示器的基础上采用LED背光技术,具有更低的功耗和更高的亮度。

衡量显示器的主要性能指标有分辨率、刷新率、响应时间、色彩表现力、视角和背光技术。

① 分辨率,表示屏幕上像素的数量,通常以横向像素和纵向像素来表示。常见的分辨率包括1920×1080(Full HD)、2560×1440(2K)、3840×2160(4K)等。分辨率越高,画面越细腻。

② 刷新率,表示屏幕每秒刷新次数,单位为赫兹(Hz)。较高的刷新率可以提供更流

畅的图像显示，对于游戏和动态视觉内容尤为重要。常见的刷新率包括60Hz、120Hz、144Hz、240Hz等。

③ 响应时间，表示液晶晶体从一个像素状态切换到另一个像素状态所需要的时间，单位为毫秒(ms)。较短的响应时间可以减少模糊和残影的出现，提供更快的图像切换速度。

④ 色彩表现力，表示显示器能够显示的颜色数量。一般来说，色彩表现力越高，显示出的图像颜色越丰富。常见的色彩表现力为8位(1670万种颜色)和10位(上亿种颜色)。

⑤ 可视角度，表示从不同角度观察屏幕时，图像保持清晰可见的范围。较大的可视角度意味着即使从侧面观察，图像也能保持较好的色彩和对比度。

⑥ 背光技术。背光技术对图像质量和显示效果有显著影响。常见的背光技术包括LED背光和CCFL背光，其中LED背光在亮度、对比度、色彩饱和度等方面更具优势。

(2) 打印机。打印机是一种广泛使用的输出设备，可将计算机中的文字或图形输出到纸上。随着计算机应用的普及与需求增长，目前市场上打印机的类型越来越多。按照工作方式，打印机分为击打式与非击打式两种。击打式打印机一般指点阵式打印机；非击打式打印机一般指喷墨打印机和激光打印机。

① 点阵式打印机。点阵式打印机也称为针式打印机(见图1-1-9)，是一种机械式打印机，其工作原理是利用打印头内的点阵撞针来击打色带或纸张，留下印记。常用的点阵式打印机的打印头有24根撞针。

图1-1-9　点阵式打印机

点阵式打印机的优点是可使用多种纸型，耐用且价格较低；耗材(主要是打印纸和色带) 价格低廉，适合打印一般文字信息和报表等文档。其缺点是打印时产生的噪声较大，打印分辨率较低，速度慢，在打印大量文件需要高质量打印输出的场合下表现不佳。

② 喷墨式打印机。喷墨式打印机属于非击打式打印机，(见图1-1-10)。喷墨式打印机没有打印头，而是通过喷墨管将墨水喷到打印纸上而实现字符或图形的输出。喷墨式打印机的工作方式有固体喷墨和液体喷墨两种。

图1-1-10　喷墨式打印机

③ 激光打印机。激光打印机也属于非击打式打印机(见图1-1-11)，其主要部件是感光鼓。感光鼓中装有碳粉，打印时，感光鼓接受激光束，产生电子以吸引碳粉，再将碳粉印

到打印纸上。

激光打印机的优点是打印时噪声小、速度快，可以打印高质量的文字和图形，其价格通常比喷墨式打印机高。

图1-1-11　激光打印机

其他常见的输出设备还有耳机、音箱、绘图仪、喷绘机等。

3) 外存储器

内部存储器RAM断电后会丢失信息，且存储容量有限，因此要长期保存大量的程序和数据，应使用外部存储器。外存储器的特点是容量大，因其不与CPU直接交换信息(需通过外设接口)，故存取速度慢。且只能与内存交换信息，无法被计算机系统的其他部件直接访问。目前常用的外存储器有硬盘(包括硬盘存储器和移动硬盘)、光盘和U盘。

(1) 硬盘存储器。硬盘存储器简称硬盘，由盘片和硬盘驱动器构成。盘片一般采用圆盘状铝合金基片，表面涂磁性材料。硬盘采用全密封结构，将盘片与驱动器设计在一起。硬盘分为机械硬盘和固态硬盘(见图1-1-12)。机械硬盘(hard disk drive，HDD)是传统的硬盘类型，采用机械结构进行数据存储与读取，存储容量大且成本较低，但读写速度相对较慢，容易受到震动和磁场的影响；固态硬盘(solid state drive，SSD)使用闪存作为存储介质，具有读写速度快、噪声低、功耗低、抗震性能强和存储容量大等优点，但成本相对较高。硬盘驱动器用"C："来标识，故硬盘驱动器也称为C驱动器。如有多个逻辑驱动器，其驱动器名可按字母顺序依次命名。硬盘读写速度相对其他外存较快，存储容量较大。目前常用硬盘的容量多为512GB、1TB、2TB或更大。硬盘技术仍在持续发展，更大容量的硬盘将不断推出。

图1-1-12　机械硬盘和固态硬盘

(2) 光盘及光驱。光盘有只读型光盘(CD-ROM)、一次写入型光盘(CD-R)和可擦写型光盘(CD-RW)三种。光盘只能在光盘驱动器上使用。一张普通光盘的容量一般在650MB左右，DVD光盘容量一般在4.7GB左右，DVD光盘只能在DVD光驱上使用。

使用光盘时，按下光驱上的弹出按钮，盘盒弹出后，把盘片放入盘盒，再按一下弹出按钮，或是轻推一下盘盒，使盘盒弹回光盘驱动器即可。光驱正常工作时，指示灯亮，这时不能按弹出按钮强行取出光盘，因为此时光盘正处于高速旋转状态，经常中途取出光盘有可能损坏盘片。光驱的盘符一般排在硬盘之后，例如计算机配有一个硬盘是C盘，则光驱的盘符是D；如果C盘和D盘是硬盘，则光驱盘符一般是E；如果硬盘盘符多于两个，依次类推。

(3) U盘。U盘(见图1-1-13)谐音为优盘，也叫闪盘。U盘采用闪存(flash memory)技术，采用通用串行总线(universal serial bus，USB)接口直接连接计算机，抗震性能强，携带方便。目前U盘在Windows或Linux操作系统上不需要安装驱动程序，使用操作系统本身自带的驱动程序(USB Mass Storage类设备)，实现即插即用。

图1-1-13　U盘

首次使用U盘时，系统会提示，发现新硬件，稍后会提示新硬件已经安装并可以使用。

在屏幕右下角，会有一个小图标 ，是计算机识别的USB设备图标。接下来，用户可以像平时操作一样，在资源管理器中查看U盘并进行文件的常规操作。需注意，U盘使用完毕后，请先关闭所有窗口，尤其是与U盘相关的窗口；拔下U盘前，单击任务栏右侧的USB设备图标，然后在设备列表中单击"弹出××(U盘设备型号)"，如图1-1-14所示。

图1-1-14　弹出U盘

当系统通知出现"安全地移除硬件"提示后，可以将U盘从计算机上拔出，(见图1-1-15)。

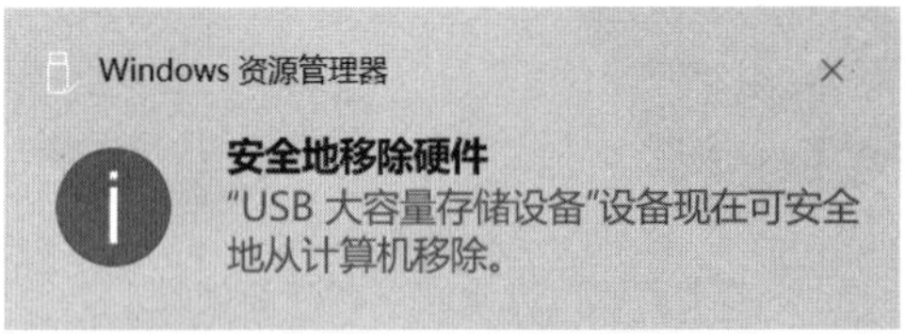

图1-1-15　安全地移除硬件

(4) 移动硬盘。又称便携式硬盘，是基于硬盘存储技术的移动存储设备，(见图1-1-16)。由硬盘本体和硬盘盒两部分组成，通过USB、Type-C等接口与计算机或其他设备连接，以实现数据的读写操作。

移动硬盘的存储容量从几百GB到几十TB不等，能满足不同用户的存储需求。它体积小巧、重量轻，便于携带与存储；支持USB、Type-C等多种接口，便于与不同设备连接；无须安装驱动程序，即插即用。

图1-1-16　移动硬盘

4) 其他功能卡

(1) 主板。也称为主机板、系统板或母板(见图1-1-17)，是计算机系统中最基本且最重要的部件之一。它是一块矩形电路板，安装于计算机机箱内，负责连接与支撑计算机系统中的各种硬件组件，并通过提供插槽、接口和电路连接，将CPU、内存、显卡、硬盘等组件有机结合，形成完整的计算机系统。

图1-1-17　主板

在计算机的主板上，能够看到不同颜色的插槽和线路，这些是内部总线的具体体现。例如，CPU插槽用于连接CPU，内存插槽用于连接内存条，而扩展插槽(如PCI、PCI-E插槽)则用于连接各类扩展卡(如显卡、声卡等)。这些插槽与线路共同构成了计算机的内部总线系统。

内部总线，又称为系统总线或板级总线，是计算机各功能部件之间的传输通路。它主要负责将CPU、内存、输入输出设备等内部组件连接起来，实现它们之间的数据传输与信息交换。内部总线通常位于计算机的主板上，是主板上各种电子元件之间通信的桥梁。

依据在计算机系统中的位置，总线可以分为内部总线和外部总线两大类。内部总线主要位于计算机的主板上，而外部总线位于计算机的机箱外部，或通过内部接口插槽与主板相连。外部设备通常通过USB接口、HDMI接口、网络接口等与计算机相连。这些接口背后实则是外部总线的体现。例如，USB接口是一种应用广泛的外部总线标准，支持热插拔与即插即用功能，使用户能够便捷地连接各种外部设备至计算机。

(2) 显卡。也称为显示适配器或图形处理器(graphics processing unit，GPU)，是计算机中用于处理、输出图形和图像的重要硬件(见图1-1-18)。它负责将计算机的数字数据转换为可供显示器或显示设备显示的图像信号。

图1-1-18 显卡

显卡的主要功能包括以下几个。

① 显示输出：将处理后的图像信号转换为显示器可以接收和显示的视频信号，让用户能够看到计算机生成的图像和视频内容。

② 图形渲染：能够高效地处理和渲染图形数据，包括图形绘制、光影效果、纹理映射等，使图像更加逼真和流畅。

③ 视频解码：具备视频解码功能，能够协助CPU解码和处理高清视频流，提供流畅的视频播放体验。

④ 并行计算：显卡的强大计算能力也被广泛应用于并行计算领域，如科学计算、深度学习和密码学等，可以加速复杂计算任务的处理速度。

(3) 声卡。声卡(见图1-1-19)，也称为音频卡或声音接口卡，是一种专门用来处理和转换声音的电脑硬件设备。它是多媒体系统中的关键组件，负责在计算机内部和外部音频设备之间进行音频数据的传输和处理。

图1-1-19 声卡

声卡的主要功能包括以下几个。

① 音频输入：声卡可采集麦克风、乐器、CD播放器等各类音频输入设备的模拟音频信号。

② 数字音频转换：将模拟音频信号转换为数字信号，以便在计算机中处理和存储。

③ 音频处理：对数字音频信号实施混音、均衡、压缩、回声消除、噪声抑制等处理，以增强音频效果。

④ 音频输出：将处理后的数字音频信号转换回模拟信号，并传输至扬声器、耳机或其他音频输出设备。

⑤ MIDI支持：声卡具备对MIDI(musical instrument digital interface，音乐设备数字接口)的支持，能与合成器、控制器等MIDI设备通信，实现更丰富的音乐创作与演奏功能。

(4) 网卡。网卡(见图1-1-20)，全称网络接口卡(network interface card，NIC)，是实现计算机或其他网络设备连接到网络的硬件设备。

图1-1-20 网卡

网卡通过物理介质(如网线、光纤等)与网络连接，实现数据的收发。当计算机需要发送数据时，网卡将数据封装成网络可以识别的数据包，并附加必要控制信息；当数据包到达计算机时，网卡将其解封装为原始数据，并传输给相应应用程序。网卡支持多种网络协议，如TCP/IP、IPX/SPX等，确保计算机能够与其他网络设备通信。

计算机外部设备种类繁多、功能各异，通过不同方式与计算机主机相连，共同构成完整的计算机系统，为用户提供丰富的操作体验与数据处理能力。

1.1.3 计算机硬件工作原理

冯·诺依曼工作原理是现代计算机体系结构的基础。该原理最早由美国数学家约翰·冯·诺依曼于1945年提出，随着计算机技术发展而不断完善。其核心思想是"存储程序与程序控制"。即程序和数据存储于存储器中，计算机执行程序时自动从存储器取出指令和数据，并按照指令顺序执行。

1. 五大基本部件组成

计算机硬件系统由运算器、控制器、存储器、输入设备和输出设备五大基本部件组成。

2. 五大部件协同工作原理

(1) 存储程序：计算机在执行程序前，需要将程序和数据存储到存储器中。程序和数据均以二进制形式存储，且存储在同一存储器中。

(2) 程序控制：计算机启动时，控制器自动从存储器中取出第一条指令，对其解码，并依据指令要求向各部件发出控制信号。随后，控制器按指令顺序，逐条从存储器中取出指令并执行，直至程序执行完毕或遇停止指令。

(3) 数据存取：执行指令时，控制器根据指令要求从存储器中读取数据，或将运算结果写回存储器。这种数据存取操作通过地址总线、数据总线和控制总线实现。

(4) 输入输出：当计算机需与外界交互时，通过输入设备和输出设备实现。输入设备将外部数据输入计算机，输出设备则将计算机处理结果输出到外部世界。

◎ 实训

知识训练

(1) 简述计算机硬件系统的构成。

(2) 简述中央处理器的功能。

(3) 请列举外存储器。

(4) 内部总线的作用是什么？

能力训练

【**案例1-1**】小明即将步入大学校园，主修数字媒体专业，现在想购置一台满足专业课程学习与娱乐需求的电脑，预算为8000元。

请思考并设计出符合小明需求的电脑硬件配置方案(可在计算机相关网站和品牌授权的购物网站搜索信息)。

素质训练

使用"文心一言""Kimi"等AI大模型，以"中国在计算机领域的成就"为关键字搜索相关资料，选取自己感触深刻的2个成就进行记录，从中学习科学家对科学技术探索的执着钻研精神、科学研究团队的协作精神；了解科技进步对国家综合实力的提升作用，以及科技创新、科技强国的重要性；感受科学家与科学研究团队的爱国情怀。

小资料

扫描二维码，阅读《世界第一台计算机》

任务1.2　认识计算机软件系统

引导案例：定制个性化工作环境

小明购买了一台新电脑，这台电脑仅安装了Windows 11操作系统，未安装其他应用软件，且操作界面、汉字输入法等均为默认设置，不符合小明的日常使用习惯。小明打算从计算机软件的相关知识入手学习，以便对电脑进行个性化设置，构建符合自身需求的文件管理系统。

根据案例回答下列问题：

(1) 什么是计算机软件？

(2) 操作系统的概念、功能是什么？

(3) 如何在Windows 11操作系统中进行工作环境的个性化设置？

案例技能点分析：

(1) 为正确安装所需应用软件，小明需从计算机软件的定义开始学起，了解系统软件和应用软件的相关知识，了解操作系统。这样，他才能依据本机操作系统选择合适的安装程序。

(2) 进行个性化设置时，小明可设置自己喜欢的桌面主题与桌面背景，安装常用输入法，删除不需要的输入法，将常用程序固定至任务栏，按个人习惯设定系统日期和时间，比如将"星期一"设置为一周的第一天。他还可以创建个人文件夹，把U盘中的工作文档复制到该文件夹，并删除其中不需要的文件。对于关键文件，小明可将其设置为只读属性。当然，安装必要的应用软件也是为工作和学习做好准备的重要一环。

一个符合日常使用习惯的操作系统工作环境能显著提升工作效率，因此，了解并掌握计算机软件及操作系统的相关知识，学会对Windows 11操作系统的工作环境进行个性化设置，具有重要意义。

📖 相关知识

1.2.1　计算机软件系统

计算机软件是在硬件平台上运行的各类程序、文档及相关数据的集合。计算机之所以能按用户要求运行，是因为采用了程序设计语言编写程序，这些程序能够控制计算机的工作流程，进而完成特定的工作任务。计算机软件又可分系统软件和应用软件两大类。

1. 系统软件

系统软件是为管理、监控和维护计算机资源，使计算机更加高效工作而编制的软件，包括操作系统、语言处理程序、数据库管理系统和系统辅助处理程序等。其中，操作系统最为关键。

1) 操作系统

操作系统是计算机系统的指挥调度中心，可为各类程序提供运行环境。不同类型的计算机可能配不同的操作系统。常见的有Windows、Unix、Linux等。本书下一节将讲解的Windows 11就是一种操作系统。

2) 语言处理程序

语言处理程序是为用户设计的编程服务软件，用于编译、解释和处理各类程序所用的计算机语言，是人机交互的工具。计算机语言经历了从低级到高级、从面向过程到面向对象的发展历程，包括机器语言、汇编语言、高级语言三大类。高级语言编制的程序无法直接被计算机识别，必须经过转换才能执行，这一转换过程依赖于程序语言翻译程序。每种高级语言都有对应的程序语言翻译程序。

3) 数据库管理系统

数据库管理系统是用于创建、使用、维护和管理数据库的软件系统，为用户提供了便捷操作数据库数据的方式(创建、查询、更新、删除)。用户通过其提供的接口与数据库交互。常用的数据库管理系统有SQL Server、Oracle和Access等。

4) 系统辅助处理程序

系统辅助处理程序也称为软件研制开发工具或支撑软件，是计算机系统中不可或缺的部分。其主要作用是辅助用户进行软件开发、调试、维护及优化等操作，确保计算机系统的正常运行和高效工作，如Windows操作系统中自带的磁盘清理程序。

2. 应用软件

应用软件是为了满足用户特定需求而开发的软件程序。可直接供用户使用以执行各类任务和功能。它既可以是单一的程序，如图像浏览器；也可以是一组功能相互关联的程序集合，如微软的Office套件。应用软件种类繁多，涵盖了办公、娱乐、教育、财务、医学、科研等多个领域，如办公软件(Word、Excel)、图像处理软件(Photoshop)、多媒体播放软件(VLC)、游戏软件(英雄联盟)等。

1.2.2 操作系统

1. 操作系统的概念

操作系统指的是管理整个计算机系统资源(硬件资源和软件资源)、协调计算机各部分功能的程序，它提供了一个用户和应用程序用以交互的接口和环境。

2. 操作系统的功能

操作系统在计算机系统中具有资源管理、提供接口、进程管理、内存管理、文件系统管理、设备管理、网络通信、安全机制、系统稳定性等功能。

3. 国内外操作系统

1) 国外操作系统

市场占有率最高的为微软开发的Windows操作系统，其凭借广泛的用户基础和强大的软硬件生态，在桌面端占据主导地位；苹果开发的macOS主要用于Mac系列电脑，在图形设计、视频剪辑等领域表现出色；开源操作系统Linux在全球有众多不同版本，灵活性高且安全性强，许多国产操作系统便是基于Linux内核开发的；谷歌开发的Chrome OS主要应用于Chromebook上，其特点为快速启动、安全和易用性强。

2) 国内操作系统

华为公司开发的鸿蒙操作系统，是一款基于微内核、面向5G物联网与全场景的分布式操作系统。它支持多端融合，能够打通手机、电脑、平板、电视、工业自动化控制、无人驾驶、车机设备、智能穿戴等多种设备，实现设备的统一操作，并且该系统是面向下一代技术而设计的，能兼容全部安卓应用和所有Web应用。中标麒麟是一款面向桌面应用的图形化桌面操作系统，该系统在Linux内核基础上开发，率先实现对X86及国产CPU平台的支持，提供性能最优的操作系统产品。银河麒麟系统是首个通过公安部计算机信息系统安全产品质量监督检查中心第四级结构化保护级检测和中国人民解放军信息安全测评中心军用B+级安全认证的操作系统，是目前国内安全等级最高的操作系统。统信UOS有"最美国产操作系统"之称。中科方德操作系统重点服务于电子政务、通信、金融等多个行业。

1.2.3　Windows 11操作系统的基本操作

1. 启动与退出Windows 11

1) 启动Windows 11

开启计算机显示器和主机箱的电源后，Windows 11将载入内存，随后对计算机的主板和内存等进行检测。系统启动后，进入Windows 11欢迎界面，若只有一个用户且未设置用户密码，则直接进入系统桌面；若系统存在多个用户且设置了用户密码，则需要选择用户并输入正确密码才能进入系统。

启动Windows 11后，屏幕即显示Windows 11桌面。由于Windows 11有多个版本，这里以Windows 11家庭中文版为例介绍桌面组成。桌面主要包括桌面图标、任务栏等部分(见图1-2-1)。

图1-2-1　Windows 11桌面

• 桌面图标。桌面图标是用户与操作系统交互的重要组成部分。既可以是系统自带的图标(如"此电脑""回收站"等)，也可以是用户自行安装的应用程序或文件夹的快捷方式。

• 任务栏。任务栏是位于屏幕底部的水平条带，它包含了多个重要组件，可用于访问常用应用程序、查看系统状态信息以及控制正在运行的任务。任务栏包括"开始"按钮、任务栏应用图标、任务视图/Alt+Tab按钮、通知中心/操作中心、系统托盘等。

2) 退出Windows 11

计算机操作结束后,需要退出Windows 11。具体步骤为:保存文件或数据,关闭所有打开的应用程序,单击任务栏左下角的"开始"按钮▦。在"开始"菜单中,单击电源图标⏻,然后选择"关机"。成功关闭计算机后,再关闭显示器电源。

2. Windows 11操作

1) 认识Windows 11窗口

双击桌面上的"此电脑"图标,即可打开"此电脑"窗口(见图1-2-2),这是典型的Windows 11窗口,由标题栏、地址栏、搜索栏、工具栏、导航窗格、窗口工作区、状态栏等部分构成。各部分功能如下:

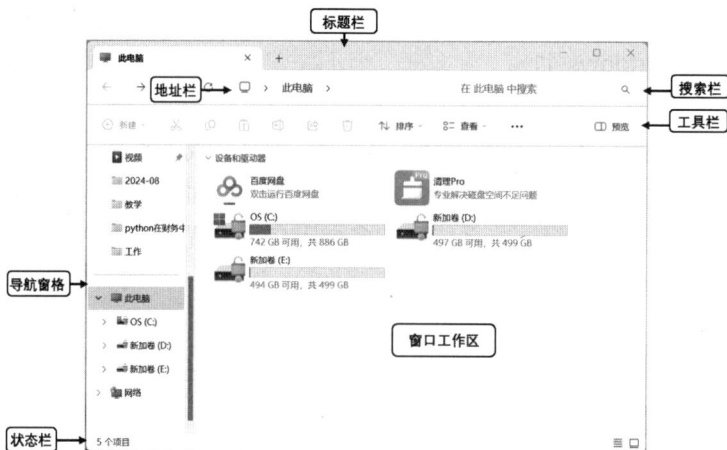

图1-2-2 "此电脑"窗口的组成

• 标题栏。标题栏位于窗口顶部,通常显示应用程序名或当前打开的文件名。单击"标题栏 ▦ 此电脑 × "右侧×按钮,可以关闭标签页;单击 ＋ 按钮,可以添加新标签。单击标题栏右侧 ━ 按钮,可将窗口最小化;单击□按钮,可将窗口最大化;单击✕按钮,则可关闭窗口。

• 地址栏。地址栏显示当前窗口文件在系统中的位置,其左侧设有"返回"按钮←、"前进"按钮→、上移按钮↑和刷新按钮↻。

• 搜索栏。地址栏右侧是搜索栏,搜索栏可用于快速搜索计算机中的文件。

• 工具栏。工具栏集合了常用按钮与工具,单击相应操作按钮即可执行对应的操作命令。

• 导航窗格。单击导航窗格中的选项,可快速切换或打开其他窗口。

• 窗口工作区。窗口工作区用于显示当前窗口中文件或文件夹内容。

• 状态栏。状态栏用于显示当前窗口所包含项目的数量和项目的排列方式。

2) 认识"开始"菜单

单击桌面左下角的"开始"按钮▦,即可打开"开始"菜单。"开始"菜单是操作计算机的关键菜单，计算机中几乎所有应用都能从"开始"菜单中启动，即使文件或程序未在桌面上显示，也可以通过"开始"菜单找到并启动。"开始"菜单的主要组成部分如图1-2-3所示。

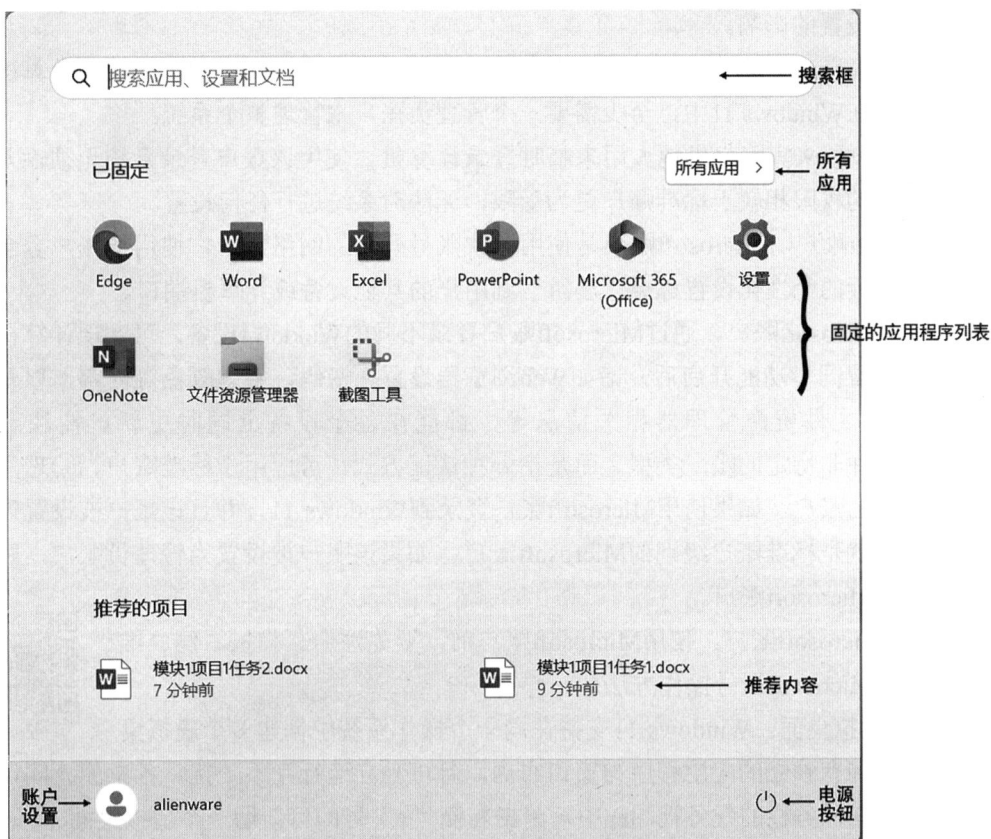

图1-2-3　"开始"菜单的主要组成部分

• 搜索框。搜索框位于开始菜单上方，可快速搜索本地及网络上的文件、设置与应用。

• 固定的应用程序列表。用户可以将常用的应用程序固定在这里，实现快速访问。右击应用图标，选择"固定到开始屏幕"即可添加应用程序。

• 所有应用。单击"所有应用"，就能展开完整的应用程序列表。

• 推荐内容。该区域展示近期打开的文件、文件夹，以及新安装的应用程序，若注重私密性，可以关闭该选项。

• 账户设置。单击"账户"图标 ，可以管理账户或注销账户。

• 电源按钮 。通过此按钮，能对计算机执行"锁定""睡眠""关机""重启"等操作。

3. 定制Windows 11工作环境

1) 认识Windows 11用户账户

(1) 认识用户账户。用户账户用于记录用户的用户名、口令等信息。Windows 系统依靠用户账户登录，这样才能便捷地访问计算机及服务器。借助用户账户，能支持多人共用一台计算机，并可针对不同用户设置使用权限。Windows 11主要涵盖以下四类用户账户。

• 标准账户。标准账户是日常使用的基本账户类型，拥有该账户的用户可运行各类应用程序，并能对系统进行常规设置。但这些设置只对当前标准账户生效，计算机和其他账户不受该账户设置的影响。

• 管理员账户。管理员账户对计算机有最高控制权，拥有该账户的用户能对计算机进行任何操作。在Windows 11中，至少需要一个管理员账户来管理整个系统。

• 来宾账户。来宾账户供他人用来临时登录计算机。使用该账户登录系统无须输入密码。来宾账户的权限相较于标准账户更为受限，无法对系统进行任何设置。

• Microsoft账户。Microsoft账户是使用微软账号登录的网络账户，使用该账户登录计算机后，所进行的个性化设置都会"漫游"到用户的其他设备或计算机端口。

(2) 认识Microsoft账户。通过Microsoft账户登录不同的Windows设备，可实现计算机设置的同步。设置同步功能开启后，诸如Web浏览器设置、密码、主题颜色等内容，以及打印机、鼠标、文件资源管理器相关信息等，都能在各个设备上同时更新。需注意，Microsoft账户并非特定的账户类型，而是指一种认证方式，可应用于标准账户、管理员账户等不同类型的账户。如果使用Microsoft账户登录到Windows 11，并且该账户被设置为标准账户，那它就是标准账户级别的Microsoft账户；如果该账户被设置为管理员账户，则为管理员级别的Microsoft账户。

(3) 注册Microsoft账户。使用Microsoft账户前，要先注册。扫描右侧二维码阅读《注册Microsoft账号操作方法》。

(4) 认识虚拟桌面。Windows 11支持在同一个操作系统中创建多个虚拟桌面，各桌面可拥有独立的应用程序与窗口布局，且可独立运行互不干扰。各桌面之间可进行快速切换。在任务栏的任务视图■中，单击右侧"+"号即可新增一个虚拟桌面。

(5) 认识多窗口分屏显示。借助分屏功能，可将不同桌面的应用窗口整合于同一屏幕中，实现多任务组合。例如，将鼠标指向应用窗口，按Windows + 左箭头，可将当前窗口移动到屏幕左侧并自动调整大小以填充一半的屏幕空间；按Windows + 右箭头，可将当前窗口移动到屏幕右侧并自动调整大小以填充一半的屏幕空间；按Windows + 上箭头，可将当前窗口最大化，充满整个屏幕；按Windows + 下箭头，可将当前窗口恢复到非最大化状态或最小化。

2) 设置桌面背景

Windows 11 家庭版的桌面背景是指出现在计算机屏幕上的图像。背景可静态或动态呈现，如单张图片、幻灯片轮播等。用户可以通过设置应用，或在桌面单击右键打开菜单，选择"个性化"进行设置。扫描右侧二维码阅读《将"2.jpg"图片设置为静态的桌面背景操作方法》。

3) 设置主题颜色

主题颜色是指系统界面的颜色方案，包括窗口边框、任务栏、开始菜单等元素。设置主题颜色可以让操作系统看起来更加个性化。扫描右侧二维码阅读《设置主题颜色操作方法》。

4) 保存主题

既可在Microsoft Store下载主题，也可将计算机中设置的主题保存并分享给他人。扫描右侧二维码阅读《保存主题操作方法》。

5) 自定义任务栏

任务栏是指位于屏幕底部(默认位置)的条形区域，通过任务栏可以快速访问应用程序、通知及系统设置。将常用程序固定到任务栏可实现快速开启。扫描右侧二维码阅读《将"截图工具"固定到任务栏中操作方法》。

6) 设置日期

默认时，系统日期和时间会自动与所在区域的互联网时间同步，但也支持手动调整。下面将系统日期修改为2024年10月1日，并设置星期一为一周的第一天，扫描右侧二维码阅读《修改系统日期操作方法》。

4. 设置汉字输入法

1) 添加和删除输入法

Windows 11默认预装微软拼音输入法，用户既能添加系统自带输入法到语言栏，也可自行下载安装其他输入法，按【Ctrl+Shift】组合键，可在已安装的输入法之间进行切换。在不需要时，还可将不用的输入法删除。下面先在Windows11中添加"搜狗拼音"输入法，然后将微软五笔输入法删除，扫描右侧二维码阅读《添加删除输入法操作方法》。

2) 设置系统字体

在Windows11中，将字体直接安装到系统，可减少字体占用的系统资源，从而释放空间，提升资源使用率。对于长时间闲置的字体可以将其删除，以节约空间。下面将桌面上的"方正舒体"以快捷方式安装到系统中，并删除不需要的字体，扫描右侧二维码阅读《添加和删除字体操作方法》。

5. 管理文件和文件夹

1) 文件和文件夹的基本操作

(1) 新建文件和文件夹。新建文件是指根据需要创建相应类型的空白文件。新建文件后，可以双击打开进行内容编辑。当需对文件分类管理时则要新建文件夹。新建"公司简介.docx"文件和"办公"文件夹的具体操作如下。

• 双击桌面上"此电脑"图标，在"此电脑"窗口中，双击E盘图标，打开E盘。

• 在工具栏左侧单击新建 ⊕ 新建 ∨ 按钮，在下拉列表中选择 Microsoft Word 文档，如图1-2-4所示。

• 系统将在E盘中生成名为"新建 Microsoft Word 文档"的文件，此时文件名为可编辑状态，将文件名修改为"公司简介"，然后按【Enter】键。新建文件的效果如图1-2-5所示。

• 在工具栏左侧单击新建 ⊕ 新建 ∨ 按钮，在下拉列表中选择 文件夹，如图1-2-6所示。

• 系统将在E盘中生成名为"新建文件夹 (1) "的文件夹，此时文件夹名为可编辑状态,将文件夹名修改为"办公",然后按【Enter】键,新建文件夹的效果如图1-2-7所示。

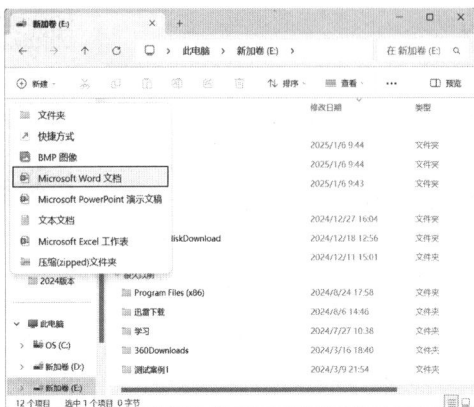

图1-2-4 新建 Microsoft Word 文档

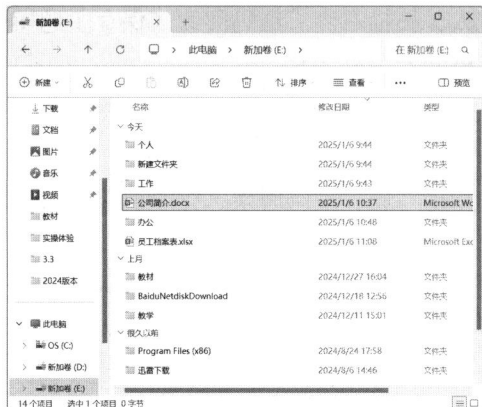

图1-2-5 新建"公司简介"文档

图1-2-6 新建文件夹

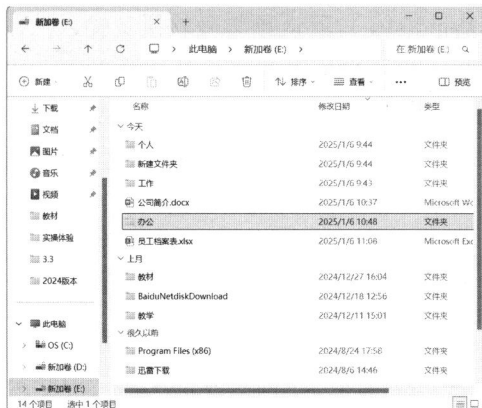

图1-2-7 新建"办公"文件夹

(2) 移动、复制、重命名文件和文件夹。移动文件是将文件从当前位置移动到另一个文件夹中;复制文件相当于备份文件,即文件夹下的文件仍然保留;重命名文件即为文件更换一个新名称。移动、复制、重命名的操作也适用于文件夹。移动"员工档案表.xlsx"文件、复制"公司简介.docx"文件并将复制的文件重命名为"公司大事记",具体操作如下。

· 在导航窗格中单击"此电脑"图标 ,然后选择"新加卷(E:)"图标。

· 在窗口右侧选择"员工档案表.xlsx"文件,在工具栏选择剪切 按钮,如图1-2-8所示。

· 双击"办公"文件夹,单击工具栏中粘贴 按钮,如图1-2-9所示。

· 单击地址栏左侧的向上键 ,返回上一级目录,可看到"员工档案表.xlsx"已不在原来位置。

· 选择"公司简介.docx"文件,在工具栏选择复制 按钮,如图1-2-10所示。

· 双击"办公"文件夹,单击工具栏中粘贴 按钮。

• 选择复制的"公司简介.docx"文件，单击鼠标右键，在弹出的快捷菜单中选择"重命名"命令，此时"公司简介.docx"文件名为可编辑状态，将其修改为"公司大事记"，然后按【Enter】键，如图1-2-11所示。

• 单击地址栏左侧的向上键↑，返回上一级目录，可看到原位置的"公司简介.docx"文件仍然存在。

图1-2-8　剪切文件

图1-2-9　粘贴文件

图1-2-10　复制文件

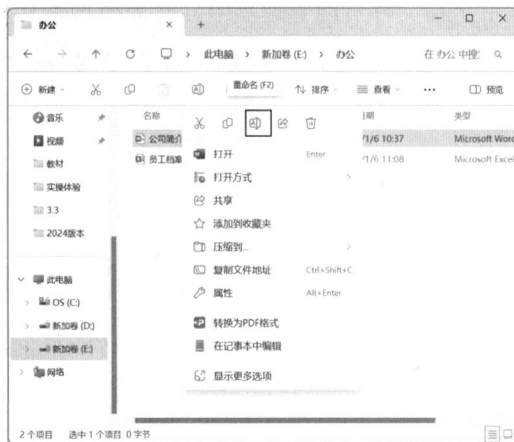

图1-2-11　重命名文件

(3) 删除并还原文件和文件夹。删除不需要的文件和文件夹，能够清理磁盘垃圾，释放存储空间。被删除的文件和文件夹会暂存于回收站，误删时可进行还原操作。删除并还原"公司简介.docx"文件的具体操作如下所述。

• 在导航窗格中选择"新加卷(E:)"图标，在窗口右侧选择"公司简介.docx"文件。

• 右击，在弹出的快捷菜单中选择"删除"，如图1-2-12所示。还可以选定"公司简介.docx"文件，按【Delete】键。

• 返回桌面，双击"回收站"图标📷，在打开的窗口中可以查看到最近删除的文件和文件夹，在"公司简介.docx"文件上右击，在快捷菜单中选择"还原"，如图1-2-13所示。或在回收站窗口工具栏中单击 ↺ 还原选定的项目 按钮，将其还原到被删除前的位置。

图1-2-12　删除文件

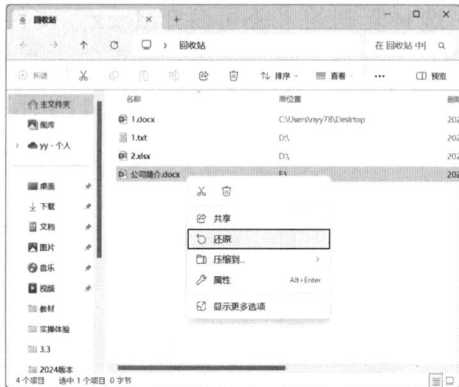

图1-2-13　还原文件

（4）搜索文件或文件夹。当忘记文件或文件夹在磁盘中的具体位置时，可借助搜索功能查找。如果不记得文件名，可以使用模糊搜索功能，方法如下：使用通配符"*"代替任意数量的任意字符，使用"?"代表某一位置上的任意字母或数字，如"*.bmp"表示搜索当前位置下所有".bmp"格式的文件；"asd?.bmp"表示搜索当前位置下前3个字符为"asd"，第4个是任意字符的".bmp"格式的文件。以搜索E盘中的".png"格式的文件为例，具体操作如下。

· 在文件资源管理器中打开需要搜索文件的位置，这里打开E盘窗口。

· 在窗口的搜索框中输入"*.png"，系统会自动搜索当前位置下所有符合条件的文件，并显示搜索结果，如图1-2-14所示。

图1-2-14　搜索文件

2) 设置文件和文件夹的属性

文件和文件夹属性主要包括隐藏属性和只读属性两种。用户在查看磁盘文件时，具有隐藏属性的文件不会显示，且无法被删除、复制和更名。可对文件起到保护作用。只读属性的文件可以查看、复制，但不能修改和删除。可避免用户意外删除和修改文件。对文件和文件夹设置属性的方法是相同的。下面更改"员工档案表.xlsx"文件的属性为"只读"，具体操作如下。

· 打开"此电脑"窗口，展开"E:\办公"目录，在"员工档案表.xlsx"文件上右击，在弹出的快捷菜单中选择"属性"，打开文件对应的"属性"对话框。如图1-2-15所示。

· 在该对话框"常规"选项卡下"属性"栏中勾选"只读"复选框，如图1-2-16所示。

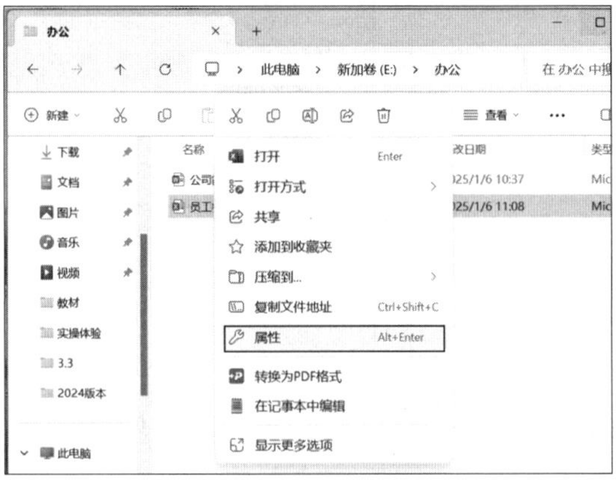

图1-2-15 打开文件属性对话框

图1-2-16 设置文件只读属性

• 单击【应用】按钮，再单击【确定】按钮，将文件属性设置为只读。如果要修改文件夹属性，应用设置后还将打开"确认属性更改"对话框，如图1-2-17所示，用户根据需要选择应用方式后单击【确定】按钮。

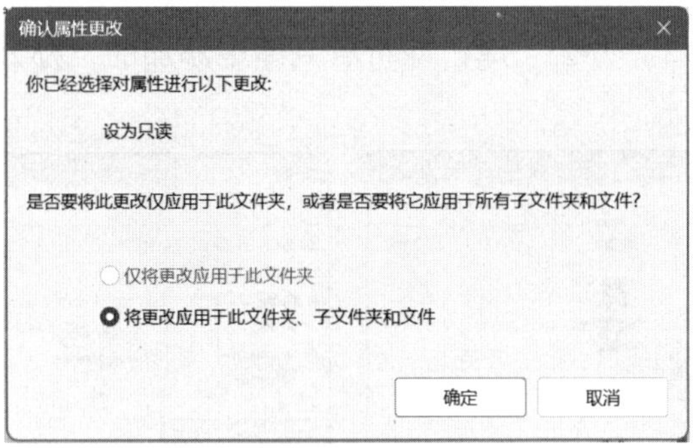

图1-2-17 确认属性更改

3) 使用库

Windows11的库类似于文件夹，但它只提供管理文件的索引，用户可以通过库访问文件，但文件并没有存储在库中。Windows自带视频、图片、音乐、文档四个库。用户既能将常用文件添加到相应的库中，也可以根据需要新建库。下面新建"办公"库，并将"办公"文件夹添加到库中，具体操作如下。

• 打开"此电脑"窗口，在左侧导航窗格中，选择"库"选项。如没有该选项，可单击窗口工具栏中查看更多 ⋯ 按钮，在快捷菜单中选择"选项"命令，如图1-2-18所示。在"文件夹选项"对话框中，选择"查看"选项卡，勾选高级设置列表中"显示库"复选框，单击【确定】按钮，如图1-2-19所示，即可在左侧导航窗格中出现"库"选项。

图1-2-18　打开文件夹"选项"对话框

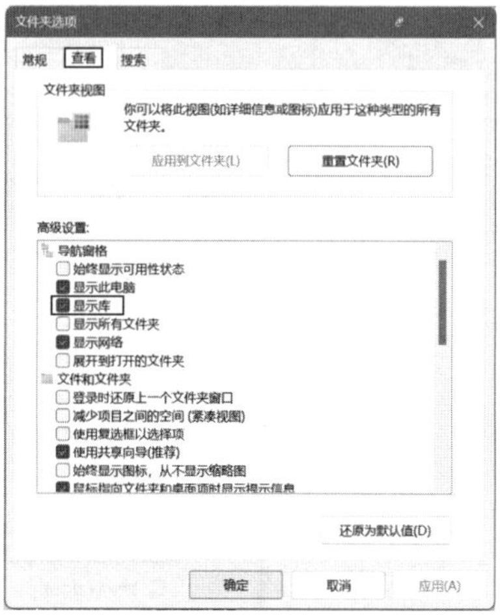

图1-2-19　显示库

• 打开"库"文件夹，此时窗口右侧会显示所有库，在工具栏左侧单击新建⊕ 新建 ∨ 按钮，在打开的下拉列表中选择 ▣ 库 选项，可新建一个名称可编辑的库，输入库的名称"办公"，然后按【Enter】键，如图1-2-20所示。

• 在导航窗格中打开E盘，选择要添加到库中的"办公"文件夹，在文件夹上右击，在弹出的快捷菜单中选择 ⊡ 显示更多选项 命令，在弹出的快捷菜单中选择【包含到库中】→【办公】命令，返回查看"办公"库，即可看到库中添加的"办公"文件夹，如图1-2-21所示。

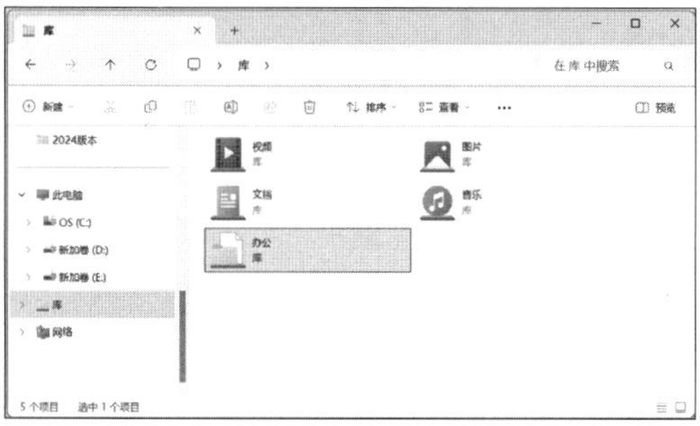

图1-2-20　新建库

图1-2-21　将文件夹添加到库中

6. 管理程序和硬件资源

1) 安装和卸载应用程序

安装软件时，首先要获取软件安装程序，可以网上下载安装程序或以其他方式获取。准备好软件安装程序后，便可以开始安装软件，安装成功的软件将显示在"开始"菜单中"所有程序"列表中，部分软件还会自动在桌面上创建快捷方式。扫描右侧二维码阅读《安装卸载应用程序操作方法》。

2) 安装打印机驱动程序

在安装打印机驱动程序前，应先将设备与计算机主机相连接，再安装驱动程序。在安装计算机的其他外部设备时，也可参考类似的方法进行安装。扫描右侧二维码阅读《安装打印机操作方法》。

⚙ 实训

知识训练

(1) 国内外操作系统都有哪些？

(2) Windows 11用户账户有哪几种？

(3) 简述设置汉字输入法的方法。

(4) 简述文件和文件夹的属性设置的方法。

能力训练

【案例1-2】小明是一名数字媒体专业的学生，刚刚购置了一台安装了Windows 11操作系统的新电脑。为了提高学习和工作效率，同时享受更加个性化的操作体验，小明决定对Windows 11系统进行个性化设置，并学习如何高效管理文件与文件夹。

请思考并设计出满足小明需求的个性化操作环境与高效文件管理的方案。

素质训练

使用"文心一言""Kimi"等AI大模型，以"中国在国产软件设计领域的成就"为关键字搜索相关资料，并选取自己感触深刻的2个成就进行记录，从中学习科学家对科学技术探索的执着钻研精神、科学研究团队的协作精神；了解科技进步对国家综合实力的提升作用，以及科技创新、科技强国的重要性；感受科学家与科学研究团队的爱国情怀。

小资料

扫描二维码，阅读《麒麟操作系统(Kylin OS)介绍》

项目小结

1. 认识计算机硬件系统

扫码做题①

计算机硬件系统是构成计算机的物理组件，它们共同工作以实现数据处理、存储与传输。计算机硬件系统包括运算器、控制器、存储器、输入设备和输出设备。计算机硬件系统可以根据不同的用途和需求进行设计和配置，比如个人电脑、服务器、工作站、笔记本电脑等。随着技术的发展，硬件的性能也在不断提升，新的技术和组件不断被引入，以满足更高性能和更复杂应用的需求。

---

① 教师和学生拿到书，先扫描封底刮刮卡，再扫描书内习题码，确认是否能正常做题；关注"文泉考试"公众号，这个公众号可作为除图书以外的第二入口；教师在公众号内先进行教师认证，待认证通过后可创建班级，将班级码分享给学生，提示学生加入；学生扫描书内习题码或者点击公众号上的"做题"，做完题后，输入班课码，可提交答案；教师可从后台导出成绩。

2. 认识计算机软件系统

计算机软件系统包括系统软件和应用软件。系统软件的主要功能是提供一个稳定、可靠和高效的环境，使得应用软件能够顺利运行，同时保护系统资源和数据的安全。操作系统是最基本的系统软件，管理计算机硬件资源，提供用户界面以及控制其他程序的执行。常见的操作系统有Windows、macOS、Linux、Android和iOS等。应用软件是为特定功能而设计的软件，它们直接服务于用户的具体需求和任务。

项目2 Word文字处理应用

项目描述

● Word作为Microsoft Office套件中的核心组件，是一款功能强大的文字处理软件，它集文字编辑、表格处理、版面设计、图文混排、审阅修订等功能于一体。广泛应用于多种工作、学习场景，如撰写工作总结报告、求职信、各种合同协议、毕业论文等。为高效制作各类文档，用户需熟悉Word常用命令功能及操作方法。本项目涵盖创建与编辑文档、格式化文档、创建与编辑表格、图文混排、长文档编辑五个任务。

项目目标

● 知识目标：熟悉Word程序窗口；了解各类文档制作流程；熟练掌握常用命令的功能与操作方法。

● 能力目标：能够按照正确流程制作各类文档；能够正确理解并合理运用常用命令进行文档设置。

● 素质目标：Word是在现代工作环境中的必备工具。学习时需有恒心，尤其是在掌握具有难度的高级功能时；对新功能和工具需持有好奇心，不断探索；能借助教程、视频自主学习新技能；适应Word界面与功能的持续更新。

任务2.1　创建与编辑文档

引导案例：制作岗位求职信

小刚是会计专业毕业生，即将步入职场，现需使用Word 2021撰写求职信或求职简历。

根据案例回答下列问题：

(1) 您熟悉Word 2021窗口操作界面吗？

(2) 操作命令集中在哪个区域？

(3) 在Word 2021中，能够快速创建文档吗？

(4) 文档中的内容可以设置隐私保护吗？

案例技能点分析：

(1) 撰写求职信时，内容上要能精准传达求职意愿与自身优势，格式设置要简洁易读，从而增加获得面试的概率。

(2) Word 2021在文档编辑、表格处理、协作共享以及高级功能等方面全面升级优化，为用户带来了更加高效、便捷的文档处理体验。

(3) 在Word 2021中创建文档前，需先启动程序，熟悉窗口布局并掌握窗口界面的操作方法。

(4) 在程序窗口的文档编辑区输入并编辑文档内容，随后保存文档。

相关知识

2.1.1　Word 2021程序窗口介绍

1. Word 2021的启动和退出

在计算机中使用任何应用程序，都需先安装，安装后，应用程序会出现在"开始"菜单列表。安装时或安装后可设置快捷启动方式。使用完毕，需退出程序释放内存空间。扫描右侧二维码，阅读《启动和退出Word 2021操作方法》。

2. Word 2021程序窗口介绍

运行Word 2021，打开程序窗口(见图2-1-1)。

1) 快速访问工具栏

快速访问工具栏是Word 2021常用命令的快捷入口，初始显示"自动保存""保存""撤销"和"恢复"4个命令，用户可按需求自定义。

(1) 自动保存。这是一项非常实用的功能，它可以帮助用户在编辑文档时自动保存更改，以防意外丢失数据。自动保存功能默认是关闭状态，单击其开关即可开启或关闭。

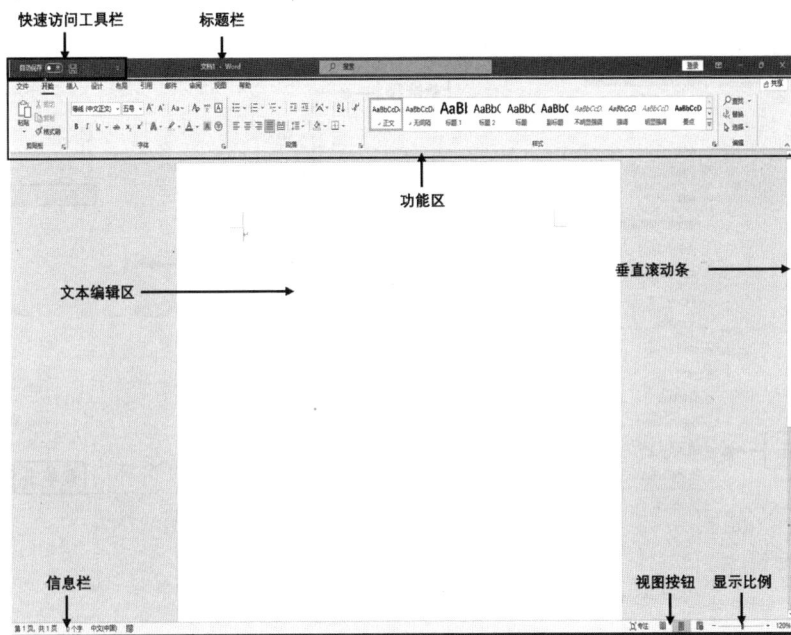

图2-1-1　Word 2021程序窗口的组成

(2) 在快速访问工具栏中添加其他命令。

【实操体验】快速访问工具栏中添加【新建】命令。

操作方法：在快速访问工具栏中单击【自定义快速访问工具栏】按钮，在菜单中单击【新建】，如图2-1-2所示。

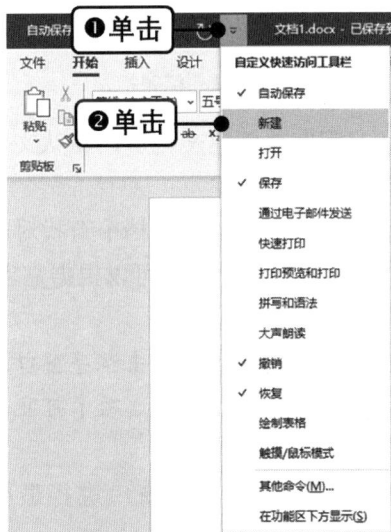

图2-1-2　在快速访问工具栏中添加"新建"命令

【实操体验】在快速访问工具栏中添加【退出】命令。

操作方法：在快速访问工具栏中单击【自定义快速访问工具栏】按钮，在菜单中选择【其他命令】；在【Word选项】对话框中，选择命令列表切换为【所有命令】，选择【退出】，单击【添加】按钮，单击【确定】按钮，如图2-1-3所示。

图2-1-3 在快速访问工具栏中添加"退出"命令

2) 标题栏

标题栏是Word 2021程序窗口顶端快速访问工具栏右侧区域，从左至右依次显示文件名、搜索栏、功能区显示选项及窗口控制按钮，如图2-1-4所示。

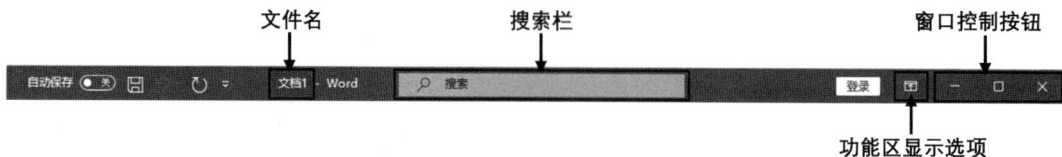

图2-1-4 标题栏

(1) 文件名。启动Word 2021程序并创建文档后，默认文件名为"文档1"，用户可以对文件重命名，此处显示当前文档名称。

(2) 搜索栏。在搜索栏中输入文本，能够在文档中查找对应的文档内容。

(3) 功能区显示选项。在Word 2021中，用户可以根据需求借助此选项调整功能区显示状态，以便更好地进行文档编辑与查看。

- 自动隐藏功能区：将隐藏整个功能区。单击程序窗口顶部，可恢复显示。
- 显示选项卡：仅显示功能区选项卡，单击选项卡可显示命令。
- 显示选项卡和命令：始终显示功能区。

(4) 窗口控制按钮。该按钮可对当前程序窗口进行最小化、最大化、还原、关闭操作。

3) 功能区

功能区显示程序操作命令，这些命令依照功能被分类到选项卡中。每个选项卡内又以"组"进行二级分类。

(1) 选项卡。功能区涵盖开始、插入、设计、布局、引用、邮件、审阅、视图、帮助

9个选项卡。单击选项卡标签，可切换选项卡，功能区随即展示该选项卡内的命令。

(2) 组。选项卡内以灰色竖线为界，划分出多个组。每组收纳同类功能命令。如字体组包含了设置文档字符格式的下拉列表框与按钮命令。功能区中未直接显示的命令，可在对应分组的对话框或任务窗格中查找。例如，单击字体分组对话框启动器按钮，便可打开字体对话框，如图2-1-5所示。

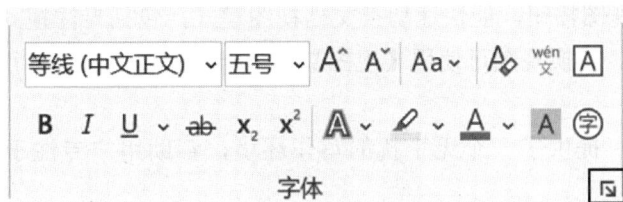

图2-1-5 字体分组对话框启动器

(3) 命令。组中命令以下拉列表框或按钮的形式呈现。下拉列表框可从多个选项中选择其中一项；按钮则用于设置与取消设置的切换。且命令显示状态会随当前选中对象的设置同步更新。

4) 标尺

在Word 2021中，标尺是一个非常有用的工具，可以帮助用户调整页面布局、段落格式和文本对齐等。

【实操体验】显示/隐藏标尺。

操作方法：在【视图】选项卡【显示】分组中，勾选【标尺】可显示标尺，取消勾选则隐藏标尺，如图2-1-6所示。

图2-1-6 显示/隐藏标尺

5) 信息栏

在Word 2021中，信息栏位于窗口底部，兼具文档实时信息展示与快捷操作功能。

- 显示文档信息：状态栏显示文档的页码、总页数、字数等信息。
- 视图切换：通过状态栏视图按钮，可快速切换不同的视图模式。
- 缩放控制：状态栏的右侧缩放滑块，可快速调整文档显示比例。
- 语言和拼写检查：状态栏显示当前文档的语言设置，并可检查拼写及语法状态。

【实操体验】自定义信息栏显示内容。

操作方法：右击信息栏任意位置，弹出【自定义状态栏】菜单，单击菜单项可在信息栏显示或隐藏对应内容。

6) 滚动条

在Word 2021文档中，拖动滚动条可以浏览文档的不同部分。

(1) 水平滚动条：文档宽度超过窗口宽度时，会出现水平滚动条。拖动可左右移动文档。

(2) 垂直滚动条：文档页数超过窗口高度时，会出现垂直滚动条。拖动可上下移动文档。

7) 视图按钮

Word 2021的视图按钮，能快速切换文档视图模式，包括专注模式、选取模式、打印布局和Web版式等。切换视图可使用【视图】选项卡中的命令，但使用状态栏的视图切换按钮更便捷。

(1) 专注模式，提供了一个无干扰的写作环境，帮助用户专注于文档内容的编辑和创作。

(2) 选取模式，是指用户可以通过不同的方法选择文档中的文本、图形或其他元素的操作模式。

(3) 打印布局，是一种显示文档页面布局的视图模式，它模拟了文档打印出来时的效果。

(4) Web版式，是一种专为在网页上展示文档而设计的视图模式。

2.1.2 文档基本操作

1. 创建文档

在Word 2021中，创建新文档有很多种方式。

【实操体验】创建空白文档。

操作方法1：启动Word 2021程序，在程序窗口中单击【空白文档】，如图2-1-7所示。

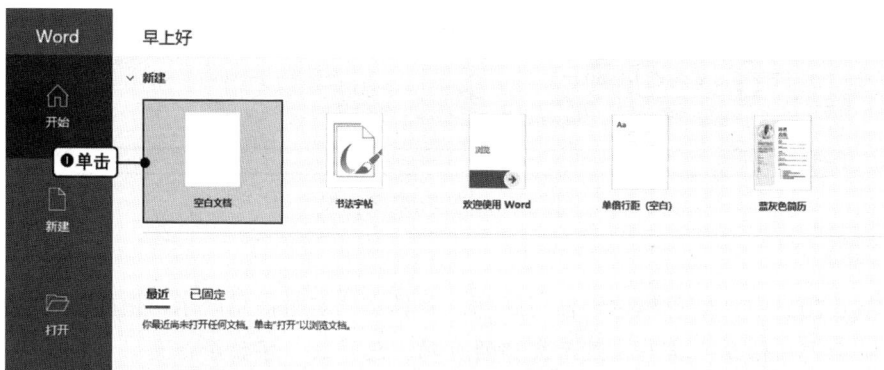

(a)

(b)

图2-1-7 在程序窗口中创建空白文档

操作方法2：在桌面或文档窗口中，右击空白处，在弹出的快捷菜单中单击【新建】→【Microsoft Word文档】，输入文档名称"求职信"，按【Enter】键，如图2-1-8所示。

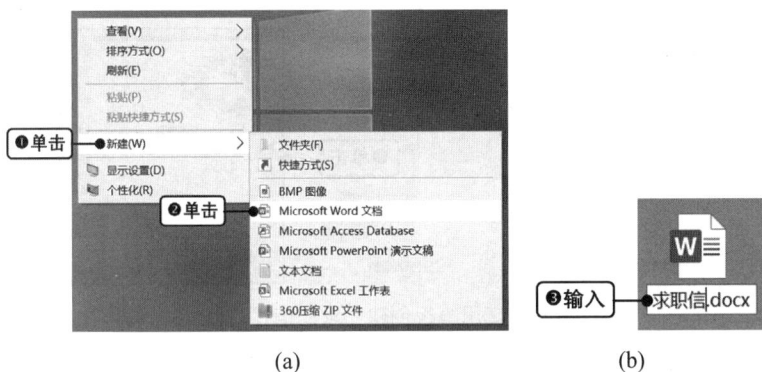

(a)　　　　　　　　　　　　　　(b)

图2-1-8　快捷创建空白文档

技巧提示：①当Word程序处于活动窗口时，单击【文件】菜单，单击【新建】→【空白文档】。②同样情况下，按【Ctrl+N】组合键，也可快速创建一个空白文档。

对于初学者，如果希望创建格式规范、设计效果美观的文档，可借助Word程序自带模板，快速创建Word文档。

【实操体验】套用模板创建"求职信1"文档。

操作方法：单击【文件】菜单，选择【新建】，在联机模板搜索框中输入"求职信"，从搜索结果中选择适合的模板，如"蓝色球求职信"，单击【创建】，如图2-1-9~图2-1-12所示。

图2-1-9　套用模板创建"求职信1"文档(1)

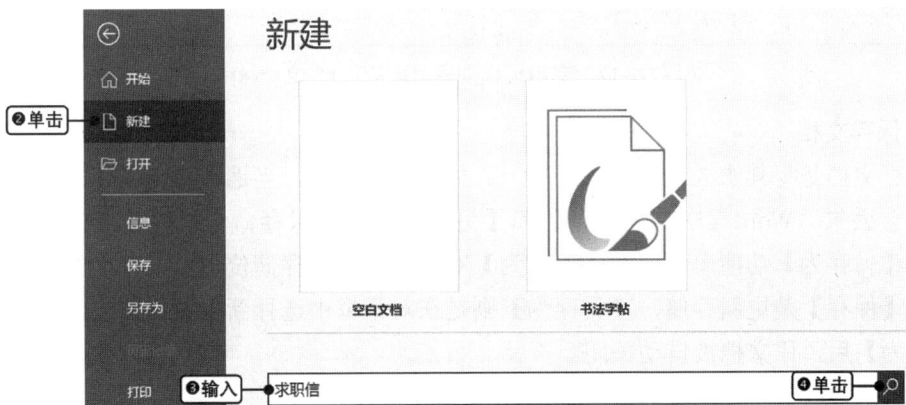

图2-1-10　套用模板创建"求职信1"文档(2)

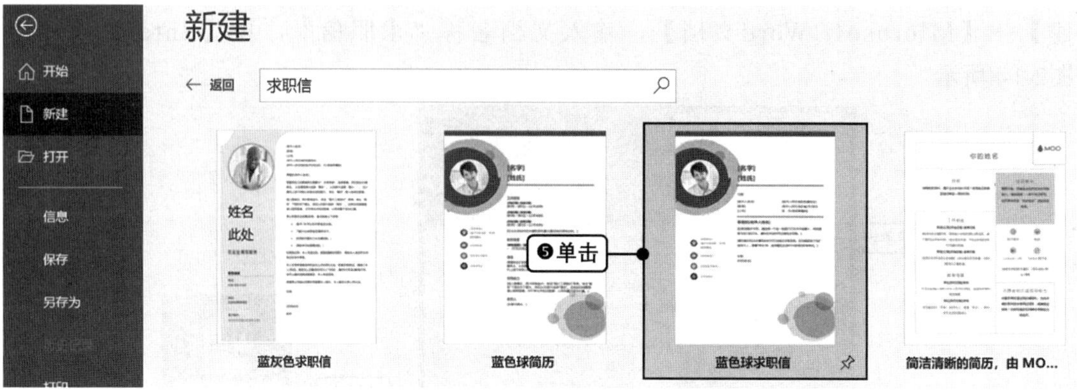

图2-1-11　套用模板创建"求职信1"文档(3)

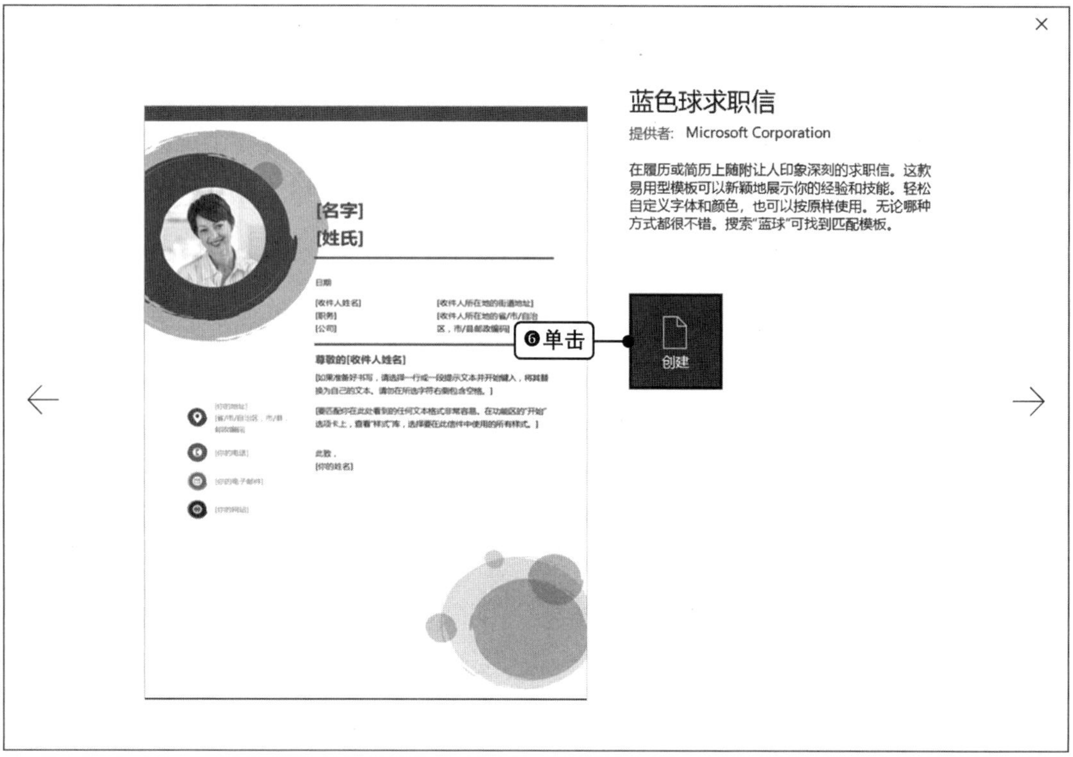

图2-1-12　套用模板创建"求职信1"文档(4)

2. 保存文档

保存文档是将其永久地保存在外存上。如文档未保存，当遇程序异常退出或断电时，文档就会丢失。Word程序有【保存】和【另存为】两个保存命令。对于新建文档，【保存】和【另存为】功能一致，在【另存为】对话框中设置存储位置、文件名等。对于现有文档，【保存】是更新存储，【另存为】则是在对话框中选择新位置、指定新文件名等。【另存为】后，原文档被自动关闭。

【实操体验】将"求职信1"文档保存在"实操体验"文件夹中。

操作方法：单击【文件】菜单，单击【保存】→【浏览】，在【另存为】对话框中选择"实操体验"文件夹，输入"求职信1"文件名，单击【保存】按钮，如图2-1-13~图2-1-15所示。

图2-1-13　保存"求职信1"文档(1)

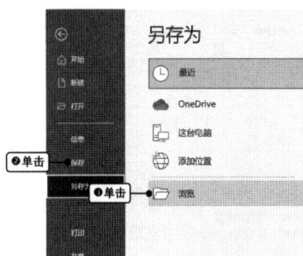

图2-1-14　保存"求职信1"文档(2)

图2-1-15　保存"求职信1"文档(3)

技巧提示：①Word 2021提供自动保存功能，在计算机断电或程序异常时可降低丢失文档数据的风险。在【文件】→【选项】中可以设置自动保存选项，默认自动保存时间间隔为10分钟。②在Word 2021中，可以为文档设置密码选项，以保护内容不被未授权人访问。密码选项包括【打开密码】和【修改密码】。设置密码后，打开文档时需要输入密码。如果打开密码输入错误，将无法打开文档；如果修改密码输入错误，可以以"只读"方式打开文档。

【实操体验】设置"求职信1"打开密码。

操作方法：单击【文件】菜单，选择【另存为】→【浏览】，在【另存为】对话框中单击【工具】→【常规选项】，在【常规选项】对话框中，输入打开密码，单击【确定】按钮，如图2-1-16~图2-1-18所示。

图2-1-16　设置文档打开密码(1)

图2-1-17　设置文档打开密码(2)

图2-1-18　设置文档打开密码(3)

3. 打开文档

对于现有的文档，在使用和编辑文档前需要将文档打开，通常用户可以在文档窗口中双击文件图标打开文档，也可以在Word程序窗口中打开文档。

【实操体验】在Word程序中，打开桌面上"求职信"文档。

操作方法：单击【文件】菜单，选择【打开】→【浏览】，在【打开】对话框中选择桌面上的"求职信"，单击【打开】按钮，如图2-1-19所示。

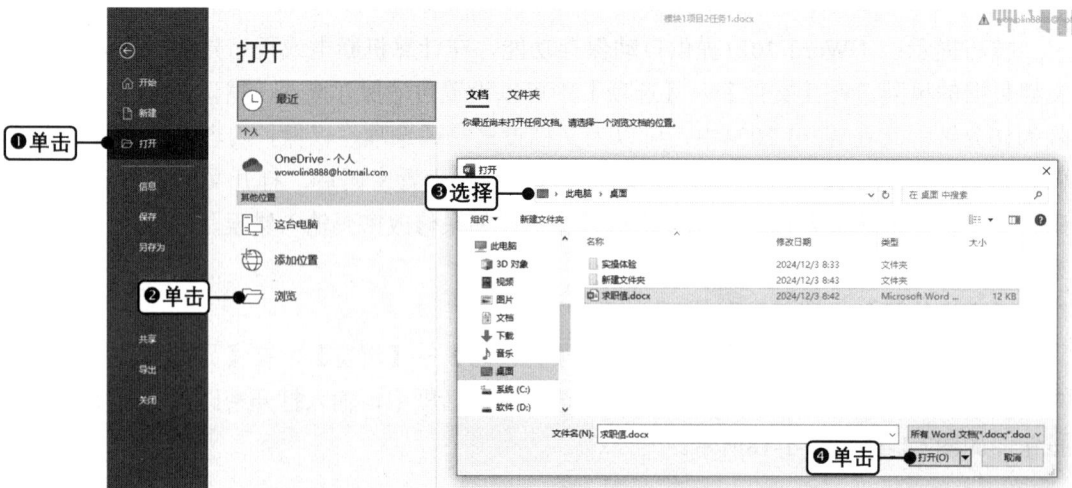

图2-1-19　在Word程序中打开文档

4. 关闭文档

已经打开的文档，在不使用的情况下要及时关闭。打开的文档会占用系统内存空间，关闭文档可以释放内存空间，使系统资源被有效利用。

【实操体验】关闭"求职信"文档。

操作方法1：单击Word 2021程序窗口右上角■按钮。

操作方法2：单击【文件】菜单，选择【关闭】命令。在【关闭】命令下，只关闭文档，不退出Word程序。

2.1.3 输入与编辑文档内容

1. 输入文本

文本是文档的基本元素，包括汉字、字母、数字、各类符号等。在文档制作过程中，需要在页面的编辑区输入文本及编辑文本。

1) 编辑区

页面编辑区是文档内容显示和编辑的主要区域。页面四角有灰色直角标记，将四个直角连线形成的矩形区域就是编辑区。

2) 插入点

插入点是在编辑区中闪动的竖线，用于指示当前输入的文本在页面中的位置。通常在输入文本时，先切换插入点在编辑区的位置，然后输入内容。在文档中，可用鼠标和键盘按键切换插入点。

【实操体验】打开"实操体验"文件夹中的"表扬信.docx"，将插入点切换至文档结尾处。

操作方法1：使用鼠标切换插入点。将"|"字形标记移至文档结尾处段落标记的位置，单击鼠标。

操作方法2：按键盘组合键【Ctrl+End】，将插入点切换至文档结尾处。常用切换插入点的按键如表2-1-1所示。

表2-1-1 切换插入点的常用按键

按 键	执行操作	按 键	执行操作
←(→)	左(右)移一个字符	Ctrl+←(→)	左(右)移一个单词
↑(↓)	上(下)移一行	Ctrl+↑(↓)	上(下)移一段
Home(End)键	移至行首(尾)	Ctrl+Home(End)组合键	移至文档开头(结尾)
Page Up(Page Down)键	上(下)移一屏	Ctrl+Page Up(Page Down)组合键	移至上(下)页顶端

3) 输入普通文本

插入点位置确定后，汉字、字母、数字和标点符号等可用键盘直接输入，当输入满一行会自动换到下一行，当输入满一页会自动换到下一页。当未满一行需要换行时，按【Shift+Enter】进行换行；当需要换段时，按【Enter】进行换段。

2. 输入特殊符号

常用的符号可以通过键盘上的按键直接输入，但是还有一些特殊符号无法通过键盘的按键输入，这样的符号使用【插入】选项卡【符号】组中的符号命令输入。

【实操体验】打开"实操体验"文件夹中的"表扬信.docx"，在单位名称下面输入联系电话"☎:023-40851552"，扫描右侧二维码查看效果图。

操作方法：将插入点移至单位名称的段落标记上，按【Enter】，在【插入】选项卡【符号】组中，单击【符号】命令选择【其他符号】；在【符号】对话框中，选择字体为"Wingdings"，选中"☎"符号，单击【插入】按钮，如图2-1-20和图2-1-21所示。接着从键盘输入其他符号。

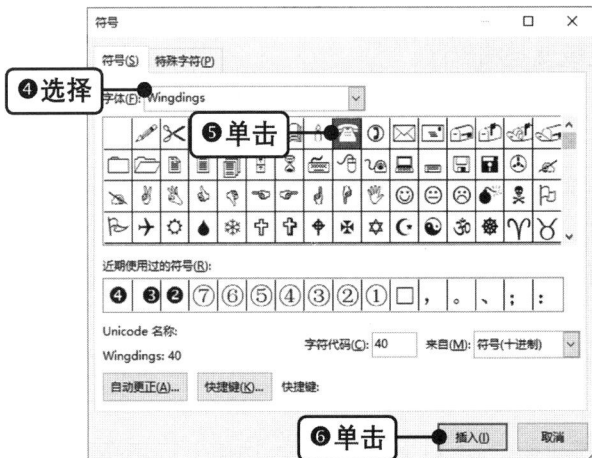

图2-1-20　插入特殊符号(1)

图2-1-21　插入特殊符号(2)

3. 输入日期和时间

在通知、合同等文档中经常需要输入日期时间，可手动从键盘输入。既可以输入与计算机系统一致的日期时间，也可以使用插入日期时间命令进行输入。

【实操体验】在"表扬信.docx"中，联系电话下面输入系统日期，扫描右侧二维码查看效果图。

操作方法：将插入点移至联系电话的段落标记上，按【Enter】，在【插入】选项卡【文本】组中，单击【日期和时间】命令；在【日期和时间】对话框中，选择语言为"中文(中国)"，选择"可用格式"，单击【确定】按钮，如图2-1-22和图2-1-23所示。

图2-1-22　插入日期和时间(1)

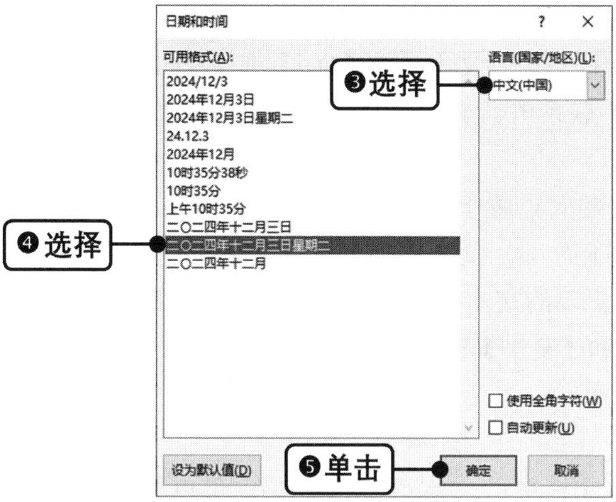

图2-1-23　插入日期和时间(2)

2.1.4　编辑文本

文本内容输入之后，用户可以按照需求的变化使用编辑命令对文本进行修改。

1. 选中文本

在执行编辑命令前需要先选中文本。在文档中既可以使用拖动鼠标的方式选中文本，也可以使用鼠标搭配按键进行快速选中。页面包括选定区和编辑区，在不同区域，鼠标操作动作一样，选中的文本对象却不同。常用选中文本操作如表2-1-2所示。

表2-1-2　常用选中文本操作

动作	编辑区	选定区
单击鼠标	切换插入点位置	选一行
双击鼠标	选一个词	选一段
三击鼠标	选一个段	选全文
Ctrl+单击鼠标	选一句	加选一行/选全文
Shift+单击鼠标	选中连续文本	选中连续多行
Alt+拖动鼠标	选中矩形文本	——

【实操体验】在"表扬信.docx"中选中标题文本。

操作方法1：将"|"字形标记移至标题文本最前端，拖动鼠标左键至标题结尾处，被选中的文本高亮显示。

操作方法2：将鼠标移至页面选定区标题行位置，选定区是页面左侧两个灰色直角连线的左侧空白区域，鼠标在选定区以白色指向右上箭头显示；单击鼠标也可以选中标题文本。

在文档中，可以根据文档内容和结构选中文本。

2. 删除文本

在文档中，对于输入错误的文本或不需要的文本可以删除，常用的删除命令是【剪切】命令、【Del】按键和【Backspace】按键。

【实操体验】在"表扬信.docx"中删除联系电话文本。

操作方法1：选中联系电话文本，按【Del】或【Backspace】按键。

操作方法2：选中联系电话文本，右击选中文本的高亮区域，在快捷菜单中选择【剪切】命令。

技巧提示：①将插入点置于文档中，按【Backspace】键删除插入点左侧文本，按【Del】删除插入点右侧文本。②【剪切】命令删除的文本将移入Office剪贴板中，如果要恢复被【剪切】命令删除的文本，可以打开剪贴板找到该文本进行恢复。Office剪贴板最多保留24次【剪切】和【复制】的对象。

3. 移动和复制文本

1) 移动文本

移动操作可以将文档中的文本改变位置，也可以将其他文件中的对象移动到本文档中。

【实操体验】打开文档"培训须知.docx"，将文档中"培训纪律"及其后面段落移至"外聘师资"前。

操作方法1：选中"培训纪律"及其后面段落文本，在【开始】选项卡【剪贴板】组中，单击【剪切】命令，将插入点切换至"外聘师资"前，单击【粘贴】命令。

操作方法2：选中"培训纪律"及其后面段落文本，将鼠标移至选中文本的高亮区域，右击高亮区域任意位置，快捷菜单中选择【剪切】命令，将插入点切换至"外聘师资"前，右击插入点位置，从快捷菜单中选择【粘贴】命令。

操作方法3：选中"培训纪律"及其后面段落文本，将鼠标移至选中文本的高亮区域，拖动鼠标移动插入点至"外聘师资"前。

技巧提示：①【剪切】命令快捷键为【Ctrl+X】，【粘贴】命令快捷键为【Ctrl+V】。②执行【剪切】命令后，将剪切对象移入剪贴板。

2) 复制文本

复制操作可以将文档中的文本多次输入到其他位置，也可以将其他文件中的对象复制到本文档中。

【实操体验】打开文档"培训须知.docx"，将文档中"培训费用"及其后面段落另起段落并复制到文档结尾处。

操作方法1：选中"培训费用"及其后面段落文本，在【开始】选项卡【剪贴板】组中，单击【复制】命令，将插入点切换至文档结尾处，按【Enter】键，单击【粘贴】命令。

操作方法2：选中"培训费用"及其后面段落文本，将鼠标移至选中文本的高亮区域，右击高亮区域任意位置，快捷菜单中选择【复制】命令，将插入点切换至文档结尾处，按【Enter】键，右击插入点位置，从快捷菜单中选择【粘贴】命令。

操作方法3：将插入点切换至文档结尾处，按【Enter】键，选中"培训费用"及其后面段落文本，将鼠标移至选中文本的高亮区域，按【Ctrl】键的同时拖动鼠标移动插入点至最后一个段落标记位置。

技巧提示：①【复制】命令快捷键为【Ctrl+C】。②执行【复制】命令后，将复制对象复制到剪贴板。

3) 复制文本格式

在Word 2021中，格式刷是一个非常有用的工具，它允许用户复制文本或段落的格式，并将其应用到其他文本或段落上。

【实操体验】打开文档"培训须知.docx"，将"培训实施"段落的格式应用到"培训费用""培训纪律""外聘师资""其他"段落。

操作方法：选中"培训实施"段落，在【开始】选项卡【剪贴板】组中，双击【格式刷】命令，在文档中依次刷选"培训费用""培训纪律""外聘师资""其他"段落，如图2-1-24所示；单击【格式刷】命令取消格式刷，如图2-1-25所示。

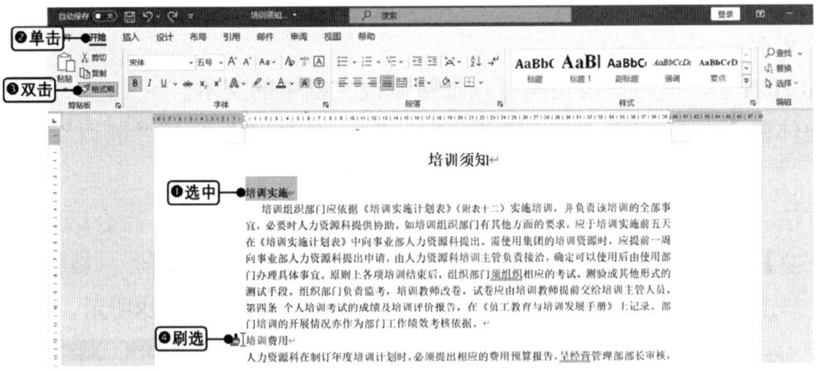

图2-1-24　格式刷复制文本格式

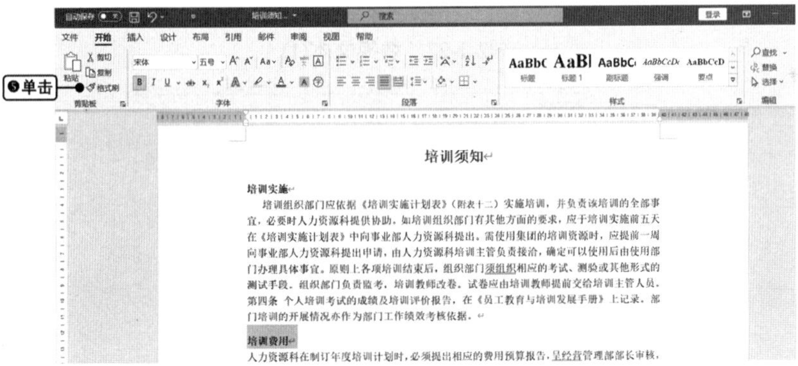

图2-1-25　取消格式刷

技巧提示：①单击【格式刷】命令只能刷选一次对象，即复制一次格式，刷选一次对象后，格式刷命令自动取消。②双击【格式刷】命令，可以刷选若干次对象，复制格式结束后，单击【格式刷】命令或者按【Esc】键取消格式刷。

4. 查找和替换文本

1) 查找文本

在Word 2021中，"查找"是常用操作，可帮助用户快速找到文档中的特定内容。

【实操体验】打开文档"培训须知.docx"，查找"培训"文本。

操作方法：在【开始】选项卡【编辑】组中，单击【查找】命令，在Word程序窗口左侧显示【导航】任务窗格，在搜索框中输入"培训"，在【导航】任务窗格和页面中将查找到的文本突出显示，如图2-1-26所示。

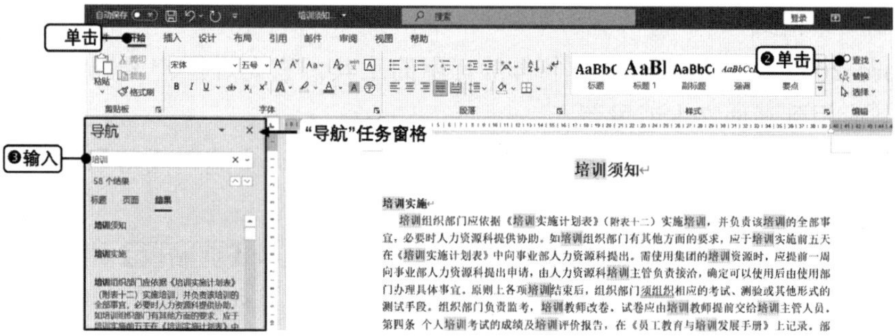

图2-1-26　查找文本

2) 替换文本

在Word 2021中，使用替换功能可以批量修改文档中的文本。

【实操体验】打开文档"培训须知.docx"，将文档中所有"培训"替换为"强化训练"。

操作方法：在【开始】选项卡【编辑】组中，单击【替换】命令(见图2-1-27)；在【查找和替换】对话框【替换】选项卡中，查找内容中输入"培训"，替换为中输入"强化训练"，单击【全部替换】按钮，单击【关闭】按钮，如图2-1-28所示。

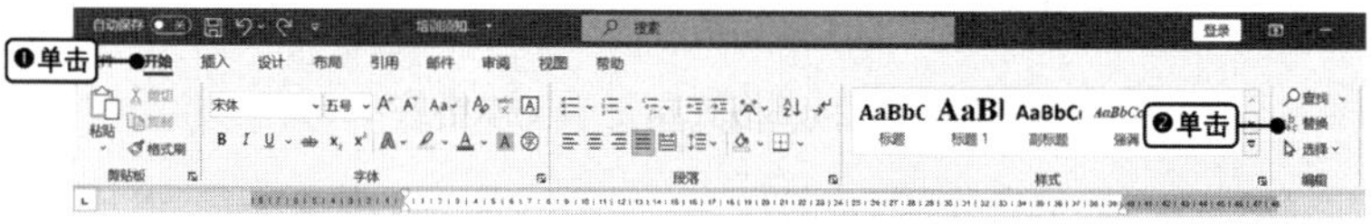

图2-1-27　替换文本(1)

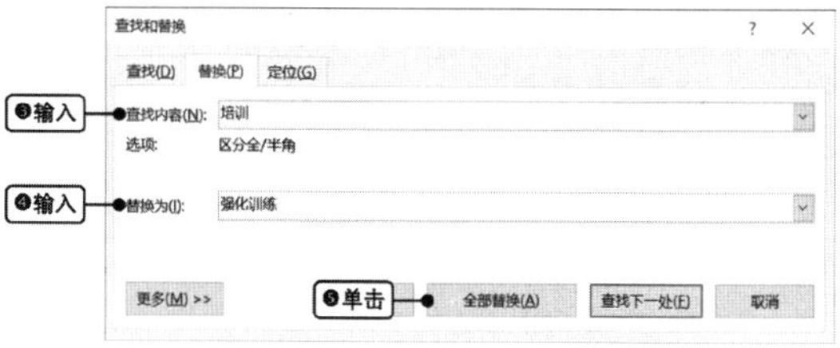

图2-1-28　替换文本(2)

技巧提示：在Word 2021程序中，替换命令不仅可以替换文本内容，也可以替换文本的格式，如批量修改同一文本的字体、字号等，同时也可以替换文档中其他元素，如图形等。

⚙ 实训

知识训练

(1) 简述Word程序窗口组成。

(2) 简述创建Word文档的方法。

(3) 简述移动文本和复制文本的操作方法。

(4) 格式刷命令功能是什么？

能力训练

【**案例2-1**】按照操作要求，创建"中国功勋人物-袁隆平.docx"文档。样张如图2-1-29、图2-1-30所示。

操作要求：

(1) 创建Word文档"中国功勋人物-袁隆平.docx"，保存至"实操体验"文件夹中。

(2) 参照样张1(见图2-1-29)输入文档内容。

(3) 将"素材"文件夹中"袁隆平.txt"文件中所有文本另起段落复制到输入内容之后。

(4) 参照样张(见图2-1-30)将文档中"袁隆平"替换为"袁隆平先生"。

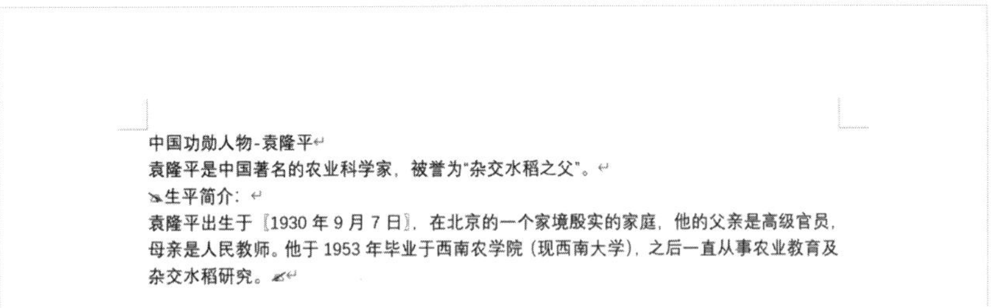

中国功勋人物-袁隆平
袁隆平是中国著名的农业科学家，被誉为"杂交水稻之父"。
生平简介：
袁隆平出生于〖1930 年 9 月 7 日〗，在北京的一个家境殷实的家庭，他的父亲是高级官员，母亲是人民教师。他于 1953 年毕业于西南农学院 (现西南大学)，之后一直从事农业教育及杂交水稻研究。

图2-1-29　案例2-1效果样张(1)

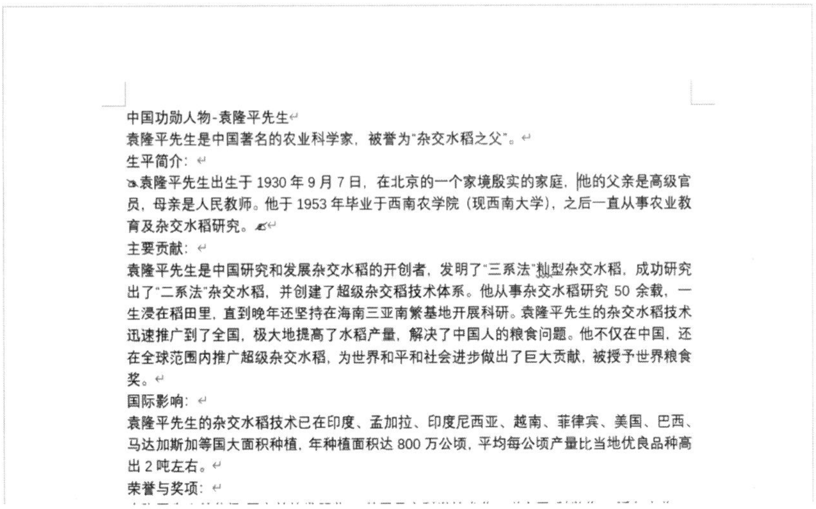

中国功勋人物-袁隆平先生
袁隆平先生是中国著名的农业科学家，被誉为"杂交水稻之父"。
生平简介：
袁隆平先生出生于 1930 年 9 月 7 日，在北京的一个家境殷实的家庭，他的父亲是高级官员，母亲是人民教师。他于 1953 年毕业于西南农学院 (现西南大学)，之后一直从事农业教育及杂交水稻研究。
主要贡献：
袁隆平先生是中国研究和发展杂交水稻的开创者，发明了"三系法"籼型杂交水稻，成功研究出了"二系法"杂交水稻，并创建了超级杂交稻技术体系。他从事杂交水稻研究 50 余载，一生浸在稻田里，直到晚年还坚持在海南三亚南繁基地开展科研。袁隆平先生的杂交水稻技术迅速推广到了全国，极大地提高了水稻产量，解决了中国人的粮食问题。他不仅在中国，还在全球范围内推广超级杂交水稻，为世界和平和社会进步做出了巨大贡献，被授予世界粮食奖。
国际影响：
袁隆平先生的杂交水稻技术已在印度、孟加拉、印度尼西亚、越南、菲律宾、美国、巴西、马达加斯加等国大面积种植，年种植面积达 800 万公顷，平均每公顷产量比当地优良品种高出 2 吨左右。
荣誉与奖项：

扫描二维码，阅读
《案例2-1操作方法》

图2-1-30　案例2-1效果样张(2)

素质训练

在现代工作环境中，高效办公至关重要，它对个人、团队和组织都有许多积极影响。假设你是某公司营销主管，需要向多位客户发出"产品发布会邀请函"，请快速设计并制作出邀请函。

小资料

扫描二维码，阅读《文字处理软件简介》

任务2.2 格式化文档

引导案例：制作公司运营策划方案

小明已步入职场，现需要设计并制作公司运营策划方案。运营策划方案是公司运营的蓝图，它不仅关乎公司的日常运作，还紧密联系着公司的未来发展。一个精心设计的运营策划方案能够帮助公司在复杂多变的市场环境中稳健前行。设计公司运营策划方案时，对其内容和格式都有规范化要求。

根据案例回答下列问题：

(1) 文档中输入文字默认的格式效果是什么？

(2) 文档默认文字格式效果适合实际应用场景吗？

(3) 文字自身以及文字之间的位置关系需要设置吗？

(4) 段落自身以及段落之间的位置关系需要设置吗？

案例技能点分析：

(1) 在Word 2021程序中创建空白文档，并输入文档内容。

(2) 对文档进行字体格式设置和段落格式设置。

(3) 内容和格式设置后保存文档。

📖 相关知识

2.2.1 字体格式

在Word 2021程序中，字体格式命令在文本格式设置中占据重要地位，它主要用于设置字符的外观效果。字体格式命令集中在【开始】选项卡【字体】组中，功能区没有显示的命令，可以单击【字体】组对话框启动器按钮，在【字体】对话框中进行设置。

1. 字体

字体命令是列表形式的，Word 2021程序中默认输入文字的字体是"等线"，用户可以根据文档版面设置要求，通过字体列表切换字体。

2. 字号

字号用于设置字符的大小。字号命令是列表形式的，Word 2021程序中默认输入文字的字体字号是"五号"，用户可以根据文档版面设置要求，通过字号列表切换字号，字号由初号到八号，文字由大到小；字号由5到72，文字由小到大。也可以手动输入1~1638的一个阿拉伯数字设置字号。

3. 字形

字形设置包括加粗、倾斜、下划线、删除线、下标、上标。字形命令是按钮形式的，单击按钮设置命令，再单击按钮取消命令。

4. 文本效果

用户可以使用Word程序预设文本效果和版式，也可以自定义包括轮廓、阴影、映像和发光，如图2-2-1所示。

图2-2-1 文本效果

除文本效果和版式命令外，还可以设置突出显示文本 🖊、字体颜色 A、字符底纹 A、字符边框 wén文、文字拼音、着重号、字符间距、位置等。

5. 清除格式

清除格式命令是将文本的字体格式和段落格式恢复为默认设置。

【实操体验】打开"素材"文件夹中的"工作计划.docx"，设置文本"工作计划"字体格式为"楷体""一号""加粗""着重号"，文本效果为"渐变填充：蓝色，主题色5；映像"；设置文本"某物业管理公司"为"黑体""三号""双下划线""紫色"；设置文本"开发商"的字符间距"加宽5磅"。扫描右侧二维码查看字体格式设置效果图。

操作方法：

步骤1：选中"工作计划"文本，在【开始】选项卡【字体】组中，单击"字体"列表下拉三角按钮，选择"楷体"，单击"字号"列表下拉三角按钮，选择"一号"，单击【加粗】按钮；单击【字体】组对话框启动器，在【字体】对话框的【字体】选项卡中单击"着重号"列表下拉三角按钮，选择着重号，单击【确定】按钮，如图2-2-2所示；单击【文本效果与版式】按钮，选择"渐变填充：蓝色，主题色5；映像"。

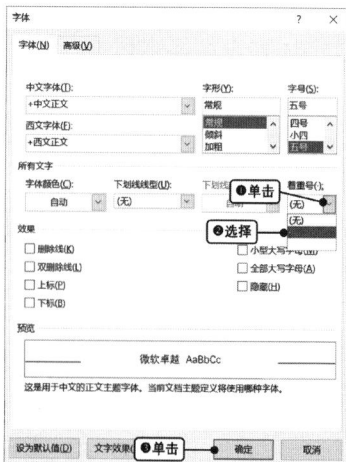

图2-2-2 设置文本"着重号"

步骤2：选中"某物业管理公司"文本，在【开始】选项卡【字体】组中，单击"字体"列表下拉三角按钮，选择"黑体"，单击"字号"列表下拉三角按钮，选择"三号"，单击下划线下拉三角按钮，选择"双下划线"，单击"字体颜色"下拉三角按钮，选择标准色下的"紫色"。

步骤3：选中"开发商"文本，单击【字体】组对话框启动器，在【字体】对话框的【高级】选项卡中单击"间距"列表下拉三角按钮，选择"加宽"，"磅值"输入"6磅"，单击【确定】按钮，如图2-2-3所示。

图2-2-3　设置字符间距加宽

2.2.2　段落格式

在Word 2021程序中，段落格式设置以整个段落为单位，它对文档的布局和可读性至关重要。段落格式命令集中在【开始】选项卡【段落】组中，功能区没有显示的命令或者需要具体设置的选项，可以单击【段落】组对话框启动器按钮，在【段落】对话框中进行设置。

1. 对齐方式

对齐方式是控制段落在页面上排列的重要命令，包括默认的对齐方式两端对齐、左对齐、居中对齐、右对齐和分散对齐。5种对齐方式设置效果如图2-2-4所示。

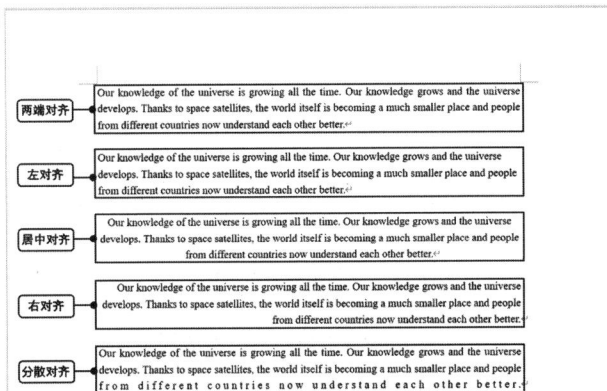

图2-2-4　对齐方式设置效果

1) 左对齐

段落的左边缘与页面的左边缘对齐，右边缘则不齐。

2) 居中对齐

段落在页面上水平居中，左右两边的空白区域对称，常用于标题或需要强调的文本。

3) 右对齐

文本的右边缘与页面的右边缘对齐，左边缘则不齐。

4) 两端对齐

文本的左右两边都与页面边缘对齐，字符间距会调整以填满行宽，但最后一行左对齐，两端对齐是Word文档中默认的对齐方式，可以使页面看起来更整齐。

5) 分散对齐

文本的左右两边都与页面边缘对齐，包括最后一行。

【实操体验】打开"素材"文件夹中"产品说明书.docx"，设置第一段标题为"居中"对齐。

操作方法：选中第一段(或将插入点置于第一段中任意位置)，在【开始】选项卡【段落】分组中，单击【居中】按钮，如图2-2-5所示。

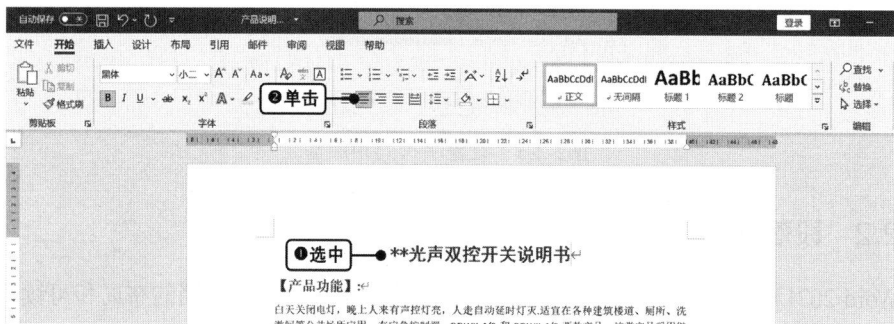

图2-2-5 标题居中对齐

2. 缩进

缩进是控制段落首行与本段其他行或所有行与页面边缘距离的一种方式，它有助于组织文档结构和提高可读性。缩进命令包括左缩进、右缩进、首行缩进和悬挂缩进。4种缩进设置效果如图2-2-6所示。

图2-2-6 缩进设置效果

1) 左右缩进

左右缩进命令用于调整整个段落的左右边缘与页面边缘的距离。

2) 首行缩进

首行缩进命令可以将段落的第一行相对于其他行向内缩进，以用于区分段落。

3) 悬挂缩进

悬挂缩进命令可以将段落除第一行外的其他行相对于第一行向内缩进，常用于带有项目符号或编号的列表，以对齐文本。

【实操体验】将"产品说明书.docx"文档中黑色文字段落设置"首行缩进1厘米"，紫色方括号段落设置"左缩进2字符"。

操作方法：按【Ctrl】键同时将所有黑色文字段落选中，在【开始】选项卡中单击【段落】组对话框启动器按钮，如图2-2-7所示；在【段落】对话框中的【缩进和间距】选项卡中，单击"特殊"下拉三角按钮，选择"首行缩进"，"缩进值"输入"1厘米"，单击【确定】按钮，如图2-2-8所示。也可以使用格式刷命令对不连续文本的格式进行复制。

紫色方括号段落设置：选中第一个紫色方括号段落，在【段落】组中单击【增加缩进量】按钮2次，即左缩进2字符(见图2-2-9)；在【剪贴板】组中双击【格式化】按钮，刷选其他紫色方括号文本段落，(见图2-2-10)。

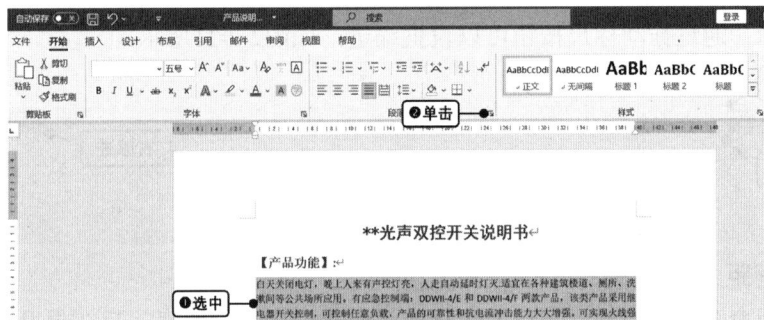

图2-2-7 设置段落缩进(1)

图2-2-8 设置段落缩进(2)

图2-2-9　设置段落缩进(3)

图2-2-10　设置段落缩进(4)

技巧提示：通过拖动标尺按钮可以设置缩进，如图2-2-11所示。

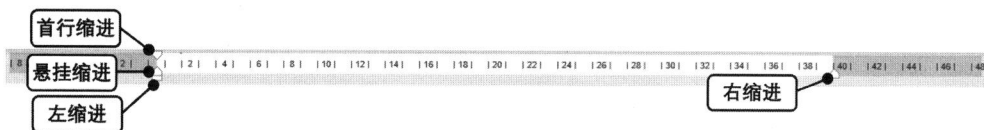

图2-2-11　标尺缩进按钮

3. 行段间距

行段间距命令用于控制行与行的距离或者段落与段落的距离，旨在提升文档的可读性和美观性。

1) 段间距

段间距包括段前间距和段后间距两种。段间距命令可设置段落前或段落后的区域大小，如图2-2-12所示。

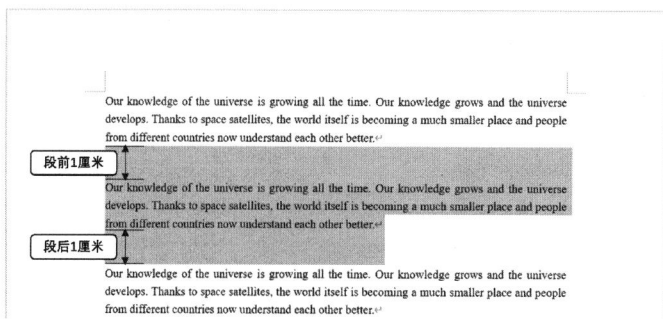

图2-2-12　段间距设置效果

2) 行间距

行间距包括默认的行距单倍行距、1.5倍行距、2倍行距、多倍行距、最小值和固定值。

单倍行距：行间距与行中最大文字高度一致。

1.5倍行距：行间距是行中最大文字高度的1.5倍。

2倍行距：行间距是行中最大文字高度的2倍。

多倍行距：用户自定义行距的倍数值。

最小值：设置一个行距最小值，Word程序会自动调整行距不小于最小值以适应页面布局。

固定值：设置一个具体的数值，每行行距将保持一致，不会因为行中比较大的文字或对象调整行距。

行距设置效果如图2-2-13所示。

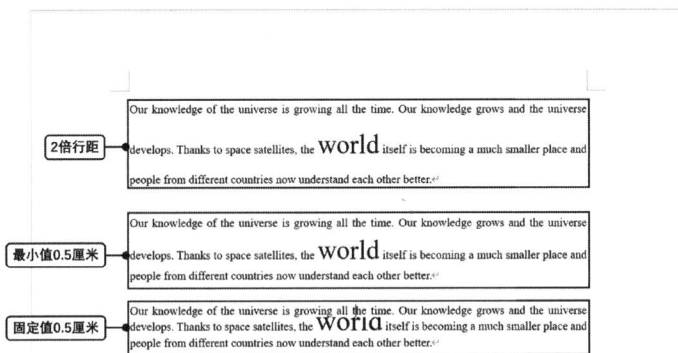

图2-2-13　行距设置效果

【实操体验】对"产品说明书.docx"文档中紫色方括号段落设置段前距离为1厘米，对黑色文字段落设置行距为固定值25磅。

操作方法：选中紫色方括号段落，在【开始】选项卡中单击【段落】组对话框启动器，在【段落】对话框【缩进和间距】选项卡中，段前输入"1厘米"，单击【确定】按钮，如图2-2-14所示。选中黑色文字段落，单击【段落】组对话框启动器，在【段落】对话框【缩进和间距】选项卡中，行距选择"固定值"，设置值输入"25磅"，单击【确定】按钮，如图2-2-15所示。

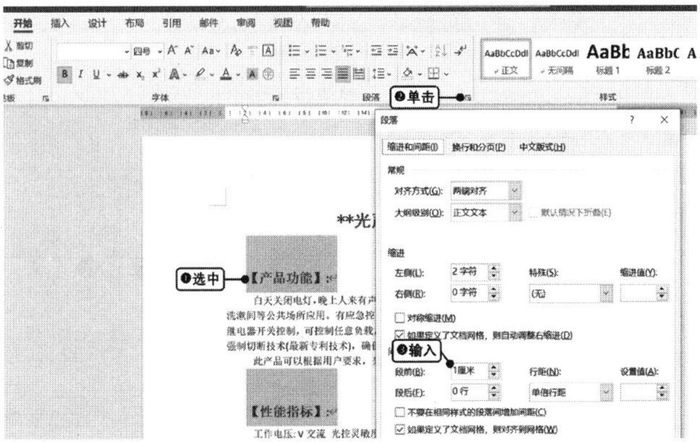

图2-2-14　行段间距设置(1)

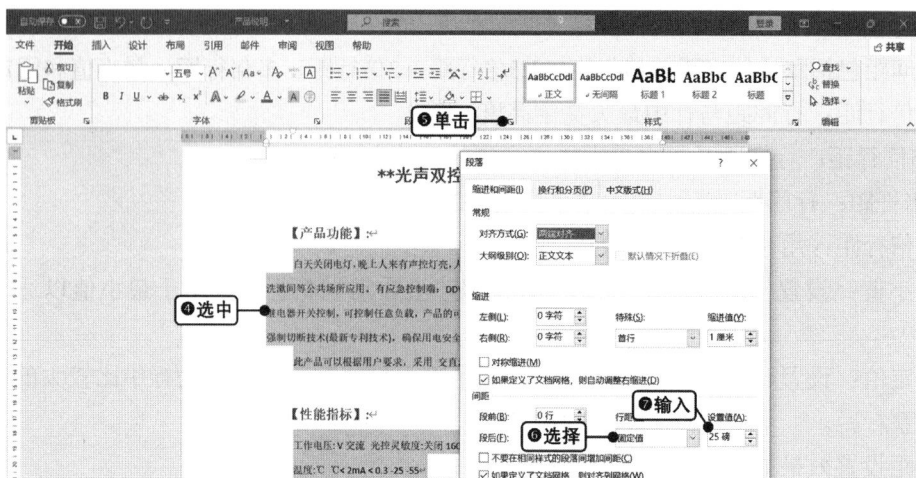

图2-2-15 行段间距设置(2)

4. 项目符号和编号

项目符号是用来标记列表项的符号，它有助于组织信息，使文档更加清晰和易于阅读。同一级列表项的符号相同。编号是为列表项自动添加数字或字母等序列的一种方式，它有助于创建有序列表，比如步骤说明、条款列表等。扫描右侧二维码查看项目符号和编号设置效果图。

【实操体验】将"产品说明书.docx"文档中将"【性能指标】："下面黑色文本段落设置紫色"水瓶座"项目符号，"【安装使用须知】："下面黑色文本段落设置"壹、贰、叁…"编号。

操作方法：

步骤1：选中"【性能指标】："下面黑色文本段落，在【开始】选项卡【段落】组中，单击【项目符号】下拉三角，单击【定义新项目符号】，如图2-2-16所示；在【定义新项目符号】对话中单击【符号】按钮，在【符号】对话框中字体选择"Wingdings"，单击"∾"，单击【确定】按钮，在【定义新项目符号】对话框中单击【字体】按钮，在【字体】对话框中设置字体颜色为"紫色"，单击【确定】按钮，如图2-2-17和图2-2-18所示。

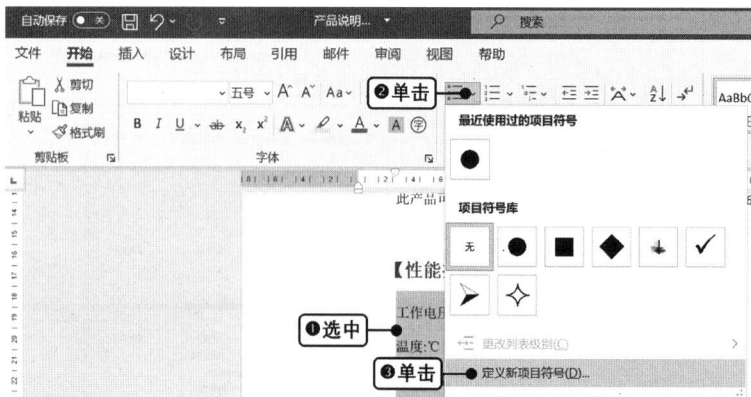

图2-2-16 设置项目符号(1)

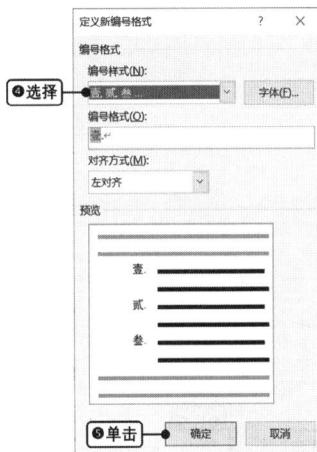

图2-2-17　设置项目符号(2)

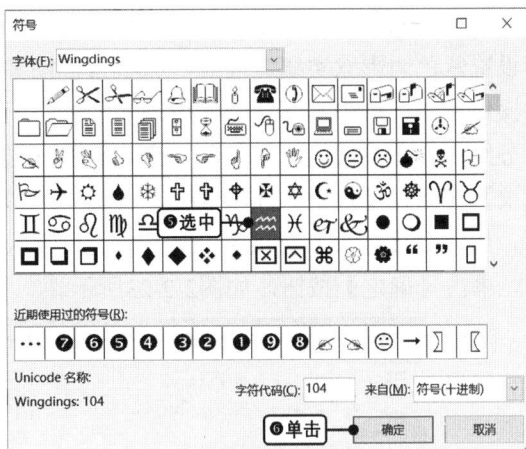

图2-2-18　设置项目符号(3)

步骤2：选中"【安装使用须知】："下面黑色文本段落，在【段落】组中单击【编号】下拉三角，单击【定义新编号格式】，如图2-2-19所示；在【定义新编号格式】对话框中，编号样式选择"壹、贰、叁⋯"，单击【确定】按钮，如图2-2-20所示。

图2-2-19　设置编号(1)

图2-2-20　设置编号(2)

5. 边框和底纹

1) 边框

边框可以为段落或特定的文本区域添加边框线，以增强文档的视觉效果并明确组织结构。用户可以选择以段落为对象设置边框，或者以文字为对象设置边框。边框的样式、颜色、宽度均可由用户灵活设置。扫描右侧二维码查看段落和文字边框设置效果图。

2) 底纹

底纹可以为段落的背景或特定文本区域添加颜色或图案，以增强文档的视觉效果和可读性。用户可以选择以段落为对象设置底纹，或者以文字为对象设置底纹。可设置纯色填充和图案样式两种底纹。扫描右侧二维码查看段落和文字底纹设置效果图。

【实操体验】对"产品说明书.docx"文档中 "【安装使用须知】："下面黑色文本段落设置紫色阴影双实线边框线， 10%紫色图案底纹。

操作方法：选中"【安装使用须知】："下面黑色文本段落，在【开始】选项卡【段落】分组中，单击【边框】下拉三角，单击【边框和底纹】，如图2-2-21所示；在【边框和底纹】对话框【边框】选项卡中，设置"阴影"，样式选择"双实线"，颜色选择"紫色"，切换至【底纹】选项卡，如图2-2-22所示，图案样式选择"10%"，颜色选择"紫色"，单击【确定】按钮，如图2-2-23所示。

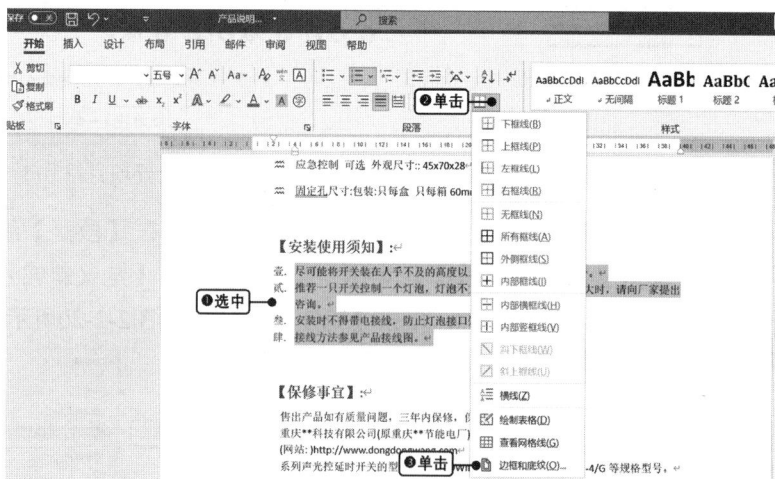

图2-2-21　边框底纹设置(1)

图2-2-22　边框底纹设置(2)

图2-2-23　边框底纹设置(3)

2.2.3　样式

在Word 2021程序中，样式是一种针对字体格式和段落格式的快速格式化文档工具，它允许用户为文本、段落及列表应用预定义格式。使用样式可以保持文档的一致性，并且可以快速更改文档的整体外观。

1. 内置样式

Word 2021程序安装后自带预设样式，用户可以对选中的文本应用内置样式。

【实操体验】打开"素材"文件夹中"产品说明书1.docx"，对标题文字"**光声双控开关说明书"应用"标题1"样式。

操作方法：选中标题文字"**光声双控开关说明书"，在【开始】选项卡【样式】组中，单击样式列表"其他"按钮，选择"标题1"，如图2-2-24和图2-2-25所示。

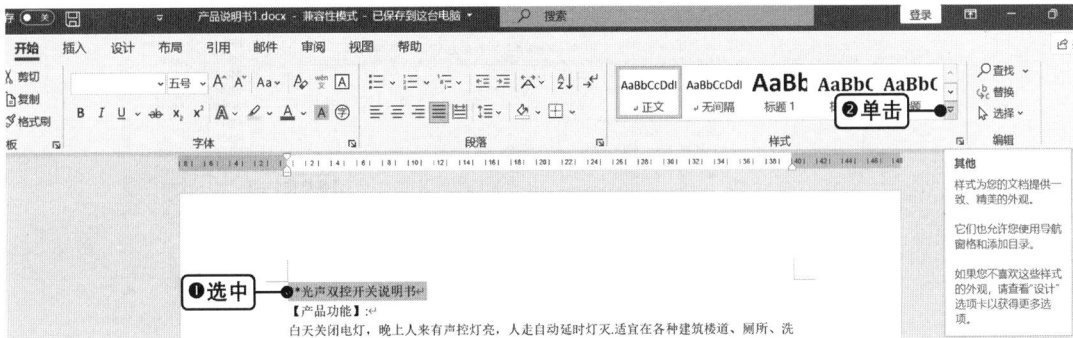

图2-2-24　应用内置样式(1)

图2-2-25　应用内置样式(2)

2. 创建样式

用户可以自定义样式，将需要组合在一起的字体格式和段落格式定义在样式中。

【实操体验】创建"U_二级标题"样式，格式包括"方正姚体""三号""加粗""居中""段前0.5行"。

操作方法：

在【开始】选项卡中单击【样式】组对话框启动器按钮，在"样式"任务窗格中单击【新建样式】按钮(见图2-2-26)；在【根据格式化创建新样式】对话框中，按照要求设置格式(见图2-2-27)；如果默认选项与要求不符，单击【格式】按钮在对话框中进行设置(见图2-2-28)；格式设置后确认设置效果，单击【确定】按钮(见图2-2-29)。

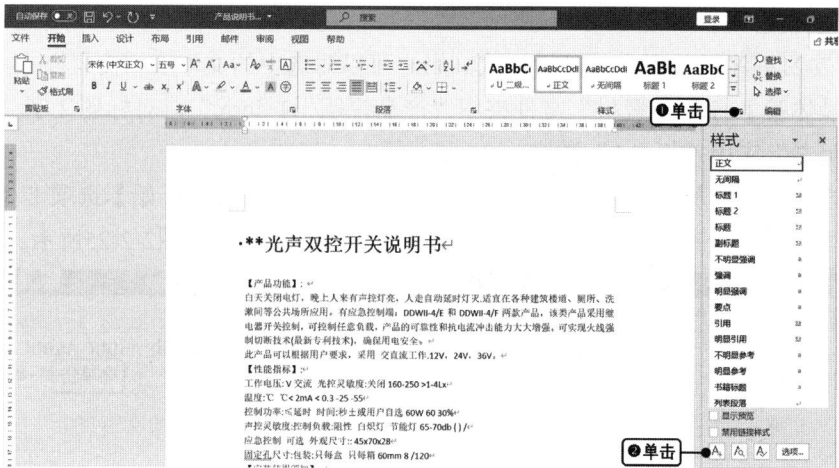

图2-2-26 创建样式(1)

图2-2-27 创建样式(2)

图2-2-28 创建样式(3)

图2-2-29 创建样式(4)

3. 管理样式

Word 2021程序内置的样式可以修改，但不能删除；用户创建的样式可以修改，也可以删除。

【实操体验】修改或删除"U_二级标题"样式。

操作方法：在【样式】任务窗格中单击【管理样式】按钮，如图2-2-30所示，在【管理样式】对话框中，选择需要修改或删除的样式，单击【修改】或【删除】按钮，单击【确定】按钮，如图2-2-31所示。

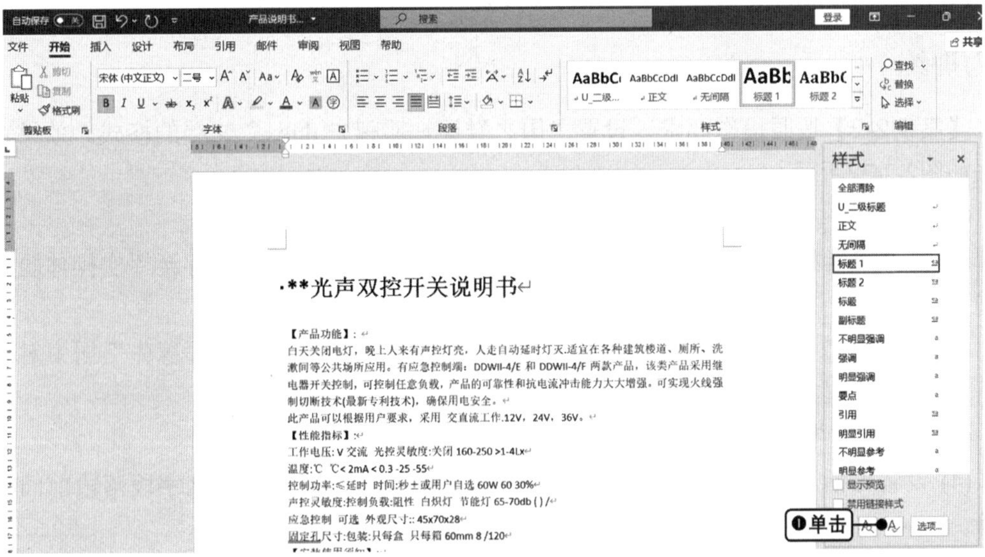

图2-2-30 管理样式(1)

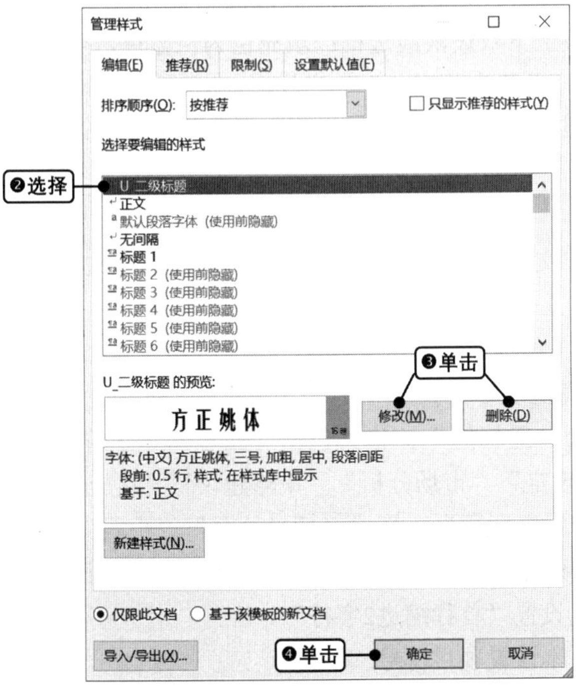

图2-2-31 管理样式(2)

⚙ 实训

知识训练

(1) 举例说明字体格式有哪些？

(2) 举例说明段落格式有哪些？

(3) 项目符号和编号的作用和区别是什么？

(4) 区分以段落与文字为不同操作对象设置边框和底纹的效果。

能力训练

【案例2-2】按照操作要求，设置"国之脊梁—邓稼先.docx"文档的格式。效果参照样张如图2-2-32所示。

操作要求：

(1) 打开"素材"文件夹中"国之脊梁—邓稼先.docx"文档，另存至"实操体验"文件夹中。

(2) 标题文字"邓稼先—国之脊梁"文本"黑体""一号"，"邓稼先"居中对齐，"—国之脊梁"右对齐。

(3) 除标题文字段落，其余段落设置"首行缩进2字符"。

(4) 设置方括号文字的字号为"三号"、加"着重号"，方括号文字段落段前间距为30磅。

(5) 设置"【主要事迹和经历】"后4段行距为"1.5倍行距"。

(6) 设置"【主要贡献和历史影响】"后8段的项目符号为"★"。

(7) 设置最后一段上下双波浪线边框；填充色为"蓝色，个性色5，淡色80%"，图案样式为"浅色网格"，颜色为"橙色"的底纹。

【案例2-3】按照操作要求，设置"公司运营策划方案.docx"文档的格式。效果参照样张(见图2-2-33)。

操作要求：

(1) 打开"素材"文件夹中"公司运营策划方案.docx"文档，另存至"实操体验"文件夹中。

(2) 创建样式"U一级标题"，格式包括"华文行楷""二号""居中"，并应用于标题文本"公司运营策划方案"。

(3) 创建样式"U二级标题"，格式包括"四号""字符间距3磅"，并应用于文本"方案背景""目标设定""市场分析""策略建议""实施计划""总结"。

(4) 创建样式"U三级标题"，格式包括"幼圆""小四""段前6磅"，并应用于文本"品牌建设""市场拓展""销售增长""内部管理""创新驱动"。

(5) 其余文本格式设置"首行缩进2字符"。

(6) 参照样张为文本设置项目符号。

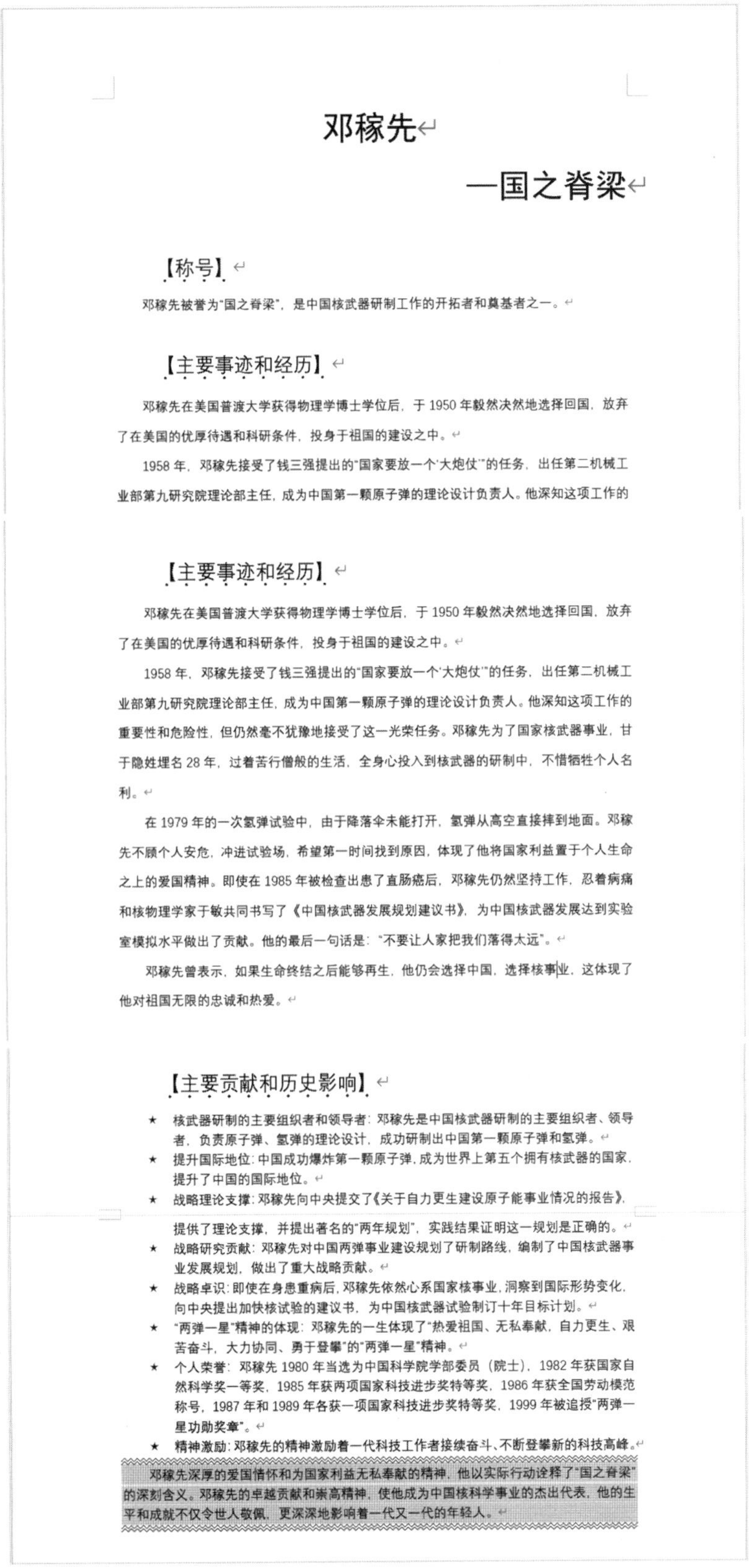

邓稼先
—国之脊梁

【称号】

邓稼先被誉为"国之脊梁"，是中国核武器研制工作的开拓者和奠基者之一。

【主要事迹和经历】

邓稼先在美国普渡大学获得物理学博士学位后，于 1950 年毅然决然地选择回国，放弃了在美国的优厚待遇和科研条件，投身于祖国的建设之中。

1958 年，邓稼先接受了钱三强提出的"国家要放一个'大炮仗'"的任务，出任第二机械工业部第九研究院理论部主任，成为中国第一颗原子弹的理论设计负责人。他深知这项工作的

【主要事迹和经历】

邓稼先在美国普渡大学获得物理学博士学位后，于 1950 年毅然决然地选择回国，放弃了在美国的优厚待遇和科研条件，投身于祖国的建设之中。

1958 年，邓稼先接受了钱三强提出的"国家要放一个'大炮仗'"的任务，出任第二机械工业部第九研究院理论部主任，成为中国第一颗原子弹的理论设计负责人。他深知这项工作的重要性和危险性，但仍然毫不犹豫地接受了这一光荣任务。邓稼先为了国家核武器事业，甘于隐姓埋名 28 年，过着苦行僧般的生活，全身心投入到核武器的研制中，不惜牺牲个人名利。

在 1979 年的一次氢弹试验中，由于降落伞未能打开，氢弹从高空直接摔到地面。邓稼先不顾个人安危，冲进试验场，希望第一时间找到原因，体现了他将国家利益置于个人生命之上的爱国精神。即使在 1985 年被检查出患了直肠癌后，邓稼先仍然坚持工作，忍着病痛和核物理学家于敏共同书写了《中国核武器发展规划建议书》，为中国核武器发展达到实验室模拟水平做出了贡献。他的最后一句话是："不要让人家把我们落得太远"。

邓稼先曾表示，如果生命终结之后能够再生，他仍会选择中国，选择核事业，这体现了他对祖国无限的忠诚和热爱。

【主要贡献和历史影响】

★ 核武器研制的主要组织者和领导者：邓稼先是中国核武器研制的主要组织者、领导者，负责原子弹、氢弹的理论设计，成功研制出中国第一颗原子弹和氢弹。
★ 提升国际地位：中国成功爆炸第一颗原子弹，成为世界上第五个拥有核武器的国家，提升了中国的国际地位。
★ 战略理论支撑：邓稼先向中央提交了《关于自力更生建设原子能事业情况的报告》，提供了理论支撑，并提出著名的"两年规划"，实践结果证明这一规划是正确的。
★ 战略研究贡献：邓稼先对中国两弹事业建设规划了研制路线，编制了中国核武器事业发展规划，做出了重大战略贡献。
★ 战略卓识：即使在身患重病后，邓稼先依然心系国家核事业，洞察到国际形势变化，向中央提出加快核试验的建议书，为中国核武器试验制订十年目标计划。
★ "两弹一星"精神的体现：邓稼先的一生体现了"热爱祖国、无私奉献，自力更生、艰苦奋斗，大力协同、勇于登攀"的"两弹一星"精神。
★ 个人荣誉：邓稼先 1980 年当选为中国科学院学部委员（院士），1982 年获国家自然科学奖一等奖，1985 年获两项国家科技进步奖特等奖，1986 年获全国劳动模范称号，1987 年和 1989 年各获一项国家科技进步奖特等奖，1999 年被追授"两弹一星功勋奖章"。
★ 精神激励：邓稼先的精神激励着一代科技工作者接续奋斗、不断登攀新的科技高峰。

邓稼先深厚的爱国情怀和为国家利益无私奉献的精神，他以实际行动诠释了"国之脊梁"的深刻含义。邓稼先的卓越贡献和崇高精神，使他成为中国核科学事业的杰出代表，他的生平和成就不仅令世人敬佩，更深深地影响着一代又一代的年轻人。

扫描二维码，阅读《案例2-2操作方法》

图2-2-32　案例2-2效果样张

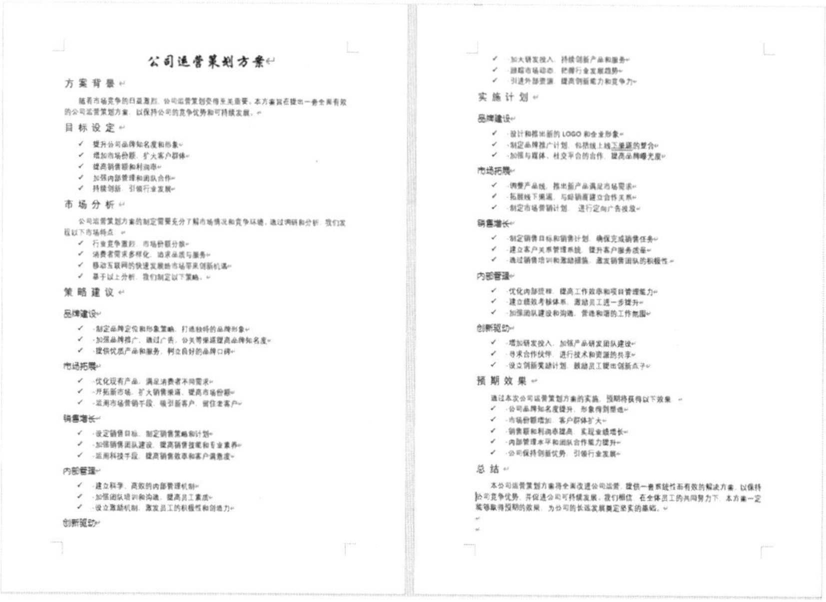

公司运营策划方案

方案背景

随着市场竞争的日益激烈，公司运营策划变得至关重要。本方案旨在提出一套全面有效的公司运营策划方案，以保持公司的竞争优势和可持续发展。

目标设定

✓ 提升公司品牌知名度和形象
✓ 增加市场份额，扩大客户群体
✓ 提高销售额和利润率
✓ 加强内部管理和团队合作
✓ 持续创新，引领行业发展

市场分析

公司运营策划方案的制定需要充分了解市场情况和竞争环境。通过调研和分析，我们发现以下市场特点：

✓ 行业竞争激烈，市场份额分散
✓ 消费者需求多样化，追求品质与服务
✓ 移动互联网的快速发展给市场带来创新机遇
✓ 基于以上分析，我们制定以下策略。

策略建议

品牌建设

✓ 制定品牌定位和形象策略，打造独特的品牌形象
✓ 加强品牌推广，通过广告、公关等渠道提高品牌知名度
✓ 提供优质产品和服务，树立良好的品牌口碑

市场拓展

✓ 优化现有产品，满足消费者不同需求
✓ 开拓新市场，扩大销售渠道，提高市场份额
✓ 运用市场营销手段，吸引新客户，留住老客户

销售增长

✓ 设定销售目标，制定销售策略和计划
✓ 加强销售团队建设，提高销售技能和专业素养
✓ 运用科技手段，提高销售效率和客户满意度

内部管理

✓ 建立科学、高效的内部管理机制
✓ 加强团队培训和沟通，提高员工素质
✓ 设立激励机制，激发员工的积极性和创造力

创新驱动

✓ 加大研发投入，持续创新产品和服务
✓ 跟踪市场动态，把握行业发展趋势
✓ 引进外部资源，提高创新能力和竞争力

实施计划

品牌建设

✓ 设计和推出新的 LOGO 和企业形象
✓ 制定品牌推广计划，包括线上线下渠道的整合
✓ 加强与媒体、社交平台的合作，提高品牌曝光度

市场拓展

✓ 调整产品线，推出新产品满足市场需求
✓ 拓展线下渠道，与经销商建立合作关系
✓ 制定市场营销计划，进行定向广告投放

销售增长

✓ 制定销售目标和销售计划，确保完成销售任务
✓ 建立客户关系管理系统，提升客户服务质量
✓ 通过销售培训和激励措施，激发销售团队的积极性

内部管理

✓ 优化内部流程，提高工作效率和项目管理能力
✓ 建立绩效考核体系，激励员工进一步提升
✓ 加强团队建设和沟通，营造和谐的工作氛围

创新驱动

✓ 增加研发投入，加强产品研发团队建设
✓ 寻求合作伙伴，进行技术和资源的共享
✓ 设立创新奖励计划，鼓励员工提出创新点子

预期效果

通过本次公司运营策划方案的实施，预期将获得以下效果：

✓ 公司品牌知名度提升，形象得到塑造
✓ 市场份额增加，客户群体扩大
✓ 销售额和利润率提高，实现业绩增长
✓ 内部管理水平和团队合作能力提升
✓ 公司保持创新优势，引领行业发展

总结

本公司运营策划方案将全面改进公司运营，提供一套系统性和有效的解决方案，以保持公司竞争优势，并促进公司可持续发展。我们相信，在全体员工的共同努力下，本方案一定能够取得预期的效果，为公司的长远发展奠定坚实的基础。

图2-2-33　案例2-3效果样张

扫描二维码，阅读《案例2-3操作方法》

素质训练

使用“文心一言”“Kimi”等AI大模型，以“国之脊梁：中国院士的科学人生百年”为关键字搜索相关资料，并选取自我感触深刻的一位国之脊梁科学家，将其事迹编辑成文本整理在Word文档中，进行字体及段落格式设置；从中学习科学家、院士秉承的“爱国、创新、求实、奉献、协同、育人”的科学家精神。

小资料

扫描二维码，阅读《Word程序中常用文本编辑、字体段落格式设置快捷键汇总》

任务2.3 创建与编辑表格

引导案例：制作日工作行程计划表

小明已步入职场，需要制订每日工作行程计划，并记录工作情况。制定每日工作行程计划表是帮助提高效率和组织性的有效方法。

根据案例回答下列问题：

(1) 表格与文字相比在内容呈现和排版有哪些优点？

(2) 如何创建表格？请举例。

(3) 表格的文字格式如何设置？

(4) 表格与页面中的文字位置关系如何设置？

案例技能点分析：

(1) 在Word 2021程序中创建空白文档，创建表格并输入文档内容。

(2) 设置表格结构。

(3) 设置文本、表格格式后保存文档。

相关知识

2.3.1 创建表格

表格是Word 2021文档中用于组织和展示信息及数据的格式。在【插入】选项卡【表格】组中单击【表格】命令创建表格。

1. 创建空白表格

【实操体验】在"实操体验"文件夹中新建空白文档"表格练习"，在文档开头处创建3行4列空白表格。

操作方法1：将插入点置于文档开头处，在【插入】选项卡【表格】组中单击【表格】，在预览区域中移动鼠标，预览区域上方显示"4*3表格"，单击鼠标，如图2-3-1所示。

图2-3-1 即时预览创建表格

操作方法2：将插入点置于文档开头处，在【插入】选项卡【表格】组中单击【表格】，单击【插入表格】，如图2-3-2所示；在【插入表格】对话框中，行数输入"3"，列数输入"4"，单击【确定】按钮，如图2-3-3所示。

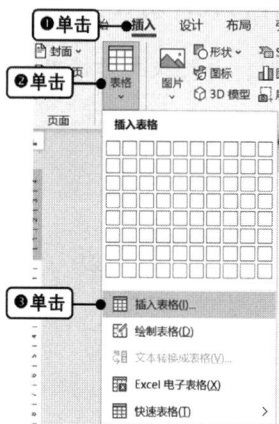

图2-3-2　插入表格(1)　　　　　　　　　图2-3-3　插入表格(2)

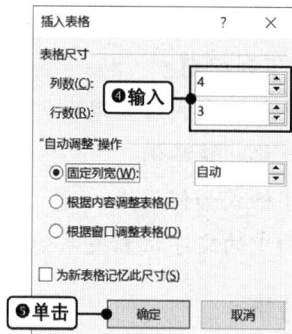

操作方法3：可以手动绘制表格。在【插入】选项卡【表格】组中单击【表格】，单击【绘制表格】，鼠标显示状态变成 ✐，在页面空白处拖动鼠标绘制表格，按【Esc】键绘制结束。

2. 创建Excel电子表格

在Word 2021中创建Excel电子表格实际上是将Excel表格嵌入Word文档中。

【实操体验】在"表格练习.docx"文档中创建Excel电子表格。

操作方法：将插入点置于文档中，在【插入】选项卡【表格】组中单击【表格】，单击【Excel电子表格】，如图2-3-4所示；创建后，表格显示Excel编辑状态(见图2-3-5)，单击表格外空白处，退出Excel电子表格编辑状态，显示Word页面(见图2-3-6)。

图2-3-4　Excel电子表格(1)

图2-3-5　Excel电子表格(2)

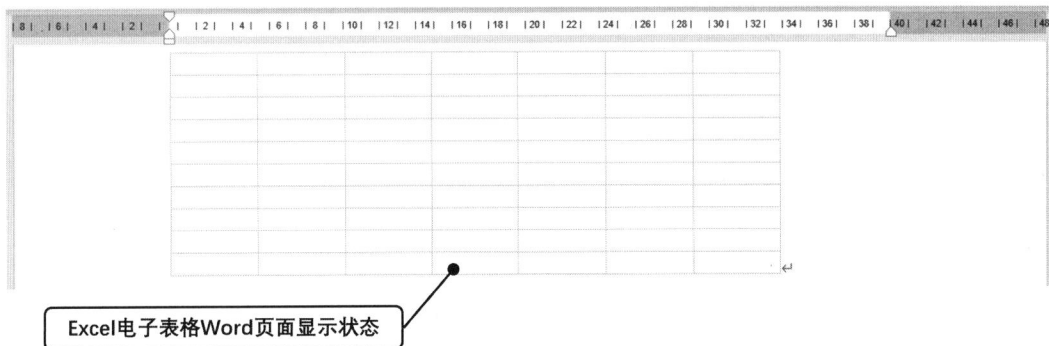

图2-3-6　Excel电子表格(3)

3. 创建有内容和样式的表格

Word 2021程序提供了一些常用的表格，方便用户快速创建。

【实操体验】在"表格练习.docx"文档中创建日历表。

操作方法：将插入点置于文档中，在【插入】选项卡【表格】组中单击【表格】，单击【快速表格】，选择"日历1"，如图2-3-7所示。

图2-3-7　快速表格

4. 文本转换成表格

将Word文档中的文本转换为表格，是许多人在进行数据整理和分析时经常面临的需求。

【实操体验】打开"素材"文件夹中的"希腊字母表.docx"，将文档中的文本转换成表格。扫描右侧二维码查看效果图。

操作方法：选中转换表格的文本段落，在【插入】选项卡【表格】组单击【表格】，单击【文本转换成表格】命令，如图2-3-8所示；在【将文字转换成表格】对话框中，文字分隔位置设置为"其他字符"，文本框中输入"#"，确认行数和列数，单击【确定】按钮，如图2-3-9所示。

图2-3-8　文字转换成表格(1)

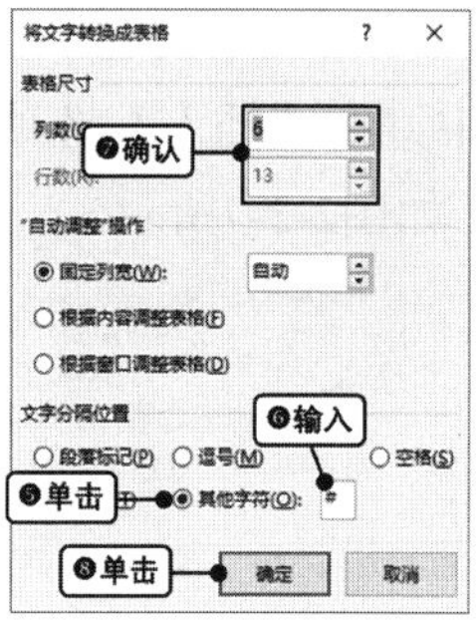

图2-3-9　文字转换成表格(2)

技巧提示：

技巧1：文字转换成表格时，如果文字分隔位置是段落标记，可以手动调整列数，选中区域包含的段落标记个数等于行数与列数的乘积；如果文字分隔位置是除段落标记外的其他字符，转换后的表格行数与选中文本区域包括的段落标记个数相同，列数是文字分隔位置字符数加1。

技巧2：在Word 2021程序中，可以将文本与表格进行相互转换，选中表格，在【表格工具】→【布局】选项卡【数据】组中，单击【转换为文本】，在【表格转换成文本】对话框中，用户按需选择"文字分隔符"，单击【确定】按钮。

2.3.2 编辑表格

创建表格后，可以根据实际情况编辑表格内容和修改表格布局。

1. 编辑表格内容

表格中的每个单元格内都有段落标记，将插入点移至某个单元格段落标记处，可以在该单元格中输入和编辑文本等元素，也可以对单元格文本等元素进行格式设置，输入、编辑文本及格式设置方法与页面编辑区的文本操作一致。

2. 修改表格布局

1) 选中表格的操作对象

表格的操作对象包括整个表格以及表格中的行、列、单元格。

【实操体验】打开"素材"文件夹中的"表格练习1.docx"，选中整个表格。

操作方法1：光标移至第1个单元格，拖动鼠标至最后一行右侧段落标记选中整个表格，如图2-3-10所示。

图2-3-10 选中整个表格

操作方法2：光标移至表格左上角 ，鼠标变成十字箭头状态时，单击鼠标选中整个表格，如图2-3-11所示。

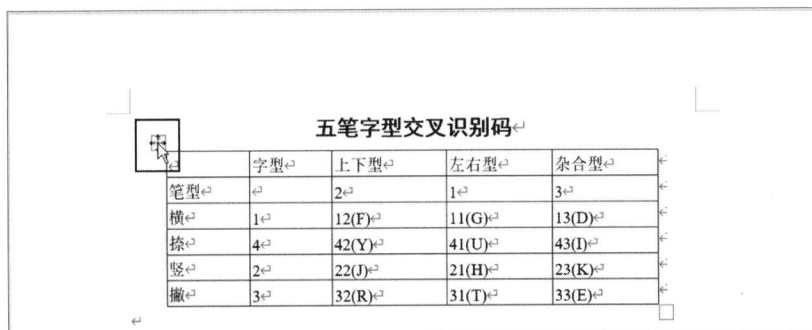

图2-3-11 选中整个表格鼠标状态

【实操体验】在"表格练习1.docx"中，选中表格的第2行。

操作方法1：光标移至第2行第1个单元格，拖动鼠标至该行最后一个单元格右侧段落标记处可选中整行(见图2-3-12)。

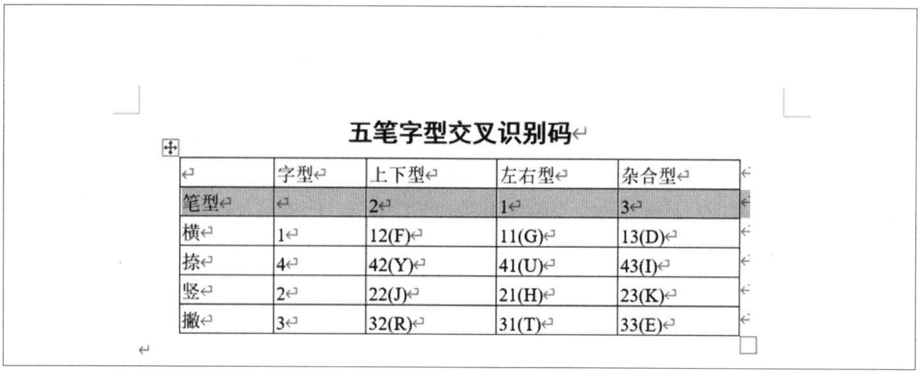

五笔字型交叉识别码

	字型	上下型	左右型	杂合型
笔型		2	1	3
横	1	12(F)	11(G)	13(D)
捺	4	42(Y)	41(U)	43(I)
竖	2	22(J)	21(H)	23(K)
撇	3	32(R)	31(T)	33(E)

图2-3-12　选中整行

操作方法2：光标移至第2行的选定区域，鼠标指针变成白色右上箭头状态时(见图2-3-13)，单击选中整行。

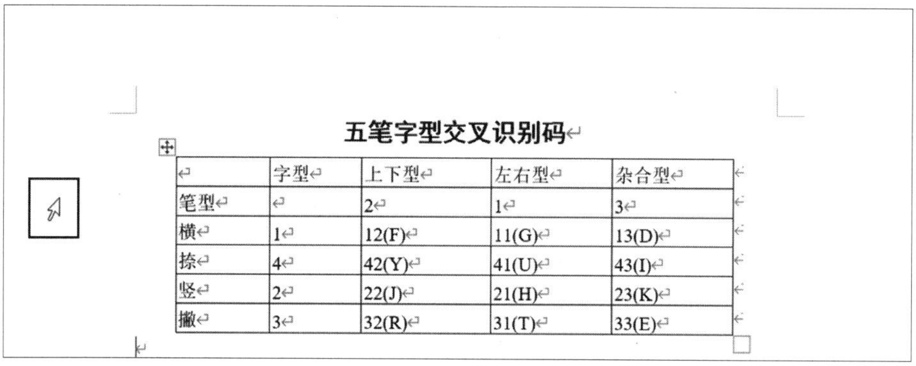

五笔字型交叉识别码

	字型	上下型	左右型	杂合型
笔型		2	1	3
横	1	12(F)	11(G)	13(D)
捺	4	42(Y)	41(U)	43(I)
竖	2	22(J)	21(H)	23(K)
撇	3	32(R)	31(T)	33(E)

图2-3-13　选中整行鼠标状态

【实操体验】在“表格练习1.docx”中，选中表格的第2列。

操作方法1：光标移至第2列第1个单元格，拖动鼠标指针至该列最后一个单元格可选中整行，如图2-3-14所示。

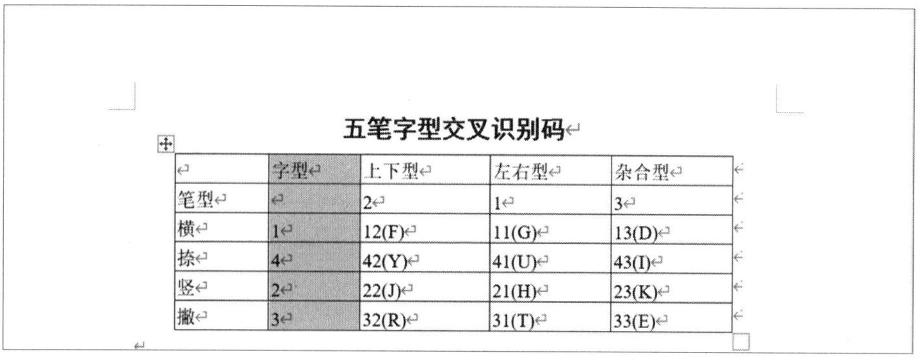

五笔字型交叉识别码

	字型	上下型	左右型	杂合型
笔型		2	1	3
横	1	12(F)	11(G)	13(D)
捺	4	42(Y)	41(U)	43(I)
竖	2	22(J)	21(H)	23(K)
撇	3	32(R)	31(T)	33(E)

图2-3-14　选中整列

操作方法2：光标移至第2列第1个单元格上边缘，鼠标变成黑色向下箭头状态时单击选中整列，如图2-3-15所示。

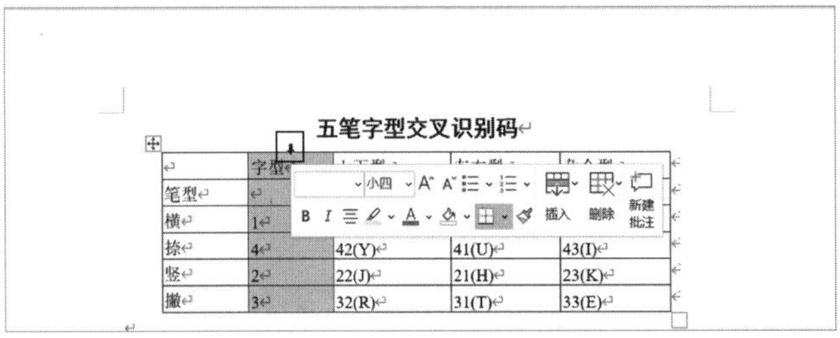

图2-3-15　选中整列鼠标状态

需要注意的是，将光标移至起始单元格内部，拖动鼠标至结尾单元格可选中多个单元格。此操作可以选中多个单元格，但不能只选中1个单元格。

【实操体验】在"表格练习1.docx"中，选中表格的第3行第2列单元格。

操作方法：光标移至第3行第2列单元格左边缘，鼠标变成右上黑色箭头时，单击鼠标选中1个单元格，如图2-3-16所示。

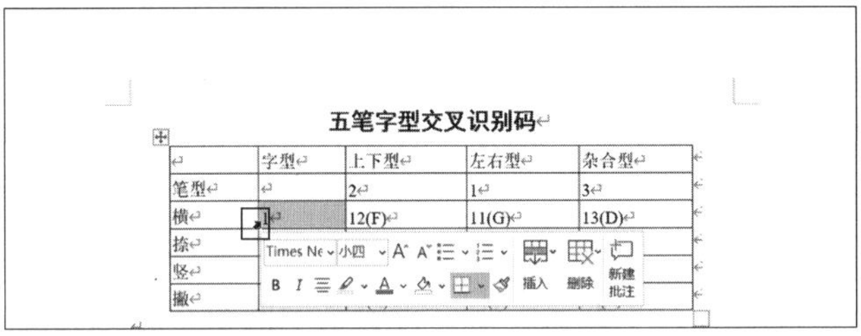

图2-3-16　选中1个单元格

技巧提示：将插入点置于需要选中的单元格内，按【Shift+End】组合键，选中该单元格。

2) 行和列的操作

(1) 插入行。在表格中插入行的数量由选中的行数决定，插入位置可以在选中行的上方或下方。

【实操体验】打开"素材"文件夹中的"表格练习1.docx"，在"捺"和"竖"之间插入两个空行。扫描右侧二维码查看效果图。

操作方法1：选中"竖"和"撇"两行，在【表格工具】→【布局】选项卡【行和列】组中，单击【在上方插入】按钮，如图2-3-17所示。

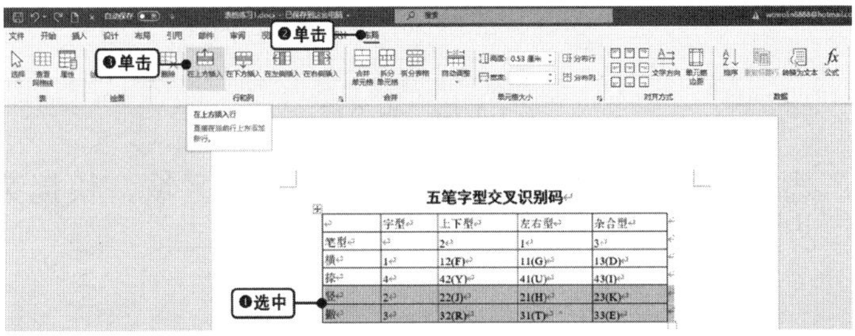

图2-3-17　插入空行

操作方法2：选中"横"和"捺"两行，右击选中行高亮区域，快捷菜单中选择【插入】→【在下方插入行】，如图2-3-18所示。

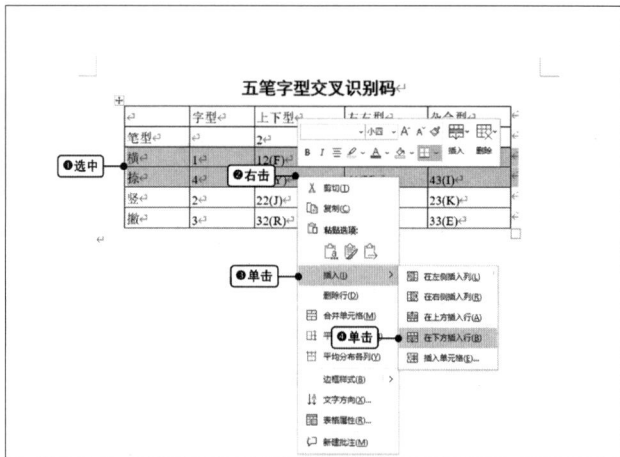

图2-3-18　快捷菜单插入空行

　　技巧提示：①在表格中插入一空行，可以将插入点置于某行右侧外的段落标记上，按
【Enter】键。②在表格结尾处插入一空行，可以将插入点置于最后一行最后一个单元格
中，按【Tab】键。

　　(2) 删除行。

　　【实操体验】在"表格练习1.docx"中，将表格中的空行删除。

　　操作方法1：选中表格中的空行，在表格的【布局】选项卡【行和列】组中，单击
【删除】选中【删除行】，如图2-3-19所示。

图2-3-19　删除行

　　操作方法2：选中表格中的空行，右击选中的高亮区域，快捷菜单中单击【删
除行】。

　　(3) 移动行。

　　【实操体验】在"表格练习1.docx"中，将表格中的"笔型"行移至"竖"行上方。

　　操作方法1：选中"笔型"行，右击选中行的高亮区域，快捷菜单中单击【剪切】，
选中"竖"行，右击选中行高亮区域，快捷菜单中单击【粘贴选项】中【以新行的形式

插入】。

操作方法2：选中"笔型"行，光标移至选中行的高亮区域，拖动鼠标插入点至"竖"单元格内部松开鼠标。

(4) 插入列。在表格中插入列的数量由选中的列数决定，插入位置可以在选中列的左侧或右侧。

【实操体验】在"表格练习1.docx"表格中的"上下型"和"左右型"之间插入两个空列。扫描右侧二维码查看效果图。

操作方法1：选中"字型"和"上下型"两列，在表格的【布局】选型卡【行和列】组中，单击【在右侧插入】，如图2-3-20所示。

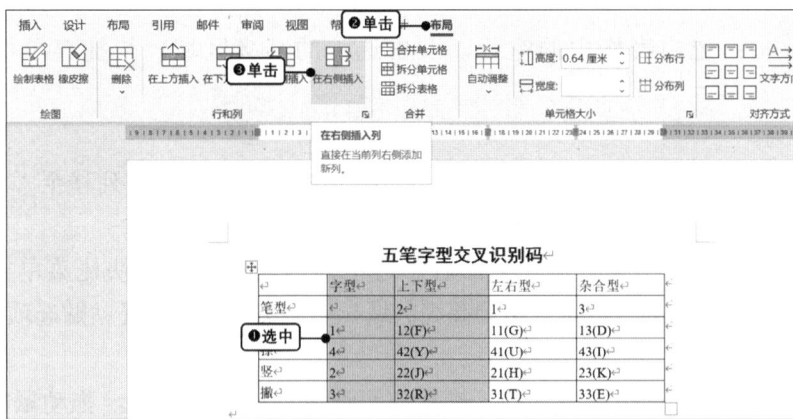

图2-3-20　插入列

操作方法2：选中"左右型"和"杂合型"两列，右击选中列高亮区域，快捷菜单中单击【插入】→【在左侧插入列】，如图2-3-21所示。

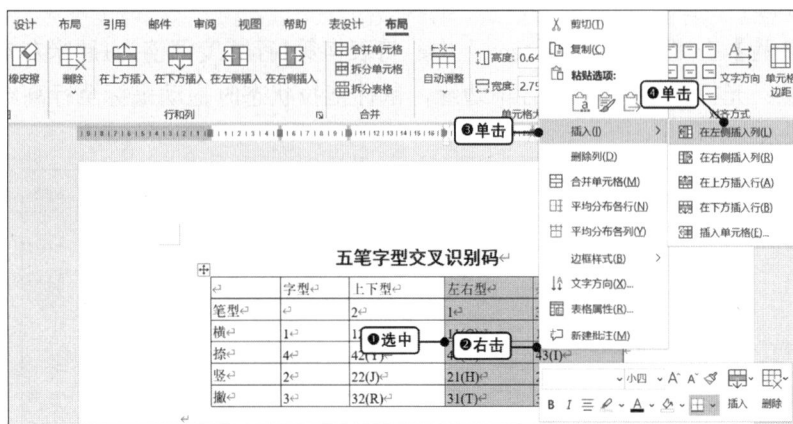

图2-3-21　快捷菜单插入列

(5) 删除列。

【实操体验】在"表格练习1.docx"中，将表格的空列删除。

操作方法1：选中表格中的空列，在表格的【布局】选项卡【行和列】组中，单击【删除】选中【删除列】(见图2-3-22)。

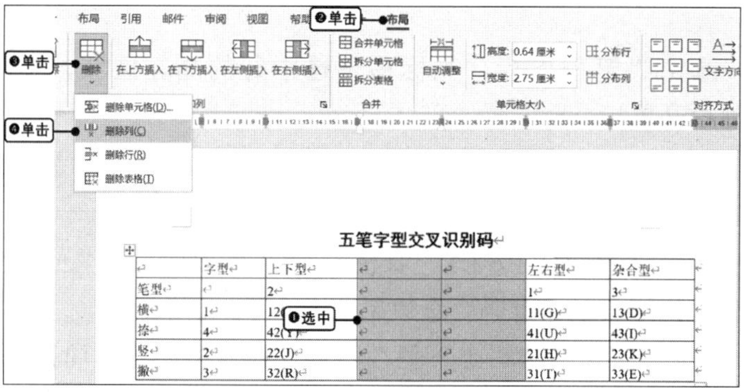

图2-3-22 删除列

操作方法2：选中表格中的空行，右击选中的高亮区域，快捷菜单中单击【删除行】。

(6) 移动列。

【实操体验】在"表格练习1.docx"中，将表格的"左右型"列移至"上下型"列左侧。

操作方法1：选中"左右型"列，右击选中列的高亮区域，快捷菜单中单击【剪切】，选中"上下型"列，右击选中列高亮区域，快捷菜单中单击【粘贴选项】中【插入为新列】。

操作方法2：选中"左右型"列，光标移至选中列的高亮区域，拖动鼠标插入点至"上下型"单元格内部松开鼠标。

(7) 调整行高和列宽。调整行高和列宽可以帮助用户更好地控制表格的外观和内容的展示，使得表格更加美观和易于阅读。

• 调整行高

【实操体验】在"表格练习1.docx"中，将表格第1行高度调整为1厘米左右。

操作方法：光标移至表格第1行下边缘，鼠标拖拉状态时拖动鼠标至行高约1厘米处，如图2-3-23所示。

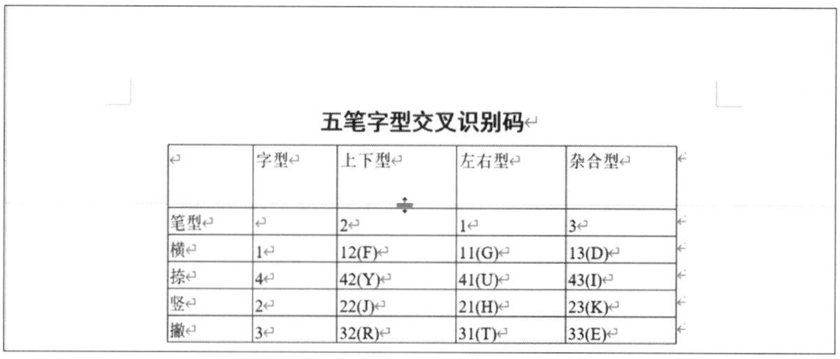

图2-3-23 拖动行下边线调整行高

【实操体验】在"表格练习1.docx"中，将表格第1行高度调整为1厘米。

操作方法1：选中表格的第1行，在表格的【布局】选项卡【单元格大小】组中，高度输入"1厘米"(见图2-3-24)。

图2-3-24   在功能区中精确调整行高

操作方法2：选中表格的第1行，右击选中行高亮区域，快捷菜单中单击【表格属性】，在【表格属性】对话框中，单击【行】选项卡，"指定高度"中输入"1厘米"，单击【确定】按钮，如图2-3-25所示。

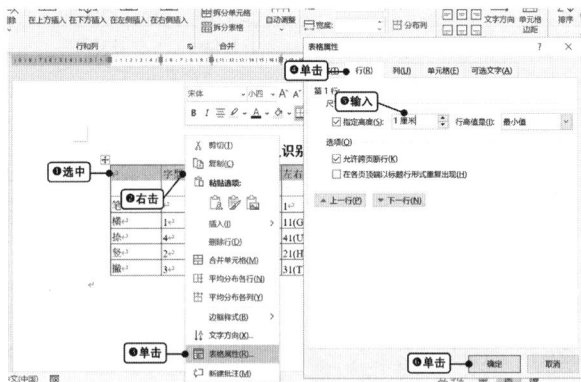

图2-3-25   【表格属性】对话框中精确调整行高

分布行命令允许用户将表格中的行高均等分布。

【实操体验】在"表格练习1.docx"中，将表格各行高度平均分布。

操作方法1：选中表格所有行，在表格的【布局】选项卡【单元格大小】组中，单击【分布行】，如图2-3-26所示。

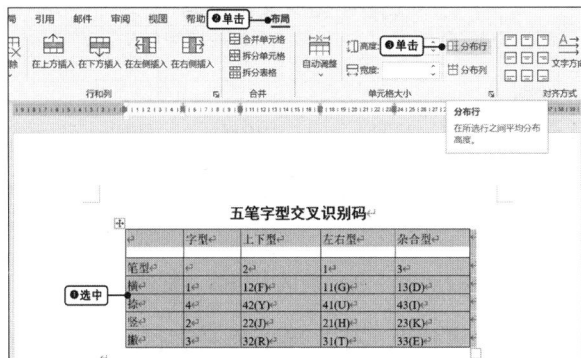

图2-3-26   平均分布行高

操作方法2：选中表格所有行，右击选中行的高亮区域，快捷菜单中单击【平均分布各行】。

• 调整列宽

【实操体验】在"表格练习1.docx"中，将表格第1列宽度调整为1厘米左右。

操作方法：光标移至表格第1列右边缘，鼠标拖拉状态时拖动鼠标至列宽约1厘米处，如图2-3-27所示。

图2-3-27　拖动列右边线调整列宽

【实操体验】在"表格练习1.docx"中，将表格第1列宽度调整为1厘米。

操作方法1：选中表格的第1列，在表格的【布局】选项卡【单元格大小】组中，宽度输入"1厘米"，如图2-3-28所示。

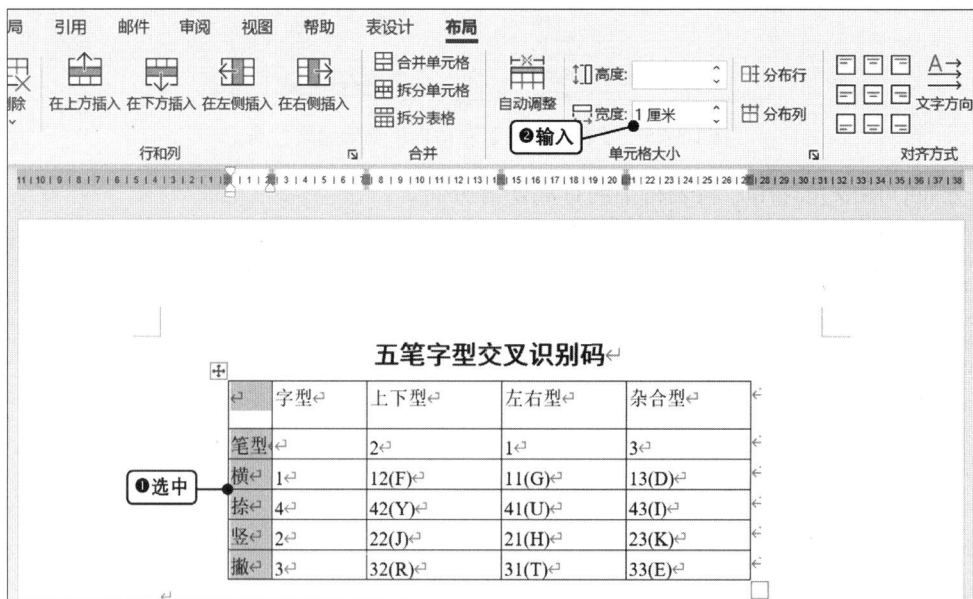

图2-3-28　在功能区中精确调整列宽

操作方法2：选中表格的第1列，右击选中列高亮区域，快捷菜单中单击【表格属性】，在【表格属性】对话框中，单击【列】选项卡，"指定宽度"中输入"1厘米"，单击【确定】按钮(见图2-3-29)。

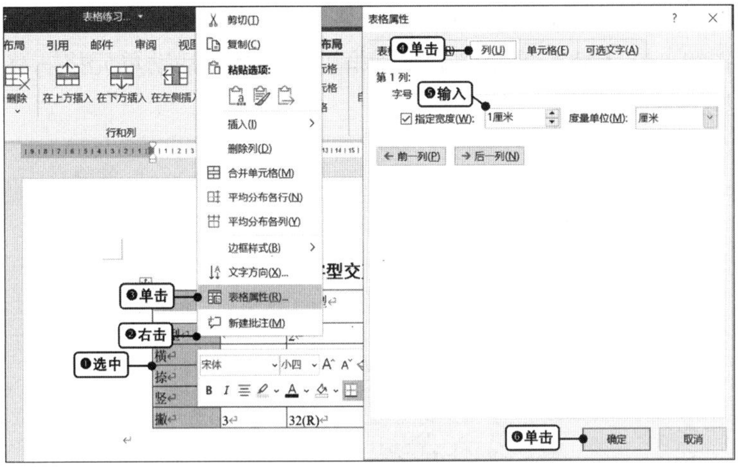

图2-3-29 【表格属性】对话框中精确调整列宽

分布列命令允许用户将表格中的列宽均等分布。

【实操体验】在"表格练习1.docx"中，将表格各列宽度平均分布。

操作方法1：选中表格所有列，在表格的【布局】选项卡【单元格大小】组中，单击【分布列】，如图2-3-30所示。

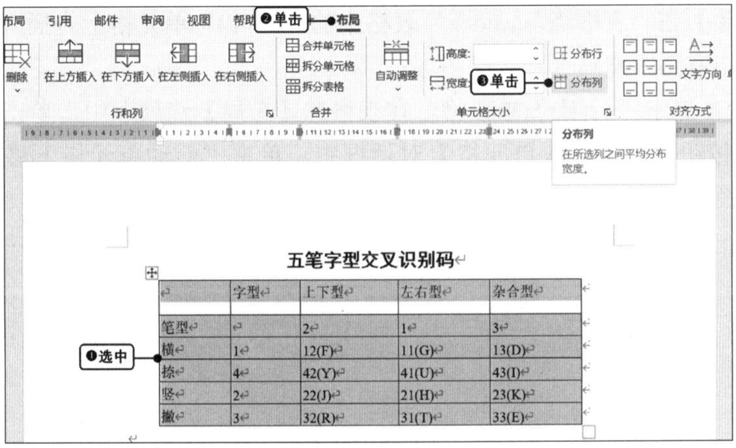

图2-3-30 平均分布行高

操作方法2：选中表格所有列，右击选中列的高亮区域，快捷菜单中单击【平均分布各列】。

技巧提示：①将光标移至列右边缘，在鼠标拖拉状态时双击，可以根据该列中最多内容单元格宽度自动调整列宽；②拖动列右边缘调整列宽，右侧相邻列宽度会同步调整宽度，如果不影响右侧相邻列宽，按【Shift】键的同时拖动列右边缘。

3) 单元格操作

(1) 插入单元格。在表格中插入单元格的数量由选中的单元格数量决定，插入位置可以在活动单元格的左侧或上方。

【实操体验】在"表格练习1.docx"表格中的"42(Y)"单元格左侧插入1个单元格。扫描右侧二维码查看效果图。

操作方法1：选中"42(Y)"单元格，在表格的【布局】选项卡中，单击【行和列】组对话框启动器按钮，在【插入单元格】对话框中，选择"活动单元格右移"，单击【确定】按钮，如图2-3-31所示。

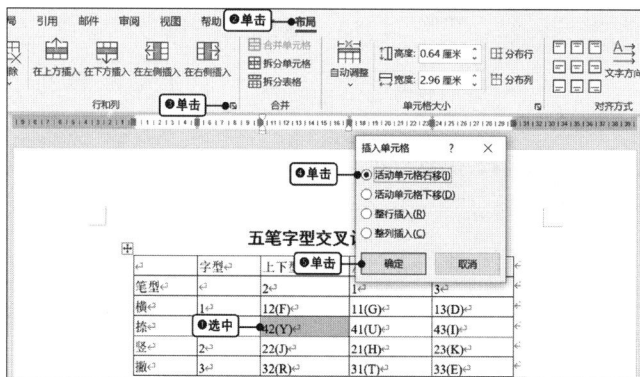

图2-3-31　活动单元格左侧插入单元格

操作方法2：选中"42(Y)"单元格，右击选中单元格高亮区域，快捷菜单中单击【插入】→【插入单元格】，在【插入单元格】对话框中，单击"活动单元格右移"，单击【确定】按钮。

【实操体验】在"表格练习1.docx"表格中的"42(Y)"单元格上方插入1个单元格。扫描右侧二维码查看效果图。

操作方法1：选中"42(Y)"单元格，在表格的【布局】选项卡中，单击【行和列】组对话框启动器按钮，在【插入单元格】对话框中，单击"活动单元格下移"，单击【确定】按钮，如图2-3-32所示。

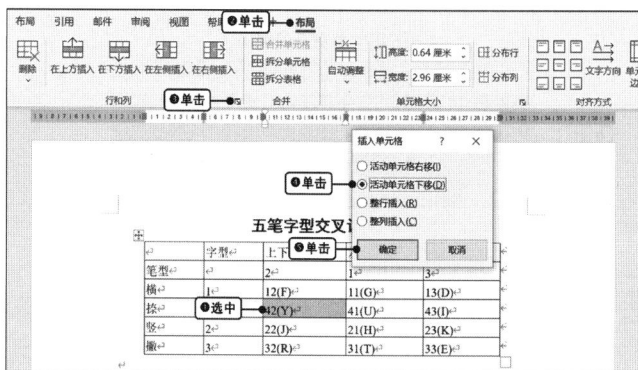

图2-3-32　活动单元格上方插入单元格

(2) 删除单元格。单元格是某行某列交叉的区域，所以单元格属于某行也属于某列。在表格中删除单元格时，可以选择删除某行中的单元格或删除某列中的单元格。

【实操体验】在"表格练习1.docx"中，将表格的第4行"42(Y)"单元格删除。扫描右侧二维码查看效果图。

操作方法1：选中表格中的"42(Y)"单元格，在表格的【布局】选项卡【行和列】组中，单击【删除】选中【删除单元格】，在【删除单元格】对话框中选择

"右侧单元格左移",单击【确定】按钮,如图2-3-33所示。

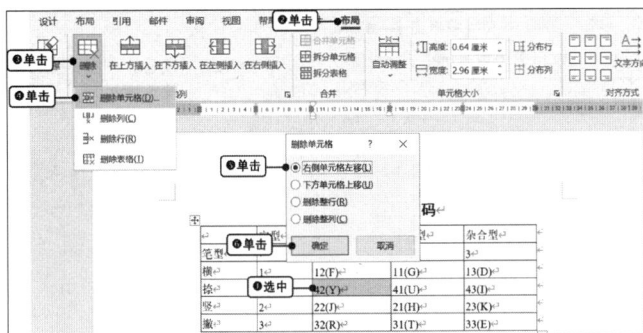

图2-3-33 删除行中的单元格

操作方法2:选中表格中的"42(Y)"单元格,右击选中的高亮区域,快捷菜单中单击【删除单元格】,在【删除单元格】对话框中,选择"右侧单元格左移",单击【确定】按钮。

【实操体验】在"表格练习1.docx"中,将表格的第3列"42(Y)"单元格删除。扫描右侧二维码查看效果图。

操作方法1:选中表格中的"42(Y)"单元格,在表格的【布局】选项卡【行和列】组中,单击【删除】选中【删除单元格】,在【删除单元格】对话框中选择"下方单元格上移",单击【确定】按钮,如图2-3-34所示。

图2-3-34 删除列中的单元格

操作方法2:选中表格中的"42(Y)"单元格,右击选中的高亮区域,快捷菜单中单击【删除单元格】,在【删除单元格】对话框中,选择"下方单元格上移",单击【确定】按钮。

(3) 合并和拆分单元格。初始创建的表格是规则表格,合并和拆分单元格命令可以帮助用户制作更加专业和美观的表格,以满足不同的内容展示和布局需求。

• 合并单元格

合并单元格命令能够将多个单元格的内容整合到一个更大的单元格中。

【实操体验】在"表格练习1.docx"中,将表格的第1、2行的第1、2列中的4个单元格合并。扫描右侧二维码查看效果图。

操作方法1:在表格中选中第1、2行的第1、2列中的4个单元格,在表格的【布局】选项卡【合并】组中，单击【合并单元格】，如图2-3-35所示。

图2-3-35　合并单元格

操作方法2：在表格中选中第1、2行的第1、2列中的4个单元格，右击选中单元格高亮区域，快捷菜单中单击【合并单元格】。

• 拆分单元格

当一个单元格中包含多个独立的数据或信息时，拆分单元格可以将这些内容分开显示在多个单元格中，使表格更加清晰易读。

【实操体验】在"表格练习1.docx"中，将表格中"横"单元格拆分成2行3列的6个单元格。扫描右侧二维码查看效果图。

操作方法1：在表格中选中"横"单元格，在表格的【布局】选项卡【合并】组中，单击【拆分单元格】，在【拆分单元格】对话框中，列数输入3，行数输入2，单击【确定】按钮，如图2-3-36所示。

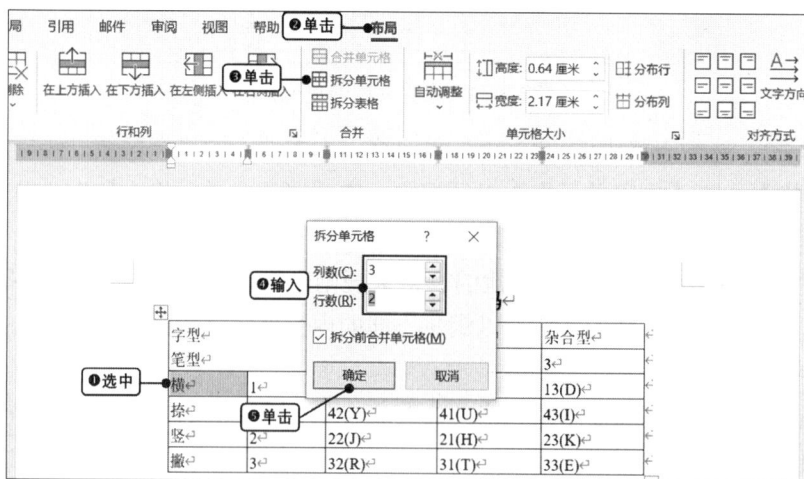

图2-3-36　拆分单元格

操作方法2：在表格中选中"横"单元格，右击选中单元格高亮区域，快捷菜单中单击【拆分单元格】，在【拆分单元格】对话框中，列数输入"3"，行数输入"2"，单击【确定】按钮。

(4) 单元格对齐方式。用户可以根据表格布局的需要，设置内容在单元格中的位置和方向。

• 对齐方式

元素在单元格中可以设置9种对齐方式，分别是"靠上左对齐"(图标为)、"靠上居中对齐"(图标为)、"靠上右对齐"(图标为)、"中部左对齐"(图标为)、"水平居中"(图标为)、"中部右对齐"(图标为)、"靠下左对齐"(图标为)、"靠下居中对齐"(图标为)、"靠下右对齐"(图标为)。

【实操体验】在"表格练习1.docx"中，将表格中第1个单元格的对齐方式设置为"水平居中"。

操作方法：选中表格中第1个单元格，在表格的【布局】选项卡【对齐方式】组中，单击【水平居中】，如图2-3-37所示。

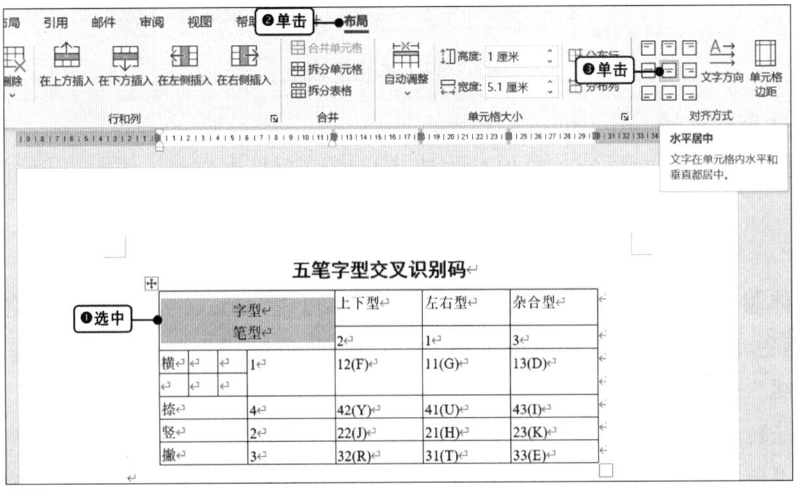

图2-3-37　"水平居中"对齐方式

• 文字方向

右击选中单元格高亮区域，快捷菜单中单击【文字方向】，在【文字方向-表格单元格】对话框中选择文字方向，如图2-3-38所示。

图2-3-38　【文字方向-表格单元格】对话框

· 单元格边距

单元格内部元素的位置可以使用单元格边距命令进行调整。

【实操体验】在"表格练习1.docx"中，将表格中第1个单元格的上边距设置为"0.5厘米"。

操作方法：选中表格中第1个单元格，在表格的【布局】选项卡【对齐方式】组中单击【单元格边距】，在【表格选项】对话框中"上边距"输入"0.5厘米"，单击【确定】按钮，如图2-3-39所示。

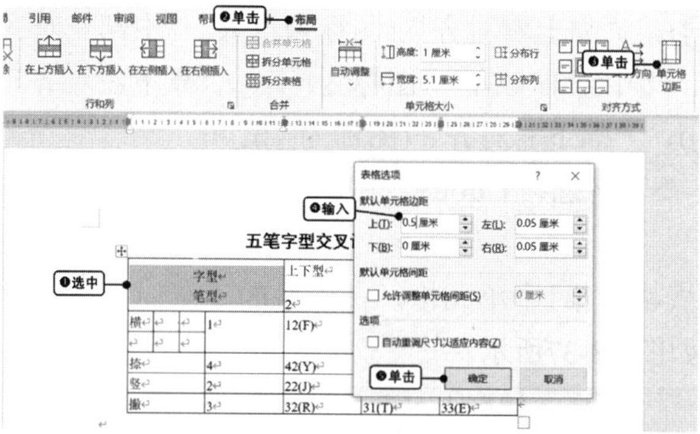

图2-3-39　单元格边距

3. 表格边框和底纹

通过合理设置边框和底纹，可以使表格更加突出和易于区分，同时也有助于强调重要的数据。

1) 边框

【实操体验】打开"素材"文件夹中"希腊字母表2.docx"，将整个表格外侧框线设置为"3磅紫色单实线"，设置内部横线为"1.5磅蓝色虚线"，设置第3列右边线为"1.5磅橙色双实线"。

操作方法1：选中整个表格，在【表设计】选项卡【边框】组中，单击"笔样式"下拉三角，选择"单实线"，单击"笔划粗细"下拉三角，选择"3磅"，单击"笔颜色"选择"紫色"，单击"边框"下拉三角，选择"外侧框线"，如图2-3-40所示；单击"笔样式"下拉三角，选择"点划线"，单击"笔划粗细"下拉三角，选择"1.5磅"，单击"笔颜色"选择"蓝色"，单击"边框"下拉三角，选择"内部横框线"，如图2-3-41所示。

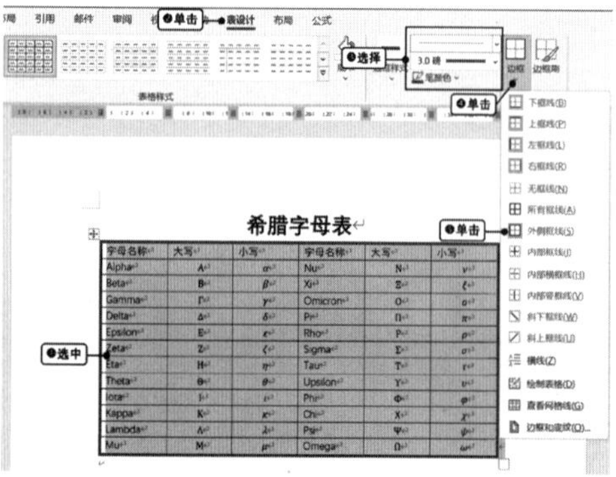

图2-3-40　边框设置(1)

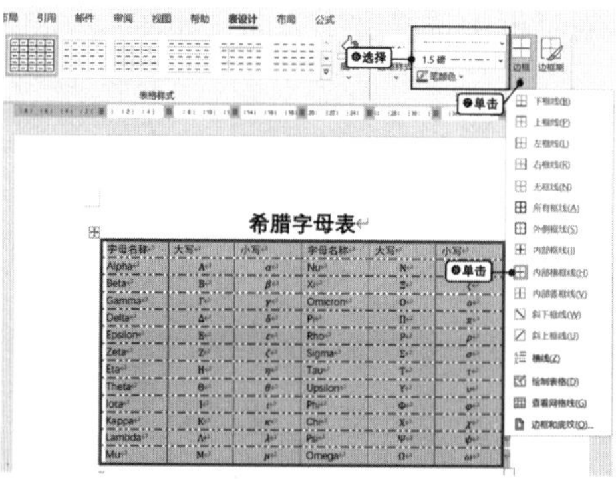

图2-3-41　边框设置(2)

选中第3列，在【表设计】选项卡【边框】组中，单击"笔样式"下拉三角，选择"双实线"，单击"笔划粗细"下拉三角，选择"1.5磅"，单击"笔颜色"选择"橙色"，单击"边框"下拉三角，选择 "右框线"，如图2-3-42所示。

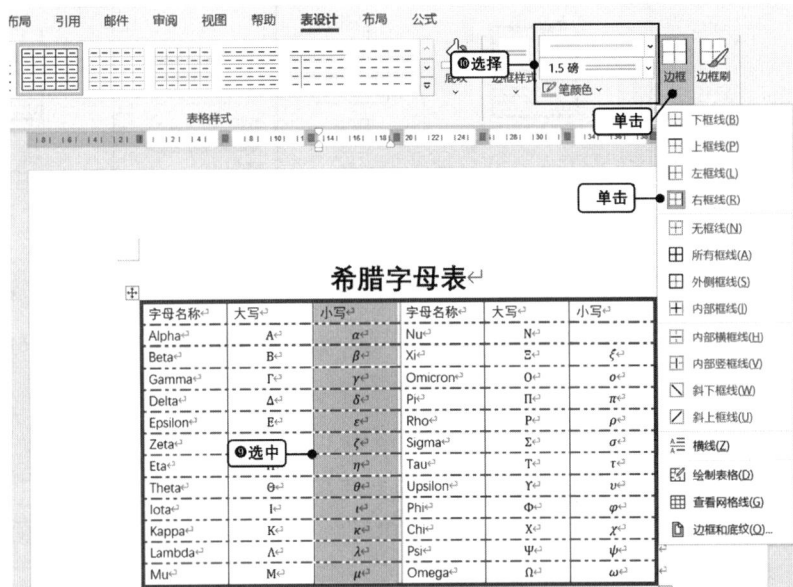

图2-3-42　边框设置(3)

操作方法2：选中整个表格，在【开始】选项卡【段落】组中，单击【边框】下拉三角，单击【边框和底纹】，如图2-3-43所示；在【边框和底纹】对话框的【边框】选项卡中，设置为"自定义"，"样式"选择"单实线"，"宽度"选择"3.0磅"，"颜色"选择"紫色"，在"预览"区域中依次单击上、下、左、右框线(见图2-3-44)；同理，"样式"选择"点划线"，"宽度"选择"1.5磅"，"颜色"选择"蓝色"，在"预览"区域中单击内部横框线，单击【确定】按钮(见图2-3-45)。

图2-3-43　边框设置(4)

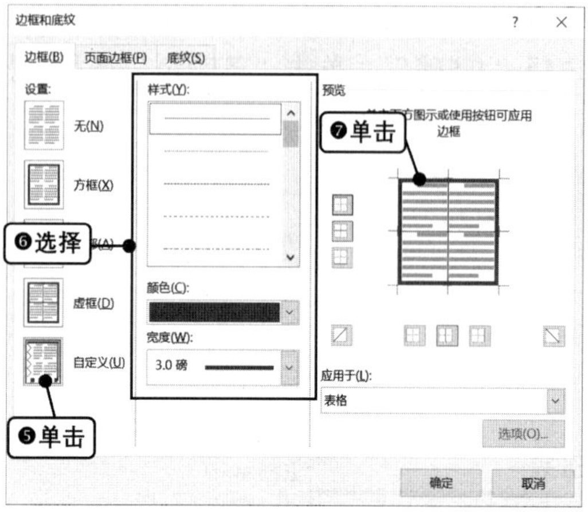

图2-3-44 边框设置(5)

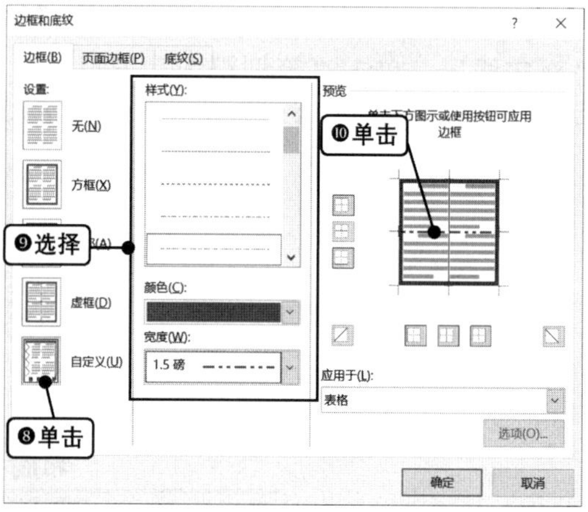

图2-3-45 边框设置(6)

选中第3列,在【开始】选项卡【段落】组中,单击【边框】下拉三角,单击【边框和底纹】,在【边框和底纹】对话框的【边框】选项卡中,设置为"自定义","样式"选择"双实线","宽度"选择"1.5磅","颜色"选择"橙色",在"预览"区域中单击右框线,单击【确定】按钮。

2) 底纹

【实操体验】在"希腊字母表2.docx"中,将表格第一行设置填充色"金色,个性色4,淡色80%",其余行设置图案填充,样式"10%",颜色为"浅蓝"。

操作方法:选中表格第1行,在【表设计】选项卡【表格样式】组中,单击【底纹】下拉三角,单击"金色,个性色4,淡色80%",如图2-3-46所示;选中表格中其余行,单击【边框】组对话框启动器,在【边框和底纹】对话框中,单击【底纹】选项卡,图案样式选择"10%",颜色选择"浅蓝",单击【确定】按钮(见图2-3-47)。

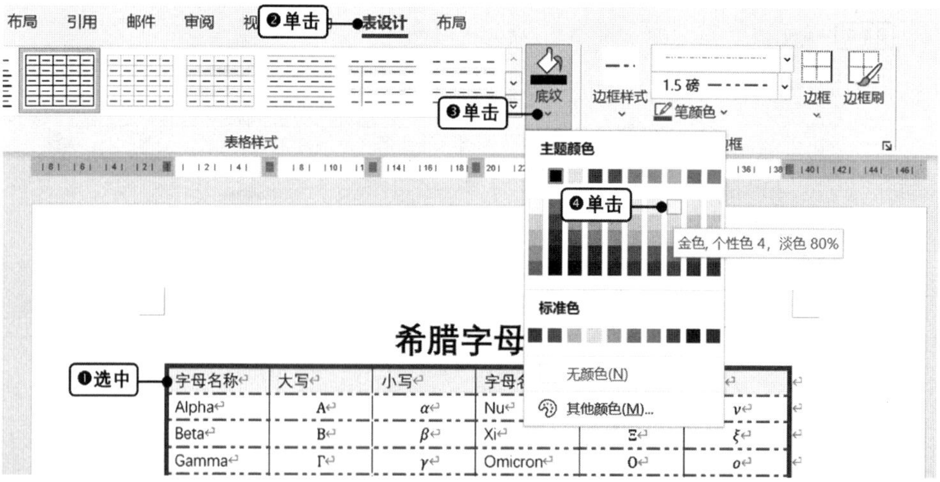

图2-3-46 底纹设置(1)

图2-3-47　底纹设置(2)

4. 表格整体操作

1) 对齐方式

整个表格在页面编辑区的对齐方式有3种，分别是左对齐、居中对齐、右对齐。

【实操体验】在"希腊字母表2.docx"中，将整个表格设置居中对齐。

操作方法1：选中整个表格，在【开始】选项卡【段落】组中，单击【居中】。

操作方法2：右击表格左上角，快捷菜单中单击【表格属性】，在【表格属性】对话框中切换至【表格】选项卡中，单击"居中"，单击【确定】，如图2-3-48所示。

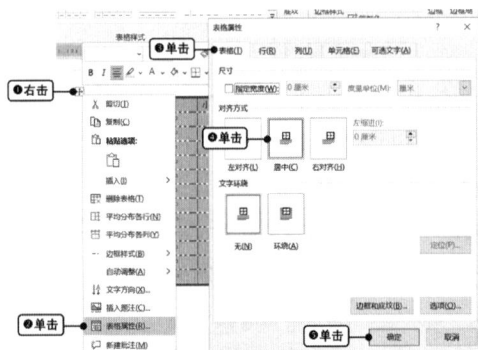

图2-3-48　表格对齐方式

2) 缩放表格

用户可以根据页面排版需要整体缩放表格。

【实操体验】在"希腊字母表2.docx"中，将整个表格适当缩小。

操作方法：鼠标拖动表格右下角□，向右下方拖动，可放大表格；向左上方拖动，可缩小表格。

3) 套用表格样式

在Word 2021中，表格样式是一种快速格式化表格的工具，它包括预设的边框、底纹、字体样式和颜色等。使用表格样式可以快速统一表格的外观。

【实操体验】在"希腊字母表2.docx"中，将整个表格套用样式"网格表4-着色2"，样式基准为"彩色型1"。

操作方法：选中整个表格，在【表设计】选项卡【表格样式】组中，单击表格样式列表【其他】按钮，选中"网格表4-着色2"，单击表格样式列表【其他】按钮，单击【修改表格样式】，在【修改表格样式】对话框中，单击"样式基准"列表下拉三角，选择"彩色型1"，单击【确定】按钮，如图2-3-49所示。

图2-3-49　表格样式基准

4) 拆分表格

拆分表格命令可以将表格拆分成上下两部分。

【实操体验】在"希腊字母表2.docx"中，将表格从"Zeta"行开始拆分。扫描右侧二维码查看拆分表格效果图。

操作方法：选中"Zeta"行及下面所有行，在表格的【布局】选项卡【合并】组中，单击【拆分表格】，如图2-3-50所示。

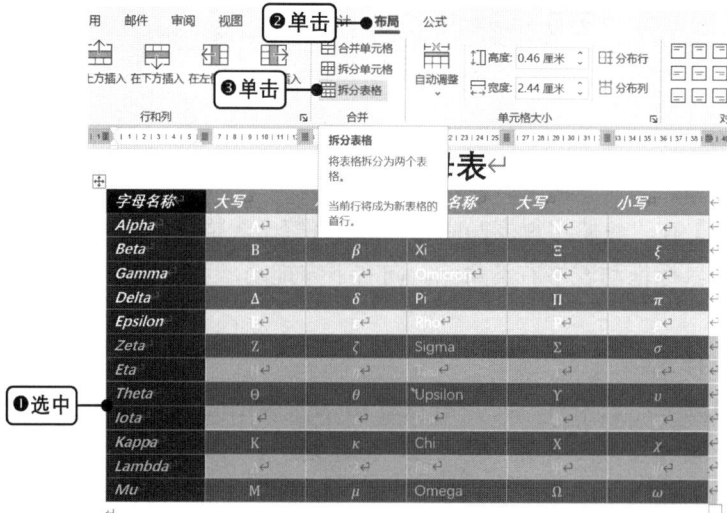

图2-3-50　拆分表格

⚙ 实训

知识训练

(1) 选中表格对象后，功能区增加的显示选项卡是什么？

(2) 表设计选项卡主要包括哪些组和命令？

(3) 表格的布局选项卡主要包括哪些组和命令？

(4) 简述移动行、移动列的操作过程。

能力训练

【案例2-4】按照操作要求，制作"每日工作行程计划表"。效果参照样张(见图2-3-51)。

操作要求：

(1) 创建空白文档"每日工作行程计划表.docx"，另存至"实操体验"文件夹中。

(2) 输入标题文字"每日工作行程计划表"，并设置格式为"幼圆""二号""加粗""居中"。

(3) 在标题下方创建4列20行表格，参照样张，输入表格文本内容，其中日期为系统日期。设置表格文本格式。

第1行文本格式：字号"四号"。

第1列除"日期"单元格外，其余文本格式：中文为"隶书"，西文为"等线(西文正文)"，所有文本字号"小四"。

第2行文本格式：字号"小四""加粗"。

(4) 参照样张，设置表格布局，包括合并、拆分单元格，行高、列宽设置，单元格对齐方式。

第1行所有单元格合并，最后1行除"备注"单元格外其余单元格合并。

"开会"单元格参照样张拆分单元格。

设置行高和列宽，各行平均分布。

所有单元格对齐方式为"水平居中"。

(5) 参照样张，设置表格的边框和底纹。

前2行单元格底纹填充色为"蓝色，个性色5，淡色80%"。

其余行单元格底纹图案填充样式为"浅色棚架"、颜色为"蓝色，个性色5，淡色80%"。

设置表格边框线样式(见图2-3-51)，宽度和颜色默认设置。

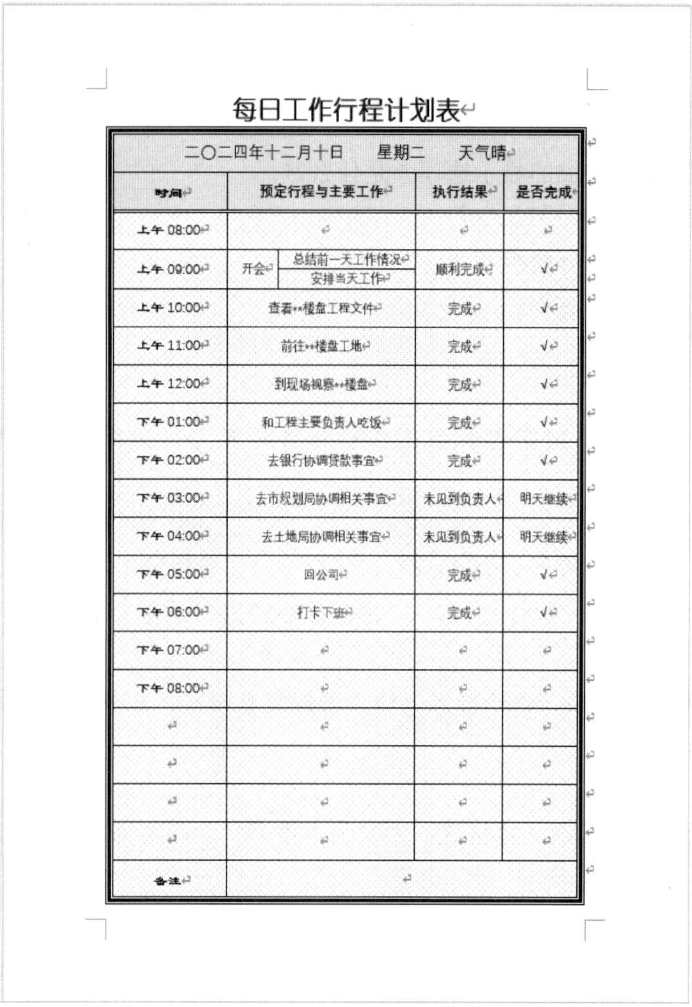

每日工作行程计划表

二〇二四年十二月十日　星期二　天气晴			
时间	预定行程与主要工作	执行结果	是否完成
上午 08:00			
上午 09:00	开会：总结前一天工作情况 安排当天工作	顺利完成	√
上午 10:00	查看**楼盘工程文件	完成	√
上午 11:00	前往**楼盘工地	完成	√
上午 12:00	到现场视察**楼盘	完成	√
下午 01:00	和工程主要负责人吃饭	完成	√
下午 02:00	去银行协调贷款事宜	完成	√
下午 03:00	去市规划局协调相关事宜	未见到负责人	明天继续
下午 04:00	去土地局协调相关事宜	未见到负责人	明天继续
下午 05:00	回公司	完成	√
下午 06:00	打卡下班	完成	√
下午 07:00			
下午 08:00			
备注			

图2-3-51　案例2-4效果样张

扫描二维码，阅读《案例2-4操作方法》

素质训练

信息以表格形式记录，有利于用户快速阅读和比较具备一定规律的信息。

请根据个人实际生活和学习状态“制定生活学习作息表”，自定义表格内容、结构及样式。

小资料

扫描二维码，阅读《Word和Excel表格用途对比》

任务2.4　图文混排

引导案例：制作宣传单(海报)

小强步入职场后，担任了旅游公司产品销售一职，他的工作内容包括制作旅游产品宣传海报。旅游宣传海报是一种视觉传达工具，在推广旅游目的地、吸引游客和促进旅游产品销售方面发挥着重要作用。

根据案例回答下列问题：

(1) 可以在页面做哪些设置？

(2) 除文字外，文档中还可以有哪些元素？

(3) 文字与其他元素的位置关系如何设置？

案例技能点分析：

(1) 在Word 2021程序中创建空白文档，创建表格并输入文本内容。

(2) 页面设置。

(3) 插入表格、图片、图形、艺术字等元素。

(4) 图文混排设置

(5) 预览并保存文档。

📖 相关知识

2.4.1　页面设置

用户需要根据文档类型所遵循特定的格式标准进行页面设置，比如学术论文、官方文件等。合适的页面设置可以使文档看起来更加简洁和专业，提高阅读体验。页面设置时，通常需要确定纸张大小、页边距、纸张方向，以及页眉、页脚和页码等。

1. 纸张大小

在Word 2021中，纸张大小是指打印文档时使用纸张的尺寸。默认的标准纸型为A4。用户可以自定义纸张大小，也可以应用Word提供的多种预设的纸张大小选项，以适应不同的打印需求和国际标准。

【实操体验】在"实操体验"文件夹中新建空白文档"页面设置练习.docx"，设置纸型为"B5"。

操作方法：新建空白文档"页面设置练习.docx"，保存至"实操体验"文件夹中，在【布局】选项卡【页面设置】组中，单击【纸张大小】选择"B5"(见图2-4-1)。

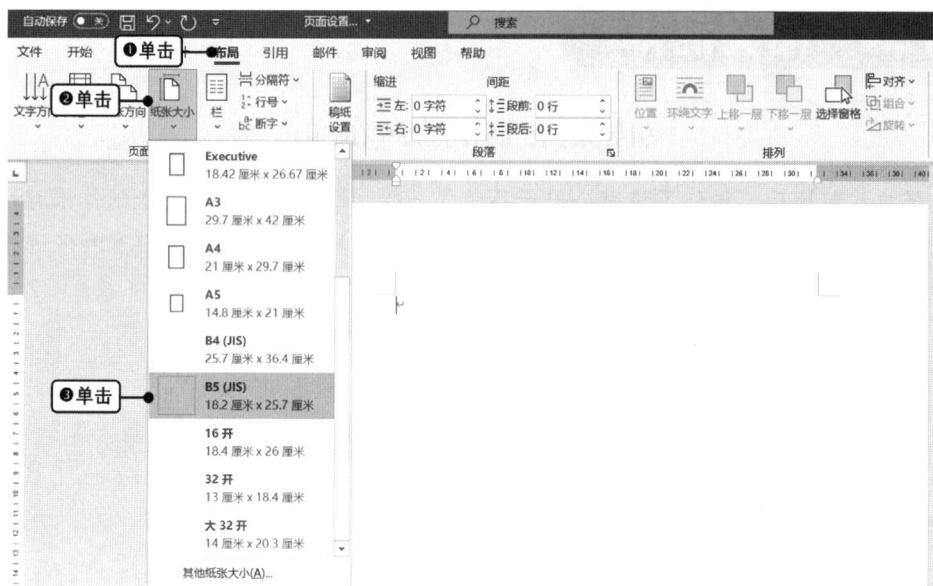

图2-4-1 设置标准纸型

【实操体验】设置"页面设置练习.docx"的纸张大小为"18厘米×10厘米"。

操作方法：在"页面设置练习.docx"文档中，在【布局】选项卡中，单击【页面设置】组对话框启动器，在【页面设置】对话框中，单击【纸张】选项卡，宽度输入"18厘米"，高度输入"10厘米"，单击【确定】按钮，如图2-4-2所示。

图2-4-2 自定义纸张大小

2. 页边距

在Word 2021中，页边距决定了文档中文字与页面边缘之间的距离。合适的页边距可以使文档看起来更加整洁和专业。

【**实操体验**】在"页面设置练习.docx"文档中设置页边距为"窄"。

操作方法：在"页面设置练习.docx"文档中，在【布局】选项卡【页面设置】组中，单击【页边距】选择"窄"，如图2-4-3所示。

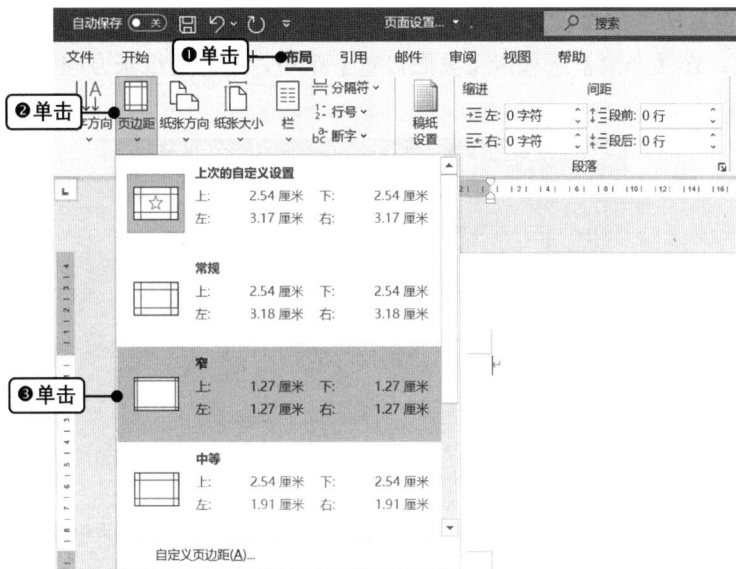

图2-4-3 设置预设页边距

【**实操体验**】在"页面设置练习.docx"文档中设置上、下、左、右页边距为"1厘米"，装订线为"左1.5厘米"。

操作方法：在"页面设置练习.docx"文档中，在【布局】选项卡中，单击【页面设置】组对话框启动器，在对话框中的【页边距】选项卡中，上、下、左、右分别输入"1厘米"，装订线输入"1.5厘米"，装订线位置为"靠左"，单击【确定】按钮，如图2-4-4所示。

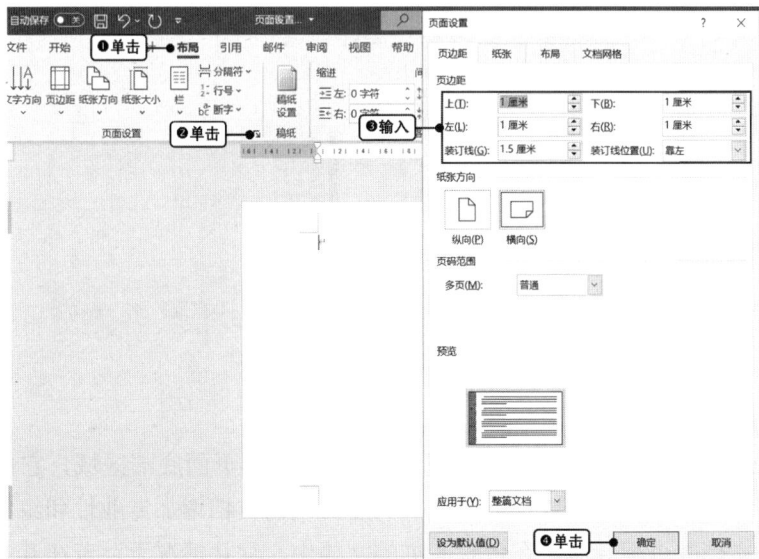

图2-4-4 自定义页边距

3. 纸张方向

在Word 2021中，纸张方向主要有纵向和横向两种。纸张方向的设置对于文档的布局和打印非常重要，尤其是当文档中包含大型图表、图片或者需要更宽的文本展示空间时。

【实操体验】在"页面设置练习.docx"文档中设置纸张方向为"纵向"。

操作方法1：在【布局】选项卡【页面设置】组中，单击【纸张方向】选择"纵向"，如图2-4-5所示。

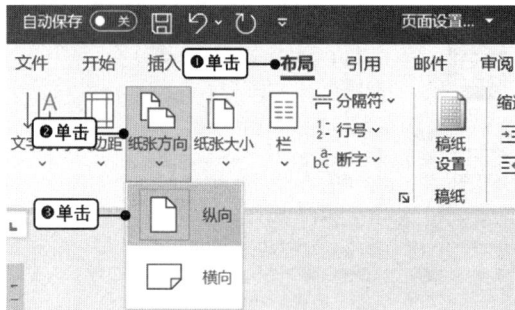

图2-4-5　设置纸张方向(1)

操作方法2：在【布局】选项卡中，单击【页面设置】组对话框启动器，在【页面设置】对话框的【页边距】选项卡中，单击"纵向"，单击【确定】按钮，如图2-4-6所示。

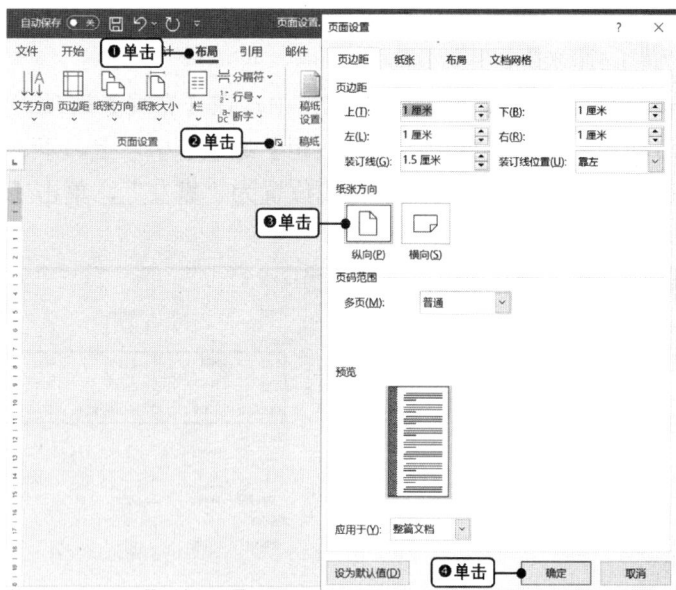

图2-4-6　设置纸张方向(2)

4. 页眉、页脚和页码

在Word 2021中，页眉位于页面顶端区域，页脚位于页面底端区域，它们通常用于显示文档标题、章节名称、页码或其他信息。页眉可以为文档增加专业性和组织性，同时也便于读者识别文档并进行导航。在包含多页的文档中，默认情况下，若在其中某一页设置了页眉或页脚，所有页都会显示相同的页眉或页脚。但用户也可以为不同页面设置不同的页眉和页脚，Word 2021提供了"首页不同"和"奇偶页不同"两个设置，能够实现这一功能。

　　【实操体验】打开"素材"文件夹中的"音乐与想象力.docx"，设置页眉文本"音乐的魅力"，格式为"华文行楷""一号""加粗"，文本效果"填充：白色；轮廓：蓝色；主题色5；阴影"，位置"0.5厘米"；设置页脚为"颚化符"页码，页码从"3"开始编码。扫描右侧二维码查看效果图。

　　操作方法：打开"素材"文件夹中的"音乐与想象力.docx"，在【插入】选项卡【页眉和页脚】组中，单击【页眉】单击【编辑页眉】，如图2-4-7所示；进入页眉编辑状态，输入页眉文字"音乐的魅力"，选中输入的文字，在【开始】选项卡【字体】组中单击【字体】列表选择"华文行楷"，单击【字号】列表选择"一号"，单击加粗"B"，单击"文本效果"选择"填充：白色；轮廓：蓝色；主题色5；阴影"，如图2-4-8所示；在【布局】选项卡中单击【页面设置】组对话框启动器，在【页面设置】对话框中切换至【布局】选项卡，页眉输入"0.5厘米"，单击【确定】按钮(见图2-4-9)。

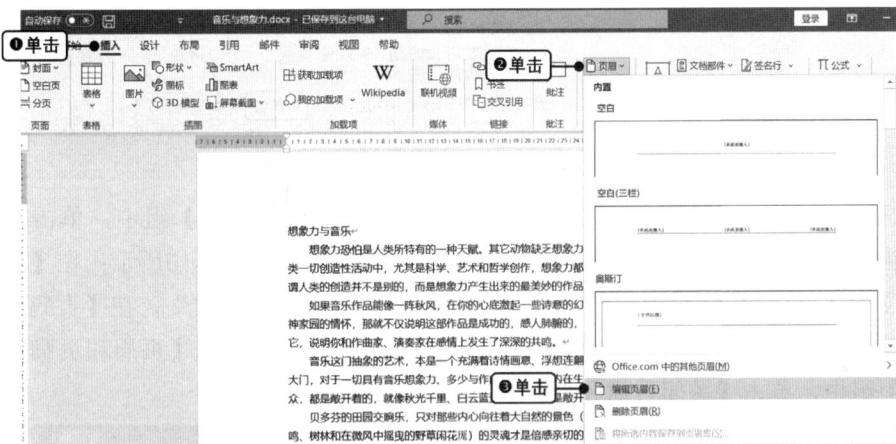

图2-4-7　插入页眉

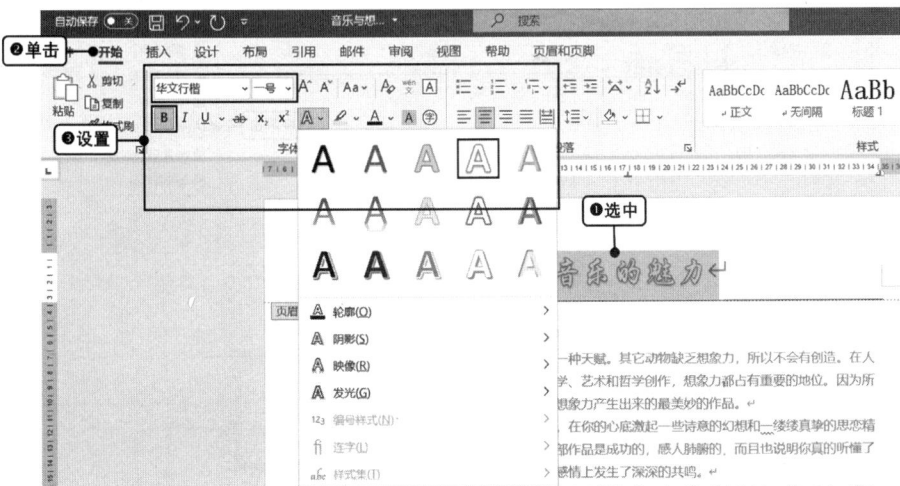

图2-4-8　页眉文字格式设置

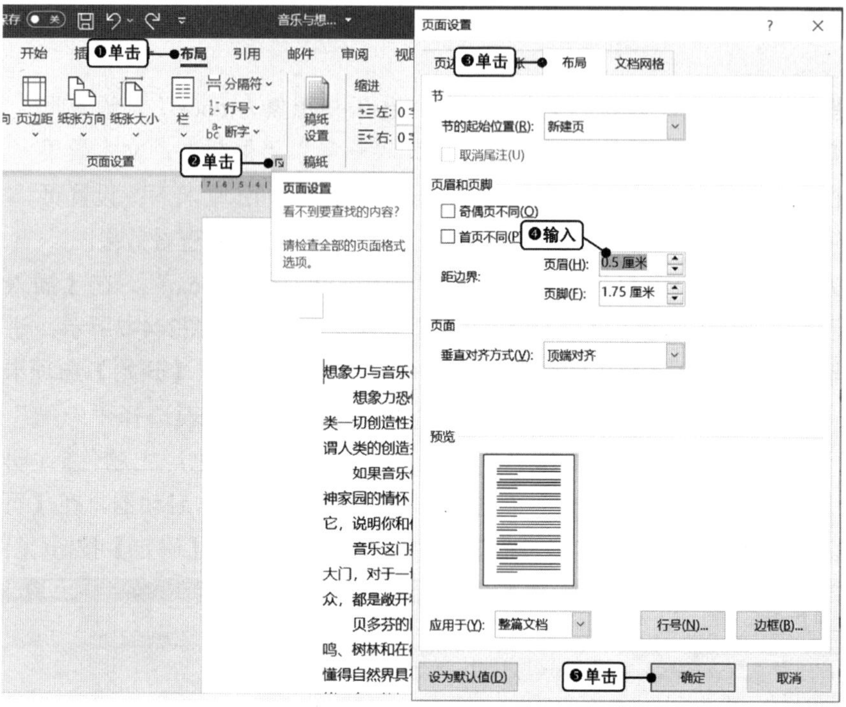

图2-4-9　页眉位置设置

将插入点切换至页面底端，在【插入】选项卡【页眉和页脚】组中，单击【页码】选择"当前位置"，单击"颚化符"，选中插入的页码，如图2-4-10所示；在【页眉和页脚】选项卡【页眉和页脚】组中单击【页码】选择"设置页码格式"，在【页码格式】对话框中，选中"起始页码"，输入"3"，单击【确定】按钮，在【页眉和页脚】选项卡【关闭】组中，单击【关闭页眉和页脚】(见图2-4-11)。

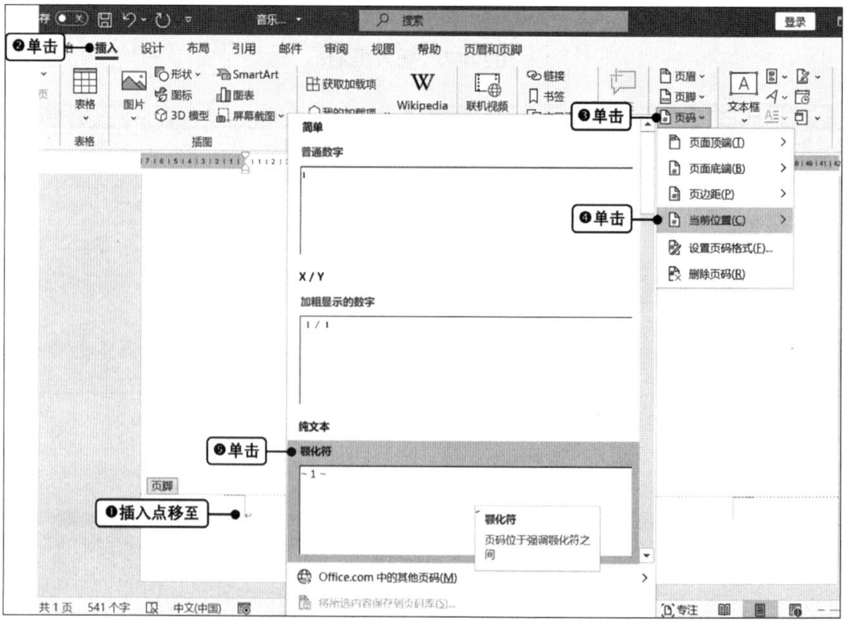

图2-4-10　在页脚插入页码

图2-4-11　页码设置

技巧提示：①双击页面上页边距区域或下页边距区域可以快速插入页眉或页脚；②按【Esc】键可以快速退出页眉和页脚编辑状态，返回到页面。

5. 分隔符

在Word 2021中，分隔符用来分隔文档中的不同部分。用户可以对文档的不同部分进行独立的格式设置。分隔符包括分页符和分节符两种。

1) 分页符

(1) 分页符(P)。用于强制文档从新的一页开始。当用户需要一个新的章节开始于新的一页，或者在打印文档时需要新起一页时，可以插入分页符。

【实操体验】在"音乐与想象力"文档中，设置从"音乐这门抽象的艺术……"另起页。

操作方法1：将插入点移至"音乐这门抽象的艺术……"前，在【布局】选项卡【页面设置】组中，单击【分隔符】选择"分页符"，如图2-4-12所示。

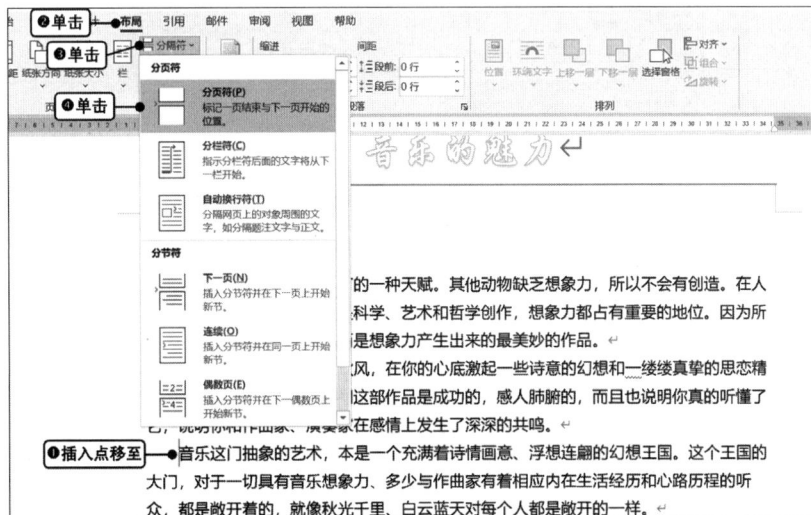

图2-4-12　设置分页符

操作方法2：将插入点移至"音乐这门抽象的艺术……"前，按【Ctrl+Enter】组合键。

(2) 分栏符(C)。当需要比较两个或多个文本段落时，采用分栏布局可以使比较过程更加直观。在进行分栏时，Word程序通常会根据当前的页面设置自动确定分栏的位置。用户也可以通过手动插入分栏符来调整分栏的具体位置。

【实操体验】在"音乐与想象力"文档中，将第2~4段进行分栏，设置"偏左"，第1栏宽为"12字符"，栏间距为"3字符"，加分割线，第2栏从第3段开头处起始。扫描右侧二维码查看分栏效果图。

操作方法：选中第2~4段文本在【布局】选项卡【页面设置】组中，单击【栏】选择【更多栏】，在【栏】对话框中，预设选择"偏左"，栏1宽度输入"12字符"，间距输入3字符，勾选"分隔线"，单击【确定】按钮，如图2-4-13所示；将插入点移至第3段开头处，在【布局】选项卡【页面设置】组中，单击【分隔符】选择【分栏符】，如图2-4-14所示。

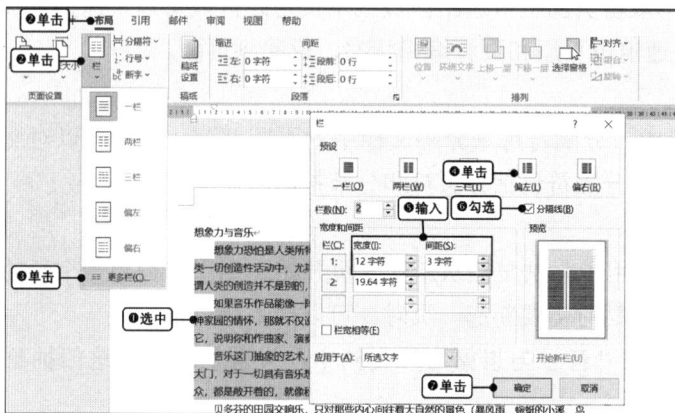

图2-4-13 设置分栏

图2-4-14 设置分栏符

(3) 自动换行符(T)。

自动换行是指在文本编辑中，当一行文字达到页面边缘时，系统会自动将后续文字移动到下一行。通常情况下，用户无须手动插入换行符，输入文本到达行尾时自动执行换行操作。

【实操体验】在"音乐与想象力"文档中，第5段中从"或者说……"开始换行。

操作方法1：将插入点移至"或者说……"之前，在【布局】选项卡【页面设置】组中，单击【分隔符】选择【自动换行符】，如图2-4-15所示。

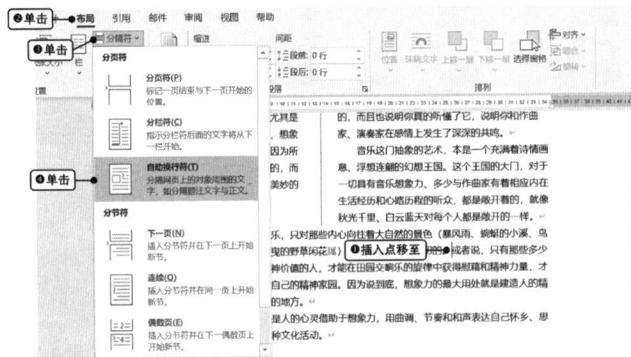

图2-4-15　设置自动换行符

操作方法2：将插入点移至"或者说……"之前，按【Shift+Enter】组合键。

2) 分节符

在Word 2021中，分节符是一个特殊的标记，用于将文档分割成若干独立的部分，每个部分可以有自己的页眉、页脚、页码、列数、边距等设置。通过使用分节符，用户可以对文档的不同部分进行更为精细的排版控制。节是文档的一个组成部分，它可以包含一个或多个页面。分节符主要有下一页、奇数页、偶数页、连续4种类型。"下一页"分节符是在当前页之后开始新的一节，并且新节从下一页开始；"连续"分节符是在当前位置开始新的一节，但是不会换到新的一页；"奇数页"分节符或"偶数页"分节符是在下一个奇数页或偶数页开始新的一节，这在创建双面打印的文档时非常有用。

6. 页面背景

在Word 2021中，设置页面背景可以提升文档的视觉效果和专业感。用户可以为Word文档设置各种风格的页面背景，以满足不同的设计需求和个人喜好，如水印、页面填充和页面边框。

1) 水印

在Word中添加水印是一种常见的操作，用于标识文档的状态、保护版权或增加品牌曝光。

【实操体验】在"音乐与想象力"文档中，设置"素材"文件夹中"音符.wmf"为水印。扫描右侧二维码查看效果图。

操作方法：在【设计】选项卡【页面背景】组中，单击【水印】选择"自定义水印"，在【水印】对话框中选择"图片水印"，单击【选择图片】，单击"从文件浏览"选择"素材"文件夹中的"音符.wmf"，单击【应用】，单击【关闭】按钮(见图2-4-16)。

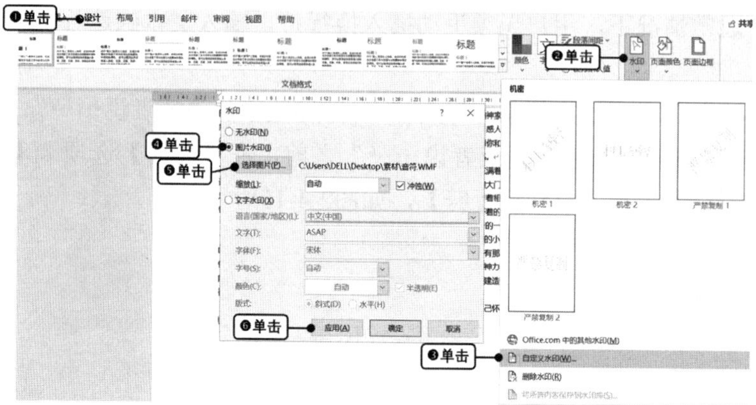

图2-4-16　设置水印

2) 页面填充

页面填充包括纯色、渐变、纹理、图案和图片5种填充方式。

【实操体验】在"音乐与想象力"文档中，设置"白色，背景1"与"蓝色，个性色5，淡色80%"渐变填充。扫描右侧二维码查看效果图。

操作方法：在【设计】选项卡【页面背景】组，单击【页面颜色】选择"填充效果"，在【填充效果】对话框的【渐变】选项卡中，选择"双色"，颜色1选择"白色，背景1"、颜色2选择"蓝色，个性色5，淡色80%"，底纹样式选择"水平"，变形选择第4个，单击【确定】按钮，如图2-4-17所示。

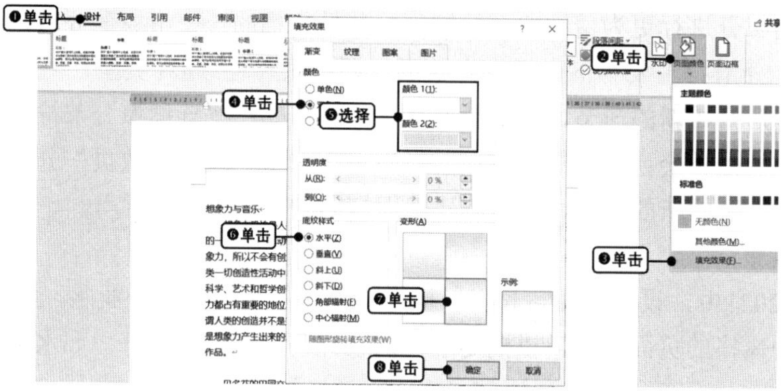

图2-4-17　设置页面颜色渐变填充

3) 页面边框

【实操体验】在"音乐与想象力"文档中，设置页面左、右边框为艺术型"6磅深蓝色的音符"。扫描右侧二维码查看效果图。

操作方法：在【设计】选项卡【页面背景】组中，单击【页面边框】，在【边框和底纹】的【页面边框】选项卡中选择艺术型中的"音符"，颜色选择"深蓝"，宽度输入"6磅"，预览区域设置边框的位置，单击【确定】按钮(见图2-4-18)。

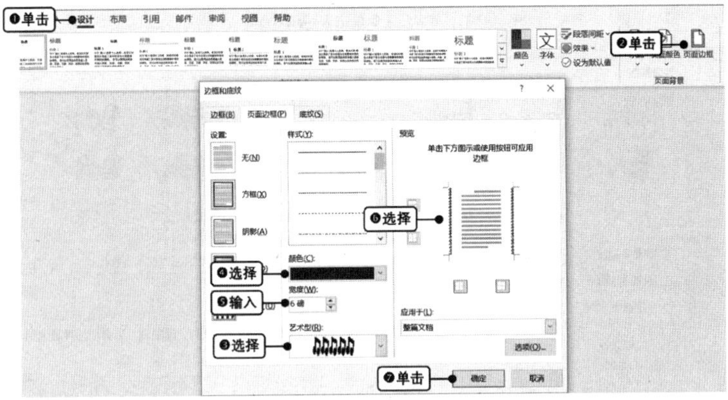

图2-4-18　设置页面边框

2.4.2　插入图片

图片可以直观地展示信息，有时候一张图片所传达的信息比文字更直接、更有效、更生动。

【实操体验】在"音乐与想象力"文档中，插入"素材"文件夹中的"音符.WMF"，颜色设置为"蓝色，个性色5浅色"，图片样式设置为"映像右透视"，上下型环绕，缩放70%，参照效果图调整图片位置，扫描右侧二维码查看效果图。

操作方法：将插入点移至文档结尾处，在【插入】选项卡【插图】组中，单击【图片】选择【此设备】，在【插入图片】对话框中选择图片保存位置并选中图片"音符.WMF"，单击【插入】按钮，如图2-4-19所示。

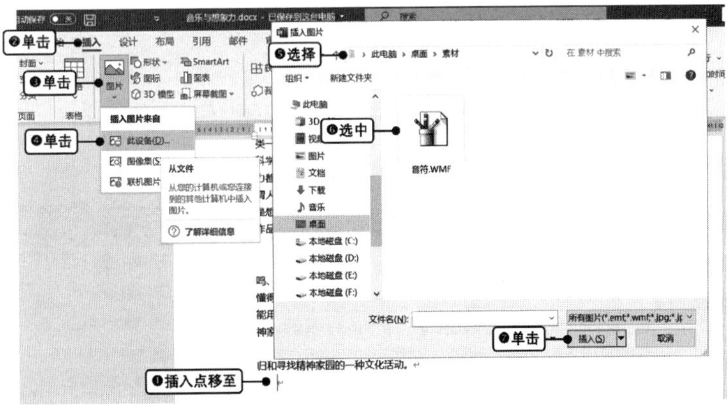

图2-4-19　插入图片

选中插入的图片，在【图片格式】选项卡【调整】组中，单击【颜色】选择"蓝色，个性色5浅色"(见图2-4-20)。

在【图片样式】组中，单击图片样式列表【其他】按钮选择"映像右透视"(见图2-4-21)，在【排列】组中，单击【环绕文字】选择"上下型环绕"(见图2-4-22)。

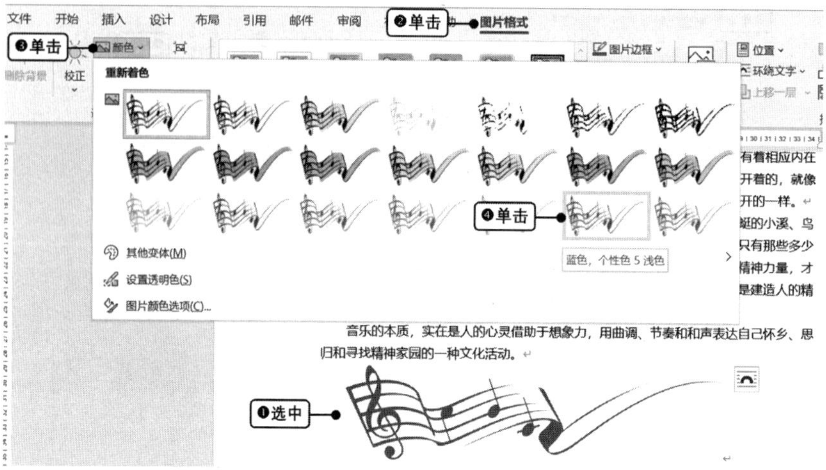

图2-4-20　设置图片颜色

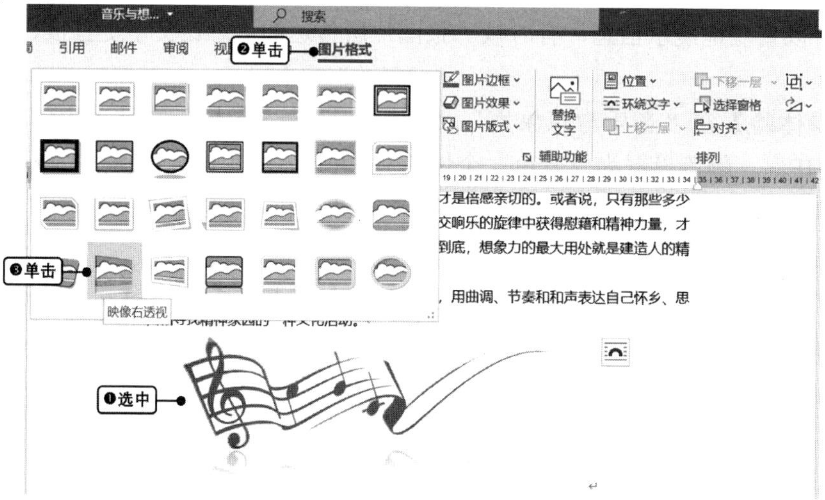

图2-4-21　设置图片样式

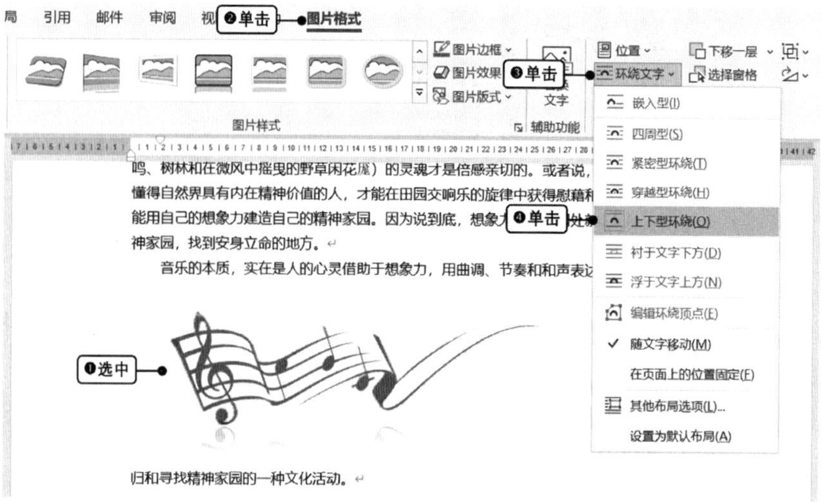

图2-4-22　设置图片环绕文字

单击【大小】组对话框启动器按钮，在【布局】对话框的【大小】选项卡中，缩放输入"70%"，单击【确定】按钮，如图2-4-23所示。拖动图片至第5段和第6段之间。

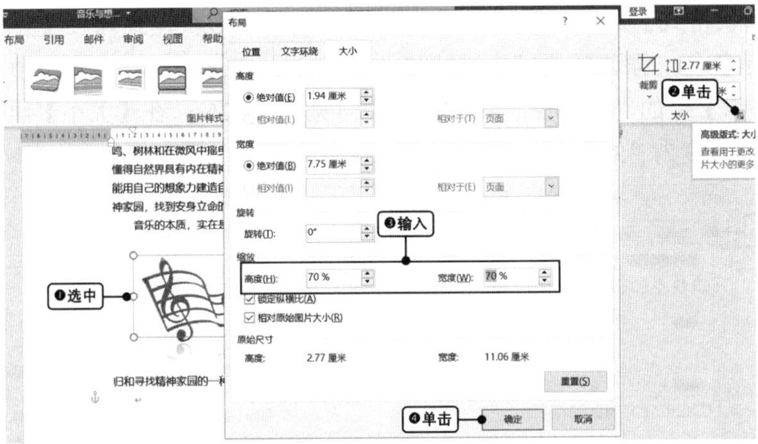

图2-4-23 设置图片缩放比例

技巧提示：

技巧1：文档中的图片默认环绕文字是"嵌入式"，但用户可以使用"环绕文字"命令，根据排版需求设置图片与文字在页面中的位置关系。环绕文字方式包括嵌入式、四周型、紧密型环绕、穿越型环绕、上下型环绕、浮于文字上方和衬于文字下方。"嵌入式"指的是图片直接嵌入文本中，就像是一个大字符。这意味着图片将随着文本的移动而移动，保持与文本的相对位置不变。四周型、紧密型环绕、穿越型环绕和上下型环绕是文字环绕在图片周围，图片与文字不重叠。而"浮于文字上方"和"衬于文字下方"这两种方式则允许图片与文字产生重叠。

技巧2：选中图片后，功能区会动态显示"图片格式"选项卡，该选项卡包含了常用的图片格式设置命令。

技巧3：右击图片，快捷菜单中选择【设置图片格式】，在Word程序窗口右侧显示【设置图片格式】任务窗格，可以选择设置图片格式命令。

技巧4：图片可以剪裁，剪裁的部分在需要的时候还可以恢复。

2.4.3 插入图形

在Word 2021中，图形是指除了图片之外的一系列视觉元素，它们可以用来组织和展示信息，增强文档的视觉效果和可读性。图形包括形状、艺术字、文本框、SmartArt图形等。

1. 形状

【实操体验】在"音乐与想象力"文档中，插入基本形状的"云形"，设置形状样式为"强烈效果-蓝色，强调颜色1"，形状效果为"半映像：4磅偏移量"，形状大小为"3厘米×2厘米"；在形状中输入文字"想象力"，文本效果为"填充：白色；轮廓：蓝色，主题色5；阴影"；如效果图所示调整形状位置。扫描右侧二维码查看效果图。

操作方法：在【插入】选项卡【插图】组中，单击【形状】选择"云形"，鼠标呈
"十"字形绘制状态，在图片右侧拖动鼠标绘制形状，如图2-4-24所示；选中绘制的"云
形"，在【形状格式】选项卡【形状样式】组中，单击形状样式列表【其他】按钮，选
择"强烈效果-蓝色，强调颜色1"，如图2-4-25所示；在【形状样式】组中单击【形状效
果】选择【映像】中的"半映像：4磅 偏移量"(见图2-4-26)；在【大小】组输入形状高度
为"2厘米"、宽度为"3厘米"(见图2-4-27)。

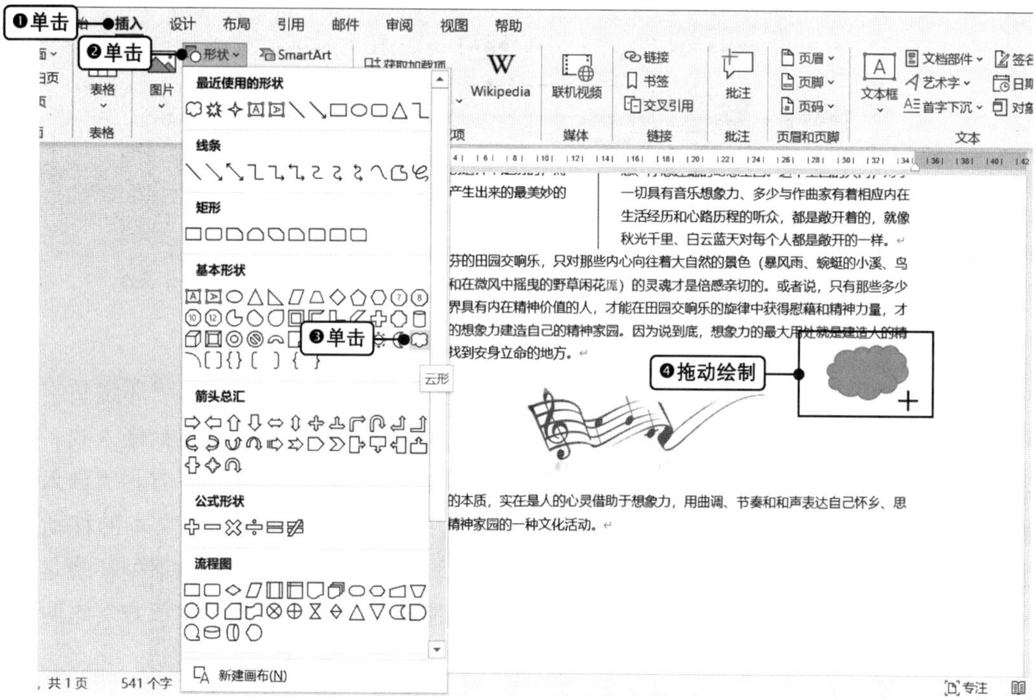

图2-4-24　绘制形状

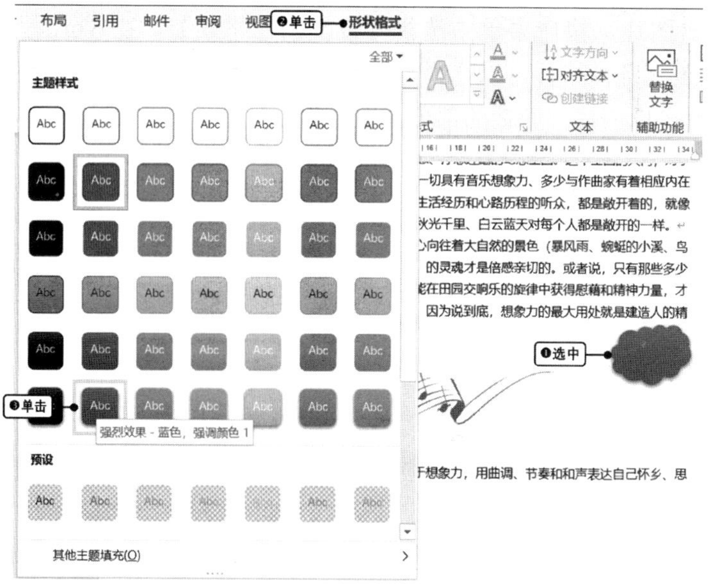

图2-4-25　设置形状样式

图2-4-26　设置形状效果

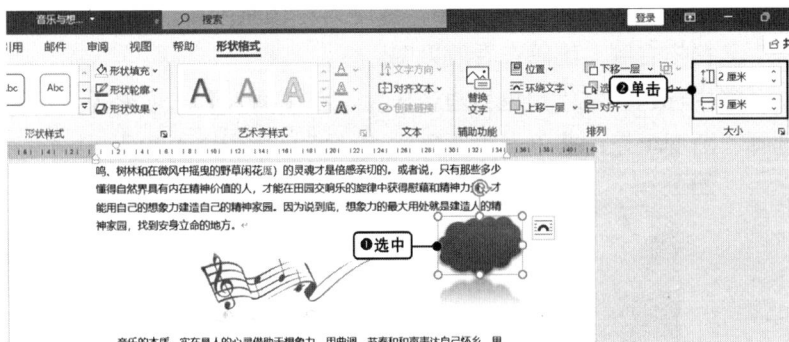

图2-4-27　设置形状大小

右击"云形"形状，快捷菜单中单击【添加文字】，输入文字"想象力"，选中输入的文字，如图2-28所示；在【开始】选项卡【字体】组，单击【文本效果】选择"填充：白色；轮廓：蓝色，主题色5；阴影"。拖动形状移动位置。

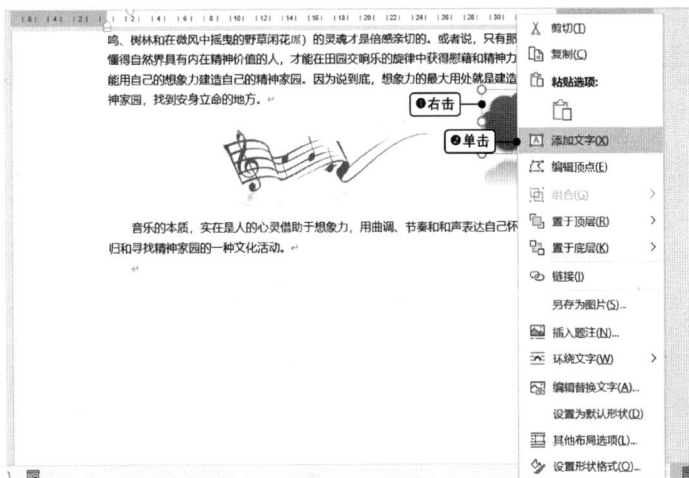

图2-4-28

技巧提示：

技巧1：文档中的图形默认环绕文字是"浮于文字上方"，但用户可以使用"环绕文字"命令，根据排版需求设置图形与文字在页面中的位置关系。

技巧2：选中图形后，功能区会动态显示"形状格式"选项卡，该选项卡包含了常用的形状格式设置命令。

技巧3：右击图形，快捷菜单中选择【设置形状格式】，在Word程序窗口右侧显示【设置形状格式】任务窗格，可以在【形状选项】中选择设置形状格式命令。

技巧4：图形可以添加文字，但是不可以剪裁。

2. 艺术字

在Word 2021中，艺术字用于创建具有特殊视觉效果的文本。通过使用艺术字，用户可以将普通文本转换成具有各种形状、颜色和字体样式的图形对象。

【实操体验】在"想象力与音乐"文档中，将标题文字"想象力与音乐"转换成艺术字，样式为预设"渐变填充：蓝色，主题色5；映像"；文本效果为"圆形"棱台，高度为"3.5厘米"、宽度为"10厘米"，环绕文字为"上下型环绕"。扫描右侧二维码查看效果图。

操作方法：选中标题文字"想象力与音乐"，在【插入】选项卡【文本】组中，单击【艺术字】选择"渐变填充：蓝色，主题色5；映像"，如图2-4-29所示。

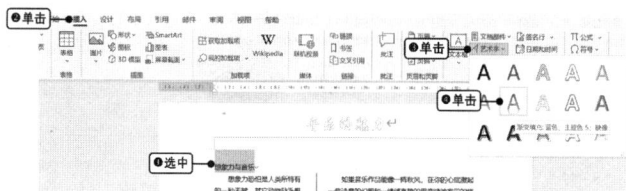

图2-4-29　插入艺术字

选中艺术字，在【形状格式】选项卡【艺术字样式】组中，单击【文字效果】选择【棱台】中的"圆形"，如图2-4-30所示；在【排列】组中单击【环绕文字】选择【上下型环绕】，在【大小】组中，高度输入"3.5厘米"、宽度输入"10厘米"(见图2-4-31)。

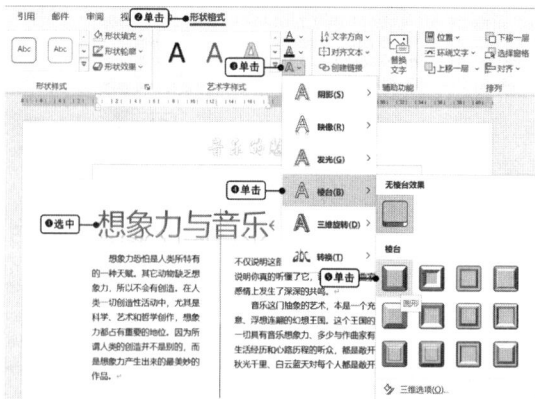

图2-4-30　设置艺术字文字效果

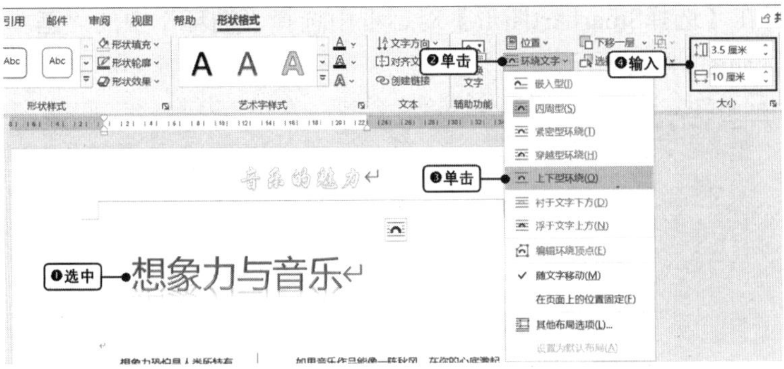

图2-4-31　设置艺术字环绕文字和大小

最后调整位置：鼠标移至艺术字边缘处，呈现"十"字形箭头状态拖动至出现绿色对齐线，如图2-4-32所示。

图2-4-32　设置艺术字位置

技巧提示：

技巧1：将文档中现有文字转换成艺术字，文字的环绕方式为"四周型"；若在插入艺术字时输入文字，文字的环绕方式为"浮于文字上方"。

技巧2：用户可以自定义艺术字样式，如填充色、轮廓和效果。右击艺术字，快捷菜单中选择【设置形状格式】，在Word程序窗口右侧显示【设置形状格式】任务窗格，可以在【文本选项】中选择设置艺术字格式命令，如单击【文本填充与轮廓】按钮[A]，通过渐变光圈设置停止点，改变艺术字填充色。

3. 文本框

在Word 2021中，文本框是一种非常实用的工具，它允许用户在文档中插入一个可以包含文字、图片的矩形或可自定义形状的容器。文本框分为横排文本框和竖排文本框两类，两类的插入方法及样式设置相同。此外，两个同向的文本框可以创建链接，使得第1个文本框的内容可以根据其大小，动态地延续到第2个文本框中。

4. SmartArt图形

在Word 2021中，SmartArt图形是一种强大的工具，它允许用户以视觉化的方式展示信息，特别适合于创建图表、流程图、组织结构图等。

【实操体验】在"音乐与想象力"文档结尾处，插入SmartArt图形并设置样式。扫描右侧二维码查看效果图。

操作方法：将插入点移至文档结尾处，在【插入】选项卡【插图】组中，单击

【SmartArt】，在【选择SmartArt图形】对话框中选择"循环"中的"基本循环"，单击
【确定】按钮，如图2-4-33所示。

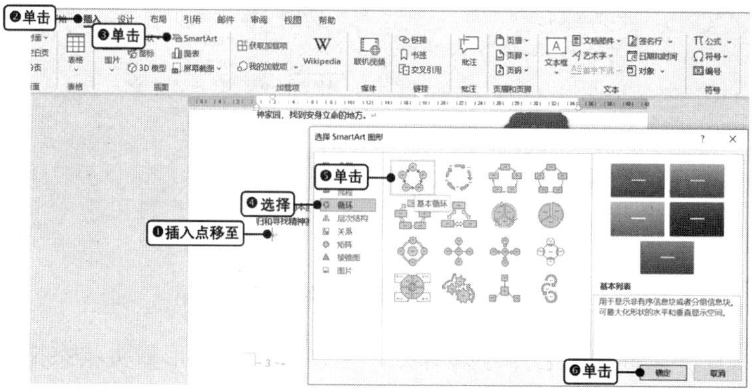

图2-4-33　插入SmartArt图形

插入SmartArt图形后，在【在此处键入文字】窗格中输入前2项文字为"想象力"和
"音乐"，删除其他文字项，关闭【在此处键入文字】窗格，如图2-4-34所示。

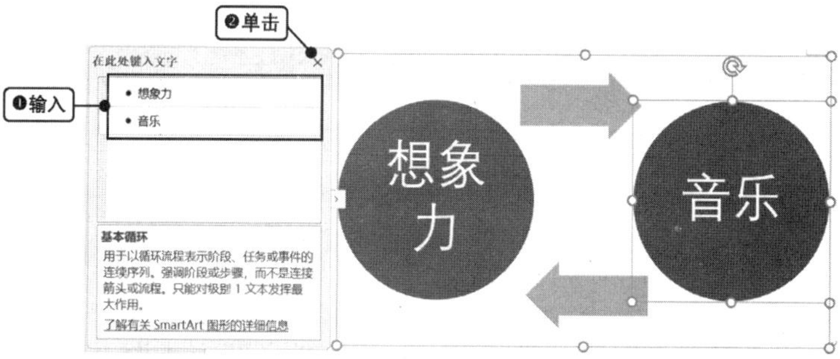

图2-4-34　设置SmartArt图形项目名称和数量

选中SmartArt图形，在【SmartArt设计】选项卡【SmartArt样式】组中，单击【更改
颜色】选择"渐变循环-个性色1"，如图2-4-35所示；单击样式列表【其他】按钮，选择
"三维"中的"优雅"(见图2-4-36)。

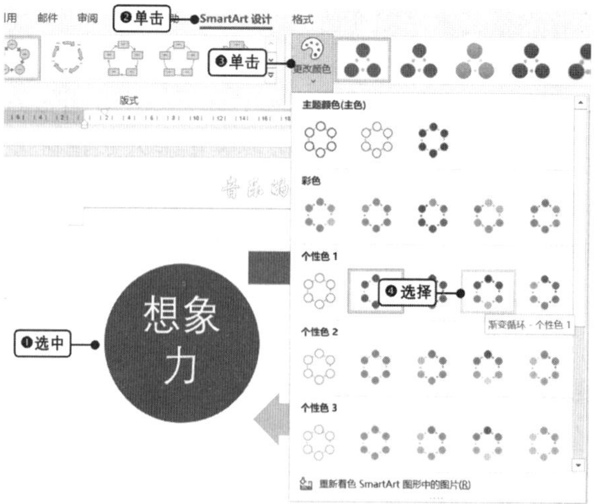

图2-4-35　设置SmartArt图形颜色

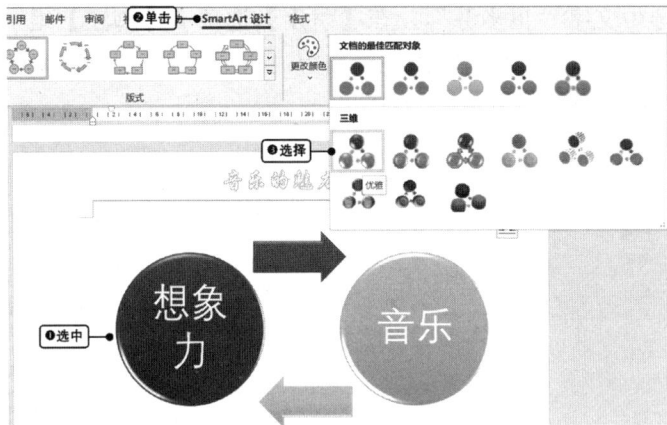

图2-4-36　设置SmartArt图形样式

在【格式】选项卡【大小】组中，高度输入"4厘米"、宽度输入"6.86厘米"，如图2-4-37所示。

图2-4-37　设置SmartArt图形大小

将插入点移至SmartArt图形段落标记上，在【开始】选项卡【段落】组中，单击【居中】。

2.4.4　注释

在Word 2021中，用户可以对文档中的特定内容添加解释性说明或备注。对于文档的作者、编辑者或其他读者来说，这些注释可以提供额外的信息、上下文、澄清或更正。注释在Word 2021文档中通常以特定的格式显示，并且可以通过点击或悬停在其引用标记上来查看。

1. 脚注

脚注是Word 2021文档中的一种注释形式，它位于页面的底部，用于为文档中某些内容提供附加说明、引用来源、注释或澄清。脚注的内容不会直接在文档的正文部分显示，而是通过在正文相应位置标记一个上标格式的数字或符号来指示，用户可以通过点击或悬停在这个标记上查看脚注的具体内容。

【实操体验】在"音乐与想象力"文档中，为文字"贝多芬"设置脚注，注释内容为：贝多芬，是德国著名的音乐家，维也纳古典乐派代表人物之一。

操作方法：选中文字"贝多芬"，在【引用】选项卡【脚注】组中，单击【插入脚注】按钮，在页面底端脚注标号后输入注释内容："贝多芬，是德国著名的音乐家，维也纳古典乐派代表人物之一。"如图2-4-38所示。

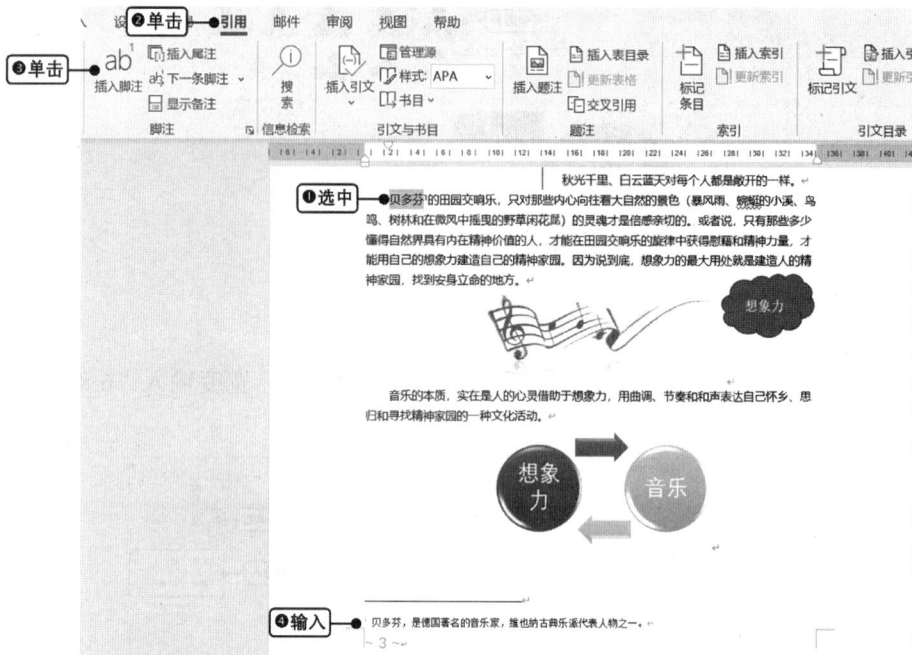

图2-4-38　插入脚注

技巧提示：当选中被注释内容上标的脚注标号，进行删除操作时，可以将脚注以及关联的注释内容删除。

2. 尾注

尾注是文本的一种补充说明形式，它通常位于文档的末尾(有时也位于某一节的末尾)，用于提供注释引用标记和对应的注释文本。尾注命令位于【引用】选项卡的【脚注】组中。

3. 批注

批注是指在原文旁边加上注解，旨在帮助读者更好地理解、思考或记忆文本内容。这些注解的形式多样，可以是文字、图形、音频等，它们共同构成了对原文的丰富补充。在Word 2021文档中，批注命令通常位于【审阅】选项卡的【批注】组中。

4. 题注

题注是文档中用于描述图表、图片、表格等对象的内容或提供相关的标识信息的注释形式。题注一般放置在对象的上方或下方，直接与对象相关联，以便用户能够轻松找到与特定对象相关的题注信息。在Word 2021文档中，题注命令位于【引用】选项卡的【题注】组中。

2.4.5　打印设置

用户可以根据自己的需求调整Word文档的打印设置，确保打印出的文档符合用户的预期。

1. 打印预览

打印预览可以避免浪费纸张和墨粉，确保打印出的文档符合用户的要求。通过仔细检查打印预览，用户可以在打印之前发现并修正可能的问题。

【实操体验】预览"音乐与想象力"文档的打印效果。

操作方法：在【文件】菜单，单击【打印】。

2. 打印范围

在Word 2021中，设置打印范围可以帮助用户只打印文档中的特定部分。打印范围包括"所有页""所选内容""当前页"和"自定义打印范围"。

【实操体验】某个文档由多页构成，现需要打印第1、2、3、5、8到最后页，打印1份。

操作方法：在【文件】菜单，单击【打印】，打印范围选择"自定义打印范围"，页数输入"1-3,5,8-"，份数输入"1"，单击【打印】命令，如图2-4-39所示。

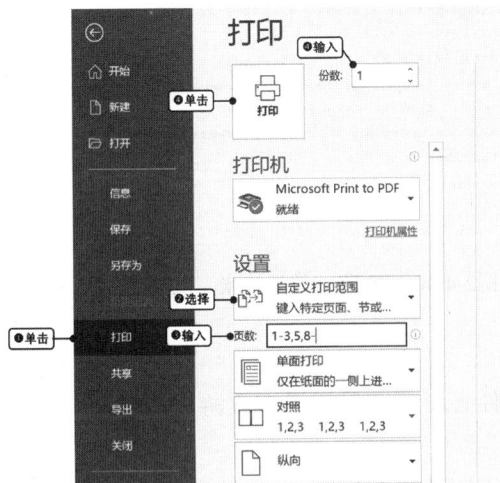

图2-4-39 设置打印范围

技巧提示：

技巧1：设置"自定义打印范围"时，英文"-"符号表示连续页，"-"后面没有页数表示打印到最后，英文","符号表示不连续页。

技巧2：设置打印范围为"当前页"时，当前页是插入点所在的页。

◈ 实训

知识训练

(1) 页面设置包括哪些命令？请举例。

(2) 环绕文字方式有哪些？文档插入的图片默认环绕文字是什么形式？

(3) 艺术字的文字效果有哪些？

能力训练

【案例2-5】按照操作要求，制作"黄果树瀑布旅游宣传单"。效果参照样张，如图2-4-40所示。

图2-4-40　案例2-5效果样张

操作要求：

(1) 打开"素材"文件夹中"黄果树瀑布旅游宣传单.docx"，另存至"实操体验"文件夹中。

(2) 全文设置格式"小四""首行缩进2字符""1.5倍行距"。

(3) 设置标题"黄果树瀑布风景介绍"艺术字，预设样式为"渐变：蓝色，主题色1；阴影"，字体"华文新魏""倾斜"。

(4) 艺术字为"无轮廓"；文本填充为"渐变填充""线性""线性向右"，渐变光圈颜色：停止点1为"绿色"、停止点2为"绿色"，个性色6，淡色60%"；文本效果为转换"前近后远"，棱台"圆形""无发光"，阴影"透视：右上"，环绕文字方式为"上下型环绕"，并参照样张适当调整艺术字大小和位置。

(5) 插入"素材"文件夹的图片"黄果树瀑布.jpg"，图片样式为"棱台左透视，白色"，环绕文字方式为"四周型"，大小为"4.66厘米×3.49厘米"，并参照样张调整图片位置。

(6) 设置为"置身幽暗的洞中……"段底纹样式为"12.5%"、图案颜色为"浅蓝"。

(7) 参照样张设置艺术型页面边框，边框颜色"深蓝"。

(8) 将文档"黄果树瀑布的景观……"段，设置分栏三栏，第一栏宽6字符，第二栏宽10字符。

(9) 输入页眉文本"祖国风光"，格式为"华文琥珀""小一"，文本效果为"填充：白色；轮廓：蓝色，主题色5；阴影"，间距为"加宽5磅"，去掉页眉文本下框线。页脚插入"颚化符"页码。

(10) 文档中第1个"黄果树瀑布"设置尾注，注释内容为："位于中国贵州省西南部。"

扫描二维码，阅读《案例2-5操作方法》

【**案例2-6**】按照操作要求，制作"楼盘宣传单.docx"。效果参照样张如图2-4-41所示。

图2-4-41　案例2-6效果样张

操作要求：

(1) 打开"素材"文件夹中"楼盘宣传单.docx"，另存至"实操体验"文件夹中。

(2) 页面设置。纸型为"A4"，上、下页边距均为1厘米，左、右页边距均为1.6厘米，页眉页脚距边界均为1厘米，页面颜色选择"蓝色，个性色5，淡色80%-白-蓝色，个性色5，淡色80%"，并水平渐变。

(3) 插入页眉和页脚。插入页眉文字为"七颗星✳一座城✳发于心✳传于世"，格式为"黑体""四号""深蓝""字符间距加宽5磅"。插入页脚文字为"开发商：滨湖花园房地产开发有限公司　物业管理：徐州滨湖物业管理有限公司"格式为"黑体""五号""深蓝""居中"。

(4) 文本转换为表格。将文本："滨湖公告 自2006年11月1日起，滨湖三期北岸星城

1、3、5、6号楼销售单价上涨80元/m²，特此公告。"以"空格"为分隔符转换为2列1行的表格。

(5) 设置边框和底纹。

① 页面边框设置为深蓝色、3磅、单实线的页面边框。

② 整个表格边框设置为红色、0.5磅内外单实线边框线。

③ "滨湖公告"单元格底纹设置红色填充。

④ 去掉页眉文字的下边框线。

(6) 文本格式设置。

① 第1行文字格式为"宋体""初号""加粗""深蓝"。

② 第2行、第3行文字格式为"宋体""小二""深蓝"。

③ 第4行文字格式为"华文中宋""二号""居中""深蓝"。

④ 表格中"滨湖公告"文字格式为"黑体""小四""加粗""白色"。

⑤ 表格中其他文字格式为"黑体""五号""红色"。

(7) 文档前3段文本分成两栏，并设置对齐方式。

(8) 插入图片，图片文件为"素材"文件夹的"风景.jpg"，并设置图片格式。

(9) 插入艺术字和形状。

① 在图片下方插入艺术字，文字为"滨湖地产 北岸星城"，预设样式"填充：红色，主题色2；边框：红色，主题色2"，字体为黑体、加粗，参照样张设置艺术字格式。

② 在艺术字下方插入"带形：前凸"的形状，形状中添加文字并设置文字格式和形状格式。

扫描二维码，阅读《案例2-6操作方法》

素质训练

文明旅游与绿色旅游是当下旅游业发展的两大重要趋势，不仅关乎旅游业的可持续发展，更体现了人们对美好生活的追求和对环境的尊重。无论是组织者还是参与者，都应该遵守文明旅游与绿色旅游的规定。请使用"文心一言""Kimi"等AI大模型，以"文明旅游、绿色旅游"为关键字，搜索相关理念并设计制作宣传单或者海报。

小资料

扫描二维码，阅读《常用图文混排软件介绍》

任务2.5　编辑长文档

引导案例：制作景区宣传册

小勇作为旅游公司的产品策划人员，负责制定旅游产品策划方案，该方案涵盖旅游产品市场调研、线路规划、优惠定价及产品推广等。其中，制作景区宣传册是整个方案中的一项重要工作。景区宣传册能够全面、清晰地向游客展示景区的特色，在推广旅游目的地、吸引游客以及提升旅游产品销售业绩方面发挥着重要作用。

根据案例回答下列问题：

(1) 宣传册通常由哪几部分组成？

(2) 除文字外，宣传册中还可以有哪些元素？

(3) 如何让游客快速浏览并找到宣传册中他们感兴趣的内容？

案例技能点分析：

(1) 在Word 2021程序中创建空白文档，创建表格并输入文本内容。

(2) 插入表格、图片、图形、艺术字等元素。

(3) 页面设置，包括封面、页眉和页脚、页码设置。

(4) 目录设置。

(5) 预览并保存文档。

📑 相关知识

2.5.1　插入封面

封面是文档、书籍、杂志或其他出版物的"门面"，封面的设计和内容应该与文档的内容相匹配。

1. 内置封面

在Word 2021中，用户可以使用内置的封面模板来创建专业的封面。

【实操体验】打开"素材"文件夹中"市场调查报告.docx"，插入内置封面"奥斯汀"。扫描右侧二维码查看效果图。

操作方法：在【插入】选项卡【页面】组中，单击【封面】选择"奥斯汀"（见图2-5-1）。在内置封面的控件中输入内容，不需要的控件使用"剪切"命令删除。

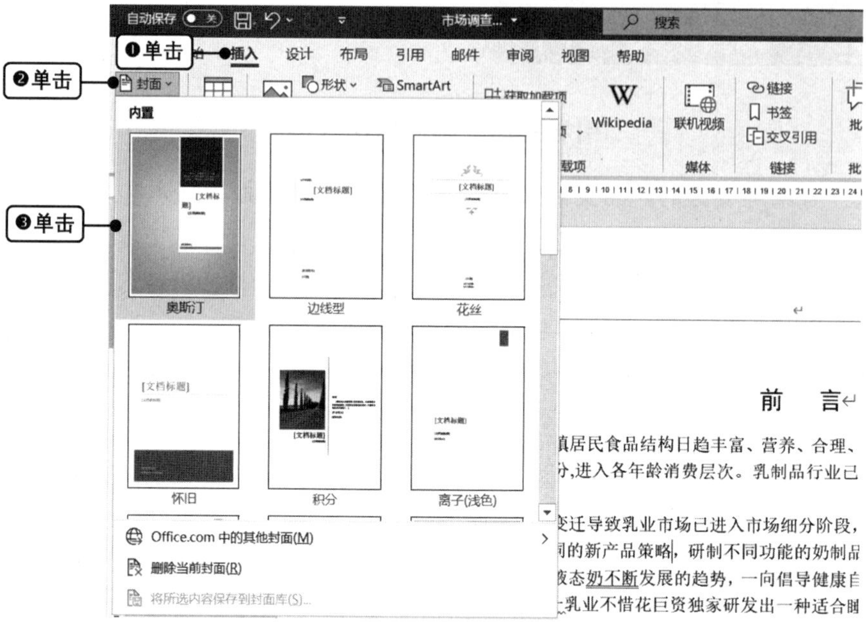

图2-5-1 插入内置封面

【实操体验】将"市场调查报告.docx"的封面删除。

操作方法：在【插入】选项卡【页面】组，单击【封面】选择【删除当前封面】。

技巧提示：①插入的封面与其他页面通过自动 "首页不同"，设置不同的页眉和页脚。②用户可以插入空白页，并自定义封面内容。

2. 自定义封面

【实操体验】打开"素材"文件夹中"市场调查报告1.docx"，自定义封面。扫描右侧二维码查看效果图。

操作方法：

步骤1：将插入点移至文档开头处，在【布局】选项卡【页面设置】组中，单击【分隔符】选择分节符的【下一页】。

步骤2：将插入点移至第1节页面中，在【插入】选项卡【插图】组中，单击【图片】选择"此设备"，在对话框中选择"素材"文件夹中的"封面背景1.png"，单击【插入】按钮，选中插入的图片，在【图片格式】选项卡【排列】组中，单击【环绕文字】选择【衬于文字下方】，调整图片大小与页面大小一致，调整图片位置覆盖页面。

步骤3：在【插入】选项卡【文本】组中，单击【艺术字】选择预设样式"填充：黑色，文本色1；阴影"，输入艺术字文字"市场调查报告"。选中整个艺术字，在【开始】选项卡【字体】组，单击【字体】列表下拉三角选择"72"，如效果图所示调整艺术字位置。

步骤4：如效果图所示，插入2行2列表格，输入表格文字，文字格式为"黑体""26"，设置表格边框线。

2.5.2 目录

1. 创建目录

对于长篇文档来说，创建目录是非常重要的。目录提供了文档结构的概览，帮助用户快速理解文档的组织结构和主要内容，使用户能够通过目录快速跳转到感兴趣的章节或部分，而不需要手动翻阅整个文档。

【实操体验】在"市场调查报告1.docx"封面后一页创建目录。扫描右侧二维码查看效果图。

操作方法：

步骤1：创建目录页。通常目录单独一页显示。将插入点移至文档内页开头处，在【布局】选项卡【页面设置】组中，单击【分隔符】选择分节符的【下一页】。插入点移至目录页开头处，输入文字"目录"，清除文字所有格式，设置文字格式"黑体""48""字符间距加宽10磅""居中"。

步骤2：设置文本段落级别。目录中的标题是根据文字在文档中的大纲级别来显示的。在Word 2021中，文字大纲级别共有10级，从"1级"到"9级"和"正文文本"，默认文字级别为"正文文本"。目录中的标题通常通过缩进和格式区分不同级别。如效果图所示，目录中的文本"前言"和"市场分析"是1级标题，其余是2级标题。在内页中，选择"前言"和"市场分析"段落，在【开始】选项卡中单击【段落】组对话框启动器按钮，在【段落】对话框【缩进和间距】选项卡中，单击"大纲级别"列表下拉三角选择"1级"，单击【确定】按钮。选中"一、乳品市场现状及其发展""二、消费者分析""三、产品分析""四、竞争状况分析"段落，在【开始】选项卡中单击【段落】组对话框启动器按钮，在【段落】对话框【缩进和间距】选项卡中，单击"大纲级别"列表下拉三角选择"2级"，单击【确定】按钮。整个文档中其余段落设置大纲级别为"正文文本"。

步骤3：在页脚设置页码。通常页码从内页第1页开始编码。将插入点移至内页第1页中("前言"页)，在【插入】选项卡【页眉和页脚】组中，单击【页脚】选择【编辑页脚】，插入点在第3节第1页("前言"页)页脚处，在【页眉和页脚】选项卡【导航】组中，取消【链接到前一节】，在【页眉和页脚】组中单击【页码】→【当前位置】选择"颚化符"，在【页眉和页脚】组中单击【页码】→【设置页码格式】，在【页码格式】对话框中，"页码编号"选择"起始页码"，输入"1"，单击【确定】按钮。设置页码居中对齐。

步骤4：创建目录。将插入点移至"目录页"中"目录"字下一段，在【引用】选项卡【目录】组中，单击【目录】选择【自定义目录】，在【目录】对话框中，显示级别输入"2"，选择"制表符前导符"，单击【修改】按钮(见图2-5-2)；在【样式】对话框中，选择目录标题级别，单击【修改】按钮，在【修改样式】对话框中，设置1级标题文字格式(见图2-5-3)。同样方法设置2级标题文字格式"方正姚体""四号"。

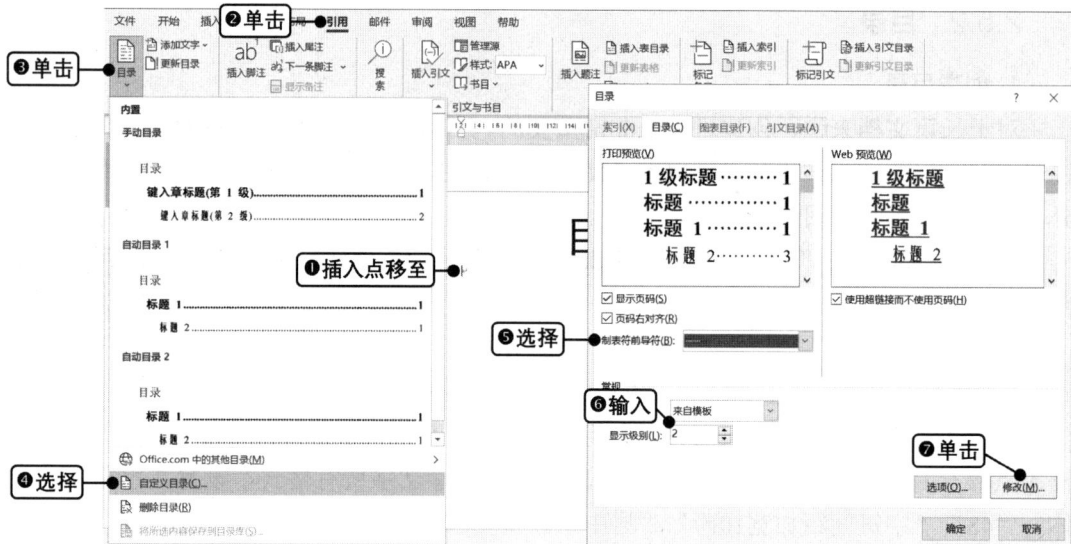

图2-5-2 创建目录

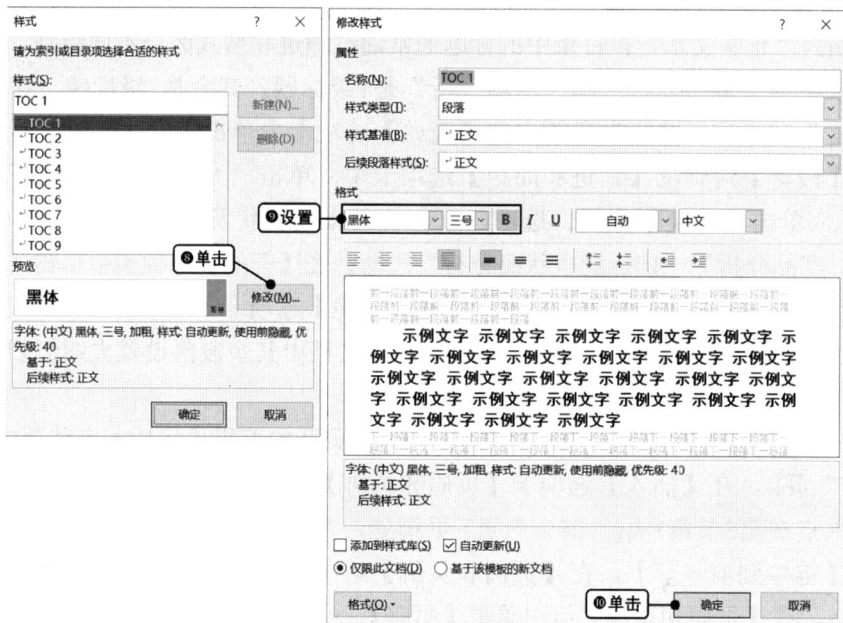

图2-5-3 设置目录标题文字格式

2. 更新目录

当目录的标题文本内容、位置等在文档中发生变化时，也需要更新目录内容，否则目录与文档内容不同步。

【实操体验】更新"市场调查报告1.docx"中的目录。

操作方法：右击目录区域任意位置，快捷菜单中单击【更新域】，在【更新目录】对话框中，根据目录标题内容、位置变化情况选择更新选项，单击【确定】按钮(见图2-5-4)。

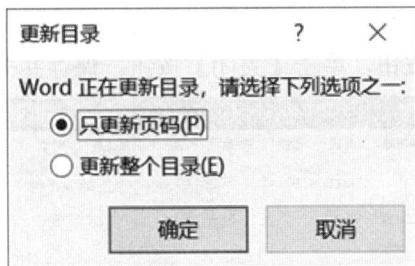

图2-5-4　更新目录

3. 删除目录

【实操体验】删除"市场调查报告1.docx"中的目录。

操作方法：在【引用】选项卡【目录】组中，单击【目录】选择【删除目录】。

2.5.3　应用主题

在Word 2021中，主题是一组预定义的设计元素集合，包括字体、颜色和图形效果，这些元素共同作用于文档的整体外观。应用主题可以快速统一文档的风格，并且便于后续修改。因为一旦更改主题，文档中所有相关的设计元素都会随之调整。应用主题不仅是保持文档专业及统一外观的有效方式，也是快速更改文档整体风格的便捷途径。

【实操体验】打开"素材"文件夹中"市场调查报告2.docx"，应用"环保"主题中的"基本(简单)"外观、"视点"颜色。扫描右侧二维码查看效果图。

操作方法：在【设计】选项卡【文档格式】组中，单击【主题】选择"环保"，单击外观列表【其他】按钮选择"基本(简单)"，单击【颜色】选择"视点"。

2.5.4　邮件合并

邮件合并是一个功能强大的工具，可以高效、批量处理相同结构的文档。它允许用户使用一个主文档(包含相同文本及其格式部分)和一个数据源(如Excel电子表格，包含每个文档或页面的可变信息)，来生成一系列多个定制化的文档。这项功能广泛用于制作准考证、员工卡、标签、证书、邀请函等需要批量处理的文件。

【实操体验】制作某公司员工卡"所有员工证.docx"文档，效果图扫描右侧二维码查看。

操作方法：

步骤1：准备数据源(员工信息表.xlsx)。打开"素材"文件夹中"员工信息表.xlsx"(除照片外，其他信息已经录入)。"照片"列需要输入每位员工照片文件在本地计算机的存储路径。打开"素材"文件夹中的"证件照"文件夹，假设"员工信息表.xlsx"员工记录顺序与"证件照"文件夹的照片文件顺序一致，按【Ctrl+A】组合键全选照片文件，按【Shift】同时右击第1个照片高亮区域，快捷菜单中单击【复制文件地址】，在"员工信息表.xlsx"中，选中"照片"列第1个单元格(E2单元格)，按【Ctrl+V】组合键(见图2-5-5)。选中E2：E11单元格区域，按【Ctrl+H】组合键，在

【查找和替换】对话框的【替换】选项卡中，查找内容输入英文斜杠"\"，替换为输入"\\"，单击【全部替换】按钮，单击【关闭】按钮。保存并关闭"员工信息表.xlsx"。

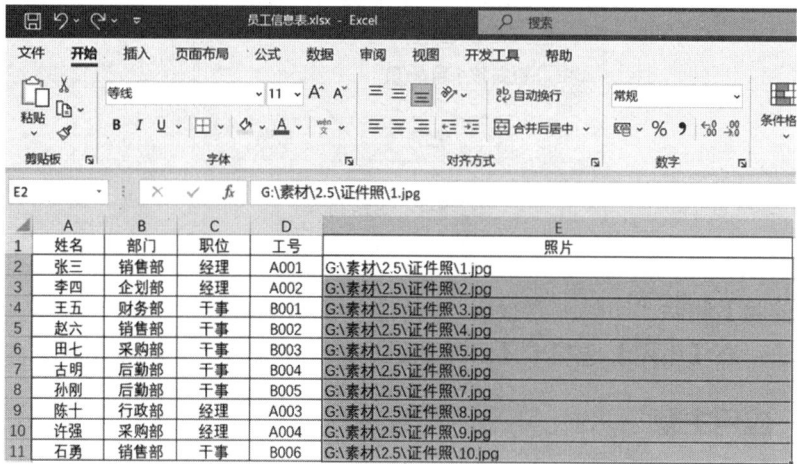

图2-5-5　复制照片文件地址

步骤2：准备主文档。打开"素材"文件夹中"员工证.docx"，将插入点移至插入图片位置，在【插入】选项卡【文本】组中，单击【文档部件】选择【域】，在【域】对话框中"域名"选择"IncludePicture"，"文件名或URL"输入"图片"，单击【确定】按钮，如图2-5-6所示。

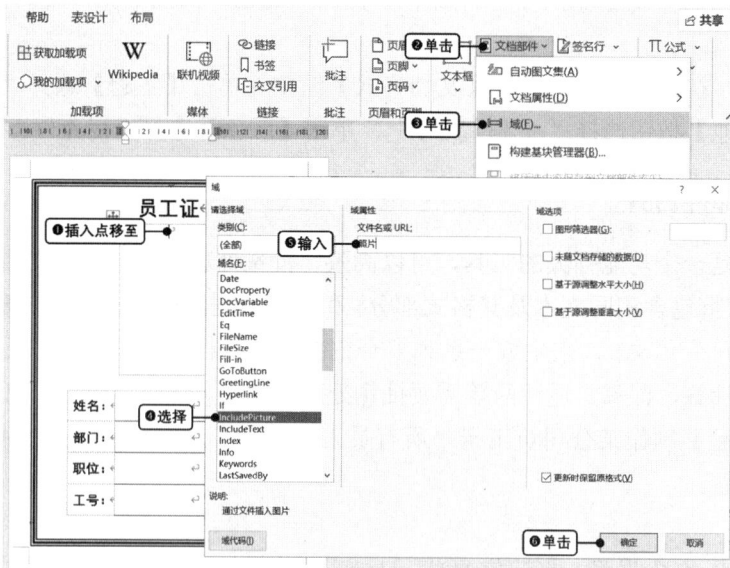

图2-5-6　设置照片域

步骤3：邮件合并。在【邮件】选项卡【开始邮件合并】组中，单击【开始邮件合并】选择【信函】，单击【选择收件人】选择【使用现有列表】，在【选取数据源】对话框中选择"素材"文件夹中的"员工信息表.xlsx"的Sheet1工作表。

将插入点移至输入姓名位置，在【邮件】选项下的【编写和插入域】组中单击【插入合并域】选择"姓名"，"部门""职位""工号"合并域方法同"姓名"，如

图2-5-7所示。按【Alt+F9】组合键，显示文档中域的代码，"图片"域代码中选中"图片"二字，在【编写和插入】组中单击【插入合并域】选择"图片"，如图2-5-8所示。按【Alt+F9】组合键恢复显示域，在【完成】组中单击【完成并合并】，在【合并到新文档】对话框中，单击"全部"，单击【确定】按钮，如图2-5-9所示。

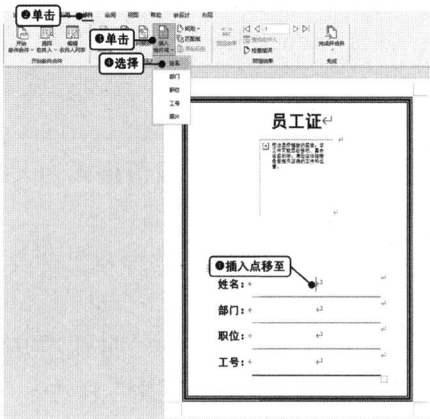

图2-5-7 插入文本类合并域

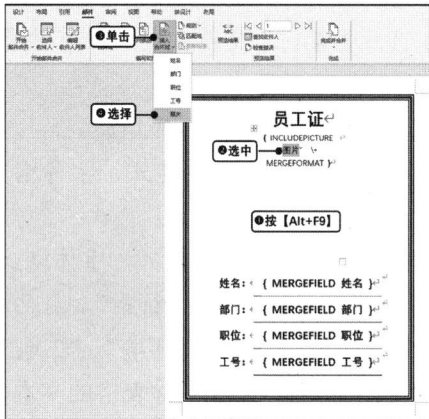

图2-5-8 插入照片类合并域

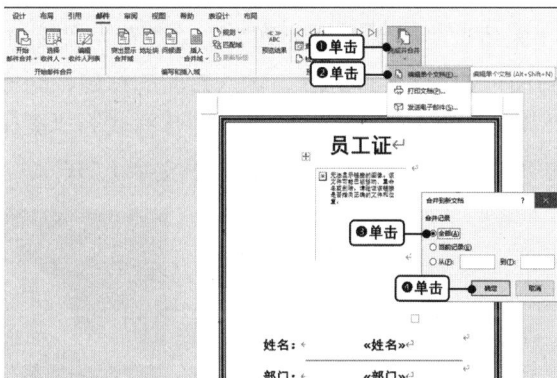

图2-5-9 合并到新文档

步骤4：在合并后的新文档中全选，按【F9】刷新域，就能看到文档所有内容，包括照片。将合并后的文档保存至"实操体验"文件夹中，命名为"所有员工证.docx"。

⚙ 实训

知识训练

(1) 一个长文档的文档结构是什么？按照文档顺序列出。

(2) 文档中如何设置不同的页眉和页脚？

(3) 在创建目录之前，需要设置哪些命令？

能力训练

【案例2-7】按照操作要求，制作“黄果树瀑布景区宣传册”。扫描右侧二维码可查看效果样张。

操作要求：

(1) 打开“素材”文件夹中“黄果树瀑布景区宣传册.docx”，另存至“实操体验”文件夹中。

(2) 创建各级文字样式并应用。

① 创建“宣传-标题”样式，字体格式为“黑体”“四号”；段落格式为大纲级别“1级”。

② 创建“宣传-正文”样式，字体格式为“华文楷体”“小四”“深蓝”；段落格式为“首行缩进2字符”“1.5倍行距”。

③ 应用样式，“1.自然环境”“2.地质形成”“3.形态特征”……“6.旅游开放”段落应用“宣传-标题”样式；除表格的文本外，其他文本应用“宣传-正文”样式。

(3) 文档整体页面设计。

① 创建目录。如图2-5-10所示，1级标题格式为“黑体”“四号”“加粗”“深蓝”，2级标题格式为“宋体”“倾斜”“小四”、“深蓝”“段前1行”。

② 插入“网格”封面，如图2-5-11所示，输入封面的标题、副标题及摘要；插入“素材”文件夹中的图片“黄果树瀑布精选图1.jpg”，图片样式为“柔化矩形边缘”、图片效果为“柔化边缘”中的“50磅”，环绕文字为“浮于文字上方”。

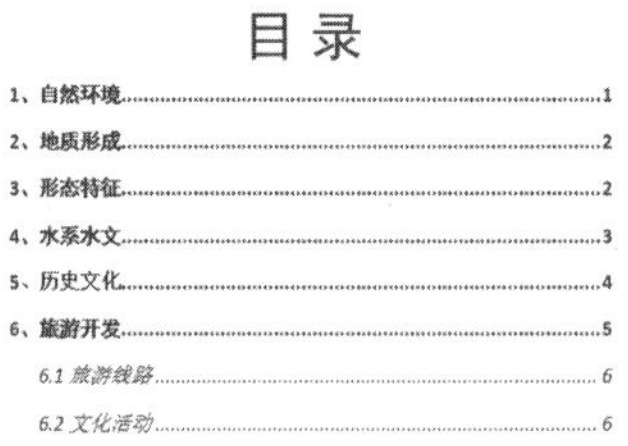
目 录

1、自然环境......1
2、地质形成......2
3、形态特征......2
4、水系水文......3
5、历史文化......4
6、旅游开发......5
6.1 旅游线路......6
6.2 文化活动......6

图2-5-10　目录效果

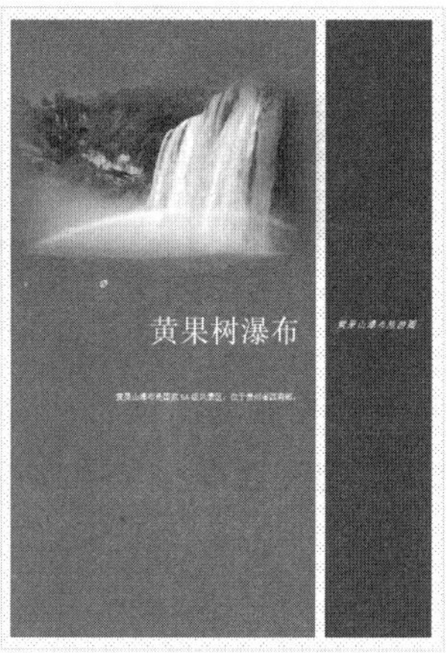

图2-5-11　封面效果

③ 插入页眉和页脚。从整个文档第3页开始，页眉中输入文字“贵州风光”，格式为“方正姚体”“居中”“无下框线”；在页眉文字两边对称位置绘制水平“直线”图形，长度为“6.5厘米”，样式为“粗线-强调颜色1”。页脚中插入“颚化符”页码，从1开始编码，“居中”对齐。

④ 设置页面颜色。图案“点线：5%”、颜色“深蓝”。

(4) 输入元素。

① 插入表格。将“中文名”至“6月-10月最佳”段落转换成6行4列的表格，根据

内容调整列宽，表格样式为"网格表4-着色1"、第3列文字加粗，整个表格在页面中"居中"。

②　插入图片。如样张所示，在文档相应位置插入"素材"文件夹中的图片"黄果树瀑布精选图2.jpg"，大小为"6厘米×6厘米"，图片样式为"柔化边缘椭圆"、位置为"顶端居左，四周型文字环绕"。在文档结尾处插入"素材"文件夹中的图片"黄果树瀑布精选图3.jpg"，"居中"对齐。

③　插入艺术字。如样张所示，插入艺术字"祖国大好河山"，样式为"填充-茶色，背景2，内部阴影"，文本效果为"棱台的圆形"，调整艺术字位置。

④　插入形状。如样张所示，插入形状"星与旗帜的五角星"，形状填充为"绿色"、形状轮廓为"无轮廓"、形状效果为"棱台的棱纹"。

(5) 更新整个目录并保存文档。

扫描二维码，阅读《案例2-7操作方法》

素质训练

高效办公在现代工作环境中至关重要，它对个人、团队和组织都有许多积极影响。假设你是某公司营销主管，需要向多位客户发出"产品发布会邀请函"，请快速设计并制作出邀请函。

小资料

扫描二维码，阅读《Word 2021高级功能介绍》

项目小结

Microsoft Word是一款功能强大的文字处理软件，它被广泛用于创建、编辑、格式化和分享各类文档，包括办公、教育、法律法规、营销和广告等。

扫码做题

项目3 Excel电子表格应用

项目描述

● Excel作为Microsoft Office套件中的另一个核心组件，是一款功能强大的电子表格处理软件，具备表格制作、数据计算、统计汇总和管理分析等功能。在行政管理、市场营销、财务管理、人事管理和金融等众多领域，Excel得到了广泛应用，如建立员工档案、制作产品价格表、分析销售数据以及处理工资数据等。在制作和处理各种表格时，用户应对Excel常用命令功能及操作方法有所了解。本项目包括4个任务，即数据的输入与编辑、公式与函数、图表与数据透视表、数据分析与管理。

项目目标

● 知识目标：熟悉Excel程序窗口，了解各种表格的制作与数据处理流程，熟练掌握常用命令的功能和操作方法。

● 能力目标：能够按照正确的流程制作各种电子表格，能够正确理解常用命令的功能，并合理应用命令进行数据处理。

● 素质目标：增强学习能力，理解理论知识与实际操作相融合的关键，增强数据洞察力和问题解决能力，实现从学习到应用的无缝衔接，树立严谨、创新的价值观。

任务3.1　数据的输入与编辑

引导案例：制作公司员工档案表

小白初入职场，实习期间在公司各部门轮岗，目前他的首要任务是制作某部门的员工档案表。这份员工档案表旨在记录员工的基本信息、教育背景、联系方式等相关内容。一份规范、清晰、合理的档案表格式不仅能提高管理效率，还要有效保障信息的准确性和安全性。

根据案例回答下列问题：

(1) Excel 2021窗口界面主要由哪几部分构成？有哪些功能？

(2) 工作簿、工作表、单元格的基本操作有哪些？

(3) 如何保护工作簿的内容不被篡改？

(4) 如何在表格中输入各种类型的数据？

(5) 如何设置表格的格式？

案例技能点分析：

(1) Excel 2021在数据管理、公式应用、图表制作、协作编辑以及高级分析等方面都进行了全面升级和优化，为用户提供了更加高效、便捷的数据处理功能。

(2) 在Excel 2021中进行任何数据操作之前，需要启动Excel 2021程序并熟悉Excel 2021窗口布局、掌握窗口界面的操作技巧。

(3) 在程序窗口的工作表编辑区按需输入和编辑数据内容，并保存工作簿。

📖 相关知识

3.1.1　Excel 2021程序窗口介绍

1. Excel 2021的启动和退出

Excel 2021启动和退出的方法同Word，扫描右侧二维码阅读《启动和退出Excel 2021操作方法》。

2. Excel程序窗口介绍

运行Excel程序，打开Excel 2021程序窗口。Excel 2021程序窗口如图3-1-1所示。

1) 快速访问工具栏

快速访问工具栏是Excel程序命令快速访问的区域，初始显示"自动保存""保存""撤销"和"恢复"4个命令。用户可以按照个人需求自定义快速访问工具栏的命令，操作方法同Word 2021。

2) 标题栏

标题栏是Excel 2021程序窗口顶端处的快速访问工具栏右侧区域，从左至右依次显示文件名、搜索栏和窗口控制按钮，如图3-1-2所示。

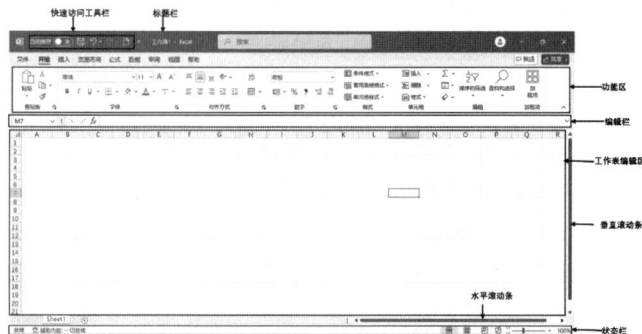

图3-1-1　Excel 2021程序窗口

图3-1-2　标题栏

(1) 文件名。启动Excel程序并创建空白工作簿后，默认文件名为"工作簿1"，用户可以对文件进行重新命名，此处显示当前文件名称。

(2) 搜索栏。在搜索栏中输入文本，能够在表格中查找与输入文本匹配的内容。

(3) 窗口控制按钮。可以使用窗口控制按钮对当前Excel程序窗口进行最小化、最大化、还原、关闭操作。

3) 功能区

功能区中显示Excel程序的操作命令，这些命令按照功能被分类到不同的选项卡中；每一个选项卡内部，又以"组"进行二级分类。

(1) 选项卡。功能区中有开始、插入、页面布局、公式、数据、审阅、视图和帮助8个选项卡。单击选项卡标签，可以切换选项卡，功能区显示该选项卡中的命令。

(2) 组。一个选项卡内，以灰色竖线为分隔，分为多个组。每组中包括同类功能相关的命令。例如，字体组中就包含了用于设置单元格中字符格式的下拉列表框和按钮命令。对于功能区中没有显示的命令，用户可以在该分组的对话框或任务窗格中找到。例如，单击字体分组对话框启动器按钮，就可以打开【设置单元格格式】对话框，如图3-1-3所示。

图3-1-3　字体分组对话框启动器

(3) 命令。在组中的命令以下拉列表框或按钮的形式呈现。下拉列表框形式的命令允许多个选项中选择其中一项；按钮形式的命令则用于设置与取消设置的切换。这些命令的显示状态与当前选中的对象设置同步。

4) 编辑栏

在Excel中，编辑栏用于显示和编辑当前活动单元格的内容。该栏通常包括名称框、插入函数按钮以及一个用于直接编辑内容的编辑框。

【实操体验】显示/隐藏编辑栏。

操作方法：在【视图】选项卡【显示】分组中，勾选【编辑栏】，即显示编辑栏，如图3-1-4所示；取消勾选【编辑栏】，则隐藏编辑栏。

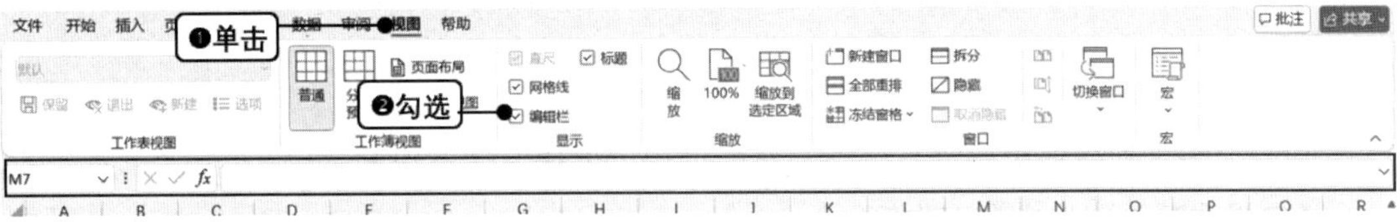

图3-1-4　编辑栏

5) 工作表编辑区

工作表编辑区是Excel编辑数据的主要区域，它包括行号、列号、单元格地址以及工作表标签等元素。

6) 状态栏

在Excel中，状态栏位于窗口底部，它提供了有关表格的实时信息和快捷操作功能。

(1) 显示当前单元格模式。状态栏会显示当前单元格的模式，比如"就绪""编辑""输入"等。

(2) 辅助功能检查器。状态栏上有辅助功能检查器按钮，用户可以双击该按钮，快速调出辅助功能选项卡和辅助功能助手。

(3) 视图切换。状态栏上有视图按钮，可以快速切换到不同的视图模式。

在Excel的状态栏中，用户可以通过视图按钮快速切换不同的视图模式，如普通视图、页面布局、分页预览等。视图之间的切换可以利用【视图】选项卡中的命令来实现，但更便捷的方法是使用状态栏的视图切换按钮。

● 普通视图，是Excel的默认视图模式，显示工作表的全貌，主要用于数据的输入、编辑和分析。

● 页面布局，主要用于查看工作表的打印效果，并进行页面设置。

● 分页预览，用于查看工作表的分页情况，并进行分页设置。

(4) 缩放控制。状态栏的右侧有一个缩放滑块，可以用来快速放大或缩小文档的显示比例。

【实操体验】自定义状态栏显示内容。

操作方法：右击状态栏任意位置，弹出【自定义状态栏】菜单，单击某个菜单项在状态栏显示或取消显示该项的内容。

7) 滚动条

在Excel工作簿中，用户通过拖动滚动条可以浏览表格的不同部分。

(1) 水平滚动条。当表格的列数超过Excel窗口的宽度时，可以拖动水平滚动条，左右移动表格。

(2) 垂直滚动条。当表格的行数超过Excel窗口的高度时，可以拖动垂直滚动条，上下移动表格。

3.1.2　工作簿的基本操作

工作簿是Excel计算和存储数据的文件，每个工作簿由一个或多个工作表组成，每个工作表由若干个单元格构成。只有掌握工作簿的基本操作后，才能顺利对工作表及单元格进行管理。

1.创建工作簿

在Excel中，创建新工作簿是一个简单的过程，创建方法有很多。

【实操体验】创建空白工作簿。

操作方法1：启动Excel程序，在程序窗口中单击【空白工作簿】，如图3-1-5所示。

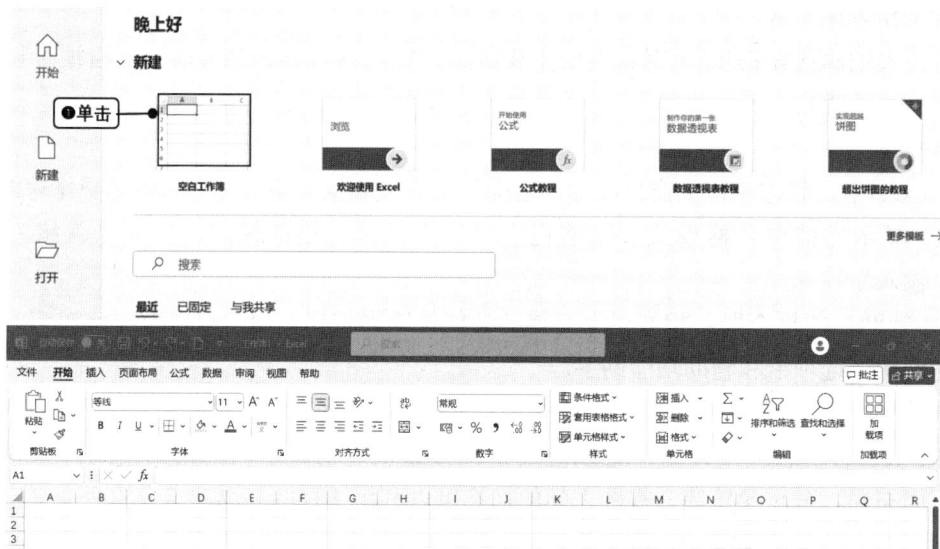

图3-1-5　在程序窗口中创建空白工作簿

操作方法2：在桌面或某个目录的文档窗口中，右击空白处，在弹出的快捷菜单中单击【新建】→【Microsoft Excel工作表】，输入文件名称"员工档案表"，按【Enter】键，如图3-1-6所示。

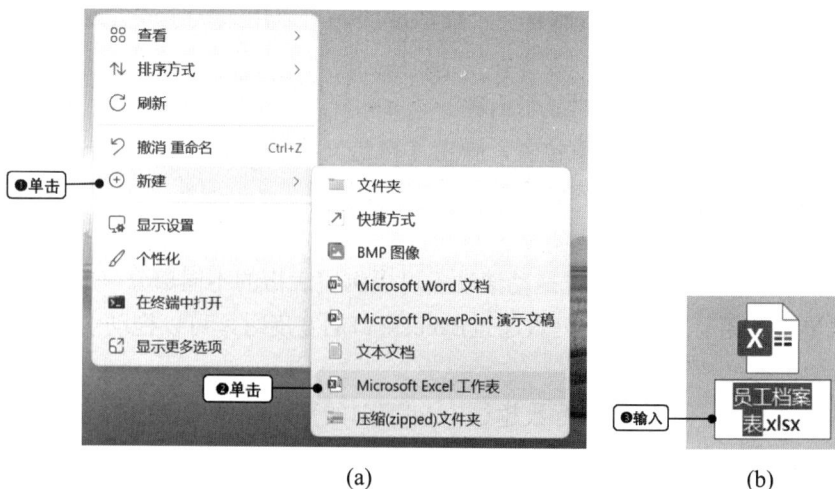

(a)　　　　　　　　　　(b)

图3-1-6　快捷创建空白工作簿

技巧提示：①在Excel程序为活动窗口时，单击【文件】菜单，选择【新建】→【空白工作簿】。②在Excel程序为活动窗口时，按【Ctrl+N】组合键，就可创建一个空白文档。

Excel的初学者如果希望创建格式规范、设计效果美观的工作簿，可以套用Excel程序提供的模板，快速创建Excel工作簿。

【实操体验】套用模板创建"库存清单"工作簿。

操作方法：单击【文件】菜单，选择【新建】，搜索联机模板中输入"库存清单"，在搜索结果中选择适合的模板，如"带突出显示的库存清单"，单击【创建】，如图3-1-7~图3-1-10所示。

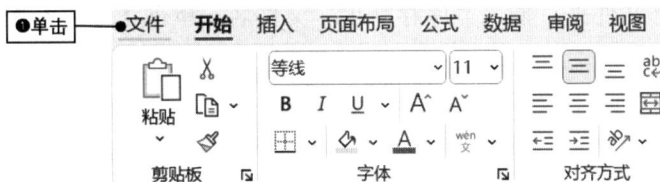

图3-1-7 套用模板创建"库存清单"工作簿(1)

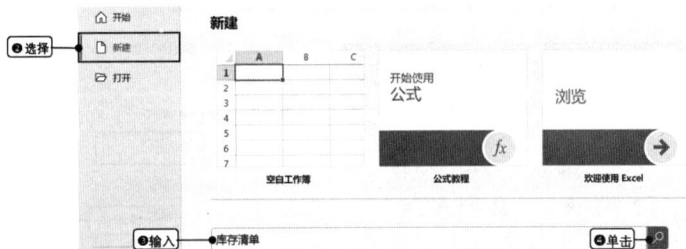

图3-1-8 套用模板创建"库存清单"工作簿(2)

图3-1-9 套用模板创建"库存清单"工作簿(3)

图3-1-10 套用模板创建"库存清单"工作簿(4)

2. 工作簿的保存

保存工作簿后，即将此工作簿文件永久地保存在外存上。如果文件没有保存，当计算机出现Excel程序异常退出或断电时，工作簿文件就会丢失。Excel程序提供2个保存命令，分别是【保存】和【另存为】。对于新建工作簿，【保存】和【另存为】命令相同，在【另存为】对话框中选择工作簿保存的位置并命名。对于现有的工作簿，【保存】命令是对现有文件进行更新存储，【另存为】命令则是在【另存为】对话框中选择其他位置、指定新的文件名将文件另存。【另存为】后，原文件自动关闭。

【实操体验】将"库存清单"文件保存在"实操体验"文件夹中。

操作方法：单击【文件】菜单，单击【保存】→【浏览】，在【另存为】对话框中选择"实操体验"文件夹，输入"库存清单"文件名，单击【保存】按钮，如图3-1-11~图3-1-13所示。

图3-1-11　保存"库存清单"文件(1)

图3-1-12　保存"库存清单"文件(2)

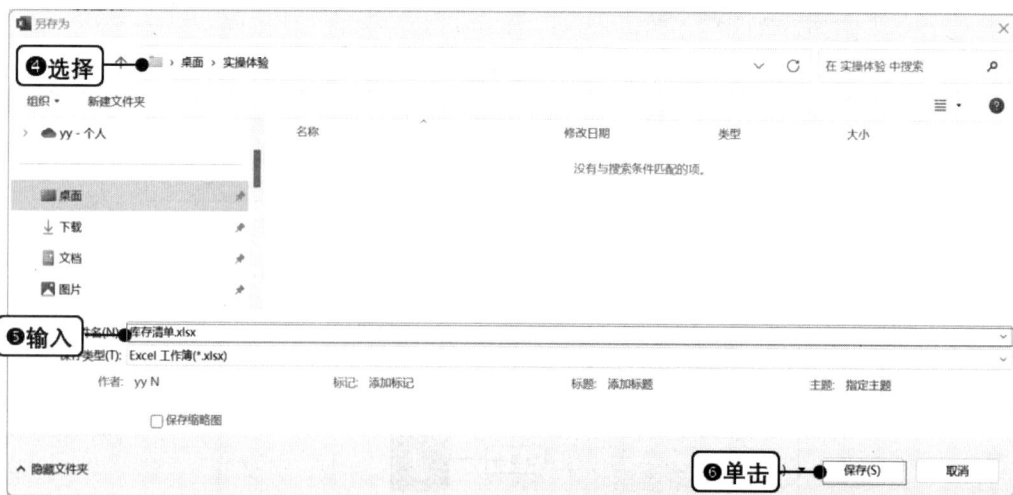

图3-1-13　保存"库存清单"文件(3)

技巧提示：

技巧1：Excel提供了自动保存功能，用户可以在计算机断电或程序异常时减少丢失文档数据的风险。在【文件】→【选项】→【保存】中可以设置自动保存选项，默认自动保存时间间隔为10分钟。

技巧2：在Excel中，可以为工作簿设置密码选项，以保护内容不被未授权的人访问。密码选项包括"打开密码"和"修改密码"。设置密码后，打开工作簿时需要输入密码；打开密码输入错误，将无法打开工作簿；修改密码输入错误，可以以"只读"方式打开工作簿。

【实操体验】设置"库存清单"打开密码。

操作方法：单击【文件】菜单，选择【另存为】→【浏览】，在【另存为】对话框中单击【工具】→【常规选项】，在【常规选项】对话框中输入打开密码，单击【确定】按钮，如图3-1-14~图3-1-16所示。

图3-1-14　设置文件打开密码(1)

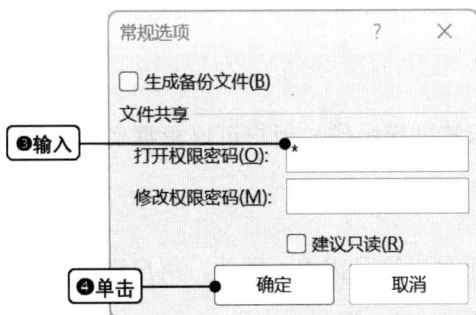

图3-1-15　设置文件打开密码(2)

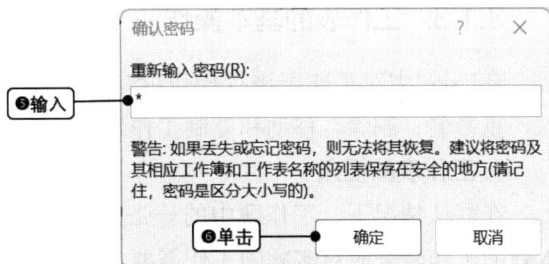

图3-1-16　设置文件打开密码(3)

3. 工作簿的打开

对于现有的工作簿文件，在使用和编辑工作簿前需要将文件打开，通常可以在文件管理器窗口中双击文件图标打开工作簿，也可以在Excel程序窗口中打开工作簿。

【实操体验】在Excel程序中，打开桌面上"库存清单"文件。

实操方法：单击【文件】菜单，单击【打开】→【浏览】，在【打开】对话框中选择桌面上的"库存清单"，单击【打开】按钮，如图3-1-17所示。

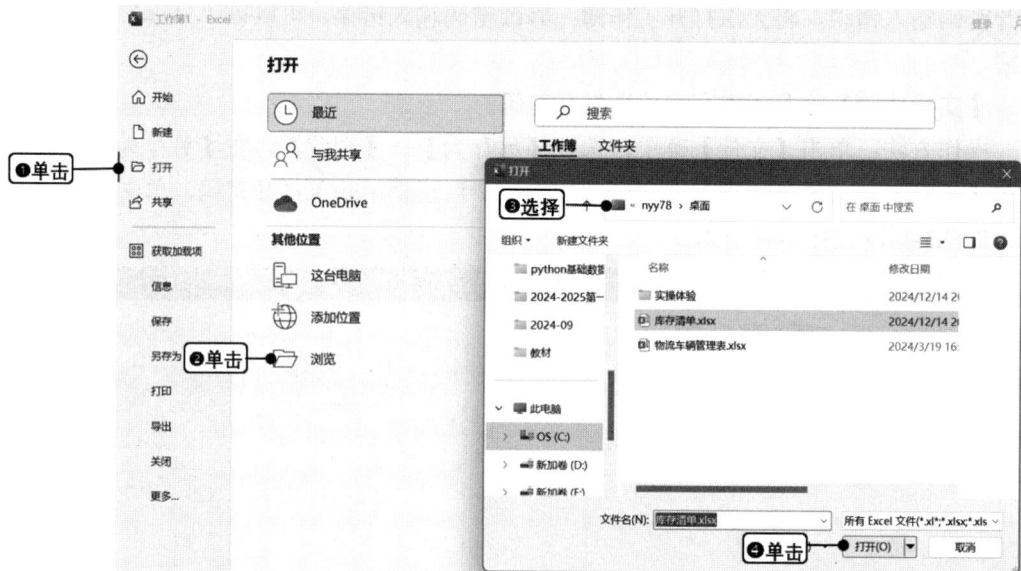

图3-1-17　在Excel程序中打开文档

4. 工作簿的关闭

已经打开的工作簿，在不使用的情况下要及时关闭。打开的工作簿会占用系统内存空间，关闭工作簿可以释放内存空间，使系统资源被有效利用。

【实操体验】关闭"库存清单"文件。

操作方法1：单击Excel程序窗口右上角×按钮。

操作方法2：单击【文件】菜单，选择【关闭】命令。在【关闭】命令下，只关闭文件，不退出Excel程序。

3.1.3　工作表的基本操作

在Excel中对工作表进行操作就是对工作表标签进行操作。用户可以根据实际需要插入、重命名、删除、移动和复制工作表。

1. 工作表的插入

在默认情况下，工作簿中的一张工作表往往不足以满足需求，因此，用户需要手动插入新的工作表来应对实际的工作需要。

【实操体验】在"库存清单"工作簿中插入空白工作表。

操作方法1：单击工作表标签右侧的按钮＋，可在该按钮左侧插入一张空白工作表Sheet1，如图3-1-18所示。

图3-1-18 在Excel工作簿中插入空白工作表(1)

操作方法2：在工作表标签上右击，在弹出的快捷菜单中单击【插入】命令，打开【插入】对话框，在【常用】选项卡中选择 "工作表"，单击【确定】按钮，可在该工作表左侧插入一张空白工作表Sheet1，如图3-1-19所示。

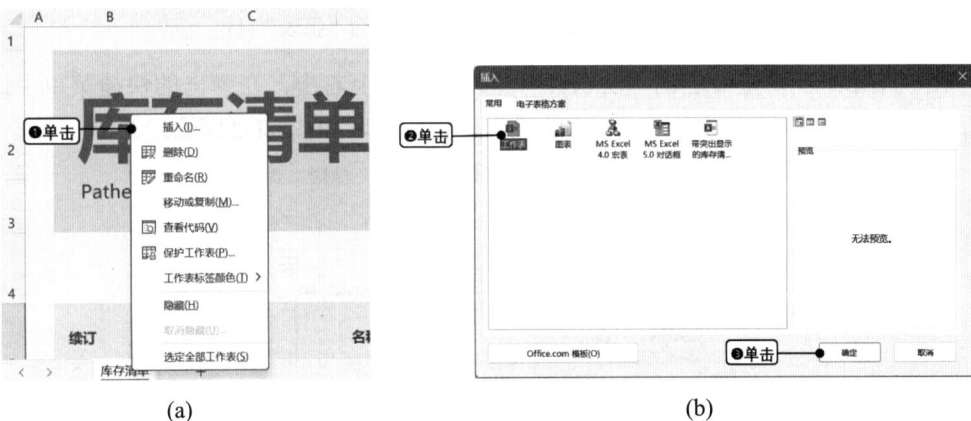

(a)   (b)

图3-1-19 在Excel工作簿中插入空白工作表(2)

操作方法3：在【开始】选项卡【单元格】分组中，单击【插入】→【插入工作表】，可在该工作表左侧插入一张空白工作表Sheet1，如图3-1-20所示。

图3-1-20 在Excel工作簿中插入空白工作表(3)

操作方法4：直接按【Shift+F11】组合键可在当前工作表左侧插入一张空白工作表。

2. 工作表的重命名

默认情况下，新建的空白工作簿中包含一个名为 "Sheet1" 的工作表，后期插入的新工作表将自动以"Sheet2""Sheet3"……依次命名。用户可以根据需要对工作表进行重命名。

【实操体验】将"库存清单"工作簿中名为"Sheet1"的工作表重命名为"报表"。

操作方法1：在要重命名的"Sheet1"工作表标签上双击，其名称即变为可编辑状态，输入"报表"，如图3-1-21所示。

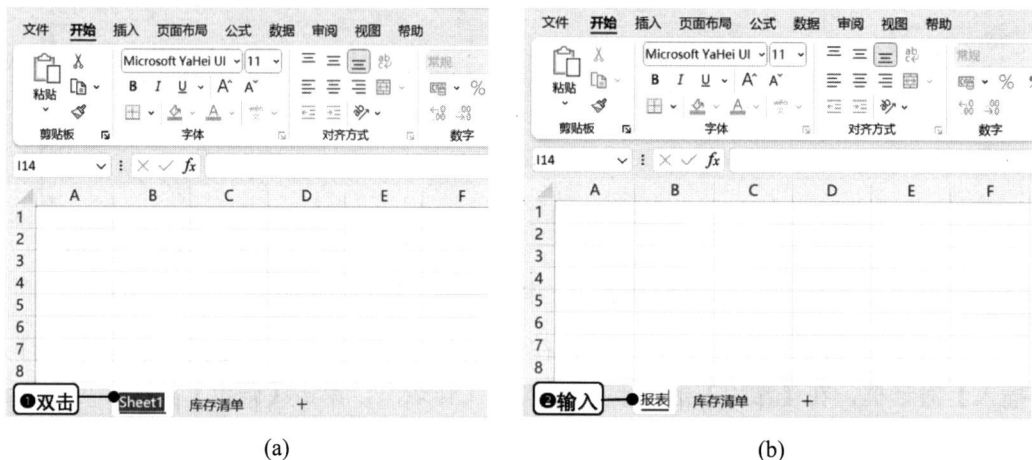

(a)　　　　　　　　　　　　　　(b)

图3-1-21　将"Sheet1"工作表重命名为"报表"(1)

操作方法2：在要重命名的"Sheet1"工作表标签上右击，在弹出的快捷菜单中选择【重命名】，其名称即变为可编辑状态，输入"报表"，如图3-1-22所示。

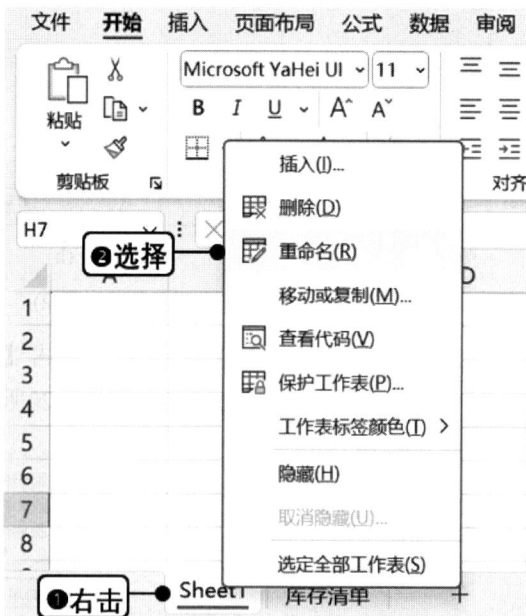

图3-1-22　将"Sheet1"工作表重命名为"报表"(2)

3. 工作表的删除

在一个工作簿中，如果新建了多余的工作表或有不需要的工作表，可以将其删除，以便合理地控制工作表的数量。

　　【实操体验】将"库存清单"工作簿中名为"Sheet2""Sheet3"和"Sheet4"的工作表删除。

　　操作方法1：单击"Sheet2"工作表的标签，按住【Ctrl】键，同时单击"Sheet3"和"Sheet4"工作表的标签，在【开始】选项卡【单元格】分组中单击【删除】→【删除工作表】，如图3-1-23；返回工作簿可看到"Sheet2""Sheet3"和"Sheet4"工作表已被删除，图3-1-24所示。

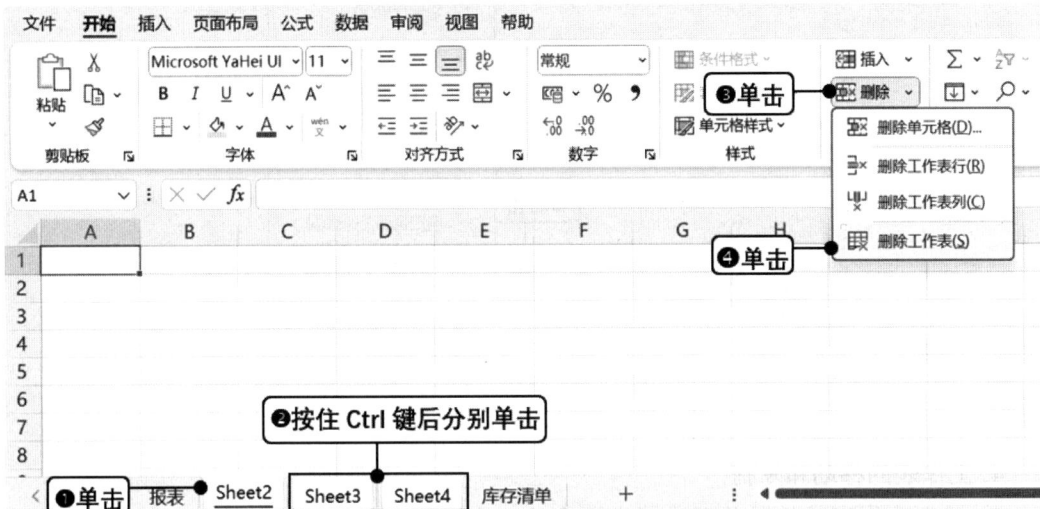

图3-1-23　按住【Ctrl】键删除工作表(1)

图3-1-24　按住【Ctrl】键删除工作表(2)

　　操作方法2：单击"Sheet2"工作表的标签，按住【Shift】键，同时单击最后一个"Sheet4"工作表的标签，此时"Sheet2""Sheet3"和"Sheet4"工作表均被选中，在被选中的任意工作表标签上右击，在弹出的快捷菜单中单击【删除】，如图3-1-25所示。返回工作簿可看到"Sheet2""Sheet3"和"Sheet4"工作表已被删除。

图3-1-25　按住【Shift】键删除工作表

4. 工作表的移动和复制

Excel中工作表的位置并不是固定不变的，为了避免重复制作相同的工作表，用户可根据需要移动或复制工作表。

【实操体验】将"库存清单"工作簿中名为"库存清单"的工作表移动或复制到最后。

操作方法1：在要移动或复制的"库存清单"工作表标签上右击，在弹出的快捷菜单中选择【移动或复制】，在打开的【移动或复制工作表】对话框中，选择 "(移至最后)"，单击【确定】按钮，即可实现移动，若同时勾选【建立副本】复选框，即可实现复制，如图3-1-26、图3-1-27所示。

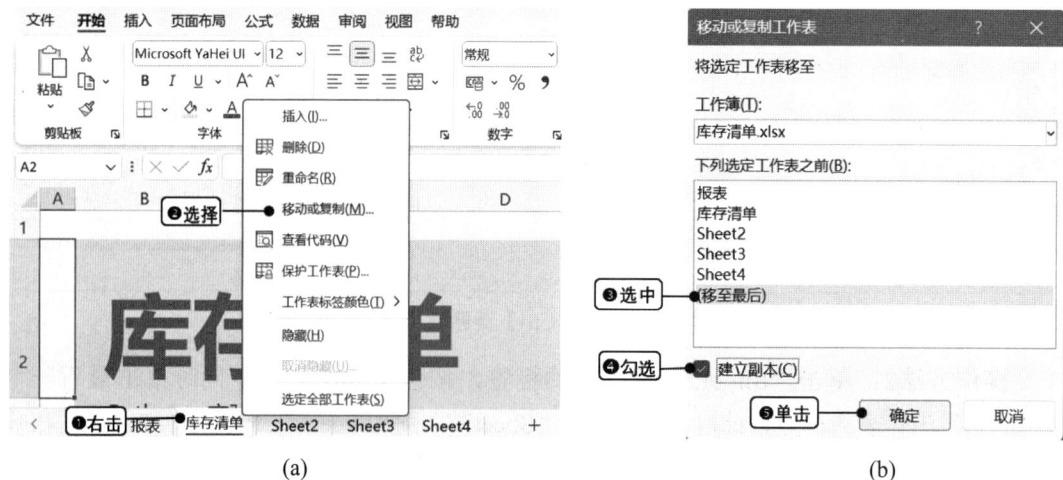

(a)　　　　　　　　　　　　　　　　　　　(b)

图3-1-26　将"库存清单"工作表移动或复制到最后(1)

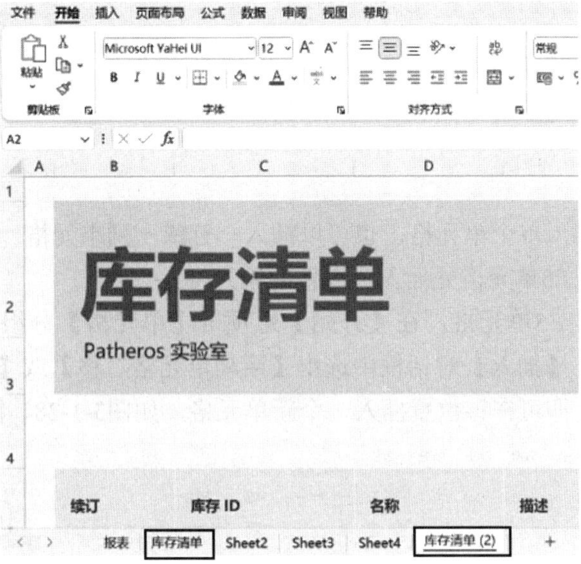

图3-1-27　将"库存清单"工作表移动或复制到最后(2)

操作方法2：将鼠标指针移动到需移动或复制的"库存清单"工作表标签上，按住鼠标左键不放，当鼠标指针变成🔖后，将其拖动到目标工作表位置之后，工作表标签上有一个◣符号随鼠标指针移动，释放鼠标左键后，在目标位置即可看到移动的工作表。在按住【Ctrl】键的同时拖动工作表标签，即可复制工作表。

3.1.4　单元格的基本操作

单元格是表格中行与列的交叉部分，它是组成表格的最小单位。用户对单元格的基本操作包括选择、插入、删除、合并与拆分等。

1.选择单元格

【实操体验】选择E5单元格。

操作方法：单击E5单元格，或在名称框中输入"E5"后按【Enter】键。

【实操体验】选择所有单元格。

操作方法：单击行号和列号左上角交叉处的"全选"按钮◢，或按【Ctrl+A】组合键选择工作表中的所有单元格。

【实操体验】选择相邻的多个单元格(B1:E4)。

操作方法：选择起始单元格B1后，按住鼠标左键拖动鼠标指针到目标单元格E4，或在按住【Shift】键的同时单击目标单元格E4，即可选择相邻的多个单元格(从B1到E4的矩形区域内所有单元格)。

【实操体验】选择不相邻的多个单元格(B1,C2,D3,E4)。

操作方法：选择起始单元格B1后，在按住【Ctrl】键的同时依次单击需要选择的单元格C2、D3、E4，即可选择不相邻的多个单元格。

【实操体验】选择整行(第5行)。

操作方法：将鼠标指针移动到需要选择行(第5行)的行号上，当鼠标变成➡形状时，单击即可选择该行。

【实操体验】选择整列(D列)。

操作方法：将鼠标指针移动到需要选择列(D列)的列号上，当鼠标变成█形状时，单击即可选择该列。

2. 插入单元格

在表格中可以插入单个单元格，也可以插入一行或一列单元格。

【实操体验】在E5单元格处插入一个新的单元格。

操作方法：单击E5单元格，在【开始】选项卡【单元格】分组中，单击【插入】→【插入单元格】，在【插入】对话框中选中【活动单元格右移】或【活动单元格下移】，单击【确定】按钮，即可在该位置插入一个新单元格，如图3-1-28、图3-1-29所示。

图3-1-28　插入单元格(1)

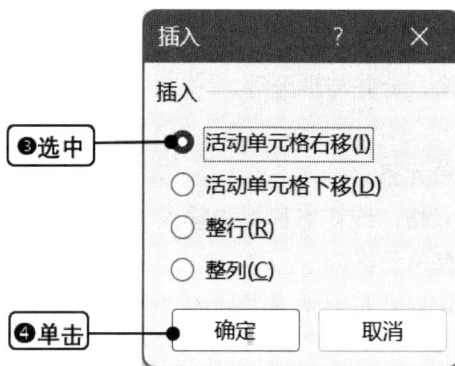

图3-1-29　插入单元格(2)

【实操体验】在E5单元格上方插入一个新行/新列。

操作方法：单击E5单元格，在【开始】选项卡【单元格】分组中，单击【插入】→【插入单元格】，在【插入】对话框中选择【整行】或【整列】，单击【确定】按钮即可在该位置上方插入一个新行/新列。

3. 删除单元格

在表格中可以删除单个单元格，也可以删除一行或一列单元格。

【实操体验】删除E5单元格。

操作方法：单击E5单元格，在【开始】选项卡【单元格】分组中，选择【删除】→【删除单元格】，在【删除文档】对话框中选择【右侧单元格左移】或【下方单元格上移】，均可删除该单元格。

【实操体验】删除E5单元格所在行/列。

操作方法：单击E5单元格，在【开始】选项卡【单元格】分组中，选择【删除】→【删除单元格】，在【删除文档】对话框中选择【整行】或【整列】，即可删除该单元格所在行或列。

4. 合并与拆分单元格

当默认的单元格样式不能满足实际需求时，可通过合并与拆分单元格的方法来设置表格。

【实操体验】合并D3:F6单元格。

操作方法：选中D3到F6单元格区域，在【开始】选项卡【对齐方式】组中，单击【合并后居中】按钮；选择D3到F6单元格区域，单击【合并后居中】按钮右侧的下拉按钮，在打开的下拉列表框中单击【跨越合并】或【合并单元格】，如图3-1-30所示。

图3-1-30　合并单元格

【实操体验】拆分合并后的D3单元格。

操作方法1：选中合并后的D3单元格，在【开始】选项卡【对齐方式】组中，单击【合并后居中】按钮，选择【取消单元格合并】。

操作方法2：按【Ctrl+1】组合键，打开【设置单元格格式】对话框，单击【对齐】，在【对齐】选项卡中撤销勾选【合并单元格】复选框，单击【确定】按钮，如图3-1-31所示。

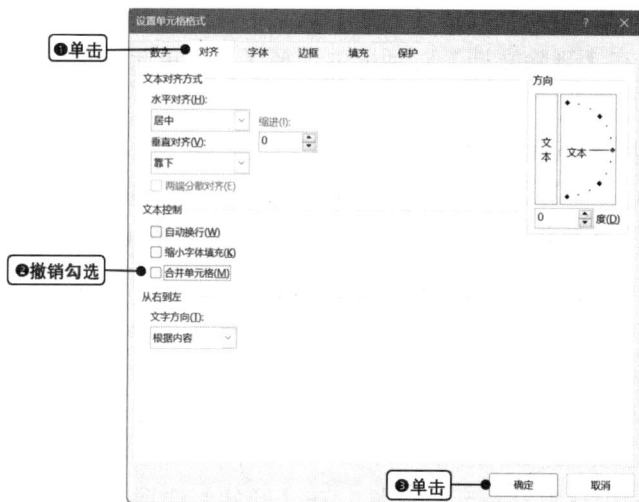

图3-1-31　拆分单元格

3.1.5　输入表格数据

输入数据是制作电子表格的前提条件，Excel支持不同类型数据的输入。

(1) 单击需要输入数据的单元格，直接输入数据后按【Enter】键，单元格中原有的数据将被覆盖。

(2) 双击单元格，此时单元格中将出现插入点，先按方向键调整插入点的位置，然后直接输入数据并按【Enter】键完成录入操作。

(3) 选择单元格，在编辑栏中的编辑框中单击以定位插入点，在其中输入数据后按【Enter】键。

1. 输入文字与数字

【实操体验】打开工作簿"员工档案表.xlsx"，输入如图3-1-32所示的文本。

操作方法：单击A1单元格，输入"欣欣公司员工档案表"，输入后按【Enter】键，接着单击A2、B2等单元格，或使用【Tab】键向右侧移动，在各个单元格中分别输入相应文本并按【Enter】键。

图3-1-32　输入文本样文

2. 输入编号

编号通常为一串数字，如果输入数字时保留前面的"0"，或者输入10位以上的数字，则不能直接输入，需要先进行相应的单元格设置。

【实操体验】输入"员工档案表"中的编号和联系电话，内容如图3-1-33所示。

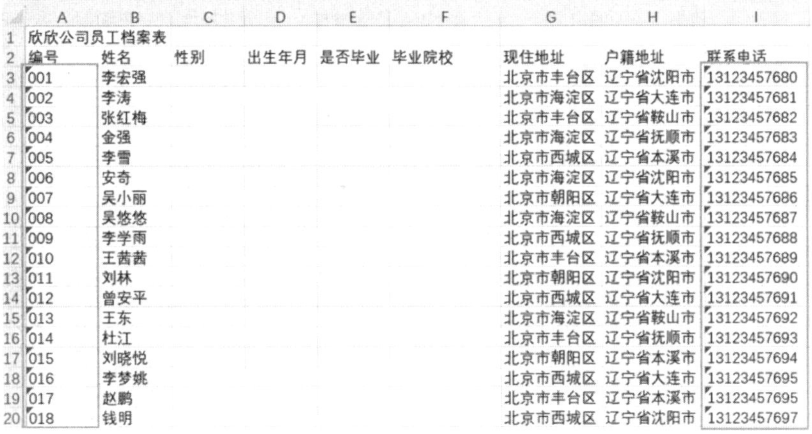

图3-1-33 输入编号样文

操作方法：按【Ctrl】键同时选择A3:A20，B3:B20两列，在【开始】选项卡【数字】组中，单击【启动器】↘按钮，打开的【设置单元格格式】对话框，选择【数字】选项卡【分类】列表框中的【文本】，单击【确定】按钮，如图3-1-34所示。设置完成后返回这两个区域输入相应内容。

(a)　　　　(b)

图3-1-34 输入编号

技巧提示：

在Excel程序中，输入身份证号码时，由于位数较多，经常自动变为科学计数形式。要想输入完整的身份证号码，可以先输入英文状态下的单引号，再输入身份证号码。

在新建的工作表中，每个单元格的行高和列宽都是固定的，当遇到身份证号码这类长数据时，会出现文本或数据不能正确显示的情况，这时可以适当调整行高或列宽。可以选中行号或列号，再右击，在弹出的快捷菜单上选择【行高】或【列宽】，填写相应数值即可；还可以直接将鼠标指针移至行线或列线上，按住鼠标左键不放，拖动调整行高或列宽。

3. 输入日期

在Excel表格中输入的日期有长日期、短日期和自定义日期三种格式。

【实操体验】输入"员工档案表"中的出生年月，内容如图3-1-35所示。

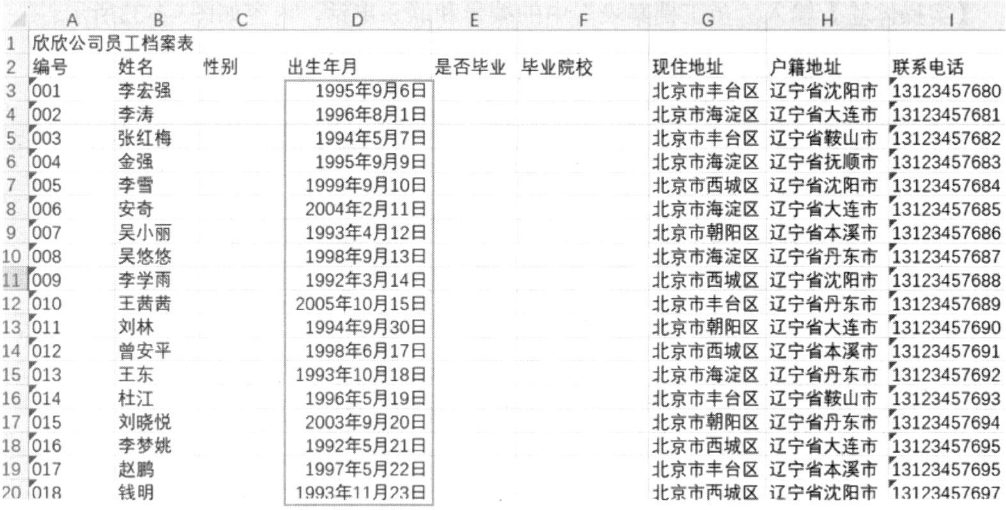

图3-1-35　输入日期样文

操作方法：选择D3:D20列，在【开始】选项卡【数字】组中，单击选项区右侧的下拉按钮 ∨，在弹出的下拉列表中选择【长日期】选项，再返回这个区域输入日期后按【Enter】键，如图3-1-36和图3-1-37所示。

图3-1-36　输入日期(1)

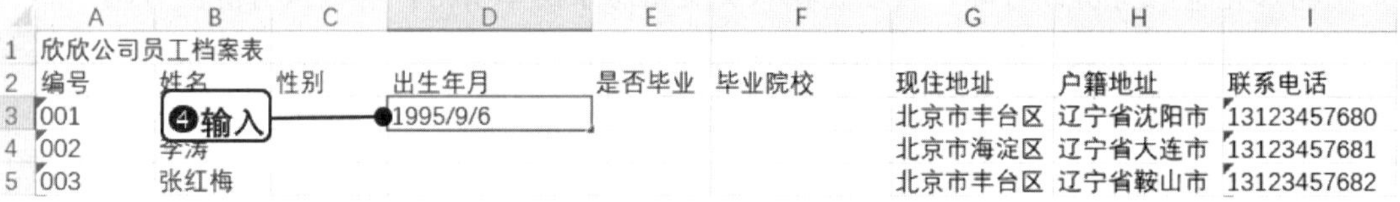

图3-1-37　输入日期(2)

技巧提示：在Excel程序中，除了可以选择短日期和长日期外，还可以选择自定义日期格式，可选择图3-1-36所示列表中的【其他数字格式】，再选择日期类型列表中所需的类型(见图3-1-38)。

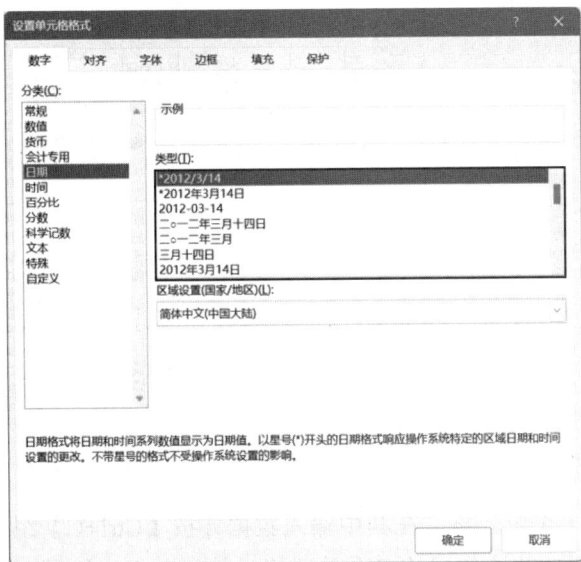

图3-1-38　自定义日期格式

4. 快速输入相同内容

如果要输入的数据在多个单元格中是相同的，可以同时在这些单元格中进行快速输入。

【实操体验】在"员工档案表"中快速输入"性别"列的内容，如图3-1-39所示。

	A	B	C	D	E	F	G	H	I
1	欣欣公司员工档案表								
2	编号	姓名	性别	出生年月	是否毕业	毕业院校	现住地址	户籍地址	联系电话
3	001	李宏强	男	1995年9月6日			北京市丰台区	辽宁省沈阳市	13123457680
4	002	李涛	男	1996年8月1日			北京市海淀区	辽宁省大连市	13123457681
5	003	张红梅	女	1994年5月7日			北京市丰台区	辽宁省鞍山市	13123457682
6	004	金强	男	1995年9月9日			北京市海淀区	辽宁省抚顺市	13123457683
7	005	李雪	女	1999年9月10日			北京市西城区	辽宁省大连市	13123457684
8	006	安奇	男	2004年2月11日			北京市海淀区	辽宁省大连市	13123457685
9	007	吴小丽	女	1993年4月12日			北京市朝阳区	辽宁省本溪市	13123457686
10	008	吴悠悠	女	1998年9月13日			北京市海淀区	辽宁省丹东市	13123457687
11	009	李学雨	女	1992年3月14日			北京市西城区	辽宁省沈阳市	13123457688
12	010	王茜茜	女	2005年10月15日			北京市丰台区	辽宁省丹东市	13123457689
13	011	刘林	女	1994年9月30日			北京市朝阳区	辽宁省大连市	13123457690
14	012	曾安平	男	1998年6月17日			北京市西城区	辽宁省大连市	13123457691
15	013	王东	男	1993年10月18日			北京市海淀区	辽宁省丹东市	13123457692
16	014	杜江	男	1996年5月19日			北京市丰台区	辽宁省鞍山市	13123457693
17	015	刘晓悦	女	2003年9月20日			北京市朝阳区	辽宁省丹东市	13123457694
18	016	李梦姚	女	1992年5月21日			北京市西城区	辽宁省大连市	13123457695
19	017	赵鹏	男	1997年5月22日			北京市丰台区	辽宁省本溪市	13123457695
20	018	钱明	男	1993年11月23日			北京市西城区	辽宁省沈阳市	13123457697

图3-1-39　快速输入"性别"样文

操作方法：选择C3单元格，按住【Ctrl】键，分别单击C4、C6、C8……待输入性别为"男"的单元格，选中后松开【Ctrl】键，在最后的C20单元格中输入"男"，按【Ctrl+ Enter】键，同样方法输入性别为"女"，如图3-1-40和图3-1-41所示。

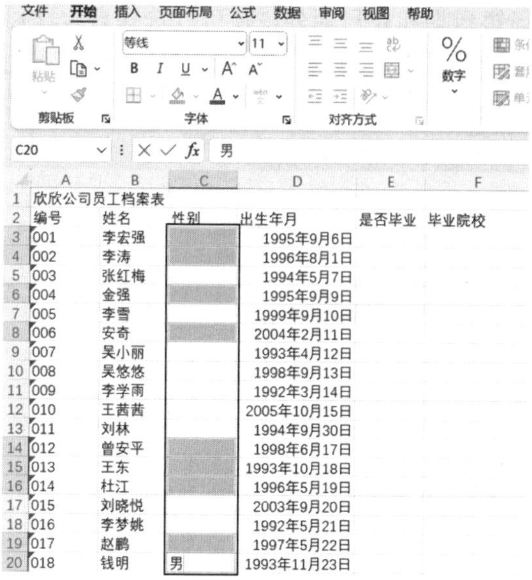

图3-1-40　快速输入"性别"(1)　　　图3-1-41　快速输入"性别"(2)

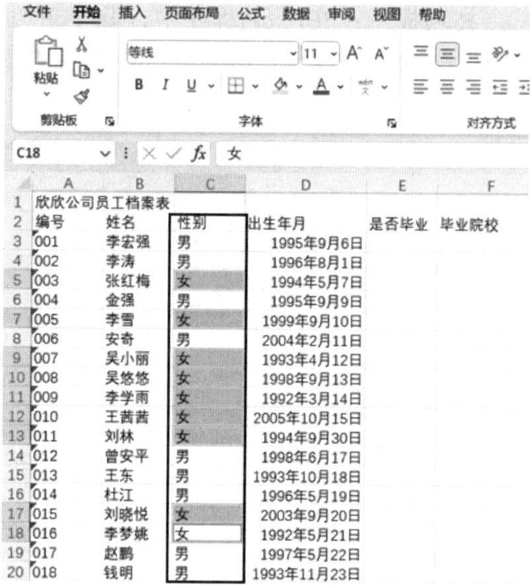

技巧提示：选择一个单元格，在其中输入数据并按【Ctrl+C】组合键进行复制；按住【Ctrl】键，选择需要粘贴该数据的多个单元格，按【Ctrl+V】组合键进行粘贴，可快速输入相同的内容。

5. 插入特殊符号

在单元格中，除了可输入常用的文本和数据外，还可以插入特殊符号。

【实操体验】在"员工档案表"中为"是否毕业"列快速插入特殊符号，如图3-1-42所示。

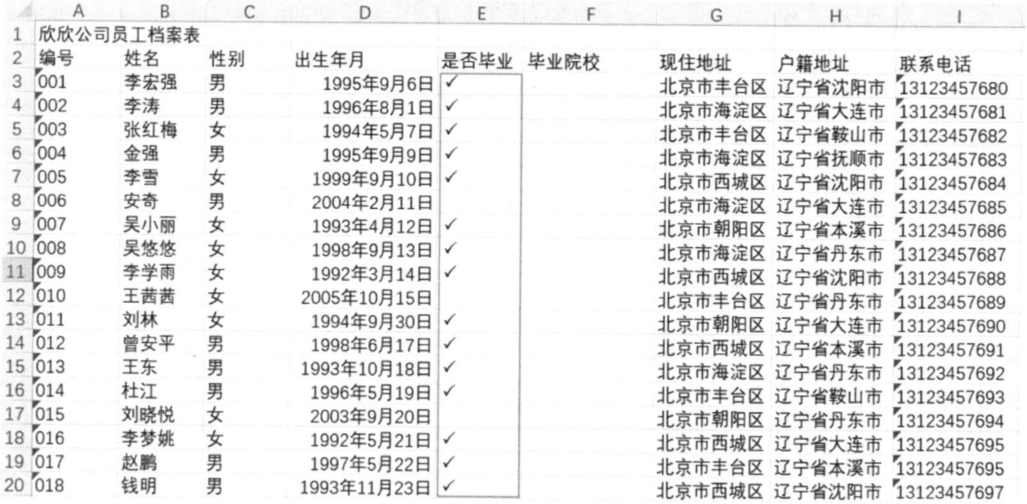

图3-1-42　插入特殊符号样文

操作方法：选择E3单元格，按住【Ctrl】键，分别单击E4、E5、E6等要输入"√"的单元格，在最后的E20单元格选中后，单击【插入】选项卡，在【符号】组中单击【符号】按钮，弹出【符号】选项卡，在【字体】下拉列表框选择【Wingdings2】选项，在下面的列表框中选中"√"符号，单击【插入】按钮，单击 ✕ 按钮，按【Ctrl+ Enter】键，如图3-1-43所示。

图3-1-43 快速插入特殊符号

6. 自定义填充序列

在Excel程序中，如果每次制表都需要输入相同的内容，可以将其定义为序列，下次使用时直接输入定义序列的任一序列值，使用拖动的方式，即可填充所有序列。

【实操体验】在"员工档案表"中填充"毕业院校"列的内容，如图3-1-44所示。

	编号	姓名	性别	出生年月	是否毕业	毕业院校	现住地址	户籍地址	联系电话
1	欣欣公司员工档案表								
2	编号	姓名	性别	出生年月	是否毕业	毕业院校	现住地址	户籍地址	联系电话
3	001	李宏强	男	1995年9月6日	√	南京大学	北京市丰台区	辽宁省沈阳市	13123457680
4	002	李涛	男	1996年8月1日	√	浙江大学	北京市丰台区	辽宁省大连市	13123457681
5	003	张红梅	女	1994年5月7日	√	电子科技大学	北京市海淀区	辽宁省鞍山市	13123457682
6	004	金强	男	1995年9月9日	√	辽宁大学	北京市海淀区	辽宁省抚顺市	13123457683
7	005	李雪	女	1999年9月10日	√	大连理工大学	北京市西城区	辽宁省沈阳市	13123457684
8	006	安奇	男	2004年2月11日	√	南京大学	北京市海淀区	辽宁省大连市	13123457685
9	007	吴小丽	女	1993年4月12日	√	浙江大学	北京市朝阳区	辽宁省本溪市	13123457686
10	008	吴悠悠	女	1998年9月13日	√	电子科技大学	北京市海淀区	辽宁省丹东市	13123457687
11	009	李学雨	女	1992年3月14日	√	辽宁大学	北京市西城区	辽宁省沈阳市	13123457688
12	010	王茜茜	女	2005年10月15日	√	大连理工大学	北京市丰台区	辽宁省大连市	13123457689
13	011	刘林	女	1994年9月30日	√	南京大学	北京市朝阳区	辽宁省大连市	13123457690
14	012	曾安平	男	1998年6月17日	√	浙江大学	北京市西城区	辽宁省本溪市	13123457691
15	013	王东	男	1993年10月18日	√	电子科技大学	北京市海淀区	辽宁省丹东市	13123457692
16	014	杜江	男	1996年5月19日	√	辽宁大学	北京市丰台区	辽宁省鞍山市	13123457693
17	015	刘晓悦	女	2003年9月20日	√	大连理工大学	北京市朝阳区	辽宁省丹东市	13123457694
18	016	李梦姚	女	1992年5月21日	√	南京大学	北京市西城区	辽宁省大连市	13123457695
19	017	赵鹏	男	1997年5月22日	√	浙江大学	北京市丰台区	辽宁省本溪市	13123457695
20	018	钱明	男	1993年11月23日	√	电子科技大学	北京市西城区	辽宁省沈阳市	13123457697

图3-1-44 自定义填充序列样文

操作方法：单击【文件】选项卡，进入【文件】界面，单击【更多】→【选项】，弹出【Excel选项】对话框，选择【高级】选项卡，在界面右侧单击【编辑自定义列表】按钮(见图3-1-45)；弹出【自定义序列】对话框，在【输入序列】列表框中输入序列内容，单击【添加】按钮(见图3-1-46)；返回【自定义序列】对话框，单击【确定】按钮(见

图3-1-47)；返回【Excel选项】对话框，单击【确定】按钮(见图3-1-48)；返回表格，在F3单元格中输入自定义序列中第一个院校的名称，这里输入"南京大学"，向下拖动鼠标，填充单元格(见图3-1-49)。

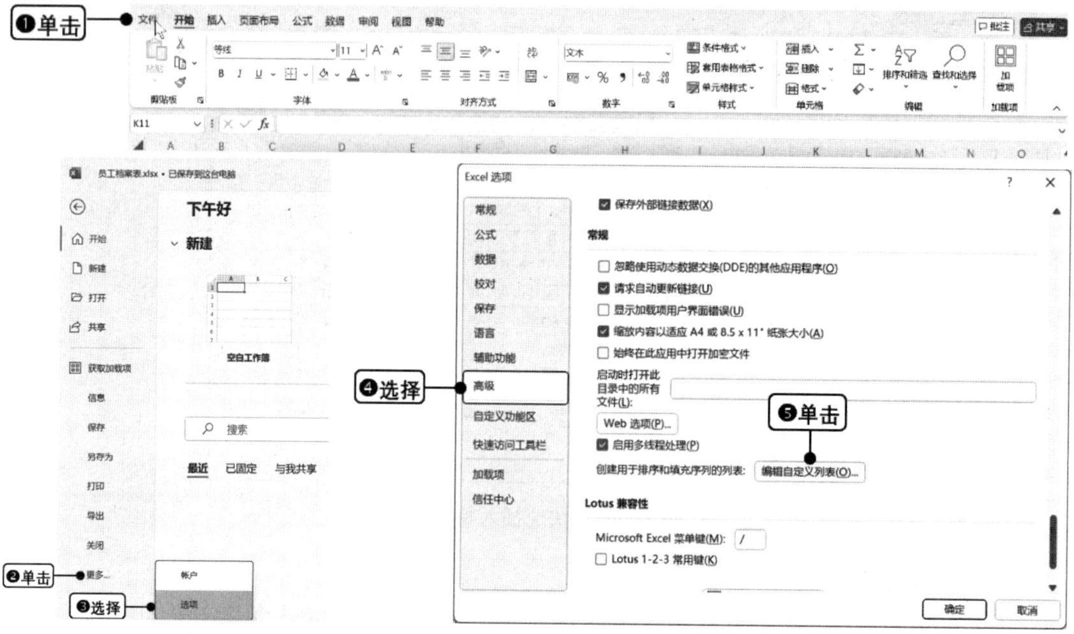

图3-1-45 自定义填充序列(1)

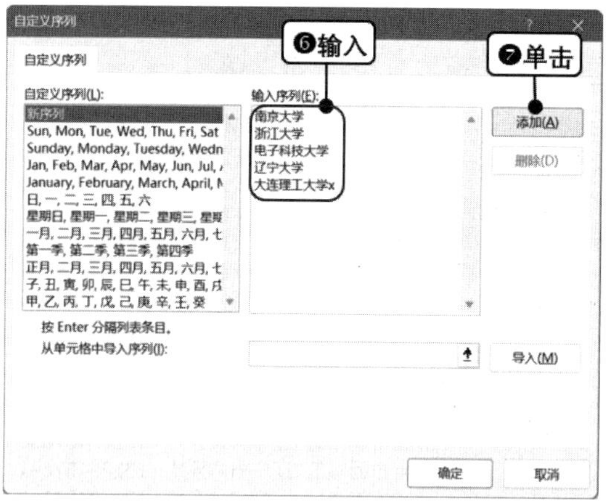

图3-1-46 自定义填充序列(2)

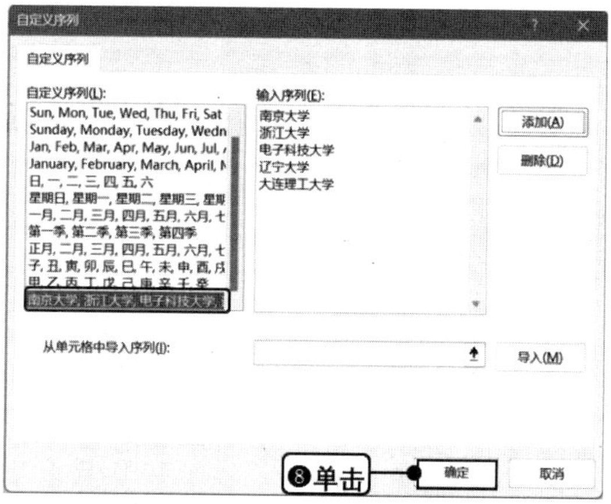

图3-1-47 自定义填充序列(3)

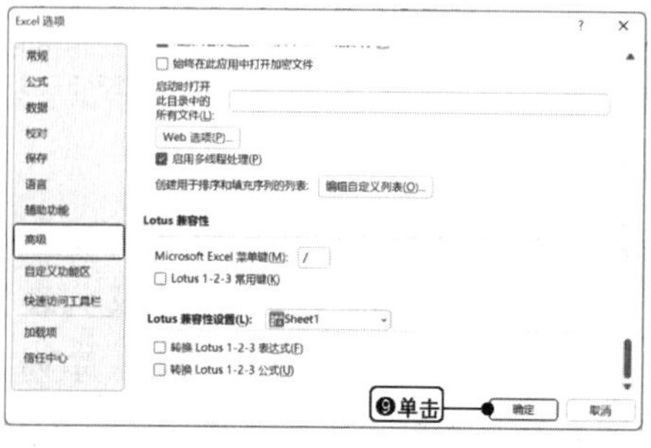

图3-1-48 自定义填充序列(4)

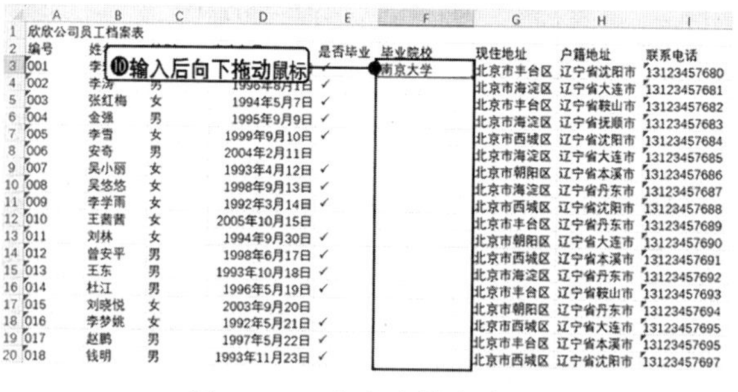

图3-1-49 自定义填充序列(5)

3.1.6　设置表格格式

默认状态下，Excel工作表的文字格式和对齐方式相同，且没有边框和底纹效果。为了提升表格美观性，可以设置单元格格式，如文本字体格式、数字格式、对齐方式、边框和底纹等。

1. 设置单元格的文本字体格式

【实操体验】设置"产品销售表"表头文本的字体格式：字体设置为"黑体"，字号设置为"12"，字型设置为"加粗"，字体颜色设置为"橙色，个性色2"。

操作方法：选择A1:F1单元格区域，在【开始】选项卡【字体】组中选择字体为【黑体】、字号为【12】，单击【加粗】按钮B，单击【字体颜色】右侧的下拉按钮✓，在弹出的下拉列表中选择需要的颜色，这里选择【橙色，个性色2】，如图3-1-50所示。

图3-1-50　设置单元格的文本字体格式

2. 设置单元格的数字格式

【实操体验】设置"产品销售表"中的数字格式：销售日期数据日期格式设置为"长日期"，产品单价和销售额数据货币格式设置为"￥，保留1位小数，负数￥-1,234.0"。

操作方法：选择A2:A32单元格区域，在【开始】选项卡【数字】组选项区右侧找到并单击下拉按钮✓，在弹出的下拉列表中选择【长日期】选项(见图3-1-51)；选择E2:F32

单元格区域，单击【数字】组右下角的【对话框启动器】按钮 ↘ (见图3-1-52)，弹出【设置单元格格式】对话框，在【数字】选项卡【分类】列表框中选择【货币】选项，选择货币样式后在【小数位数】数值框中输入"1"，在【负数】列表框中选择需要显示的负数样式，单击【确定】按钮(见图3-1-53)；返回可查看数据显示发生了变化，如图3-1-54所示。

图 3-1-51　设置单元格的数字格式(1)

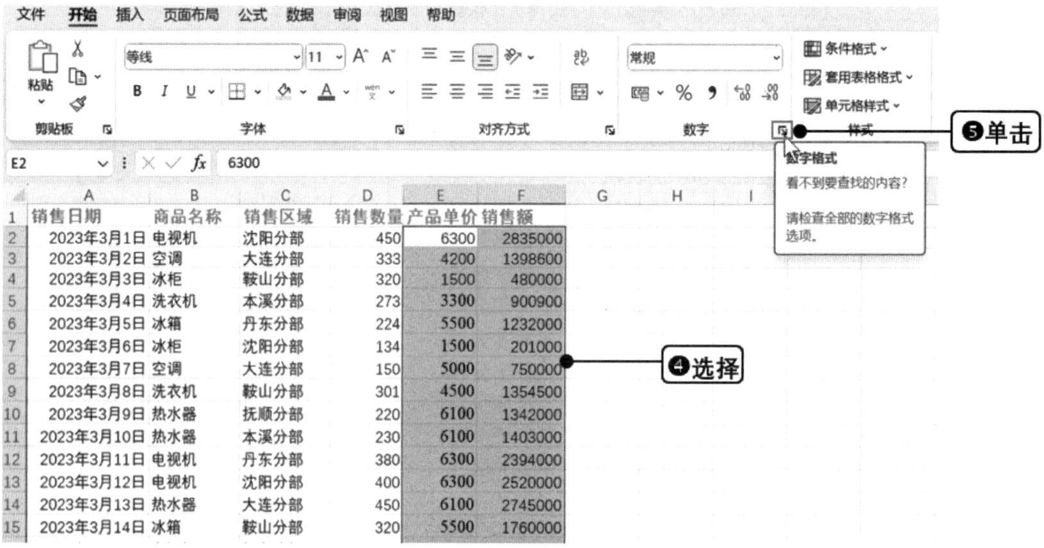

图 3-1-52　设置单元格的数字格式(2)

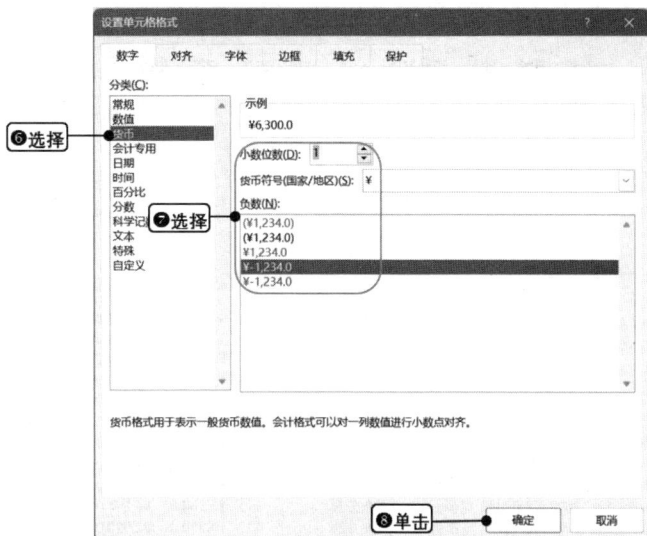

图3-1-53 设置单元格的数字格式(3)

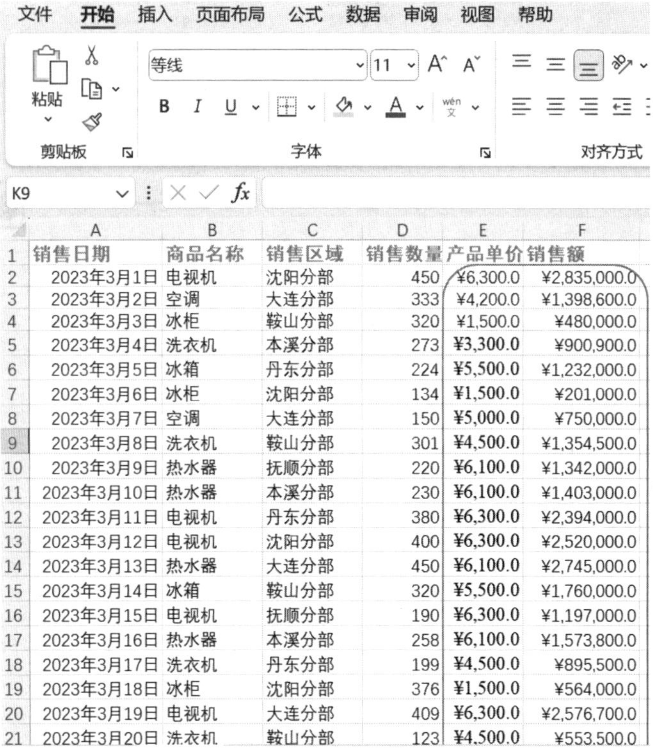

	A	B	C	D	E	F
1	销售日期	商品名称	销售区域	销售数量	产品单价	销售额
2	2023年3月1日	电视机	沈阳分部	450	¥6,300.0	¥2,835,000.0
3	2023年3月2日	空调	大连分部	333	¥4,200.0	¥1,398,600.0
4	2023年3月3日	冰柜	鞍山分部	320	¥1,500.0	¥480,000.0
5	2023年3月4日	洗衣机	本溪分部	273	¥3,300.0	¥900,900.0
6	2023年3月5日	冰箱	丹东分部	224	¥5,500.0	¥1,232,000.0
7	2023年3月6日	冰柜	沈阳分部	134	¥1,500.0	¥201,000.0
8	2023年3月7日	空调	大连分部	150	¥5,000.0	¥750,000.0
9	2023年3月8日	洗衣机	鞍山分部	301	¥4,500.0	¥1,354,500.0
10	2023年3月9日	热水器	抚顺分部	220	¥6,100.0	¥1,342,000.0
11	2023年3月10日	热水器	本溪分部	230	¥6,100.0	¥1,403,000.0
12	2023年3月11日	电视机	丹东分部	380	¥6,300.0	¥2,394,000.0
13	2023年3月12日	电视机	沈阳分部	400	¥6,300.0	¥2,520,000.0
14	2023年3月13日	热水器	大连分部	450	¥6,100.0	¥2,745,000.0
15	2023年3月14日	冰箱	鞍山分部	320	¥5,500.0	¥1,760,000.0
16	2023年3月15日	电视机	抚顺分部	190	¥6,300.0	¥1,197,000.0
17	2023年3月16日	热水器	本溪分部	258	¥6,100.0	¥1,573,800.0
18	2023年3月17日	洗衣机	丹东分部	199	¥4,500.0	¥895,500.0
19	2023年3月18日	冰柜	沈阳分部	376	¥1,500.0	¥564,000.0
20	2023年3月19日	电视机	大连分部	409	¥6,300.0	¥2,576,700.0
21	2023年3月20日	洗衣机	鞍山分部	123	¥4,500.0	¥553,500.0

图3-1-54 设置单元格的数字格式(4)

3. 设置单元格数据的对齐方式

【实操体验】设置“产品销售表”表头文本的对齐方式：垂直对齐设置为“垂直居中”，水平对齐设置为“居中”。

操作方法：选择A1:F1单元格区域，单击【开始】选项卡【对齐方式】组中的【垂直居中】按钮(见图3-1-55)；保持选择A1:F1单元格区域，单击【对齐方式】组中的【居中】

按钮，完成对表头字段对齐方式的设置，如图3-1-56所示。

图3-1-55　设置单元格数据的对齐方式(1)

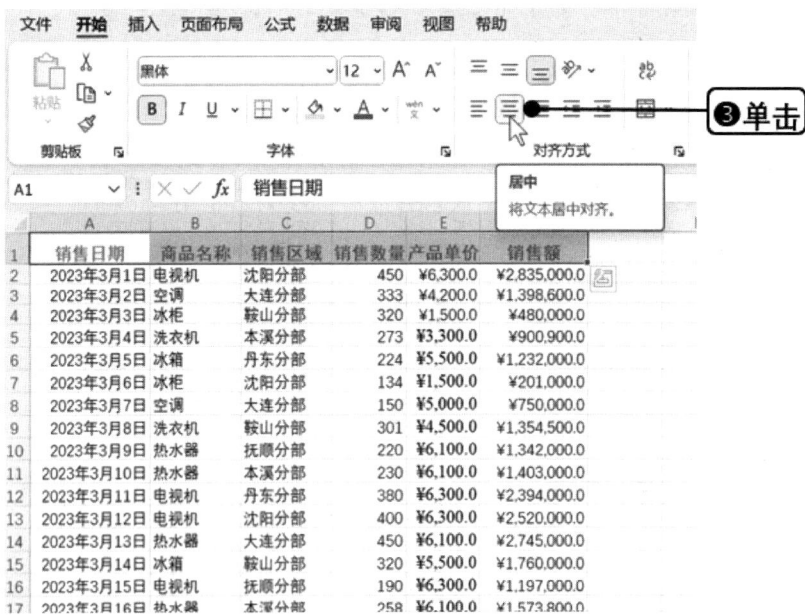

图3-1-56　设置单元格数据的对齐方式(2)

4. 设置单元格的边框和底纹

1) 设置单元格的边框

【实操体验】设置"产品销售表"中单元格的边框：边框设置为"所有框线"，下框线设置为"粗线"。

操作方法：选择A1:F32单元格区域，单击【开始】选项卡【字体】组中【下框线】按钮右侧的下拉按钮 ﹀，在弹出的下拉列表中选择【所有框线】选项(见图3-1-57)；选择

A2:F32单元格区域，单击【字体】组中的【对话框启动器】按钮 ，弹出【设置单元格格式】对话框，选择【边框】选项卡，在【样式】列表框中选择【粗线】选项，在【边框】栏中选择需要添加的边框效果的预览图，单击【确定】按钮，如图3-1-58所示。

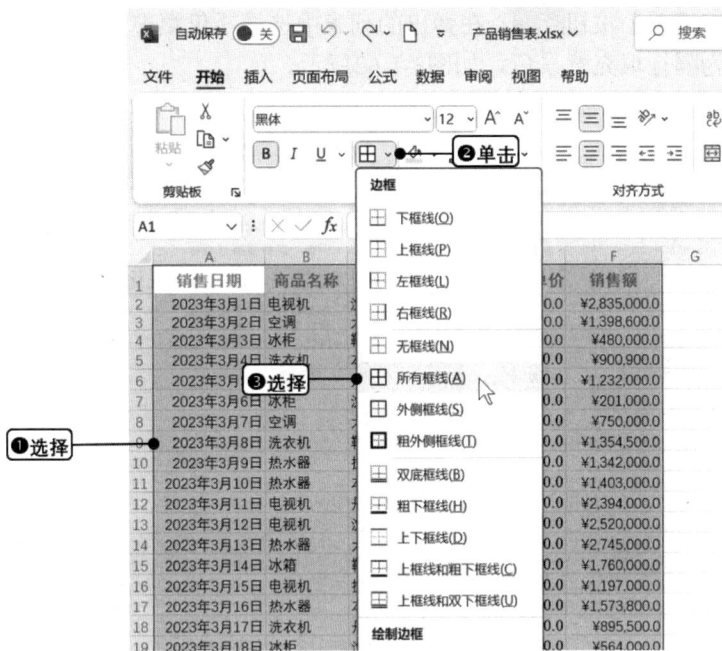

图3-1-57 设置单元格的边框(1)

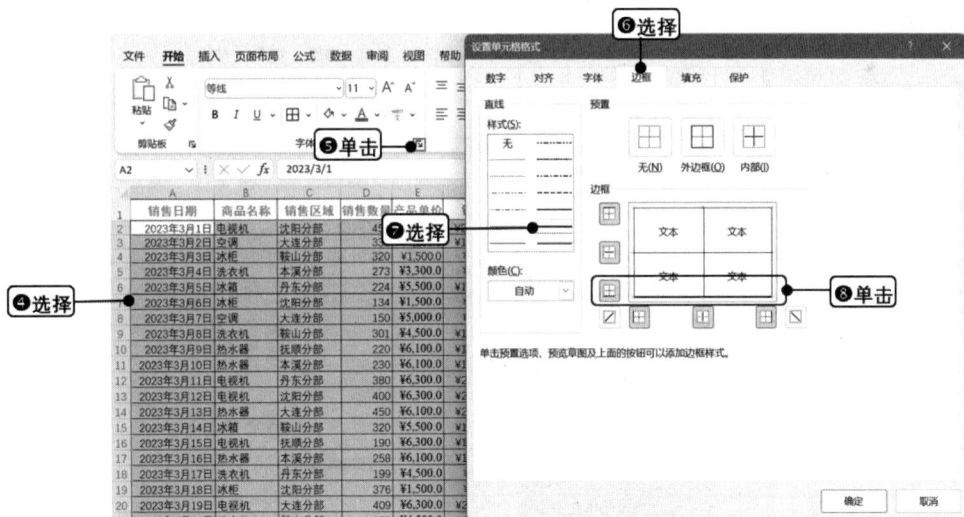

图3-1-58 设置单元格的边框(2)

2) 设置单元格的底纹

【实操体验】设置"产品销售表"中单元格的底纹：表格背景设置为"橙色，个性色2，淡色60%"与"白色，背景1"隔行填充。

操作方法：选择A2:F32单元格区域，单击【字体】组中的【对话框启动器】按钮 ，弹出【设置单元格格式】对话框，选择【填充】选项卡，在【背景色】列表框中选择【橙色，个性色2，淡色60%】，单击【确定】按钮(见图3-1-59)；选择A3:F3单元格区域，单击【字体】组中【填充颜色】按钮 🖍，在弹出的下拉列表中选择【白色，背景1】(见图3-1-60)；选择A2:F3单元格区域，拖动填充控制柄至F32单元格，单击单元格区域右下角出现的【自动填充选项】按钮 🔽，在弹出的列表中选择【仅填充格式】按钮(见图3-1-61)，完成后该表格为隔行填充背景色，如图3-1-62所示。

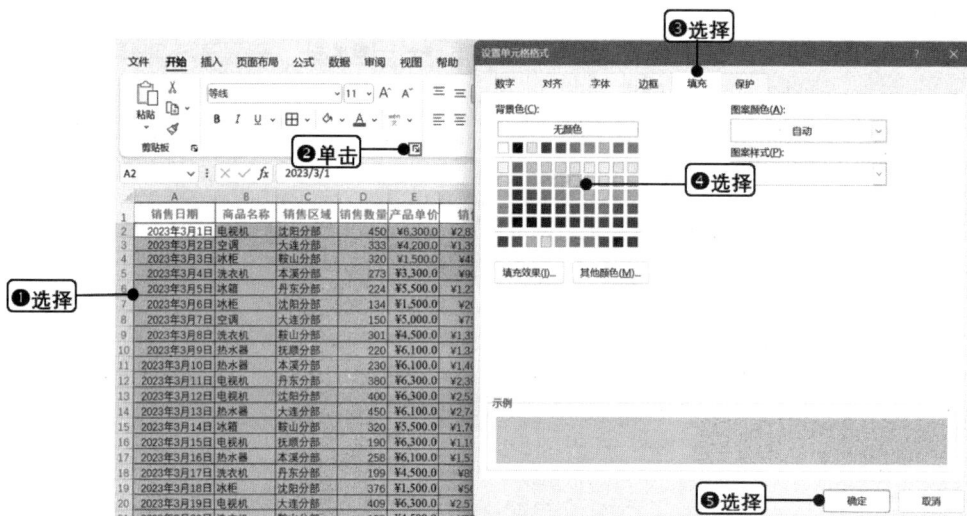

图3-1-59　设置单元格的底纹(1)

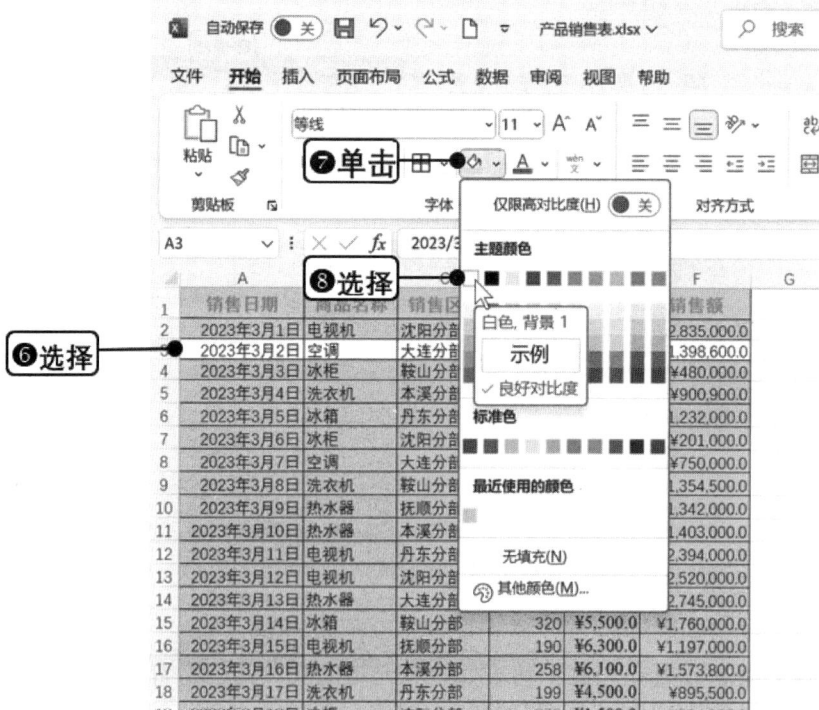

图3-1-60　设置单元格的底纹(2)

2	2023年3月1日	电视机	沈阳分部	450	¥6,300.0	¥2,835,000.0
3	2023年3月2日	空调	大连分部	333	¥4,200.0	¥1,398,600.0

(a)

	A	B	C	D	E	F
11	2023年3月10日	空调	大连分部	-603	¥-12,600.0	¥7,597,800.0
12	2023年3月11日	电视机	沈阳分部	-720	¥-14,700.0	¥10,584,000.0
13	2023年3月12日	空调	大连分部	-837	¥-16,800.0	¥14,061,600.0
14	2023年3月13日	电视机	沈阳分部	-954	¥-18,900.0	¥18,030,600.0
15	2023年3月14日	空调	大连分部	-1071	¥-21,000.0	¥22,491,000.0
16	2023年3月15日	电视机	沈阳分部	-1188	¥-23,100.0	¥27,442,800.0
17	2023年3月16日	空调	大连分部	-1305	¥-25,200.0	¥32,886,000.0
18	2023年3月17日	电视机	沈阳分部	-1422	¥-27,300.0	¥38,820,600.0
19	2023年3月18日	空调	大连分部	-1539	¥-29,400.0	¥45,246,600.0
20	2023年3月19日	电视机	沈阳分部	-1656	¥-31,500.0	¥52,164,000.0
21	2023年3月20日	空调	大连分部	-1773	¥-33,600.0	¥59,572,800.0
22	2023年3月21日	电视机	沈阳分部	-1890	¥-35,700.0	¥67,473,000.0
23	2023年3月22日	空调	大连分部	-2007	¥-37,800.0	¥75,864,600.0
24	2023年3月23日	电视机	沈阳分部	-2124	¥-39,900.0	¥84,747,600.0
25	2023年3月24日	空调	大连分部	-2241	¥-42,000.0	¥94,122,000.0
26	2023年3月25日	电视机	沈阳分部	-2358	¥-44,100.0	¥103,987,800.0
27	2023年3月26日	空调	大连分部	-2475	¥-46,200.0	¥114,345,000.0
28	2023年3月27日	电视机	沈阳分部	-2592	¥-48,300.0	¥125,193,600.0
29	2023年3月28日	空调	大连分部	-2709	¥-50,400.0	¥136,533,600.0
30	2023年3月29日	电视机	沈阳分部	-2826	¥-52,500.0	¥148,365,000.0
31	2023年3月30日	空调	大连分部	-2943	¥-54,600.0	¥160,687,800.0
32	2023年3月31日	电视机	沈阳分部	-3060	¥-56,700.0	¥173,502,000.0

- 复制单元格(C)
- 填充序列(S)
- 仅填充格式(F) ——❿选择
- 不带格式填充(O)
- 以天数填充(D)
- 填充工作日(W)
- 以月填充(M)
- 以年填充(Y)

❾选择

(b)

图3-1-61　设置单元格的底纹(3)

	A	B	C	D	E	F
1	销售日期	商品名称	销售区域	销售数量	产品单价	销售额
2	2023年3月1日	电视机	沈阳分部	450	¥6,300.0	¥2,835,000.0
3	2023年3月2日	空调	大连分部	333	¥4,200.0	¥1,398,600.0
4	2023年3月3日	冰柜	鞍山分部	320	¥1,500.0	¥480,000.0
5	2023年3月4日	洗衣机	本溪分部	273	¥3,300.0	¥900,900.0
6	2023年3月5日	冰箱	丹东分部	224	¥5,500.0	¥1,232,000.0
7	2023年3月6日	冰柜	沈阳分部	134	¥1,500.0	¥201,000.0
8	2023年3月7日	空调	大连分部	150	¥5,000.0	¥750,000.0
9	2023年3月8日	洗衣机	鞍山分部	301	¥4,500.0	¥1,354,500.0
10	2023年3月9日	热水器	抚顺分部	220	¥6,100.0	¥1,342,000.0
11	2023年3月10日	热水器	本溪分部	230	¥6,100.0	¥1,403,000.0
12	2023年3月11日	电视机	丹东分部	380	¥6,300.0	¥2,394,000.0
13	2023年3月12日	电视机	沈阳分部	400	¥6,300.0	¥2,520,000.0
14	2023年3月13日	热水器	大连分部	450	¥6,100.0	¥2,745,000.0
15	2023年3月14日	冰箱	鞍山分部	320	¥5,500.0	¥1,760,000.0
16	2023年3月15日	电视机	抚顺分部	190	¥6,300.0	¥1,197,000.0
17	2023年3月16日	热水器	本溪分部	258	¥6,100.0	¥1,573,800.0
18	2023年3月17日	洗衣机	丹东分部	199	¥4,500.0	¥895,500.0
19	2023年3月18日	冰柜	沈阳分部	376	¥1,500.0	¥564,000.0
20	2023年3月19日	电视机	大连分部	409	¥6,300.0	¥2,576,700.0

图3-1-62　设置单元格的底纹(4)

5. 应用表样式

【实操体验】为“产品销售表”应用表样式，设置效果如图3-1-63所示。

	A	B	C	D	E	F
1	销售日期	商品名称	销售区域	销售数量	产品单价	销售额
2	44986	电视机	沈阳分部	450	6300	2835000
3	44987	空调	大连分部	333	4200	1398600
4	44988	冰柜	鞍山分部	320	1500	480000
5	44989	洗衣机	本溪分部	273	3300	900900
6	44990	冰箱	丹东分部	224	5500	1232000
7	44991	冰柜	沈阳分部	134	1500	201000
8	44992	空调	大连分部	150	5000	750000
9	44993	洗衣机	鞍山分部	301	4500	1354500
10	44994	热水器	抚顺分部	220	6100	1342000
11	44995	热水器	本溪分部	230	6100	1403000
12	44996	电视机	丹东分部	380	6300	2394000
13	44997	电视机	沈阳分部	400	6300	2520000
14	44998	热水器	大连分部	450	6100	2745000
15	44999	冰箱	鞍山分部	320	5500	1760000
16	45000	电视机	抚顺分部	190	6300	1197000
17	45001	热水器	本溪分部	258	6100	1573800
18	45002	洗衣机	丹东分部	199	4500	895500
19	45003	冰柜	沈阳分部	376	1500	564000
20	45004	电视机	大连分部	409	6300	2576700

图3-1-63　应用表样式样文

操作方法：复制"Sheet1"工作表到"Sheet2"，单击全选按钮 ◢ ，选择整个表格，单击【开始】选项卡【编辑】组中【清除】按钮，在弹出的下拉列表中选择【清除格式】选项(见图3-1-64)；选择A1:F32单元格区域，单击【样式】组中的【套用表格格式】按钮，在弹出的下拉列表中选择【橙色，表样式中等深浅 3】样式(见图3-1-65)；打开【创建表】对话框，确认套用格式的单元格区域并选择【表包含标题】复选框，单击【确定】按钮(见图3-1-66)；选择【表设计】选项卡，在【表格样式选项】组中取消选择【镶边行】复选框，选择【镶边列】复选框，如图3-1-67所示。

图3-1-64　应用表样式(1)

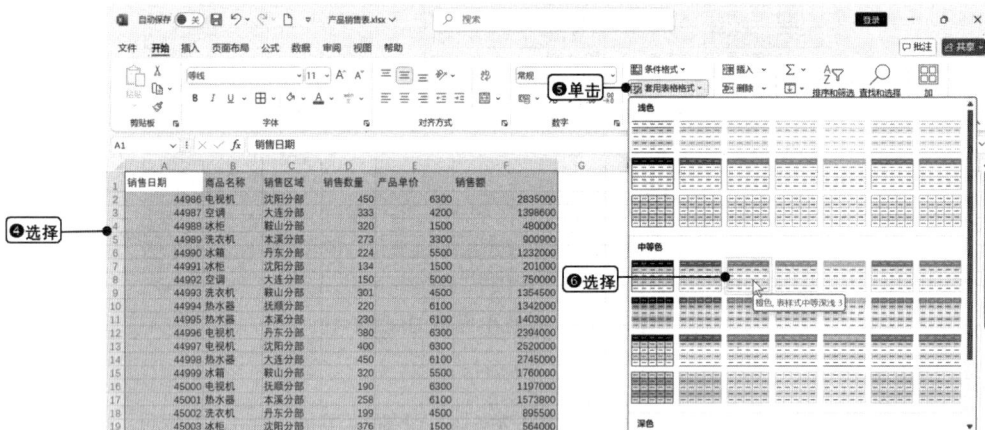

图3-1-65　应用表样式(2)

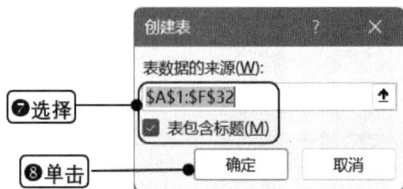

图3-1-66　应用表样式(3)

图3-1-67　应用表样式(4)

6. 应用单元格样式

【实操体验】为"产品销售表"中的单元格应用单元格样式，设置效果如图3-1-68所示。

图3-1-68　应用单元格样式样文

操作方法：选择E2:F32单元格区域后，单击【开始】选项卡【样式】组中的【单元格样式】按钮，在弹出的下拉列表【数字格式】组中选择【货币】选项(见图3-1-69)；选择A1:F1单元格区域后单击【样式】组中的【单元格样式】按钮，在弹出的下拉列表【标题】组中选择【汇总】样式(见图3-1-70)；选择A2:A32单元格区域，选择【开始】选项卡【数字】组下拉列表中【长日期】选项，如图3-1-71所示。

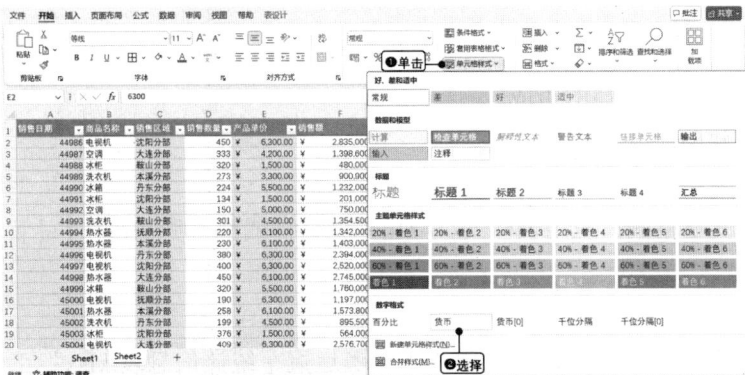

图3-1-69　应用单元格样式(1)

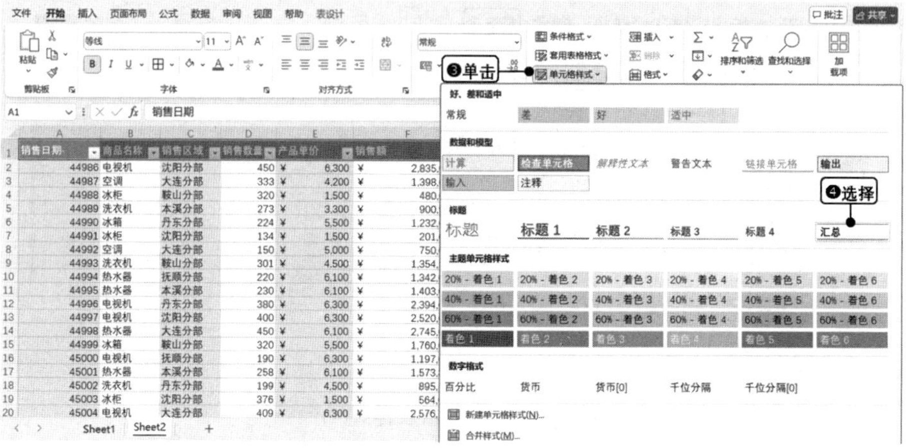

图3-1-70　应用单元格样式(2)

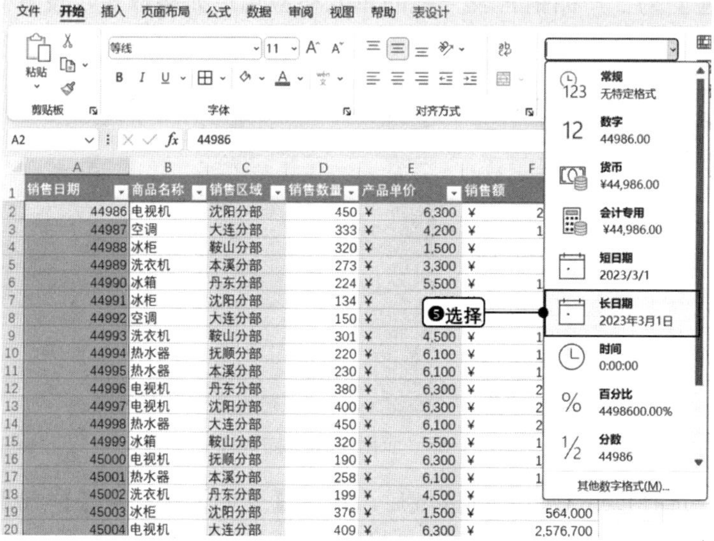

图3-1-71　应用单元格样式(3)

◎ 实训

知识训练

(1) 简述Excel程序窗口的组成。

(2) 简述创建Excel工作簿的方法。

(3) 简述在表格中输入各种类型数据的操作方法。

(4) 设置单元格格式、应用表样式、应用单元格样式都有哪些操作？

能力训练

【案例3-1】按照操作要求，创建"中国奥运冠军统计信息表.xlsx"工作簿文件。效果样式如图3-1-72、图3-1-73所示。

	A	B	C	D	E	F	G	H
1	序号	姓名	运动员编号	性别	获奖日期	获奖项目	获奥运金牌数	是否在多界奥运会上夺冠
2	1	刘翔	123456789012345678	男	2004/8/27	田径	1	
3	2	李小鹏	345678901234567890	男	2008/8/12	体操	2	✓
4	3	郭晶晶	456789012345678901	女	2008/8/18	跳水	4	✓
5	4	张继科	234567890123456789	男	2012/8/2	乒乓球	1	
6	5	陈若琳	567890123456789012	女	2012/8/9	跳水	5	✓
7	6	林丹	678901234567890123	男	2012/8/5	羽毛球	2	✓
8	7	吴敏霞	789012345678901234	女	2016/8/7	跳水	5	✓
9	8	马龙	890123456789012345	男	2016/8/11	乒乓球	2	✓
10	9	丁宁	901234567890123456	女	2016/8/10	乒乓球	3	✓
11	10	苏炳添	012345678901234567	男	2020/7/31	田径	1	

图3-1-72 效果样式(1)

	A	B	C	D	E	F	G	H
1	序号	姓名	运动员编号	性别	获奖日期	获奖项目	获奥运金牌数	是否在多界奥运会上夺冠
2	1	刘翔	123456789012345678	男	2004年8月27日	田径	1	
3	2	李小鹏	345678901234567890	男	2008年8月12日	体操	2	✓
4	3	郭晶晶	456789012345678901	女	2008年8月18日	跳水	4	✓
5	4	张继科	234567890123456789	男	2012年8月2日	乒乓球	1	
6	5	陈若琳	567890123456789012	女	2012年8月9日	跳水	5	✓
7	6	林丹	678901234567890123	男	2012年8月5日	羽毛球	2	✓
8	7	吴敏霞	789012345678901234	女	2016年8月7日	跳水	5	✓
9	8	马龙	890123456789012345	男	2016年8月11日	乒乓球	2	✓
10	9	丁宁	901234567890123456	女	2016年8月10日	乒乓球	3	✓
11	10	苏炳添	012345678901234567	男	2020年7月31日	田径	1	

图3-1-73 效果样式(2)

操作要求:

(1) 创建Excel工作簿"中国奥运冠军统计信息表.xlsx",保存至"实操体验"文件夹中。

(2) 按照效果样式(1)所示,输入表格内容。

(3) 按照效果样式(2)所示,设置单元格格式。

表头文本字体格式:字体"黑体",字号"12",字型"加粗",字体颜色"橙色,个性色2,深色50%"。

A2:G11单元格文本字体格式:字体"华文楷体",字号"11"。

获奖日期列数据格式:"长日期"。

表头文本对齐方式:垂直对齐"垂直居中",水平对齐"居中"。

D2:H11单元格文本对齐方式:垂直对齐"垂直居中",水平对齐"居中"。

表格边框:粗外框线,细内框线。

表头行底纹:填充背景色"蓝色,个性色1,淡色40%"。

(4) 按照效果样式(2)所示,应用表样式。

表格样式:套用表格样式"金色,表样式中等深浅5",表格样式选项取消"镶边行",改为"镶边列"。

扫描二维码,阅读《案例3-1操作方法》

(5) 按照效果样式(2)所示,应用单元格样式。

主题单元格样式:获奥运金牌数大于1枚的单元格"浅蓝,60%-着色5"。

素质训练

使用"文心一言""Kimi"等AI大模型，以"国之脊梁：中国院士的科学人生百年"为关键字搜索相关资料，创建一个名为"中国院士科学研究跟踪"的工作簿文件，收集科学家的编号、姓名、出生日期、研究领域、主要成就、研究项目等数据，使用Excel的数据输入与编辑技巧，正确录入并编辑和美化表格格式，从中学习科学家院士秉承的"爱国、创新、求实、奉献、协同、育人"的科学家精神。

小资料

扫描二维码，阅读《电子表格软件简介》

任务3.2　公式与函数

引导案例: 计算公司员工工资

小王是公司的人力资源助理, 最近接到了一个任务, 需要计算并更新公司员工的工资表。工资表中包含了员工的姓名、基本工资、岗位工资、绩效奖金、加班费、各项扣除(如社保、公积金等), 以及实发工资。为了提高工作效率, 小王决定使用Excel的公式与函数来计算员工的各项工资组成及实发工资。

根据案例回答下列问题:

(1) 公式中可以包含哪些元素?

(2) 函数的结构包括什么?

(3) 运算符有哪几类? 它们的优先级是如何确定的?

(4) 单元格的引用方法包括哪些? 其格式分别是什么?

案例技能点分析:

(1) 打开Excel文件, 选择合适的公式进行计算。

(2) 选择合适的函数进行计算。

(3) 使用公式或函数时注意使用合适的单元格引用方法。

相关知识

3.2.1　认识公式与函数

Excel不仅支持编辑和制作各种电子表格, 还支持在表格中使用公式与函数进行数据计算。

1. 公式的构成

Excel中的公式是工作表中对数值进行计算的等式, 可以帮助用户快速地完成各种复杂的运算。公式的基本结构是"=表达式"。简单的公式运算为加、减、乘、除; 复杂的公式运算包含函数、引用、运算符和常量等元素。例如, 在"=100+AVERAGE(E4,Sheet2!D5,[工作簿3]Sheet1!$E$2)"这个公式中, "100"是常量, "+"是运算符, "AVERAGE"是函数, "E4"是引用当前工作表的单元格, Sheet2!D5是引用同一个工作簿中其他工作表的单元格, [工作簿3]Sheet1!$E$2是引用其他工作簿中工作表的单元格。

(1) 常量, 是直接输入公式的数字或文本。

(2) 单元格引用部分。在公式中, 可以引用某一单元格或单元格区域中的数据, 还可以引用当前工作表的单元格、同一个工作簿中其他工作表的单元格、其他工作簿中工作表的单元格。

(3) 工作表函数, 包含函数及其参数。

(4) 运算符, 连接公式中的基本元素并完成计算的符号, 如"+""-""*""/""%""^"等。

2. 输入公式的规则

(1) 输入公式前，选择运算结果所在的单元格。

(2) 所有公式都以"="开始，"="后是要参与计算的元素。

(3) 参与计算的单元格地址表示为"列号+行号"，如A1、B2等。

(4) 参与计算的单元格区域的地址表示为"区域左上角的单元格地址:区域右下角的单元格地址"，如"A1:F6"。

3. 函数

Excel中的函数是一些预定义的公式，它们使用指定格式的参数来完成各种数据的计算。函数包括两部分：函数名称和参数。例如在"=SUM(E6:F6)"中，"SUM"是函数名称，"E6:F6"是参数。

(1) 函数名称。通过函数的名称可以推断函数的功能，如SUM表示求和、AVERAGE表示求均值、COUNT表示求计数值。

(2) 参数。函数的参数可以是数字、文本、逻辑值、数组、错误值或单元格引用，也可以是常量、公式或其他函数。

3.2.2 认识Excel运算符

1. 算术运算符

算术运算符用于完成基本的数学运算。算术运算符的种类和含义如表3-1-1所示。

表3-1-1 算术运算符的种类和含义

算术运算符	含义	示例
+	加号	5+2
−	减号	5−2
*	乘号	5*2
/	除号	5/2
%	百分号	50%
^	乘幂号	5^2

2. 比较运算符

比较运算符用于比较两个值，结果为逻辑值"真"或"假"，即"TRUE"或"FALSE"。比较运算符的种类和含义如表3-1-2所示。

表3-1-2 比较运算符的种类和含义

算术运算符	含义	示例
=	等于	A1=B2
>	大于	A1>B2
<	小于	A1<B2
>=	大于或等于	A1>=B2
<=	小于或等于	A1<=B2
<>	不等于	A1<>B2

3. 文本运算符

文本运算符用"&"表示，用于将两个或多个文本连接起来，合并为一个文本。例如，A1单元格内容为"信息"，B1单元格内容为"技术"，如果C1单元格对应的内容为"信息技术"，那么，可在C1单元格使用公式"=A1&B1"。

4. 引用运算符

引用运算符主要用于标明工作表中的单元格或单元格区域。引用运算符的种类和含义如表3-3-3所示。

表3-3-3 引用运算符的种类和含义

引用运算符	含义	说明	示例
:(冒号)	区域运算符	对两个引用在内的所有单元格进行运算	A1:E5
,(逗号)	联合运算符	将多个引用合并为一个引用	(A1:A5,D1:D5)
(空格)	交叉运算符	对两个引用区域中共有的单元格进行运算	A1:B5 B3:C7

5. 运算符优先级

如果公式中包含多个运算符，Excel将按优先级从高到低进行运算。当运算符的优先级相同时，Excel将从左到右进行运算；当公式中有括号时，先计算括号内的部分。

优先级由高到低依次为：①引用运算符；②符号；③百分比；④乘幂；⑤乘除；⑥加减；⑦连接符；⑧比较运算符。

3.2.3 单元格引用

在Excel中，单元格是通过其地址来被引用的，这个地址是单元格行号与列号的组合。当我们需要计算表格数据时，一般通过复制或移动公式来实现快速计算，这就涉及不同的单元格引用方式。Excel中的单元格引用方法主要包括相对引用、绝对引用和混合引用。

1. 相对引用

相对引用是指输入公式时直接引用单元格地址，如"A3"。使用相对引用后，如果复制或移动公式到其他单元格，公式中引用的单元格地址就会根据目标位置自动进行相应的改变。

2. 绝对引用

绝对引用是指引用单元格中无论公式所在单元格的位置如何改变，所引用的单元格地址始终保持不变。绝对引用的表示方法是在单元格的行列号前加上符号"$"，如"$A$3"。

3. 混合引用

混合引用包含相对引用和绝对引用，有两种形式。

(1) 行绝对、列相对引用：表示行不发生变化，但是列会随着新的位置发生变化，如"A$3"。

(2) 列绝对、行相对引用：表示列不发生变化，但是行会随着新的位置发生变化，如"$A3"。

3.2.4 使用公式计算数据

在Excel表格中输入公式的方法：先选择要输入公式的单元格，在单元格或编辑栏中输入“=”，再输入公式内容，输入完成后按【Enter】键或单击编辑栏中的“输入”按钮✓。

1. 直接输入公式

【实操体验】计算“设计部员工工资表”中第一栏员工的应发工资。

操作方法：打开“设计部员工工资表.xlsx”文档，选择G3单元格，输入“=”，再依次输入公式元素“B3+C3+D3+E3+F3”，按【Enter】键，即可得到计算结果，如图3-2-1所示。

SUM | × ✓ fx | =B3+C3+D3+E3

	A	B	C	D	E	F	G	H
1	设计部员工工资表							
2	姓名	基本工资	岗位工资	绩效奖金	加班费	津贴	应发工资	
3	赵建军	1850	1400	600	200	100	=B3+C3+D3+E3	
4	李小波	1875	1400	550	100	100		
5	任敏敏	2500	1800	568	300	180		
6	韩冰	2000	1600	586	200	140		
7	谭华	2000	1600	604	200	140		
8	王刚	2000	1600	622	200	140		
9	张勇敢	2500	1800	640	300	180		
10	周华	2500	1800	658	200	180		
11	吴圆圆	1885	1400	576	150	100		
12	周敏捷	1910	1400	594	150	100		
13	王辉	1825	1400	612	100	100		
14	司慧霞	2000	1600	630	200	140		
15	部门合计							

(a)

G3 | × ✓ fx | =B3+C3+D3+E3

	A	B	C	D	E	F	G
1	设计部员工工资表						
2	姓名	基本工资	岗位工资	绩效奖金	加班费	津贴	应发工资
3	赵建军	1850	1400	600	200	100	4050
4	李小波	1875	1400	550	100	100	
5	任敏敏	2500	1800	568	300	180	
6	韩冰	2000	1600	586	200	140	
7	谭华	2000	1600	604	200	140	
8	王刚	2000	1600	622	200	140	
9	张勇敢	2500	1800	640	300	180	
10	周华	2500	1800	658	200	180	
11	吴圆圆	1885	1400	576	150	100	
12	周敏捷	1910	1400	594	150	100	
13	王辉	1825	1400	612	100	100	
14	司慧霞	2000	1600	630	200	140	
15	部门合计						

(b)

图3-2-1 直接输入公式

2. 使用鼠标输入公式

【实操体验】计算“设计部员工工资表”基本工资的部门合计。

操作方法：选择单元格B15，输入“=”，再输入“SUM()”，将光标定位在公式中的括号内，拖动鼠标，选择B3到B14单元格区域，释放鼠标左键，即可在单元格B15中看到完整的求和公式“=SUM(B3:B14)”，按【Enter】键，即可得到计算结果，如图3-2-2所示。

B15 | × ✓ fx | =SUM(B3:B14)

	A	B	C	D	E	F	G
1	设计部员工工资表						
2	姓名	基本工资	岗位工资	绩效奖金	加班费	津贴	应发工资
3	赵建军	1850	1400	600	200	100	4050
4	李小波	1875	1400	550	100	100	
5	任敏敏	2500	1800	568	300	180	
6	韩冰	2000	1600	586	200	140	
7	谭华	2000	1600	604	200	140	
8	王刚	2000	1600	622	200	140	
9	张勇敢	2500	1800	640	300	180	
10	周华	2500	1800	658	200	180	
11	吴圆圆	1885	1400	576	150	100	
12	周敏捷	1910	1400	594	150	100	
13	王辉	1825	1400	612	100	100	
14	司慧霞	2000	1600	630	200	140	
15	部门合计	=SUM(B3:B14)					

(a)

B15 | × ✓ fx | =SUM(B3:B14)

	A	B	C	D	E	F	G
1	设计部员工工资表						
2	姓名	基本工资	岗位工资	绩效奖金	加班费	津贴	应发工资
3	赵建军	1850	1400	600	200	100	4050
4	李小波	1875	1400	550	100	100	
5	任敏敏	2500	1800	568	300	180	
6	韩冰	2000	1600	586	200	140	
7	谭华	2000	1600	604	200	140	
8	王刚	2000	1600	622	200	140	
9	张勇敢	2500	1800	640	300	180	
10	周华	2500	1800	658	200	180	
11	吴圆圆	1885	1400	576	150	100	
12	周敏捷	1910	1400	594	150	100	
13	王辉	1825	1400	612	100	100	
14	司慧霞	2000	1600	630	200	140	
15	部门合计	24845					

(b)

图3-2-2 使用鼠标输入公式

技巧提示：在输入公式后，如果需要对公式进行编辑或发现错误，可双击输入公式的单元格，进入公式编辑状态，即可直接重新编辑公式或对公式进行局部修改；如果某个公式是多余的，可选中输入公式的单元格，直接按【Delete】键，即可删除单元格中的公式。

3. 复制填充公式

【实操体验】将“设计部员工工资表”中第一栏员工的应发工资计算公式复制到第二栏。

操作方法：选择单元格G3，按【Ctrl+C】组合键，选择要粘贴公式的单元格G4，按【Ctrl+V】组合键，即可将单元格G3中的公式复制到单元格G4中，如图3-2-3所示。这个公式会根据行列的变化自动调整，得出相应的计算结果。

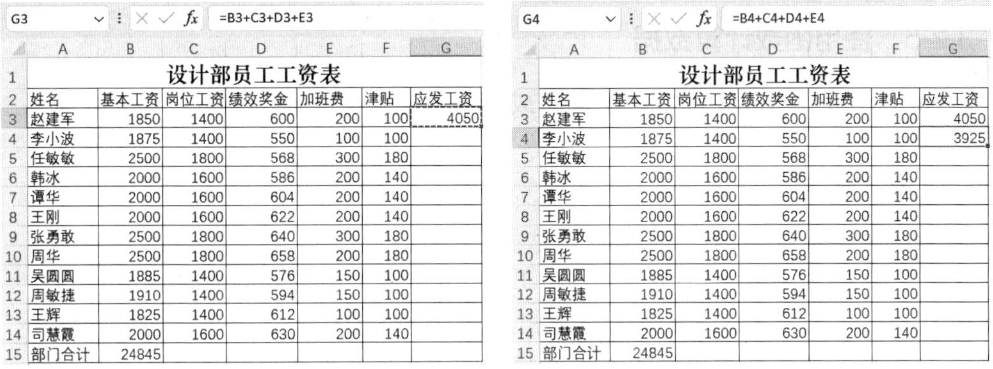

G3 =B3+C3+D3+E3

设计部员工工资表

姓名	基本工资	岗位工资	绩效奖金	加班费	津贴	应发工资
赵建军	1850	1400	600	200	100	4050
李小波	1875	1400	550	100	100	
任敏敏	2500	1800	568	300	180	
韩冰	2000	1600	586	200	140	
谭华	2000	1600	604	200	140	
王刚	2000	1600	622	200	140	
张勇敢	2500	1800	640	300	180	
周华	2500	1800	658	200	180	
吴圆圆	1885	1400	576	150	100	
周敏捷	1910	1400	594	150	100	
王辉	1825	1400	612	100	100	
司慧霞	2000	1600	630	200	140	
部门合计	24845					

(a)

G4 =B4+C4+D4+E4

设计部员工工资表

姓名	基本工资	岗位工资	绩效奖金	加班费	津贴	应发工资
赵建军	1850	1400	600	200	100	4050
李小波	1875	1400	550	100	100	3925
任敏敏	2500	1800	568	300	180	
韩冰	2000	1600	586	200	140	
谭华	2000	1600	604	200	140	
王刚	2000	1600	622	200	140	
张勇敢	2500	1800	640	300	180	
周华	2500	1800	658	200	180	
吴圆圆	1885	1400	576	150	100	
周敏捷	1910	1400	594	150	100	
王辉	1825	1400	612	100	100	
司慧霞	2000	1600	630	200	140	
部门合计	24845					

(b)

图3-2-3　复制填充公式

4. 快速填充公式

【实操体验】计算“设计部员工工资表”基本工资、岗位工资、绩效工资、加班费、津贴、应发工资的部门合计。

操作方法：选择单元格G4，将鼠标指针移动到单元格G4的右下角，此时鼠标指针变成“+”形状(见图3-2-4)，双击，拖动鼠标，即可将公式快速填充至单元格G14，得出计算结果(见图3-2-5)；拖动鼠标，选择B15单元格，将鼠标指针移动到单元格B15的右下角，此时鼠标指针变成“+”形状(见图3-2-6)，向右拖动到单元格G15，释放鼠标左键，公式就填充到选择的单元格区域，得出计算结果，如图3-2-7所示。

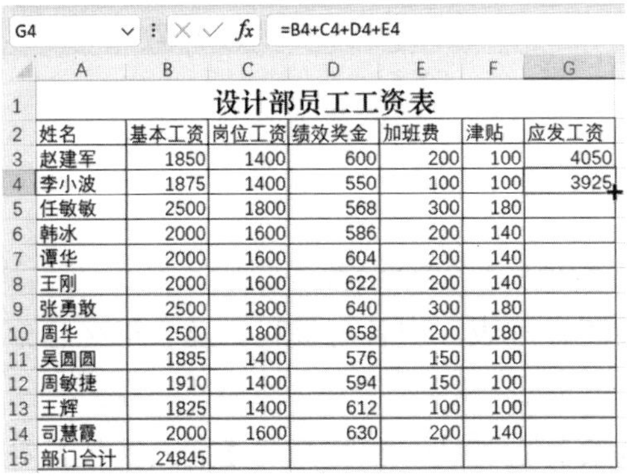

G4 =B4+C4+D4+E4

设计部员工工资表

姓名	基本工资	岗位工资	绩效奖金	加班费	津贴	应发工资
赵建军	1850	1400	600	200	100	4050
李小波	1875	1400	550	100	100	3925
任敏敏	2500	1800	568	300	180	
韩冰	2000	1600	586	200	140	
谭华	2000	1600	604	200	140	
王刚	2000	1600	622	200	140	
张勇敢	2500	1800	640	300	180	
周华	2500	1800	658	200	180	
吴圆圆	1885	1400	576	150	100	
周敏捷	1910	1400	594	150	100	
王辉	1825	1400	612	100	100	
司慧霞	2000	1600	630	200	140	
部门合计	24845					

图3-2-4　快速填充公式(1)

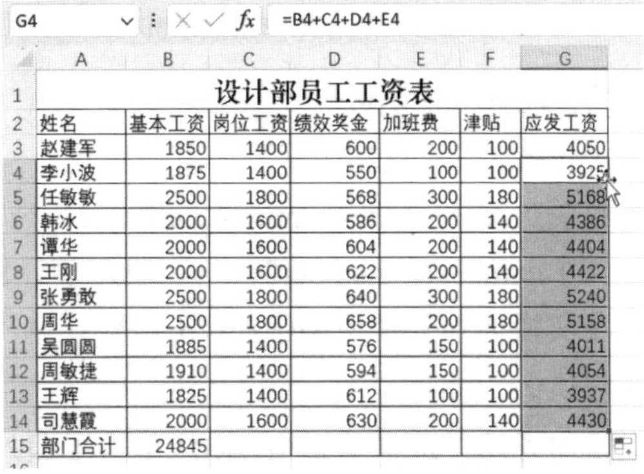

G4 =B4+C4+D4+E4

设计部员工工资表

姓名	基本工资	岗位工资	绩效奖金	加班费	津贴	应发工资
赵建军	1850	1400	600	200	100	4050
李小波	1875	1400	550	100	100	3925
任敏敏	2500	1800	568	300	180	5168
韩冰	2000	1600	586	200	140	4386
谭华	2000	1600	604	200	140	4404
王刚	2000	1600	622	200	140	4422
张勇敢	2500	1800	640	300	180	5240
周华	2500	1800	658	200	180	5158
吴圆圆	1885	1400	576	150	100	4011
周敏捷	1910	1400	594	150	100	4054
王辉	1825	1400	612	100	100	3937
司慧霞	2000	1600	630	200	140	4430
部门合计	24845					

图3-2-5　快速填充公式(2)

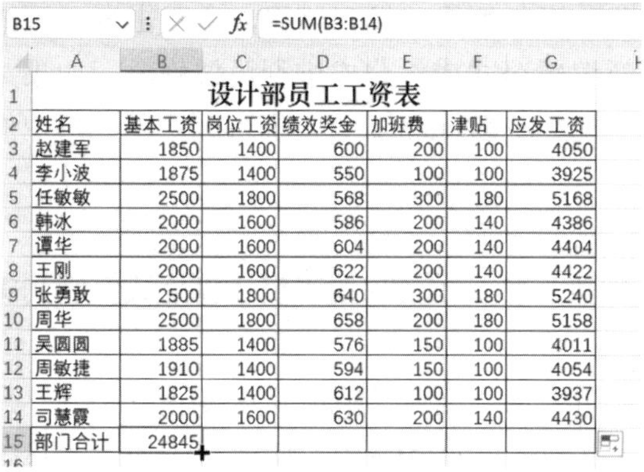

B15 =SUM(B3:B14)

设计部员工工资表						
姓名	基本工资	岗位工资	绩效奖金	加班费	津贴	应发工资
赵建军	1850	1400	600	200	100	4050
李小波	1875	1400	550	100	100	3925
任敏敏	2500	1800	568	300	180	5168
韩冰	2000	1600	586	200	140	4386
谭华	2000	1600	604	200	140	4404
王刚	2000	1600	622	200	140	4422
张勇敢	2500	1800	640	300	180	5240
周华	2500	1800	658	200	180	5158
吴圆圆	1885	1400	576	150	100	4011
周敏捷	1910	1400	594	150	100	4054
王辉	1825	1400	612	100	100	3937
司慧霞	2000	1600	630	200	140	4430
部门合计	24845					

图3-2-6 快速填充公式(3)

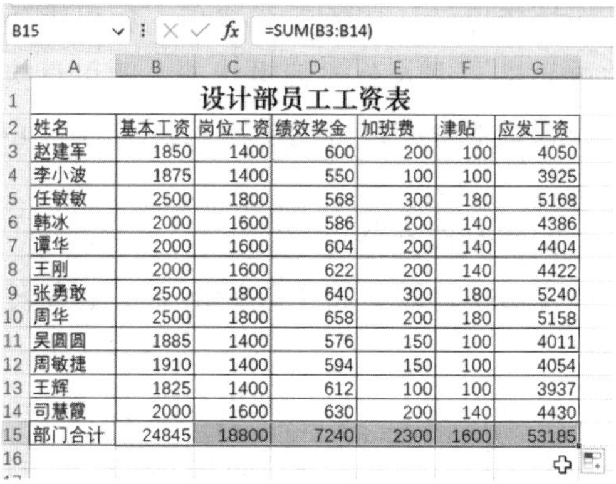

B15 =SUM(B3:B14)

设计部员工工资表						
姓名	基本工资	岗位工资	绩效奖金	加班费	津贴	应发工资
赵建军	1850	1400	600	200	100	4050
李小波	1875	1400	550	100	100	3925
任敏敏	2500	1800	568	300	180	5168
韩冰	2000	1600	586	200	140	4386
谭华	2000	1600	604	200	140	4404
王刚	2000	1600	622	200	140	4422
张勇敢	2500	1800	640	300	180	5240
周华	2500	1800	658	200	180	5158
吴圆圆	1885	1400	576	150	100	4011
周敏捷	1910	1400	594	150	100	4054
王辉	1825	1400	612	100	100	3937
司慧霞	2000	1600	630	200	140	4430
部门合计	24845	18800	7240	2300	1600	53185

图3-2-7 快速填充公式(4)

3.2.5 使用函数计算数据

Excel中，函数与公式按特定的顺序或结构进行数据统计与分析，大大提高了工作效率。

1. SUM函数

SUM函数是最常用的求和函数。

【实操体验】使用SUM函数统计“员工评分表”中“年终总分“。

操作方法：打开“员工评分表.xlsx”文档，选择单元格H3，输入公式“=SUM(D3:G3)”，按【Enter】键，即可计算出员工“周敏捷”的“年终总分”(见图3-2-8)；选择单元格H3，将鼠标指针移动到单元格H3的右下角，此时鼠标指针变成“+”形状，向下拖动指针到单元格H14，释放鼠标左键，公式就填充到选择的单元格区域，得出计算结果，如图3-2-9所示。

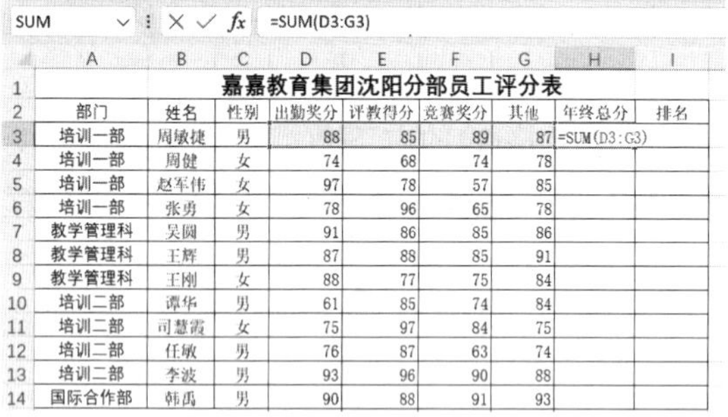

SUM =SUM(D3:G3)

嘉嘉教育集团沈阳分部员工评分表								
部门	姓名	性别	出勤奖分	评教得分	竞赛奖分	其他	年终总分	排名
培训一部	周敏捷	男	88	85	89	87	=SUM(D3:G3)	
培训一部	周健	女	74	68	74	78		
培训一部	赵军伟	女	97	78	57	85		
培训一部	张勇	女	78	96	65	78		
教学管理科	吴圆	男	91	86	85	86		
教学管理科	王辉	男	87	88	85	91		
教学管理科	王刚	女	88	77	75	84		
培训二部	谭华	男	61	85	74	84		
培训二部	司慧霞	女	75	97	84	75		
培训二部	任敏	男	76	87	63	74		
培训二部	李波	男	93	96	90	88		
国际合作部	韩禹	男	90	88	91	93		

图3-2-8 使用SUM函数求和(1)

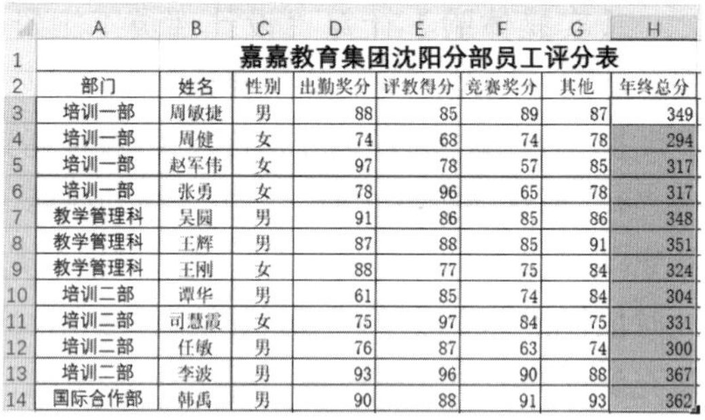

嘉嘉教育集团沈阳分部员工评分表							
部门	姓名	性别	出勤奖分	评教得分	竞赛奖分	其他	年终总分
培训一部	周敏捷	男	88	85	89	87	349
培训一部	周健	女	74	68	74	78	294
培训一部	赵军伟	女	97	78	57	85	317
培训一部	张勇	女	78	96	65	78	317
教学管理科	吴圆	男	91	86	85	86	348
教学管理科	王辉	男	87	88	85	91	351
教学管理科	王刚	女	88	77	75	84	324
培训二部	谭华	男	61	85	74	84	304
培训二部	司慧霞	女	75	97	84	75	331
培训二部	任敏	男	76	87	63	74	300
培训二部	李波	男	93	96	90	88	367
国际合作部	韩禹	男	90	88	91	93	362

图3-2-9 使用SUM函数求和(2)

2. AVERAGE函数

AVERAGE函数是计算平均值的函数。

语法：AVERAGE(number1,number2……)

其中number1，number2，……表示要计算平均值的1~30个参数。

【实操体验】使用AVERAGE函数计算“员工评分表”中各考核科目及“年终总分”的平均值。

操作方法：选择单元格D15，单击【插入函数】*fx*按钮，在打开的【插入函数】对话框中选择"AVERAGE"函数，单击【确定】按钮(见图3-2-10)，即可出现【函数参数】对话框，单击【折叠】按钮⬆(见图3-2-11)，返回工作表中选择D3到D14单元格区域后，单击【展开】按钮⬇，(见图3-2-12)，回到【函数参数】对话框，单击【确定】按钮(见图3-2-13)，此时D15单元格中"出勤奖分"的平均分已计算完毕，选中D15单元格，将鼠标指针移动到单元格D15的右下角，此时鼠标指针变成+形状，向右拖动到单元格H15，释放鼠标左键，所有科目的平均分即填充到选择的单元格区域，如图3-2-14所示。

技巧提示：在使用函数计算数据时，既可以在选定单元格中直接输入"=函数"，也可以单击【插入函数】按钮。

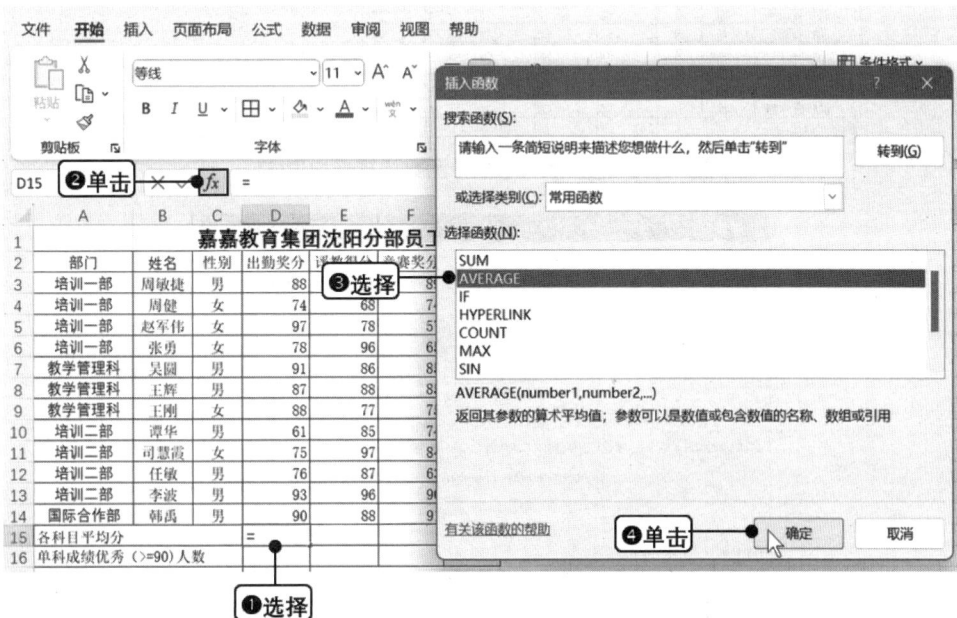

图3-2-10　使用AVERAGE函数计算平均值(1)

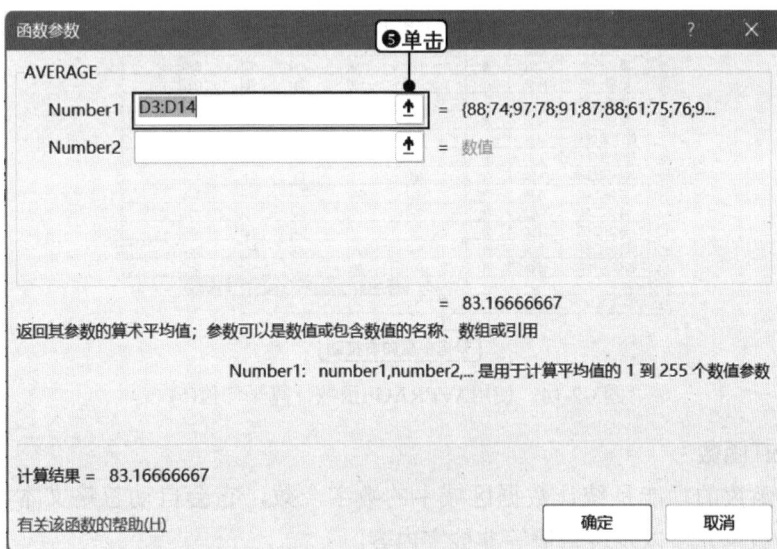

图3-2-11　使用AVERAGE函数计算平均值(2)

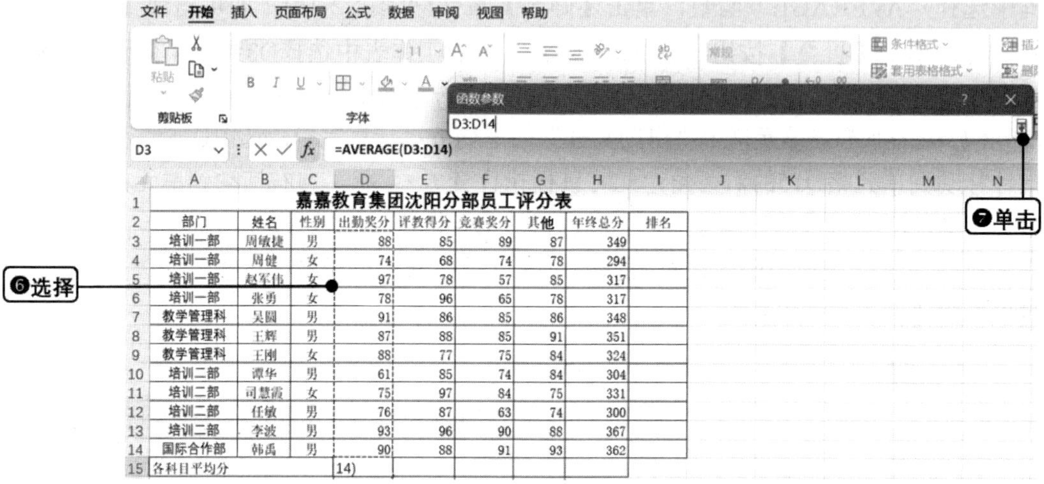

图3-2-12　使用AVERAGE函数计算平均值(3)

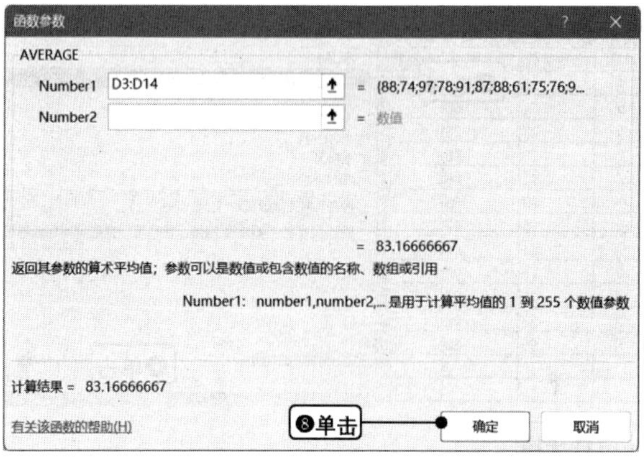

图3-2-13　使用AVERAGE函数计算平均值(4)

图3-2-14　使用AVERAGE函数计算平均值(5)

3. COUNT函数

COUNT函数的功能是统计数据区域中的数字个数，它会自动忽略文本、错误值(如#DIV/0!)、空白单元格以及逻辑值等非数字内容。

【实操体验】使用COUNT函数统计"员工评分表"中"出勤奖分"的个数。

　　操作方法：选择D17单元格，单击【插入函数】*fx*按钮，打开【插入函数】对话框中，在类别下拉列表中选择【全部】，在【选择函数】列表框中选择"COUNT"函数，单击【确定】按钮(见图3-2-15)；打开【函数参数】对话框，单击【折叠】按钮，返回工作表中选择D3到D14单元格区域(或E3:E14等其他得分列的数据)，再次单击【折叠】按钮，回到【插入函数】对话框，单击【确定】按钮，此时D17单元格"员工总数"中已得出结果，如图3-2-16所示。

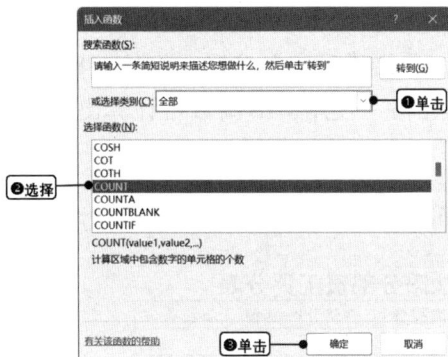

图3-2-15　使用COUNT函数统计数字个数(1)　　　图3-2-16　使用COUNT函数统计数字个数(2)

4. COUNTIF函数

COUNTIF函数是对指定区域中符合指定条件的单元格进行计数的函数。

语法：COUNTIF(Range,Criteria)

其中，Range表示指定的区域，Criteria表示指定的条件。

【实操体验】使用COUNTIF函数统计"员工评分表"中单科成绩优秀人数。

　　操作方法：选择D16单元格，单击【插入函数】*fx*按钮，打开【插入函数】对话框中，在类别下拉列表中选择【全部】，在【选择函数】列表框中选择"COUNTIF"函数，单击【确定】按钮；打开【函数参数】对话框，单击【折叠】按钮，返回工作表中选择D3到D14单元格区域，再次单击【折叠】按钮，回到【插入函数】对话框，输入条件">=90"，单击【确定】按钮(见图3-2-17)，此时D16单元格中"单科成绩优秀人数"已得出结果。选中D16单元格，将鼠标指针移动到单元格D16的右下角，此时鼠标指针变成"+"形状，向右拖动指针到单元格G16，释放鼠标左键，所有科目的优秀人数即填充到选择的单元格区域中，如图3-2-18所示。

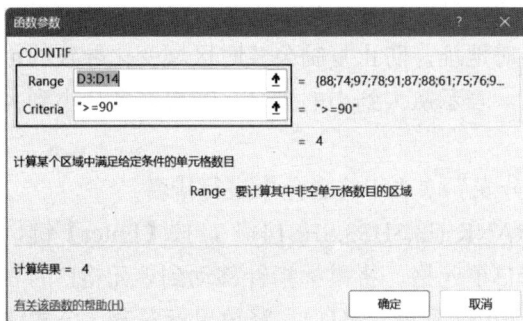

图3-2-17　使用COUNTIF函数有条件计数统计(1)　　　图3-2-18　使用COUNTIF函数有条件计数统计(2)

5. MAX/MIN函数

MAX函数与MIN函数分别是最大值和最小值函数。

【实操体验】使用MAX/MIN函数统计"员工评分表"中"年终总分"的最大值与最小值。

操作方法：选择D18单元格，单击【插入函数】fx按钮，打开【插入函数】对话框中，在类别下拉列表中选择【全部】，在【选择函数】列表框中选择"MAX"函数，单击【确定】按钮，打开【函数参数】对话框，单击【折叠】按钮⬆，返回工作表中选择H3到H14单元格区域，再次单击【折叠】按钮⬆，单击【确定】按钮，此时D18单元格中"最高成绩"已得出结果；同样方法选中D19单元格，使用MIN函数可计算出"最低成绩"，如图3-2-19所示。

D18			fx	=MAX(H3:H14)			
	A	B	C	D	E	F	G	H
1	嘉嘉教育集团沈阳分部员工评分表							
2	部门	姓名	性别	出勤奖分	评教得分	竞赛奖分	其他	年终总分
3	培训一部	周敏捷	男	88	85	89	87	349
4	培训一部	周健	女	74	68	74	78	294
5	培训一部	赵军伟	女	97	78	57	85	317
6	培训一部	张勇	女	78	96	65	78	317
7	教学管理科	吴圆	男	91	86	85	86	348
8	教学管理科	王辉	男	87	88	85	91	351
9	教学管理科	王刚	女	88	77	75	84	324
10	培训二部	谭华	男	61	85	74	84	304
11	培训二部	司慧霞	女	75	97	84	75	331
12	培训二部	任敏	男	76	87	63	74	300
13	培训二部	李波	男	93	96	90	88	367
14	国际合作部	韩禹	男	90	88	91	93	362
15	各科目平均分			83.1667	85.9167	77.667	83.58	330.333
16	单科成绩优秀（>=90）人数			4	3	2	2	
17	员工总数			12				
18	最高成绩			367				
19	最低成绩			294				

图3-2-19　使用MAX/MIN函数统计最大值与最小值

6. RANK函数

RANK函数用于返回某个单元格区域内指定字段的数值在该区域所有数值中的排名。

语法：RANK (Number,Ref,[Order])

其中，Number表示需要排名的数值或单元格名称(单元格内容必须为数字)；Ref表示排名的参照数值区域，该区域通常需要使用绝对地址，防止复制公式时区域变化导致的排名不准确；[Order]的值是0或1，默认不用输入，表示从大到小的排名，若想得到从小到大的排名，[Order]的值输入1。

【实操体验】使用RANK函数对"员工评分表"中"年终总分"进行排名。

操作方法：选择I3单元格，输入公式"=RANK (I3,$H$3:$H$14)"，按【Enter】键，即可计算出员工"周敏捷"的"排名"；选择I3单元格，将鼠标指针移动到单元格I3的右下角，此时鼠标指针变成"+"形状，向下拖动指针到单元格I14，释放鼠标左键，公式就填充到选中的单元格区域，如图3-2-20所示。

图3-2-20 使用RANK函数统计排名

7. IF函数

IF函数用于判断某个条件是否成立，如果条件成立，则返回一个指定的值；如果条件不成立，则返回另一个指定的值。

语法：IF(Logical_test,Value_if_true,Value_if_false)

其中，Logical_test表示指定的条件，Value_if_true表示条件成立时的返回值，Value_if_false表示条件不成立时的返回值。当条件不止一个时，还可以使用嵌套的IF函数。

【实操体验】使用IF函数统计"员工评分表"中的"考核结果"。(考核条件："年终总分"高于平均分30分的，为"优秀"；"年终总分"低于平均分30分的，为"不合格"；其他为"合格")

操作方法：选择J3单元格，输入公式"=IF(H3>=\$H\$15+30,"优秀",(IF(H3<=\$H\$15-30,"不合格","合格")))"，按【Enter】键，即可计算出员工"周敏捷"的"考核结果"；选择J3单元格，将鼠标指针移动到单元格J3的右下角，此时鼠标指针变成"+"形状，向下拖动指针到单元格J14，释放鼠标左键，公式就填充到选中的单元格区域，如图3-2-21所示。

图3-2-21 使用IF函数统计考核结果

实训

知识训练

(1) 公式输入规则是什么？

(2) 如何确定公式或函数中运算符的优先级？

(3) 简述使用公式计算数据的操作方法。

(4) 简述使用函数计算数据的操作方法。

能力训练

【案例3-2】 打开“瑞鑫家电集团年度销售业绩统计表.xlsx ”工作簿文件，按照操作要求，使用公式与函数方法完成计算。

操作要求：

(1) 使用SUM函数统计“瑞鑫家电集团年度销售业绩统计表”中“全年总额”，如图3-2-22。

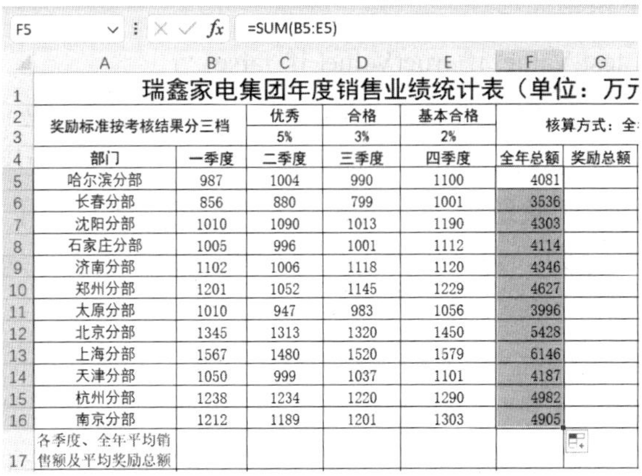

F5 =SUM(B5:E5)

瑞鑫家电集团年度销售业绩统计表（单位：万元

奖励标准按考核结果分三档		优秀	合格	基本合格	核算方式：全	
		5%	3%	2%		
部门	一季度	二季度	三季度	四季度	全年总额	奖励总额
哈尔滨分部	987	1004	990	1100	4081	
长春分部	856	880	799	1001	3536	
沈阳分部	1010	1090	1013	1190	4303	
石家庄分部	1005	996	1001	1112	4114	
济南分部	1102	1006	1118	1120	4346	
郑州分部	1201	1052	1145	1229	4627	
太原分部	1010	947	983	1056	3996	
北京分部	1345	1313	1320	1450	5428	
上海分部	1567	1480	1520	1579	6146	
天津分部	1050	999	1037	1101	4187	
杭州分部	1238	1234	1220	1290	4982	
南京分部	1212	1189	1201	1303	4905	
各季度、全年平均销售额及平均奖励总额						

图3-2-22　使用SUM函数统计全年总额

(2) 使用AVERAGE函数计算“瑞鑫家电集团年度销售业绩统计表”中“各季度、全年销售额及奖励总额”的平均值，如图3-2-23所示。

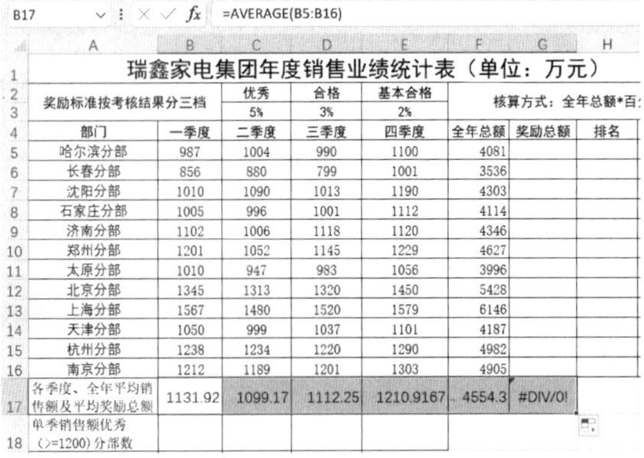

B17 =AVERAGE(B5:B16)

瑞鑫家电集团年度销售业绩统计表（单位：万元）

奖励标准按考核结果分三档		优秀	合格	基本合格	核算方式：全年总额*百		
		5%	3%	2%			
部门	一季度	二季度	三季度	四季度	全年总额	奖励总额	排名
哈尔滨分部	987	1004	990	1100	4081		
长春分部	856	880	799	1001	3536		
沈阳分部	1010	1090	1013	1190	4303		
石家庄分部	1005	996	1001	1112	4114		
济南分部	1102	1006	1118	1120	4346		
郑州分部	1201	1052	1145	1229	4627		
太原分部	1010	947	983	1056	3996		
北京分部	1345	1313	1320	1450	5428		
上海分部	1567	1480	1520	1579	6146		
天津分部	1050	999	1037	1101	4187		
杭州分部	1238	1234	1220	1290	4982		
南京分部	1212	1189	1201	1303	4905		
各季度、全年平均销售额及平均奖励总额	1131.92	1099.17	1112.25	1210.9167	4554.3	#DIV/0!	
单季销售额优秀（>=1200）分部数							

图3-2-23　使用AVERAGE函数计算各项平均值

(3) 使用COUNT函数统计“瑞鑫家电集团年度销售业绩统计表”中的分部总数，如图3-2-24所示。

(4) 使用COUNTIF函数统计“瑞鑫家电集团年度销售业绩统计表”中单季销售额优秀(>=1200) 分部数，如图3-2-25所示。

B19　=COUNT(B5:B16)

	A	B	C	D	E	F
1	瑞鑫家电集团年度销售业绩统计表（单位					
2	奖励标准按考核结果分三档		优秀	合格	基本合格	核算
3			5%	3%	2%	
4	部门	一季度	二季度	三季度	四季度	全年总额
5	哈尔滨分部	987	1004	990	1100	4081
6	长春分部	856	880	799	1001	3536
7	沈阳分部	1010	1090	1013	1190	4303
8	石家庄分部	1005	996	1001	1112	4114
9	济南分部	1102	1006	1118	1120	4346
10	郑州分部	1201	1052	1145	1229	4627
11	太原分部	1010	947	983	1056	3996
12	北京分部	1345	1313	1320	1450	5428
13	上海分部	1567	1480	1520	1579	6146
14	天津分部	1050	999	1037	1101	4187
15	杭州分部	1238	1234	1220	1290	4982
16	南京分部	1212	1189	1201	1303	4905
17	各季度、全年平均销售额及平均奖励总额	1131.92	1099.17	1112.25	1210.9167	4554.3
18	单季销售额优秀(>=1200)分部数					
19	分部总数	12				

图3-2-24　使用COUNT函数统计分部总数

B18　=COUNTIF(B5:B16,">1200")

	A	B	C	D	E	F
1	瑞鑫家电集团年度销售业绩统计表（单位					
2	奖励标准按考核结果分三档		优秀	合格	基本合格	核算
3			5%	3%	2%	
4	部门	一季度	二季度	三季度	四季度	全年总额
5	哈尔滨分部	987	1004	990	1100	4081
6	长春分部	856	880	799	1001	3536
7	沈阳分部	1010	1090	1013	1190	4303
8	石家庄分部	1005	996	1001	1112	4114
9	济南分部	1102	1006	1118	1120	4346
10	郑州分部	1201	1052	1145	1229	4627
11	太原分部	1010	947	983	1056	3996
12	北京分部	1345	1313	1320	1450	5428
13	上海分部	1567	1480	1520	1579	6146
14	天津分部	1050	999	1037	1101	4187
15	杭州分部	1238	1234	1220	1290	4982
16	南京分部	1212	1189	1201	1303	4905
17	各季度、全年平均销售额及平均奖励总额	1131.92	1099.17	1112.25	1210.9167	4554.3
18	单季销售额优秀(>=1200)分部数	5	3	4	5	
19	分部总数	12				
20	最高销售额					

图3-2-25　使用COUNTIF函数统计单季销售额优秀分部数

(5) 使用MAX/MIN函数统计“瑞鑫家电集团年度销售业绩统计表“的全年销售额的最高值和最低值，如图3-2-26所示。

B21　=MIN(F5:F16)

	A	B	C	D	E	F
1	瑞鑫家电集团年度销售业绩统计表（单位					
2	奖励标准按考核结果分三档		优秀	合格	基本合格	核算
3			5%	3%	2%	
4	部门	一季度	二季度	三季度	四季度	全年总额
5	哈尔滨分部	987	1004	990	1100	4081
6	长春分部	856	880	799	1001	3536
7	沈阳分部	1010	1090	1013	1190	4303
8	石家庄分部	1005	996	1001	1112	4114
9	济南分部	1102	1006	1118	1120	4346
10	郑州分部	1201	1052	1145	1229	4627
11	太原分部	1010	947	983	1056	3996
12	北京分部	1345	1313	1320	1450	5428
13	上海分部	1567	1480	1520	1579	6146
14	天津分部	1050	999	1037	1101	4187
15	杭州分部	1238	1234	1220	1290	4982
16	南京分部	1212	1189	1201	1303	4905
17	各季度、全年平均销售额及平均奖励总额	1131.92	1099.17	1112.25	1210.9167	4554.3
18	单季销售额优秀(>=1200)分部数	5	3	4	5	
19	分部总数	12				
20	最高销售额	6146				
21	最低销售额	3536				

图3-2-26　使用MAX/MIN函数统计全年销售额的最高值和最低值

(6) 使用RANK函数对“瑞鑫家电集团年度销售业绩统计表”中“全年总额”进行排名，如图3-2-27所示。

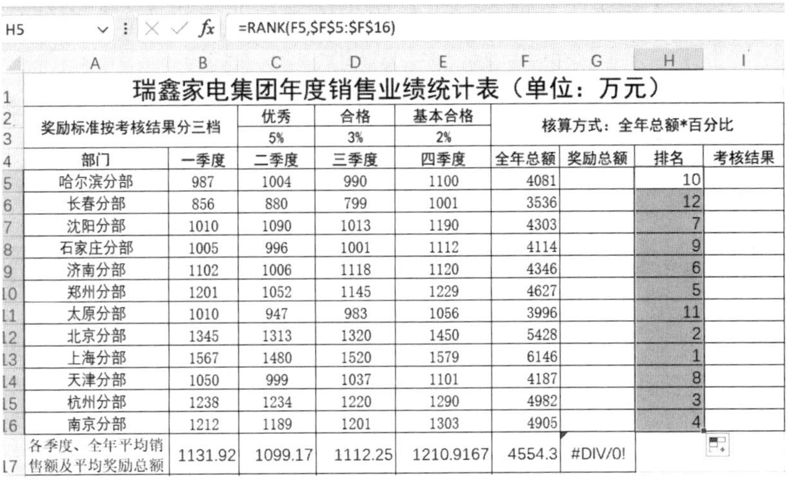

	A	B	C	D	E	F	G	H	I
1	瑞鑫家电集团年度销售业绩统计表（单位：万元）								
2	奖励标准按考核结果分三档		优秀	合格	基本合格	核算方式：全年总额*百分比			
3			5%	3%	2%				
4	部门	一季度	二季度	三季度	四季度	全年总额	奖励总额	排名	考核结果
5	哈尔滨分部	987	1004	990	1100	4081		10	
6	长春分部	856	880	799	1001	3536		12	
7	沈阳分部	1010	1090	1013	1190	4303		7	
8	石家庄分部	1005	996	1001	1112	4114		9	
9	济南分部	1102	1006	1118	1120	4346		6	
10	郑州分部	1201	1052	1145	1229	4627		5	
11	太原分部	1010	947	983	1056	3996		11	
12	北京分部	1345	1313	1320	1450	5428		2	
13	上海分部	1567	1480	1520	1579	6146		1	
14	天津分部	1050	999	1037	1101	4187		8	
15	杭州分部	1238	1234	1220	1290	4982		3	
16	南京分部	1212	1189	1201	1303	4905		4	
17	各季度、全年平均销售额及平均奖励总额	1131.92	1099.17	1112.25	1210.9167	4554.3	#DIV/0!		

图3-2-27　使用RANK函数统计全年总额排名

(7) 使用IF函数统计“瑞鑫家电集团年度销售业绩统计表”中的“考核结果”和“奖励总额”，如图3-2-28所示。(考核条件：“全年总额”高于平均值1000万元的，为“优秀”；“全年总额”低于平均值1000万元的，为“基本合格”；其他为“合格”)。

扫描二维码，阅读《案例3-2操作方法》

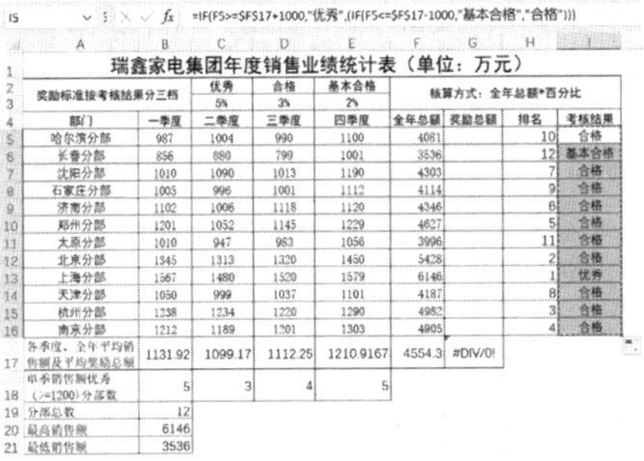

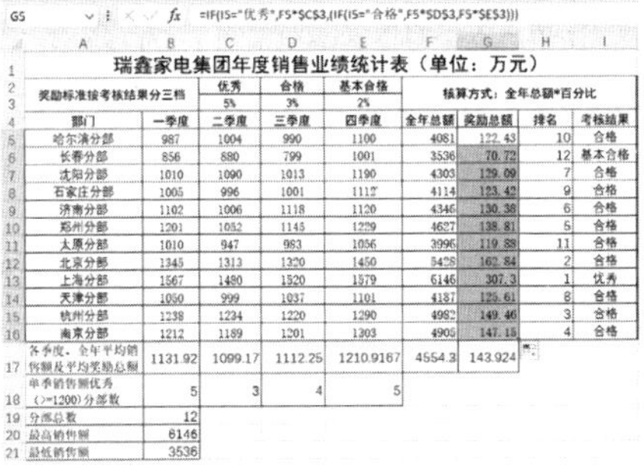

图3-2-28　使用IF函数统计考核结果和奖励总额

素质训练

使用“文心一言”“Kimi”等AI大模型，以“国之脊梁：中国院士的科学人生百年”为关键字搜索相关资料，创建一个Excel工作簿来跟踪不同科学家的研究项目进度和预算情况，使用公式和函数来计算总预算、已支出金额、剩余预算以及项目完成百分比；从中学习科学家院士秉承的“爱国、创新、求实、奉献、协同、育人”的科学家精神。

小资料

扫描二维码，阅读《Excel 程序中常用计算公式、输入与编辑数据的快捷键》

任务3.3　图表与数据透视表

引导案例：公司销售业绩数据分析

小李作为公司的市场分析专员，年底需编制一份详尽的年度销售业绩分析报告。为此，小李系统收集了公司当年的销售数据，包含销售日期、销售团队、产品类别、产品名称、销售数量及金额。为了更好地了解各产品线、各地区及各销售团队的销售业绩，小李决定用Excel的图表与数据透视表工具。通过本案例实践，小李将掌握如何运用Excel的图表与数据透视表整合信息，进行销售数据分析，从而为公司决策提供有力依据。

根据案例回答下列问题：

(1) Excel图表都有哪些类型？如何正确选择图表类型？

(2) 如何格式化图表元素？

(3) 如何合理使用迷你图？

(4) 如何使用数据透视表和数据透视图？

案例技能点分析：

(1) 创建与编辑图表。

(2) 创建并编辑迷你图。

(3) 创建与修改数据透视表和数据透视图。

相关知识

3.3.1　认识图表与数据透视表

Excel 2021内置16种标准图表类型、数十种子图表类型和多种自定义图表类型。

1. 图表的类型

1) 柱形图

柱形图是Excel的默认图表，主要用于反映一段时间内的数据变化，或显示不同项目间的数据对比。其子类型主要包括7种，分别是簇状柱形图、堆积柱形图、百分比堆积柱形图、三维簇状柱形图、三维堆积柱形图、三维百分比堆积柱形图和三维柱形图。

2) 条形图

条形图用于显示各个项目之间的对比情况。柱形图分类轴在横坐标轴上，而条形图分类轴在纵坐标轴上。条形图的子类型主要包括6种，分别是簇状条形图、堆积条形图、百分比堆积条形图、三维簇状条形图、三维堆积条形图和三维百分比堆积条形图。

3) 折线图

折线图是通过线段将各数据点连接起来的可视化图形，能够直观呈现数据的变化趋势。折线图可以显示随时间变化的连续数据，非常适合反映数据的变化趋势。其子类型主要包括7种，分别是折线图、堆积折线图、百分比堆积折线图、带数据标记的折线图、带标记的堆积折线图、带数据标记的百分比堆积折线图和三维折线图。

4) 饼图

饼图主要用于展示数据系列的组成结构，或者部分在整体中所占的比例。饼图的子类型主要包括5种，分别是饼图、三维饼图、子母饼图、复合条饼图和圆环图。

5) 面积图

面积图主要用于强调数量随时间变化而变化的程度，也可用于引起人们对总值趋势的注意。面积图的子类型主要包括6种，分别是面积图、堆积面积图、百分比堆积面积图、三维面积图、三维堆积面积图和三维百分比堆积面积图。

6) 散点图

散点图用于显示若干数据系列中各数值之间的关系。散点图两个坐标轴都显示数值。散点图的子类型主要包括7种，分别是散点图、带平滑线和数据标记的散点图、带平滑线的散点图、带直线和数据标记的散点图、带直线的散点图、气泡图和三维气泡图。

7) 雷达图

雷达图常用来比较每个数据相对于中心点的数值变化，是将多个数据的特点以蜘蛛网形式呈现出来的图表，适用于多维数据对比分析和核心指标识别。雷达图的子类型主要包括3种，分别是一般雷达图、带数据标记的雷达图和填充雷达图。

8) 股价图

股价图是将序列显示为一组带有最高价、最低价、收盘价和开盘价等标记的线条。这些值由纵轴度量标记的高度表示，类别标签显示在横轴上。股价图的子类型包括4种，分别是盘高—盘低—收盘图、开盘—盘高—盘低—收盘图、成交量—盘高—盘低—收盘图和成交量—开盘—盘高—盘低—收盘图。

9) 曲面图

曲面图显示的是连接一组数据点的三维曲面，主要用于寻找数据间的最佳组合。曲面图的子类型主要包括4种，分别是三维曲面图、三维线框曲面图、曲面图，以及曲面图(俯视框架图)。

10) 树状图

树状图通过层次化的视觉呈现，直观展示数据的组织结构，帮助用户快速把握各要素间的层次关系。树的分支表示为矩形，每个子分支显示为更小的矩形。树状图按颜色和距离显示类别，可以轻松显示其他图表类型很难显示的大量数据。

11) 旭日图

旭日图以多层环形结构直观呈现数据的层级结构与占比关系，由内向外逐级细分。

12) 直方图

直方图主要用于展示数据分布比重和分布频率。

13) 箱型图

箱型图用于表现一组数据的集中趋势、离散程度以及异常值，能够表现一组数据的最大值、最小值、中位数、四分位数。

14) 瀑布图

瀑布图是一种阶梯式数据可视化工具，通过逐层增减的柱状结构，动态展示数据从初始值到最终结果的累积变化过程，尤其擅长分解各变量对总量(如利润总额、成本构成)的正向/负向贡献度。瀑布图可以清晰地反映哪些特定信息或趋势可以影响业务底线，展示收支平衡、亏损和盈利信息。

15) 漏斗图

漏斗图是一种直观表现业务流程转化情况的分析工具，适用于业务流程比较规范、周期长、环节多的流程分析。

16) 组合图

组合图是指在一个图表中包含两种或两种以上图表类型的图表。组合图可以突出显示不同类型的数据信息，适用于数据变化大或类型多的数据。其子类型主要包括4种，分别是簇状柱形图—折线图、簇状柱形图—次坐标轴上的折线图、堆积面积图—簇状柱形图和自定义组合。

2. 图表的组成

图表的组成元素主要有图表标题、图例、坐标轴、绘图区、数据标记、网格线等，如图3-3-1所示。

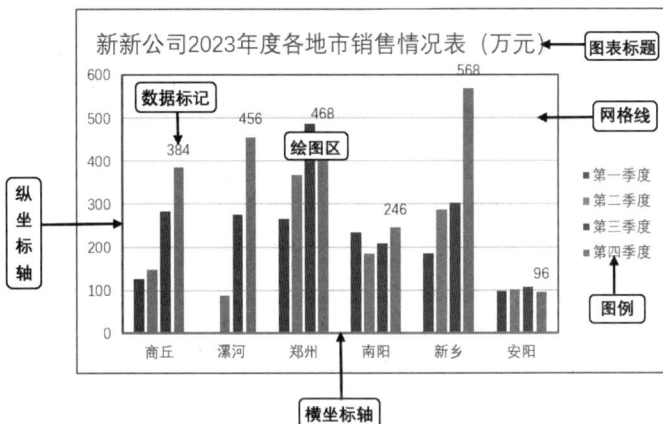

图3-3-1　图表的组成

1) 图表标题

图表标题是说明性文本，可以自动与坐标轴对齐或在图表顶部居中显示。

2) 图例

图例用于说明图表上、下、左、右或右上的各种符号和颜色所代表的内容与指标。

3) 坐标轴

图表中的坐标轴分为纵坐标轴和横坐标轴，用来定义一个图表的一组数据或一个数据系列。

4) 绘图区

绘图区是图表区域中的矩形区域，用于绘制图表序列和网格线。

3. 数据透视表

数据透视表是一种交互式报表，允许用户按照不同的需要以及不同的关系来提取、组织和分析数据，从而得到需要的分析结果。它集筛选、排序和分类汇总等功能于一身，是重要的分析性报告工具。从结构来看，数据透视表分为4个部分，如图3-3-2所示。

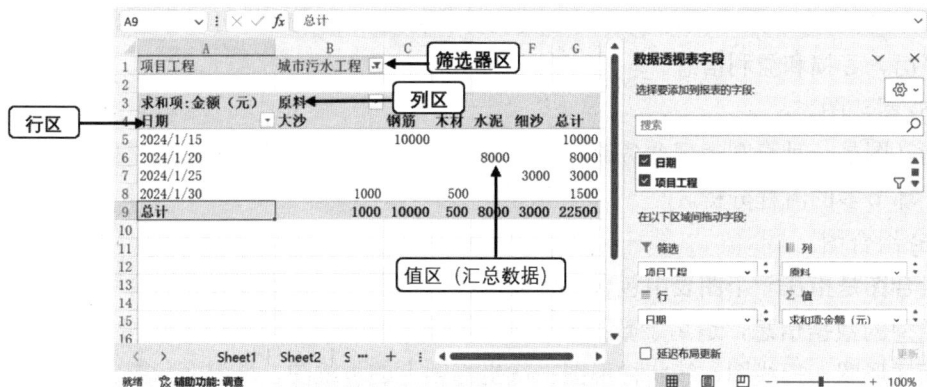

图3-3-2　数据透视表的组成

1) 行区

该区域中的字段将作为数据透视表的行标签。

2) 列区

该区域中的字段将作为数据透视表的列标签。

3) 值区(汇总数据)

该区域中的字段将作为数据透视表显示汇总的数据。

4) 筛选器区

该区域中的字段将作为数据透视表的报表筛选字段。

4. 数据透视图

数据透视图作为数据透视表的动态可视化延伸，可通过交互式界面将关联数据源的数值关系转化为图形化表达，如图3-3-3所示。使用数据透视图可以直观地分析数据的各种属性。创建数据透视图时，数据透视图中将显示数据系列、图例、数据标记和坐标轴(与标准图表相同)。对关联数据透视表中的布局和数据的更改会立即体现在数据透视图的布局和数据中。

图3-3-3　数据透视图示例

5. 数据透视图与标准图表的区别

1) 交互性不同

数据透视图支持动态调整字段布局与数据钻取维度，用户可通过拖拽、筛选等交互操作实时重构分析视角，实现多层级数据关系的可视化探查；标准图表中的每组数据只能对应生成一个图表，这些图表之间不存在交互性。

2) 源数据不同

数据透视图中的数据是基于关联数据透视表中的数据；标准图表中的数据直接链接到工作表单元格。

3) 图表元素不同

数据透视图除包含与标准图表相同的元素外，还包含字段和项，可以通过添加、旋转或删除字段和项来显示数据的不同视图；数据透视图中可以包含报表筛选字段，用于对整个图表的数据进行筛选，标准图表中通常是通过单独的筛选功能实现的，而不是作为图表的一部分。

4) 格式不同

刷新数据透视图时，将保留大多数格式(包括添加的图表元素、布局和样式)，但不能保留趋势线、数据标签、误差线，以及对数据集执行的其他更改；而在标准图表中，只要应用了这些格式，这些格式就不会丢失。

3.3.2　创建与编辑图表

1. 创建图表

【实操体验】使用"销售业绩统计表"中"部门""全年总额"两列数据创建簇状柱形图。

操作方法：打开"销售业绩统计表.xlsx"文档，选择A2:A14和F2:F14单元格区域(见图3-3-4)；单击【插入】选项卡，在【图表】组中单击【柱形图】按钮 📊 ˅，在弹出的下拉列表中选择【簇状柱形图】选项(见图3-3-5)；根据选择的数据源即可创建一个簇状柱形图，将图表标题更改为"销售业绩统计图"(见图3-3-6)。

| 文件 | 开始 | 插入 | 页面布局 | 公式 | 数据 | 审阅 | 视图 | 帮助 |

F2		˅	：× √ fx	全年总额		

	A	B	C	D	E	F
1	销售业绩统计表（单位：万元）					
2	部门	一季度	二季度	三季度	四季度	全年总额
3	哈尔滨分部	987	1004	990	1100	4081
4	长春分部	856	880	799	1001	3536
5	沈阳分部	1010	1090	1013	1190	4303
6	石家庄分部	1005	996	1001	1112	4114
7	济南分部	1102	1006	1118	1120	4346
8	郑州分部	1201	1052	1145	1229	4627
9	太原分部	1010	947	983	1056	3996
10	北京分部	1345	1313	1320	1450	5428
11	上海分部	1567	1480	1520	1579	6146
12	天津分部	1050	999	1037	1101	4187
13	杭州分部	1238	1234	1220	1290	4982
14	南京分部	1212	1189	1201	1303	4905

图3-3-4　创建图表(1)

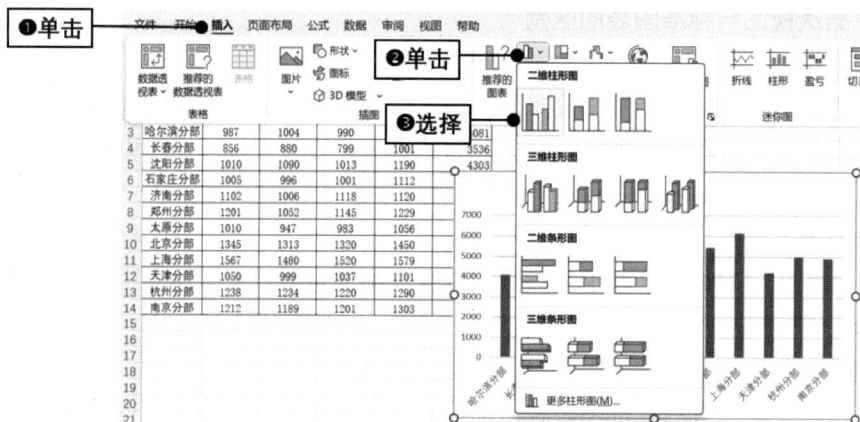

图3-3-5　创建图表(2)

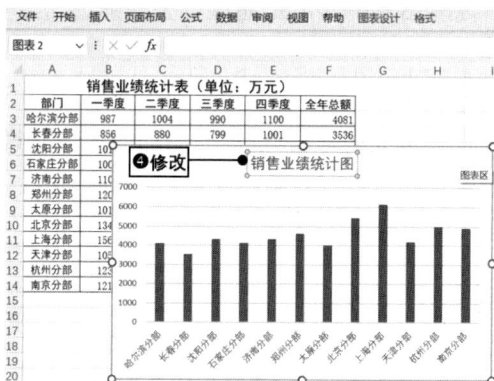

图3-3-6　创建图表(3)

2. 移动图表

【实操体验】移动"销售业绩统计图"的位置。

操作方法：将鼠标指针移动到图表上，在鼠标指针变成【四向箭头】形状时单击(见图3-3-7)；根据需要拖动鼠标指针，即可移动图表(见图3-3-8)。

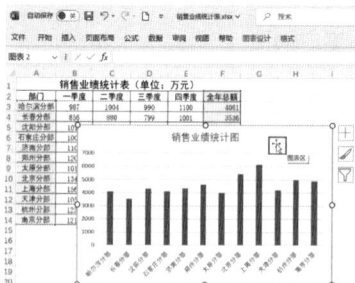

图3-3-7　移动图表(1)

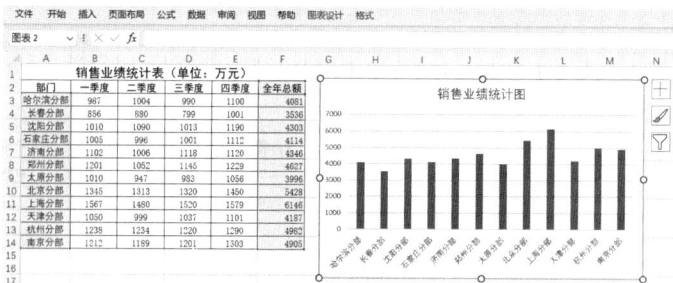

图3-3-8　移动图表(2)

3. 调整图表大小

在图表四周，分布着8个控制点，使用鼠标拖动这8个控制点中的任意一个，都可以改变图表的大小。

【实操体验】调整"销售业绩统计图"的大小。

操作方法：选择"销售业绩统计图"，将鼠标指针移动到图表右下角的控制点上，鼠标指针变成【四向箭头】↖形状(见图3-3-9)时，向图表内侧/外侧拖动鼠标，释放鼠标指针，即可缩小/放大图表。

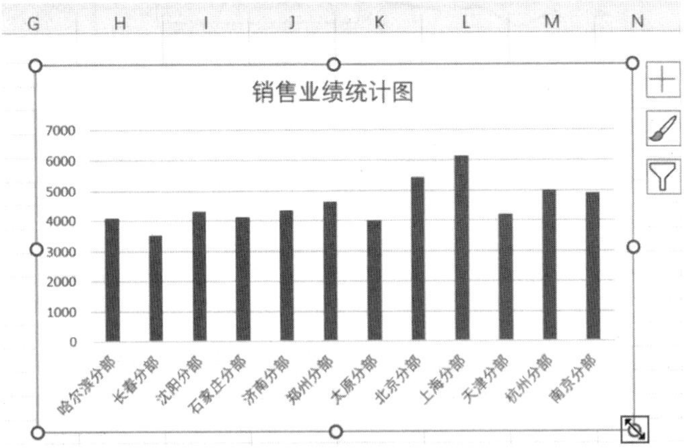

图3-3-9　调整图表大小

4. 更改图表类型

【实操体验】更改"销售业绩统计图"的类型为"折线图"。

操作方法：选择"销售业绩统计图"中的数据系列并右击，在弹出的菜单中选择【更改系列图表类型】选项(见图3-3-10)；在弹出的【更改图表类型】对话框中，选择【所有图表】选项卡中的【折线图】选项卡，单击【折线图】选项，单击【确定】按钮(见图3-3-11)。

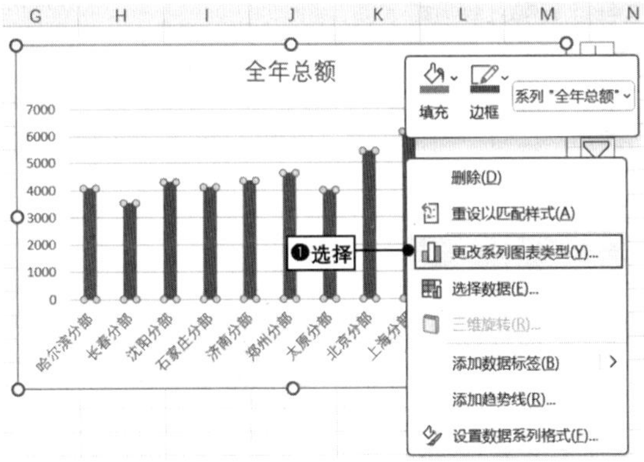

图3-3-10　更改图表类型(1)

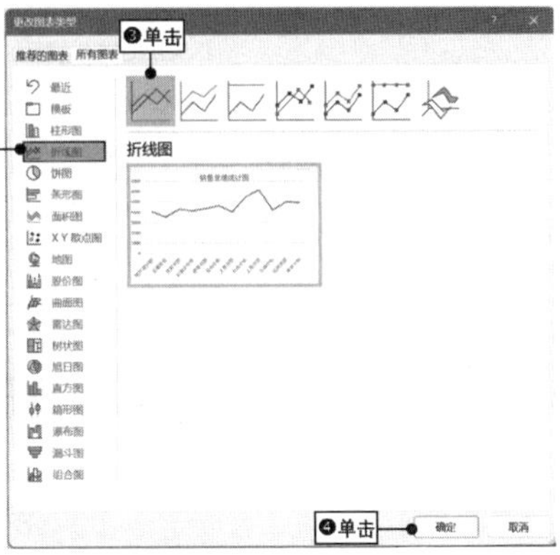

图3-3-11　更改图表类型(2)

5. 修改图表数据

【实操体验】修改"销售业绩统计图"的"源数据"。

操作方法：选择"销售业绩统计图"并在图表上右击，在弹出的菜单中选择【选择数据】选项(见图3-3-12)；在弹出的【选择数据源】对话框中，单击【图表数据区域】文本框右侧的【折叠】按钮⬆(见图3-3-13)；拖动鼠标，在"Sheet1"中选择数据区域A2:B14，单击【展开】按钮⊞(见图3-3-14)；返回【选择数据源】对话框，单击【确定】按钮(见图3-3-15)；根据选取的新源数据生成新图表，如图3-3-16所示。

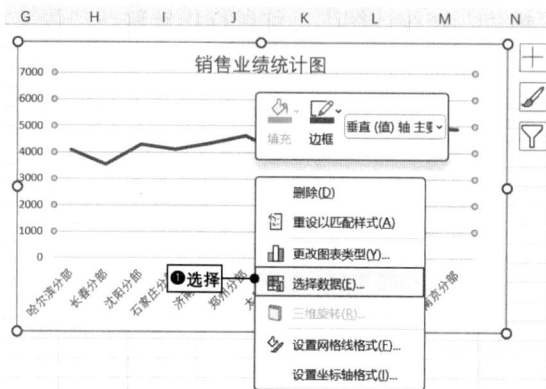

图3-3-12　修改图表数据(1)

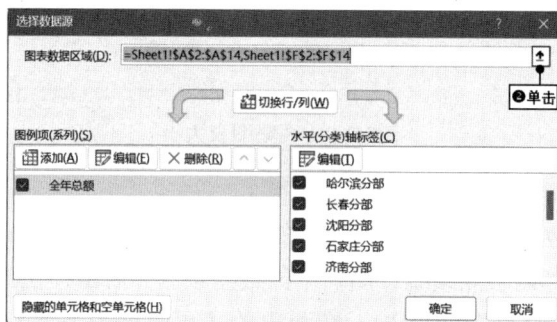

图3-3-13　修改图表数据(2)

图3-3-14　修改图表数据(3)

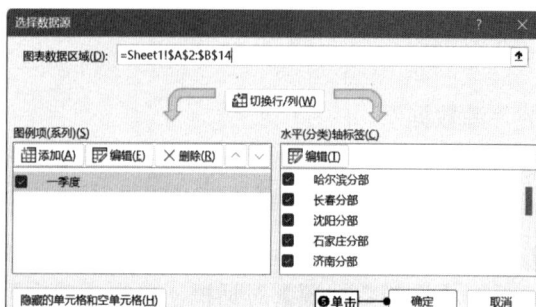

图3-3-15　修改图表数据(4)

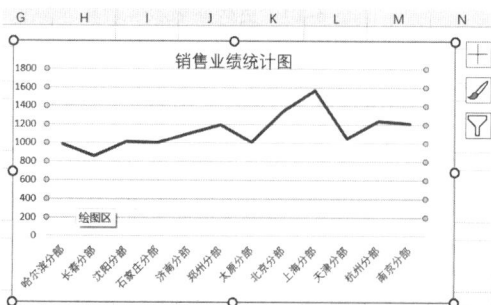

图3-3-16　修改图表数据后的新图表

off项目3 Excel电子表格应用 | 181

6. 设置图表样式

【实操体验】设置"销售业绩统计图"样式。

操作方法：选中"销售业绩统计图"，单击【图表设计】选项卡，在【图标样式】组中单击【快速样式】按钮(见图3-3-17)；在弹出的下拉列表中选择【样式2】选项，就会应用选择的图表样式(见图3-3-18)。

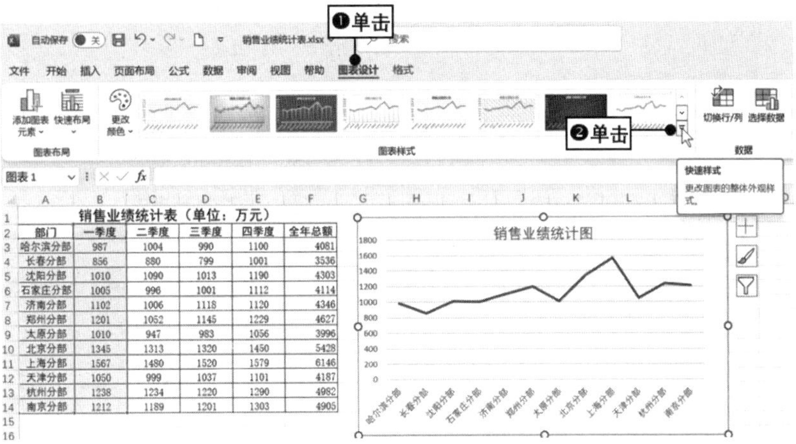

图3-3-17 设置图表样式(1)

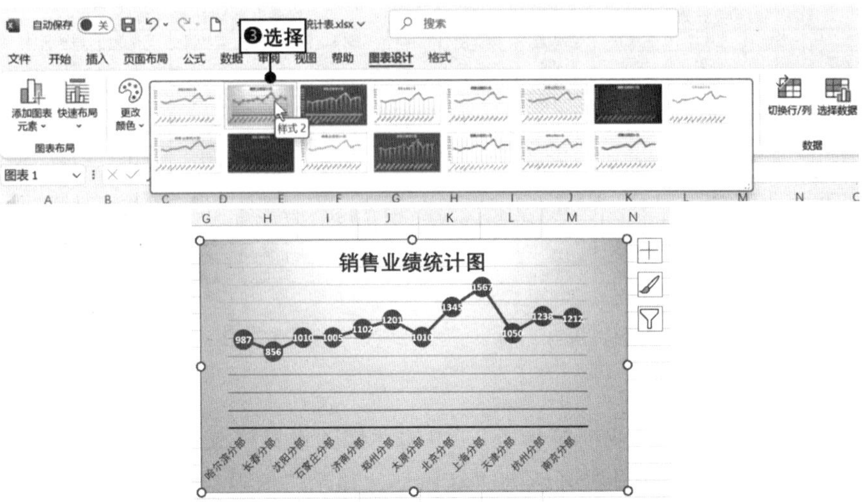

图3-3-18 设置图表样式(2)

3.3.3 迷你图的使用

Excel内置了多种迷你图，主要包括3种类型，分别是折线图、柱形图和盈亏图。使用迷你图可以直观地反映数据系列的变化趋势。创建迷你图后还可以设置迷你图的高点、低点、迷你图的颜色。

1. 创建迷你图

【实操体验】在"销售业绩统计表"中创建"折线"迷你图。

操作方法：打开"销售业绩统计表.xlsx"文档，选择"Sheet2"工作表中的F3单元格，单击【插入】选项卡，在【迷你图】组中单击【折线】按钮(见图3-3-19)；打开【创建迷你图】对话框，在【数据范围】文本框中将数据范围设置为B3:E3，单击【确定】按钮(见图3-3-20)，在F3单元格中插入一个迷你图完成(见图3-3-21)；选择F3单元格，将鼠标指针移动到单元格的右下角，鼠标指针变成"+"形状，按住鼠标左键，向下拖动指针到F14单元格，即可将迷你图填充到选择的单元格区域(见图3-3-22)。

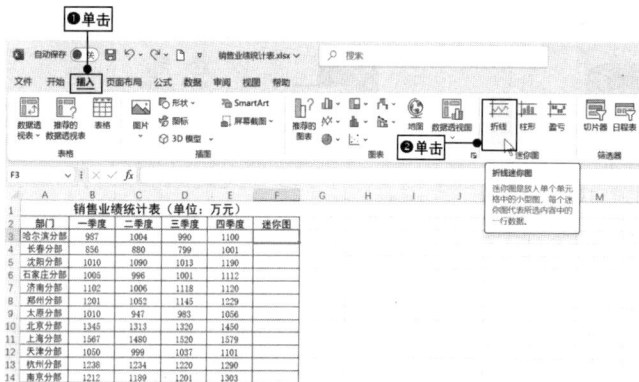

图3-3-19 创建迷你图(1)

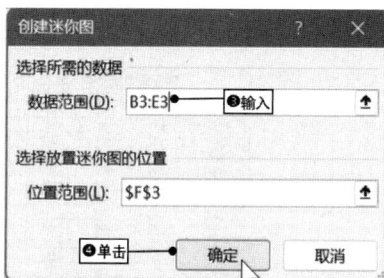

图3-3-20 创建迷你图(2)

图3-3-21 创建迷你图(3)

图3-3-22 创建迷你图(4)

2. 美化和编辑迷你图

【实操体验】为"销售业绩统计表"中的迷你图设置样式为"深绿色，迷你图样式彩色#4"，显示"高点"并设置颜色为"红色"，显示"低点"并设置颜色为"蓝色"，线条粗细为"1.5磅"。

操作方法：选择所有迷你图，选择【迷你图】选项卡，在【样式】组中单击【迷你图样式】按钮(见图3-3-23)；在弹出的样式列表中选择【深绿色，迷你图样式彩色#4】选项(见图3-3-24)；选择【迷你图】选项卡【显示】组中的【高点】和【低点】复选框，选择【迷你图】选项卡【样式】组中的【标记颜色】按钮，在弹出的下拉列表中选择【高点】→【红色】选项，以及【低点】→【蓝色】选项(见图3-3-25)，即可将高点的颜色设置为"红色"，将低点的颜色设置为"蓝色"；选择【迷你图】选项卡【样式】组中的【迷你图颜色】按钮，在弹出的下拉列表中选择【粗细】→【1.5磅】选项(见图3-3-26)，即可完成迷你图的美化，如图3-3-27所示。

图3-3-23　美化迷你图(1)

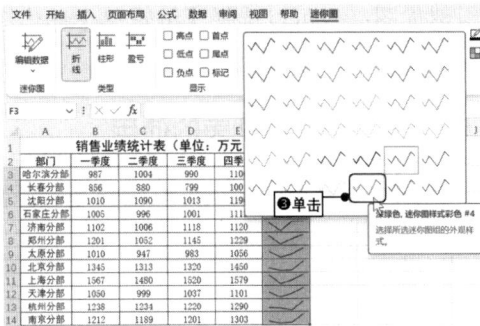

图3-3-24　美化迷你图(2)

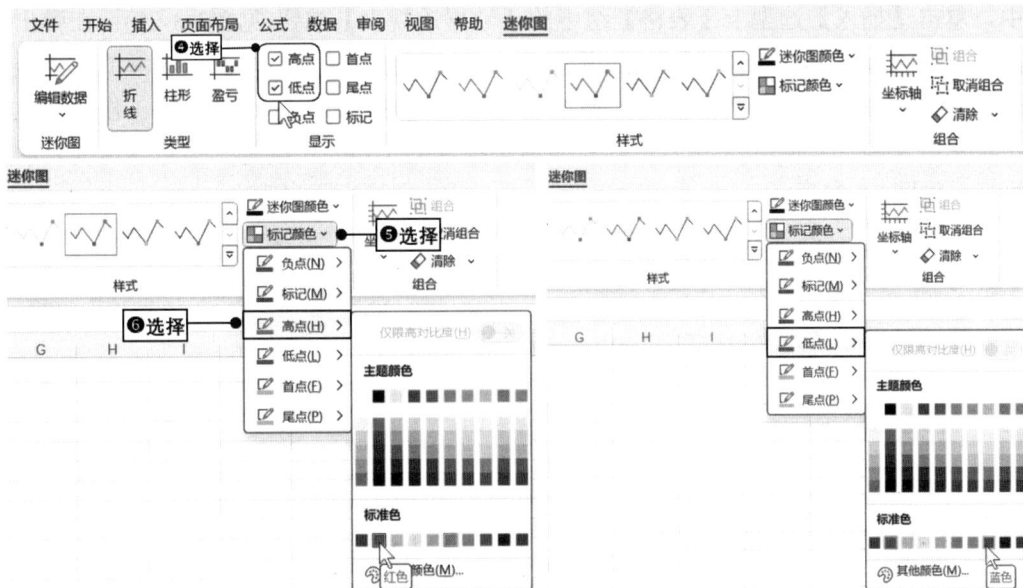

图3-3-25　美化迷你图(3)

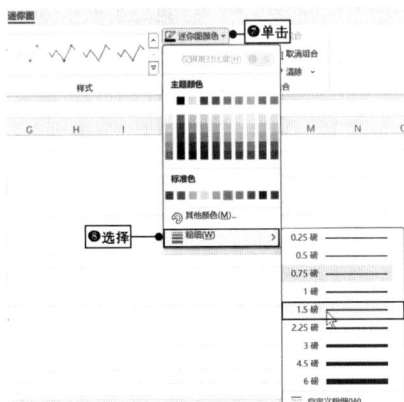

图3-3-26　美化迷你图(4)

	A	B	C	D	E	F
1	销售业绩统计表（单位：万元）					
2	部门	一季度	二季度	三季度	四季度	迷你图
3	哈尔滨分部	987	1004	990	1100	
4	长春分部	856	880	799	1001	
5	沈阳分部	1010	1090	1013	1190	
6	石家庄分部	1005	996	1001	1112	
7	济南分部	1102	1006	1118	1120	
8	郑州分部	1201	1052	1145	1229	
9	太原分部	1010	947	983	1056	
10	北京分部	1345	1313	1320	1450	
11	上海分部	1567	1480	1520	1579	
12	天津分部	1050	999	1037	1101	
13	杭州分部	1238	1234	1220	1290	
14	南京分部	1212	1189	1201	1303	

图3-3-27　美化后的迷你图

技巧提示：如果需要对迷你图进行编辑，可以将光标定位在迷你图所在的任意单元格中，单击【迷你图】组中的【编辑数据】按钮，在弹出的下拉列表中选择【编辑组位置和数据】选项，可以重新选择所需的【数据范围】和放置迷你图的【位置范围】，进而编辑整组迷你图；也可以选择【编辑单个迷你图的数据】选项，重新选择【迷你图的源数据区域】编辑单个单元格中的迷你图。

3.3.4 数据透视表的使用

Excel中的数据透视表可以根据基础源数据中的字段为大量数据记录生成汇总表。

1. 创建数据透视表

1) 插入数据透视表框架

【实操体验】为"工程原料款统计表"创建数据透视表框架。

操作方法：打开"工程原料款统计表.xlsx"文档，将光标定位在数据区域的任意单元格中，单击【插入】选型卡【表格】组中的【数据透视表】按钮(见图3-3-28)；在弹出的下拉列表中选择【表格和区域】选项(见图3-3-29)；弹出的【来自表格或区域的数据透视表】对话框中显示当前表格的数据区域"Sheet1!$A$2:$E$22"，选择【新工作表】单选按钮，单击【确定】按钮(见图3-3-30)；系统会在新的工作表中创建一个数据透视表的基本框架，如图3-3-31所示。

图3-3-28 插入数据透视表框架(1)

图3-3-29 插入数据透视表框架(2)

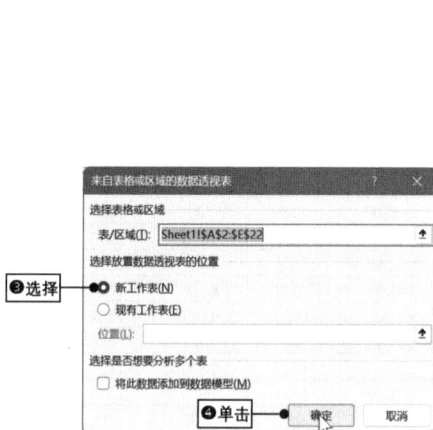

图3-3-30 插入数据透视表框架(3)

图3-3-31 插入数据透视表框架(4)

技巧提示：

【来自表格或区域的数据透视表】对话框中，【表格和区域】选项中如没有正确显示需要的数据区域可利用后面的折叠按钮重新选择；如果选择【现有工作表】单选按钮，可将数据透视表的位置设置在当前工作表中。

2) 设置数据透视表字段

【实操体验】设置"工程原料款数据透视表"字段，以"项目工程"为报表筛选，以"原料"为行标签，以"预付款(元)"和"金额(元)"为求和项。

操作方法：在右侧的【数据透视表字段】窗格中，将【项目工程】复选框拖动到【筛选】组合框中，将【原料】复选框拖动到【行】组合框中，将【预付款(元)】和【金额(元)】复选框拖动到【值】组合框中，生成数据透视表，如图3-3-32所示。

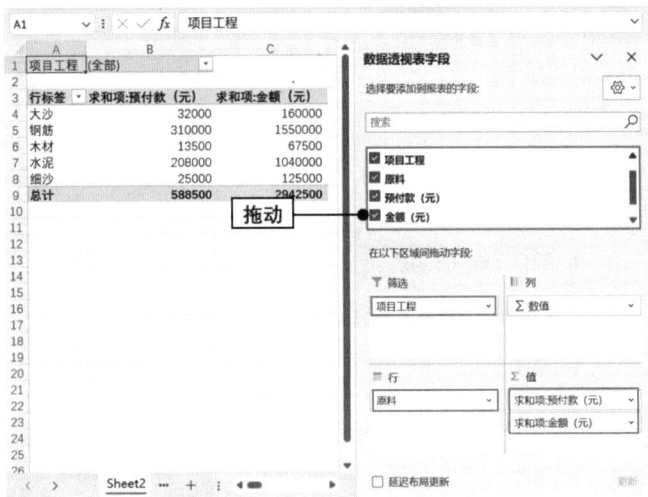

图3-3-32　设置数据透视表字段

2. 在数据透视表中查看明细数据

【实操体验】在"工程原料款数据透视表"中，查看原料为"钢筋"的"预付款(元)"求和项的明细数据，生成"详细信息1"工作表。

操作方法：在数据透视表中，双击B5单元格(见图3-3-33)，即可生成与所选单元格相关的"详细信息1"工作表(见图3-3-34)。在工作表中可以看到该求和项的详细构成。

图3-3-33　在数据透视表中查看明细数据

图3-3-34　"详细信息1"工作表

3. 在数据透视表中筛选数据

【实操体验】在"工程原料款数据透视表"中，筛选项目工程为"城市污水工程"和"文化剧院工程"的汇总数据。

操作方法：单击筛选字段所在的单元格B1右侧的下拉按钮▽，在弹出的下拉列表中选择【选择多项】复选框(见图3-3-35)；取消选择【全部】复选框，选择【城市污水工程】和【文化剧院工程】复选框，单击【确定】按钮(见图3-3-36)，即可筛选出"城市污水工程"和"文化剧院工程"项目的汇总数据,并在单元格B1的右侧出现一个筛选按钮 ▼,如图3-3-37所示。

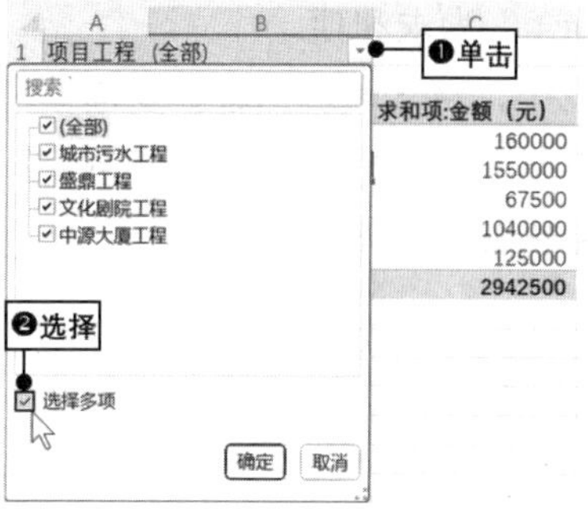

图3-3-35 在数据透视表中筛选数据(1) 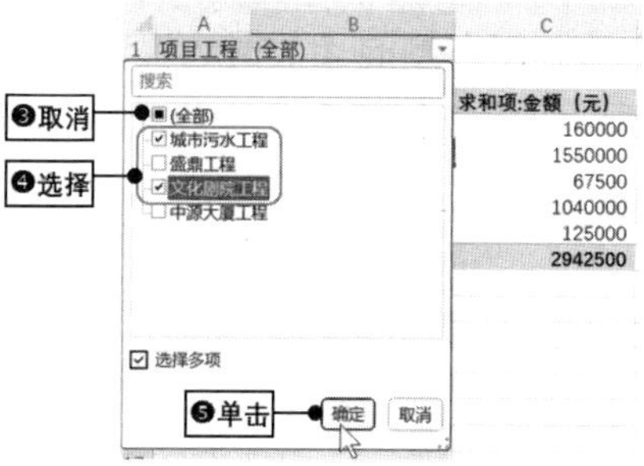　　图3-3-36 在数据透视表中筛选数据(2)

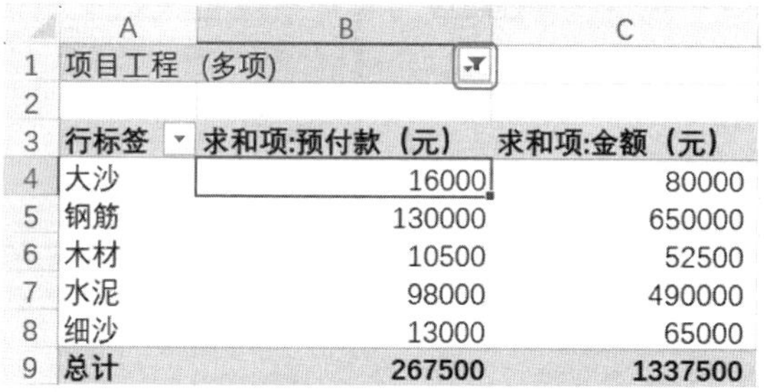

图3-3-37 筛选出的汇总数据

技巧提示:若要恢复显示全部汇总数据,单击筛选字段所在的单元格B1右侧的筛选按钮 ▼,在弹出的下拉列表中选择【全部】复选框,单击【确定】按钮即可。

4. 在数据透视表中更改值的汇总方式

数据透视表中的值汇总方式有很多种,包括求和、计数、平均值、最大值、最小值、乘积等。

【实操体验】在"工程原料款数据透视表"中,更改"预付款(元)"求和项为"最大值"。

操作方法:在数据透视表中,选择"预付款(元)"列中的单元格B8并右击,在弹出的快捷菜单中选择【值字段设置】选项(见图3-3-38);弹出【值字段设置】对话框,在【计算类型】列表框中选择【最大值】选项(见图3-3-39),单击【确定】按钮,"预付款(元)"的值汇总方式变成了"最大值"格式,如图3-3-40所示。

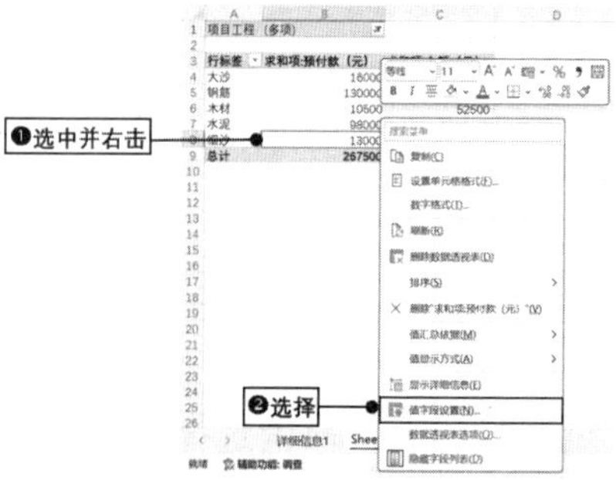

图3-3-38 在数据透视表中更改值的汇总方式(1)

图3-3-39 在数据透视表中更改
值的汇总方式(2)

图3-3-40 更改值的汇总方式后的
数据透视表

技巧提示：若要将"预付款(元)"的值汇总方式恢复为"求和项"格式，可再次打开【值字段设置】对话框，在【计算类型】列表框中选择【求和】选项，单击【确定】按钮即可。

5. 在数据透视表中更改值的显示方式

数据透视表中的值显示方式默认为"无计算"，此外还有总计的百分比、列汇总的百分比、行汇总的百分比、百分比等显示方式。

【实操体验】在"工程原料款数据透视表"中，更改"金额(元)"显示方式为"总计的百分比"。

操作方法：在数据透视表中，选择"金额(元)"列中的单元格C4并右击，在弹出的快捷菜单中选择【值显示方式】→【总计的百分比】对话框(见图3-3-41)，"金额(元)"的值显示方式就变为"总计的百分比"格式，如图3-3-42所示。

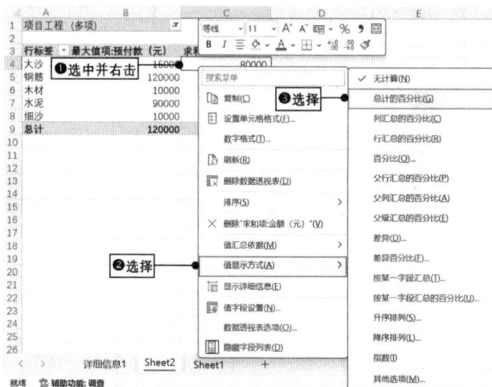

图3-3-41 在数据透视表中更改值的显示方式

图3-3-42 更改值的显示方式后的数据透视表

6. 在数据透视表中插入切片器

使用切片器功能可以更加直观、动态地展现数据。

【实操体验】在"工程原料款数据透视表"中，插入切片器，按照"项目工程"字段筛选"城市污水工程"工程原料款数据。

操作方法：选择【数据透视表分析】选项卡，在【筛选】组中单击【插入切片器】

按钮，弹出【插入切片器】对话框，在【插入切片器】对话框中选择【项目工程】复选框，单击【确定】按钮(见图3-3-43)，即可创建一个名为"项目工程"的切片器，切片器中显示了所有项目工程(见图3-3-44)；在切片器中选择项目工程"城市污水工程"，即可在数据透视表中筛选出与项目工程"城市污水工程"有关的数据信息，如图3-3-45所示。

图3-3-43　在数据透视表中插入切片器(1)　　　　图3-3-44　在数据透视表中插入切片器(2)

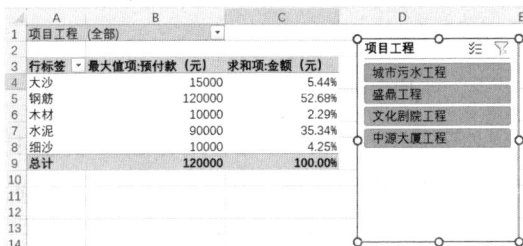

图3-3-45　在数据透视表中插入切片器(3)

技巧提示：如果要清除切片器的筛选，单击切片器右上角的【清除筛选器】按钮 ▽ 即可。

7. 在数据透视表中插入日程表

数据透视表中的日程表是专门用于时间筛选的工具，即以"年""季度""月""日"等时间单位为依据进行数据筛选。

【实操体验】在"工程原料款数据透视表"中，插入日程表，按照"项目工程"字段筛选"城市污水工程"工程原料款数据。

操作方法：选择【数据透视表分析】选项卡，在【筛选】组中单击【插入日程表】按钮，弹出【插入日程表】对话框，在【插入日程表】对话框中选择【日期】复选框，单击【确定】按钮(见图3-3-46)；单击日程表右上角的时间单位按钮，在弹出的下拉列表中选择时间单位，这里选择【日】选项(见图3-3-47)；在日程表中选择【30日】，就可将30日的数据筛选出来，如图3-3-48所示。

图3-3-46 在数据透视表中插入日程表(1)

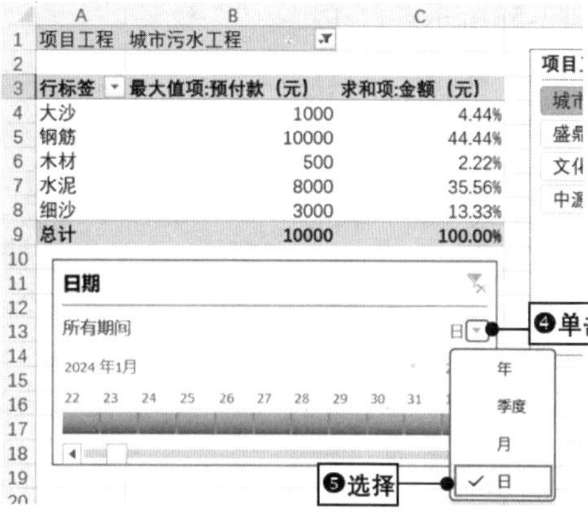

图3-3-47 在数据透视表中插入日程表(2)

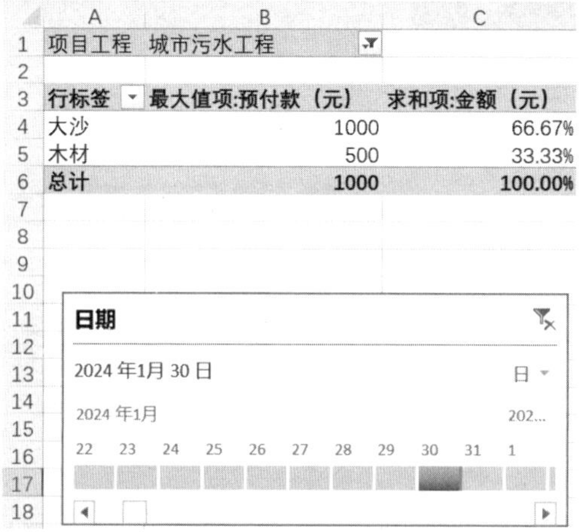

图3-3-48 在数据透视表中插入日程表(3)

技巧提示：若要清除筛选，单击日程表右上角的【清除筛选器】按钮 ▼× 即可。

3.3.5 使用数据透视图

数据透视图能够更加直观地反映数据间的对比关系，而且数据透视图具有很强的数据筛选和汇总功能。

1. 创建数据透视图

【实操体验】使用"第一季度彩电销售情况统计表"，在新工作表中，以"经销商"为分类，以"数量"和"销售额"为求和项创建数据透视图。

操作方法：打开"第一季度彩电销售情况统计表.xlsx"文档，将光标定位在数据区域的任意单元格中，选择【插入】选项卡，单击【图表】组中的【数据透视图】按钮，在弹出的下拉列表中选择【数据透视图】选项(见图3-3-49)；弹出【创建数据透视图】对话框，单击【确定】按钮(见图3-3-50)；系统会自动在新的工作表中创建数据透视表和数据透视图的基本框架(见图3-3-51)；在弹出的【数据透视图字段】窗格中，将【经销商】复选框拖动到【轴(类别) 】组合框中，将【数量】和【销售额】复选框拖到

【值】组合框中(见图3-3-52)，即可根据选择的字段生成数据透视表和数据透视图，如图3-3-53所示。

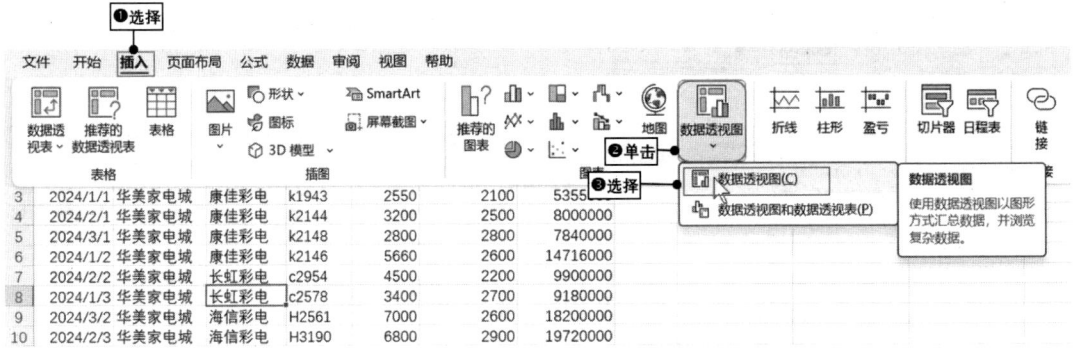

图3-3-49　创建数据透视图(1)

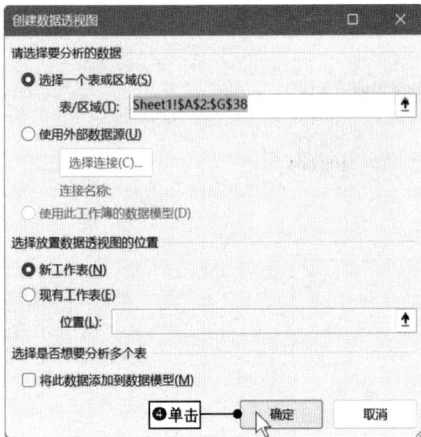

图3-3-50　创建数据透视图(2)

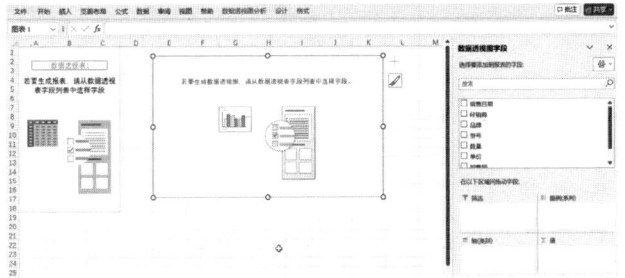

图3-3-51　创建数据透视图(3)

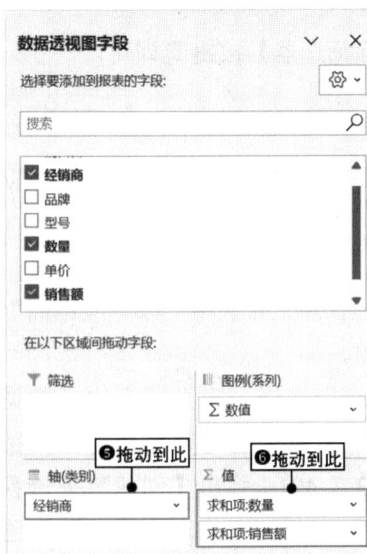

图3-3-52　创建数据透视图(4)

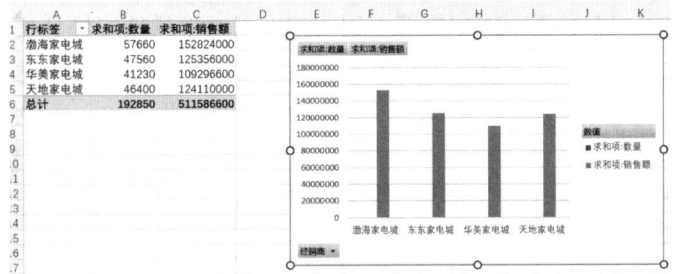

图3-3-53　创建数据透视图(5)

2. 创建并修改双轴数据透视图

如果图表中有两个数据系列，可以创建双轴数据透视图，以更加清晰地展现数据。

1) 创建双轴数据透视图

【实操体验】将"第一季度彩电销售情况数据透视图"设置为双轴数据透视图，其中"求和项：数量"设置为具有"平滑线"的"折线图"，显示"次坐标轴"，生成"簇状柱形图"+"折线图"式的双轴数据透视图。

操作方法：选择任意一个图表系列，这里选择系列【求和项：销售额】并右击，在弹出的快捷菜单中选择【更改系列图表类型】选项(见图3-3-54)；弹出【更改图表类型】对话框，在【求和项：数量】下拉列表框中选择【折线图】选项，单击【确定】按钮(见图3-3-55)；完成以上操作后，图表系列【求和项：数量】变成了"折线"，之后选择"折线"并右击，在弹出的快捷菜单中单击【设置数据系列格式】选项(见图3-3-56)；在工作表右侧弹出【设置数据系列格式】窗格，单击【次坐标轴】单选按钮，将次坐标轴添加到图表中(见图3-3-57)；在【设置数据系列格式】窗格中，单击【填充与线条】按钮，选择【平滑线】复选框，此时折线图变得非常平滑，双轴数据透视图设置完成，如图3-3-58所示。

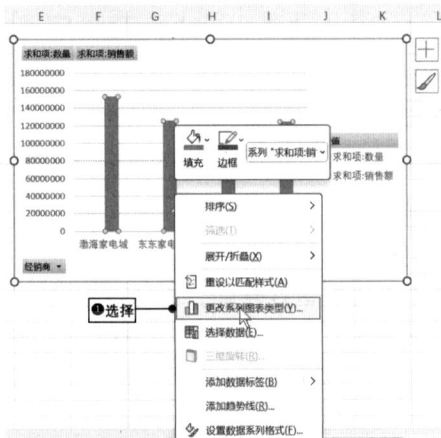

图3-3-54 创建双轴数据透视图(1)

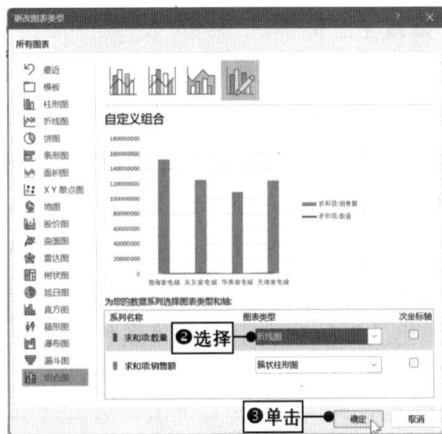

图3-3-55 创建双轴数据透视图(2)

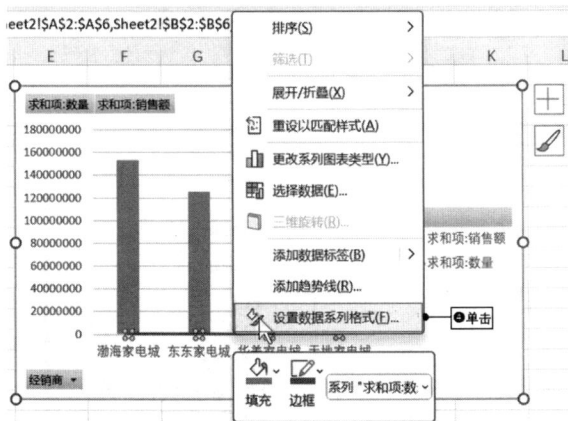

图3-3-56 创建双轴数据透视图(3)

图3-3-57 创建双轴数据透视图(4)

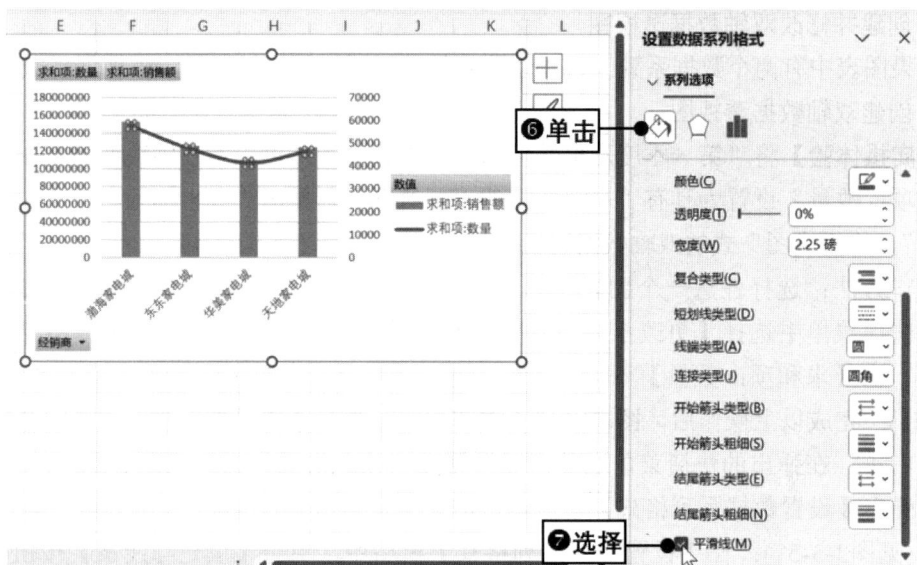

图3-3-58 创建双轴数据透视图(5)

2) 修改双轴数据透视图

(1) 修改主坐标轴。

【实操体验】将"第一季度彩电销售情况双轴数据透视图"中主坐标轴设置为"主刻度线类型"→"外部",线条为"实线",线条颜色为"黑色,文字1"。

操作方法:选择数据透视图主坐标轴并右击,在弹出的快捷菜单中选择【设置坐标轴格式】选项,工作表右侧弹出【设置坐标轴格式】窗格,在【刻度线】组中的【主刻度线类型】下拉列表中选择【外部】选项(见图3-3-59);在【设置坐标轴格式】窗格中,选择【填充与线条】按钮 ,在【线条】组中选择【实线】单选按钮,单击【轮廓颜色】按钮,在弹出的下拉列表中选择"黑色,文字1"(见图3-3-60)。完成以上操作后,即可看到主坐标轴设置完成的效果,如图3-3-61所示。

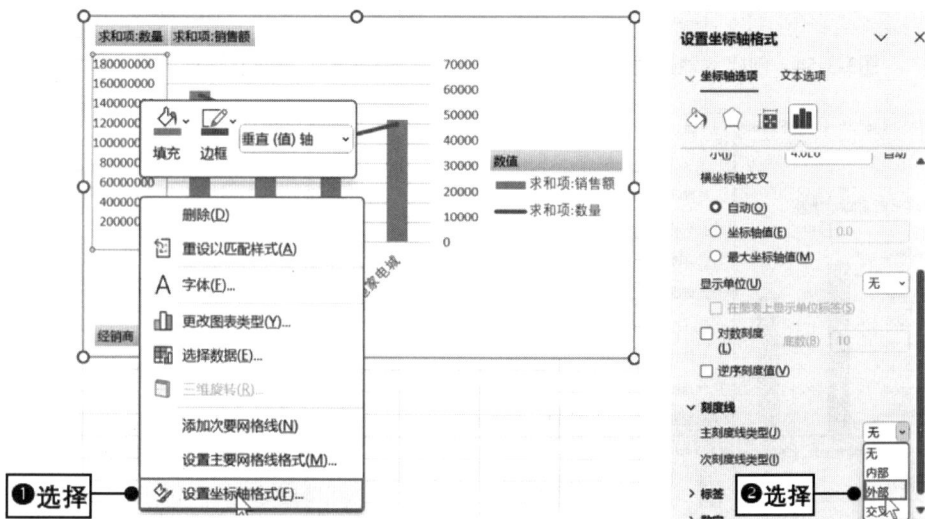

图3-3-59 修改主坐标轴(1)

图3-3-60　修改主坐标轴(2)

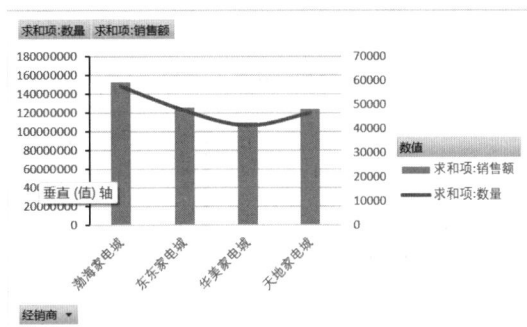

图3-3-61　修改主坐标轴后的数据透视图

(2) 修改次坐标轴。

【实操体验】将"第一季度彩电销售情况双轴数据透视图"中次坐标轴设置为"单位"→"小"→"5000"，"次刻度线类型"为"外部"，线条为"实线"，线条颜色为"蓝色，个性色1"。

操作方法：选择数据透视图次坐标轴并右击，在弹出的快捷菜单中选择【设置坐标轴格式】选项(见图3-3-62)；工作表右侧弹出【设置坐标轴格式】窗格，在【坐标轴选项】组中的【单位】组中，将【小】的数值设置为"5000.0"(见图3-3-63)；在【刻度线】组中的【次刻度线类型】下拉列表中选择【外部】选项(见图3-3-64)；在【设置坐标轴格式】窗格中，单击【填充与线条】按钮，在【线条】组中单击【实线】按钮，单击【轮廓颜色】按钮，在弹出的下拉列表中选择"蓝色，个性色1"(见图3-3-65)；完成以上操作后，即可看到次坐标轴设置完成的效果，如图3-3-66所示。

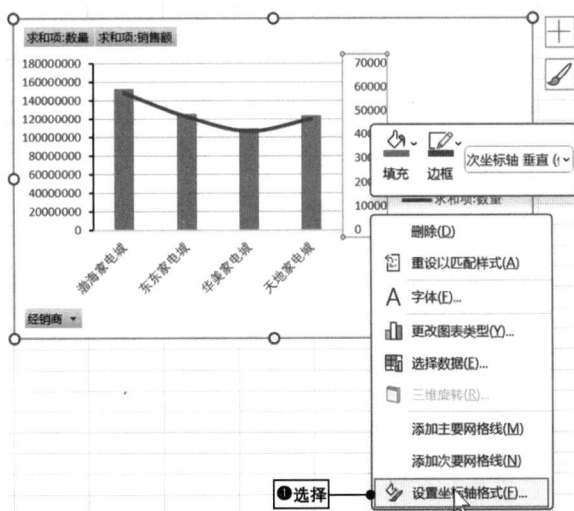

图3-3-62　修改次坐标轴(1)

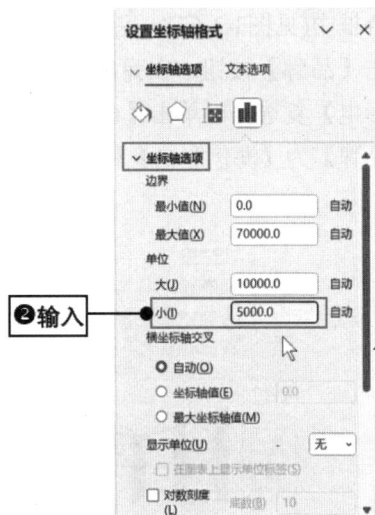

图3-3-63　修改次坐标轴(2)

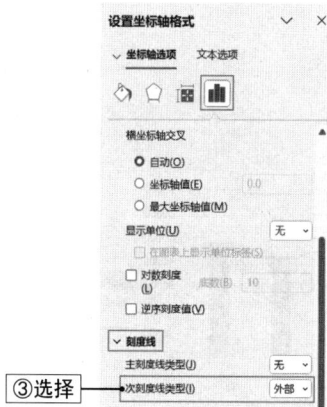

图3-3-64 修改次坐标轴(3)

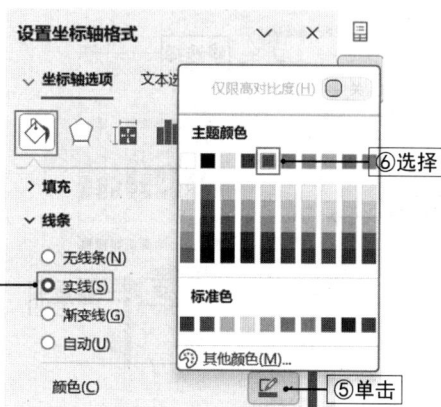

图3-3-65 修改次坐标轴(4)

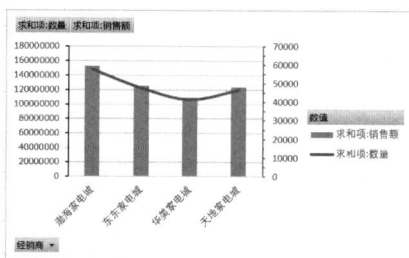

图3-3-66 修改次坐标轴后的数据透视图(5)

3) 筛选双轴数据透视图中的数据

【实操体验】在"第一季度彩电销售情况双轴数据透视图"中，添加"品牌"为报表筛选字段，并在透视图中筛选出"海信彩电"和"康佳彩电"的销售数据。

操作方法：选择数据透视图后选择【数据透视图分析】选项卡，在【显示/隐藏】组中单击【字段列表】按钮，弹出【数据透视图字段】窗格，将【品牌】复选框拖到【筛选】组合框中(见图3-3-67)；完成以上操作后，图标左上方出现一个名为【品牌】的筛选按钮，单击【品牌】按钮，在弹出的列表中选择【选择多项】复选框，选择【海信彩电】和【康佳彩电】复选框，单击【确定】按钮(见图3-3-68)；完成以上操作后，即可在图表中筛选出【品牌】为【海信彩电】和【康佳彩电】两种产品的销售情况，如图3-3-69所示。

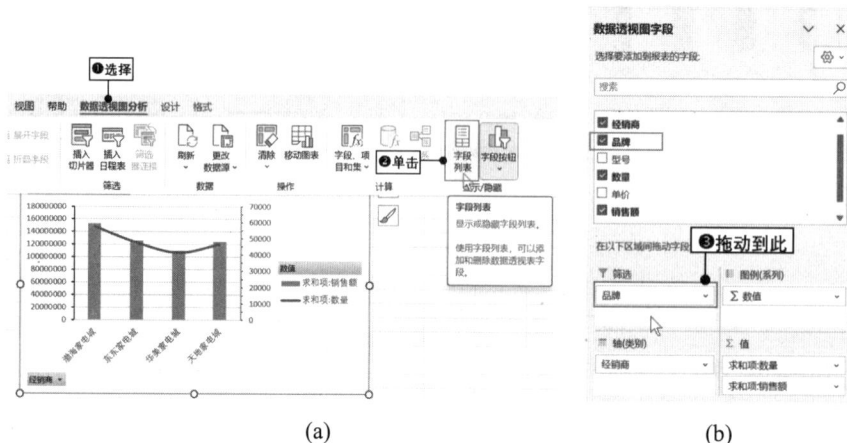

(a)

(b)

图3-3-67 筛选双轴数据透视图中的数据(1)

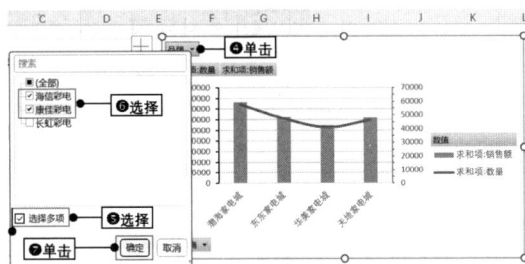

图3-3-68 筛选双轴数据透视图中的数据(2)

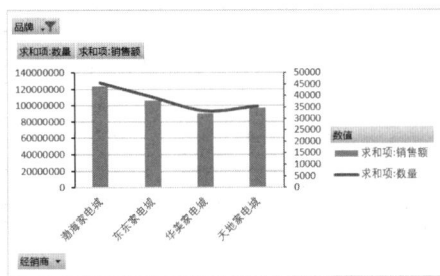

图3-3-69 筛选双轴数据后的数据透视图(3)

4) 按"日期"分析数据透视图中的数据

【实操体验】在"第一季度彩电销售情况双轴数据透视图"中，以"销售日期"为轴(类别)、"品牌"为图例、"销售额"为均值项，在透视图中筛选出"海信彩电"和"康佳彩电"的销售数据。

操作方法：打开【数据透视图字段】窗格，将【销售日期】复选框拖到【轴(类别)】组合框中，【轴(类别)】组合框中自动出现一个"月"字段；将【品牌】复选框拖到【图例(系列)】组合框中，其他字段删除(见图3-3-70)，完成以上操作后，即可根据所选字段生成更新后的数据透视表和透视图，并按照月份显示【海信彩电】和【康佳彩电】；打开【数据透视图字段】窗格，选择【值】组合框中的【求和项：销售额】选项，在弹出的列表中选择【值字段设置】选项，弹出【值字段设置】对话框，在【值汇总方式】选项卡【计算类型】列表框中选择【平均值】选项，单击【确定】按钮(见图3-3-71)；完成以上操作后，数据透视表和数据透视图中均显示平均值销售数据(见图3-3-72)；在数据透视图中，单击图例中【品牌】按钮，在弹出的下拉列表中选择【全选】复选框，单击【确定】按钮，即可选择全部品牌产品(见图3-3-73)；完成以上操作后，全部品牌产品各月份平均销售额就显示在透视图中，如图3-3-74所示。

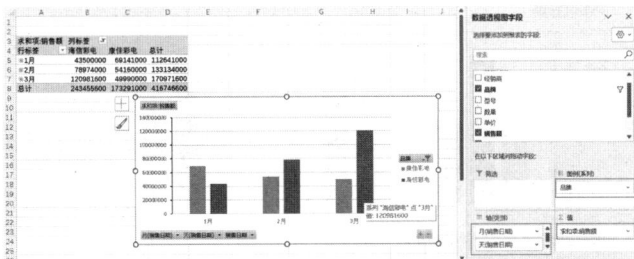

图3-3-70 按"日期"分析数据透视图中的数据(1)

图3-3-71　按"日期"分析数据透视图中的数据(2)

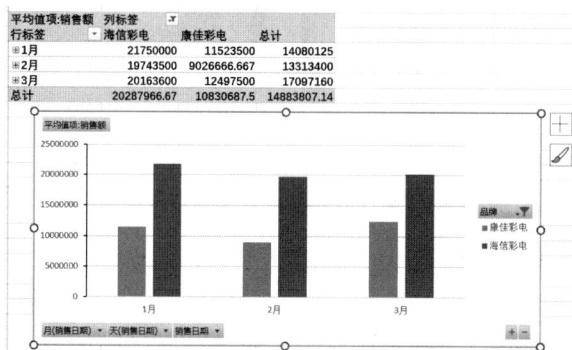

图3-3-72　按"日期"分析数据透视图中的数据(3)

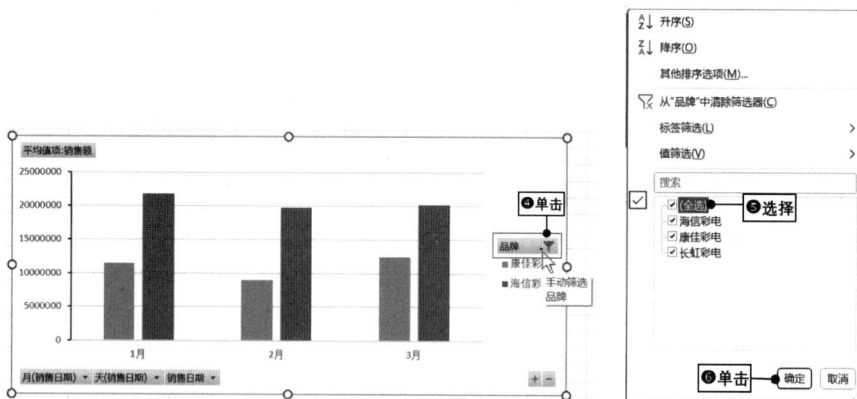

图3-3-73　按"日期"分析数据透视图中的数据(4)

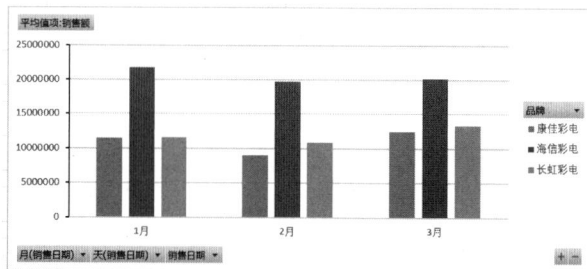

图3-3-74　按"日期"分析的数据透视图(5)

⚙ 实训

知识训练

(1) 如何创建与编辑图表?

(2) 如何使用迷你图展示数据?

(3) 简述创建与编辑数据透视表的操作方法。

(4) 简述创建与编辑数据透视图的操作方法。

能力训练

【案例3-3】打开"晟达公司员工工资表.xlsx"工作簿文件,按照操作要求,创建并修改图表。

操作要求:

(1) 创建图表:使用"晟达公司员工工资表"中"姓名"和"基本工资"两列数据创建簇状柱形图,图表标题为"晟达公司员工工资一览表",效果参照图3-3-75。

(2) 移动图表:将"晟达公司员工工资一览表"移动到"Sheet2"工作表中,效果参照图3-3-76。

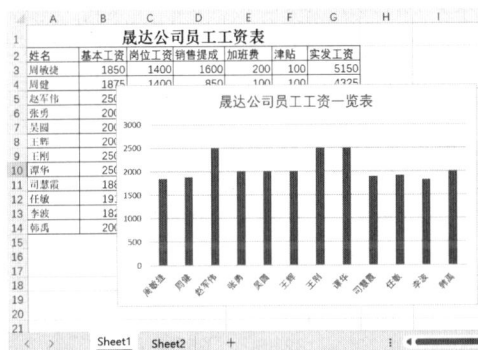

图3-3-75 创建图表

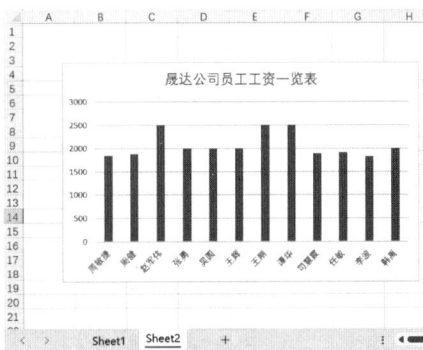

图3-3-76 移动图表

(3) 更改图表类型:更改"晟达公司员工工资一览表"的类型为"折线图",效果参照图3-3-77。

(4) 修改图表数据:修改"晟达公司员工工资一览表"的"源数据"为"姓名"和"实发工资"两列,效果参照图3-3-78。

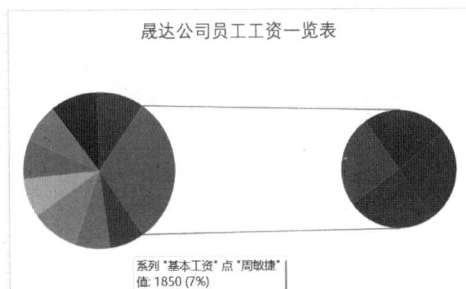

图3-3-77 更改图表类型

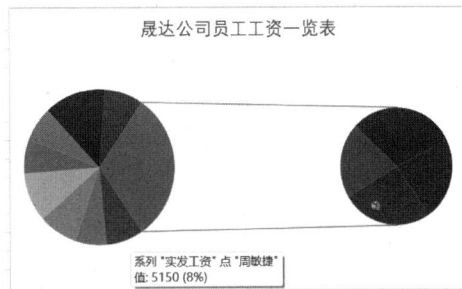

图3-3-78 修改图表数据

(5) 设置图表样式：设置"销售业绩统计图"样式为【样式5】，效果参照图3-3-79。

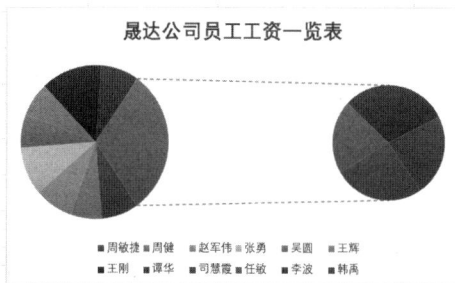

图3-3-79　设置图表样式

扫描二维码，阅读《案例3-3操作方法》

【案例3-4】打开"经济指标统计数据.xlsx"工作簿文件，按照操作要求，创建并美化迷你图。

操作要求：

(1) 创建迷你图：在"2022年A城市主要经济指标快报"中创建"折线"迷你图，效果参照图3-3-80。

(2) 美化迷你图：为"2022年A城市主要经济指标快报"中的迷你图设置样式为"蓝色，迷你图样式着色5，深色50%"，显示"高点"并设置颜色为"深红色"，显示"低点"并设置颜色为"绿色，个性色6，深色25%"，线条粗细为"1.5磅"，效果参照图3-3-81。

扫描二维码，阅读《案例3-4操作方法》

	A	B	C	D	E	F	G
1							
2		2022年A城市主要经济指标快报					
3		项目	第一季度	第二季度	第三季度	第四季度	迷你图
4		轻工业	12.85	15.75	17.58	18.23	
5		国有企业	16.75	18.5	19.86	20.13	
6		重工业	43	50.12	52.25	54.36	
7		集体企业	3	3.5	3.83	3.95	
8		股份制经济	13.89	20.05	20.3	21.63	
9		外国及我国港澳台经济	21.75	28.73	32.56	35.68	
10		其他经济类型	0.8	0.8	0.96	1.02	
11		国有控股企业	40.5	42.25	43.29	49.5	

图3-3-80　创建迷你图

	A	B	C	D	E	F	G
1							
2		2022年A城市主要经济指标快报					
3		项目	第一季度	第二季度	第三季度	第四季度	迷你图
4		轻工业	12.85	15.75	17.58	18.23	
5		国有企业	16.75	18.5	19.86	20.13	
6		重工业	43	50.12	52.25	54.36	
7		集体企业	3	3.5	3.83	3.95	
8		股份制经济	13.89	20.05	20.3	21.63	
9		外国及我国港澳台经济	21.75	28.73	32.56	35.68	
10		其他经济类型	0.8	0.8	0.96	1.02	
11		国有控股企业	40.5	42.25	43.29	49.5	

图3-3-81　美化迷你图

【案例3-5】打开"超市销售数据统计表.xlsx"工作簿文件,按照操作要求,创建并使用数据透视表进行销售数据分析。

操作要求:

(1) 插入数据透视表框架:从"Sheet2"工作表的A1单元格起为"超市销售数据统计表"创建数据透视表框架,效果参照图3-3-82。

(2) 设置数据透视表字段:以"月份"为报表筛选,"类别"为行标签,"销售区间"为列标签,"销售额"为求和项,效果参照图3-3-83。

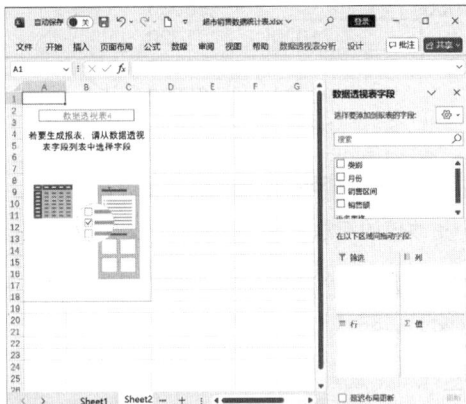

图3-3-82 插入数据透视表框架

图3-3-83 设置数据透视表字段

(3) 在数据透视表中查看明细数据:在"超市销售数据透视表"中,查看"食用品区"中"食品类"的"销售额"求和项的明细数据,生成"详细信息1"工作表,效果参照图3-3-84。

图3-3-84 在数据透视表中查看明细数据

(4) 在数据透视表中筛选数据:在"超市销售数据透视表"中,筛选月份为"一月"和"三月"的汇总数据,效果参照图3-3-85。

图3-3-85 在数据透视表中筛选数据

(5) 在数据透视表中更改值的汇总方式：在"超市销售数据透视表"中，更改"销售额"求和项为"均值项"，效果参照图3-3-86。

	A	B	C	D	E
1	月份	(多项)			
2					
3	平均值项:销售额	列标签			
4	行标签	服装区	日用品区	食用品区	总计
5	服装、鞋帽类	77565			77565
6	化妆品类		81925		81925
7	日用品类		53000		53000
8	食品类			71020	71020
9	体育器材		46800		46800
10	烟酒类			90730	90730
11	饮料类			54735	54735
12	针纺织品类	81700			81700
13	总计	79632.5	60575	72161.66667	69684.375

图3-3-86　在数据透视表中更改值的汇总方式

(6) 在数据透视表中插入切片器：在"超市销售数据透视表"中，插入切片器，按照"月份"字段筛选"一月"销售数据，效果参照图3-3-87。

	A	B	C	D	E	F	G	H	I
1	月份	一月					月份		
2									
3	平均值项:销售额	列标签					一月		
4	行标签	服装区	日用品区	食用品区	总计		二月		
5	服装、鞋帽类	90730			90730		三月		
6	化妆品类		75600		75600				
7	日用品类		61600		61600				
8	食品类			71000	71000				
9	体育器材		50200		50200				
10	烟酒类			90610	90610				
11	饮料类			68700	68700				
12	针纺织品类	84300			84300				
13	总计	87515	62466.66667	76770	74092.5				
14									
15									

图3-3-87　在数据透视表中插入切片器

扫描二维码，阅读《案例3-5操作方法》

【案例3-6】打开"电器销售情况表.xlsx"工作簿文件，按照操作要求，创建并使用数据透视图进行电器销售数据分析。

操作要求：

(1) 创建数据透视图：使用"电器销售情况表"，在新工作表中，以"销售区域"为分类，"销售数量"和"销售额"为求和项，创建数据透视图，效果参照图3-3-88。

(2) 创建双轴数据透视图：将"电器销售情况数据透视图"中"求和项：销售数量"设置为具有"平滑线"的"折线图"，显示"次坐标轴"，为"簇状柱形图"+"折线图"式的双轴数据透视图，效果参照图3-3-89。

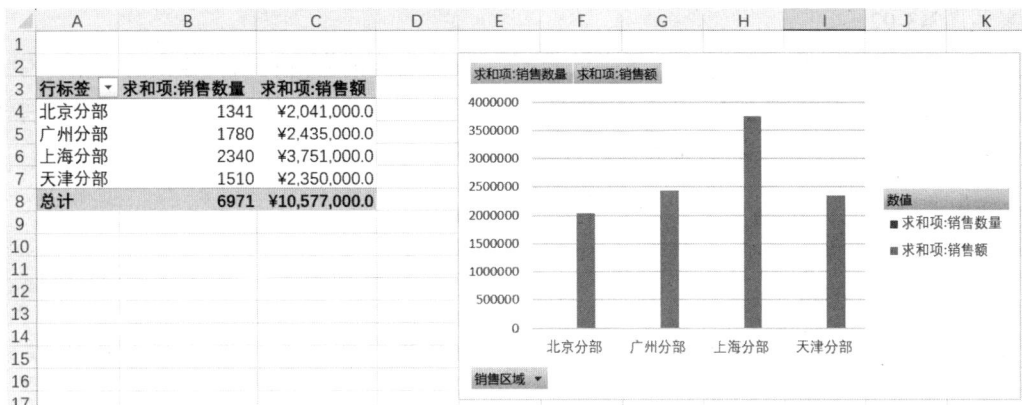

图3-3-88　创建数据透视图

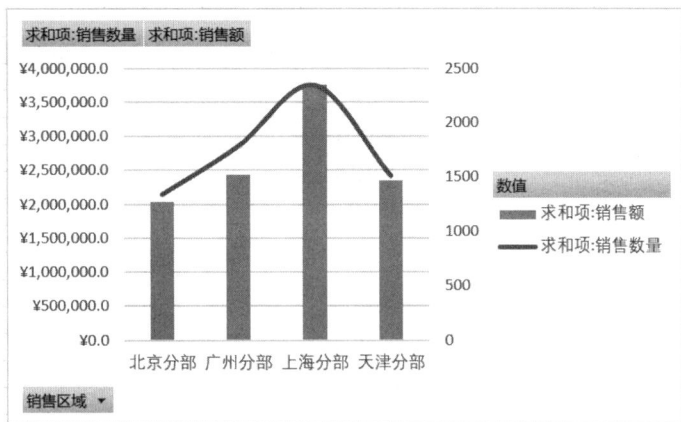

图3-3-89　创建双轴数据透视图

(3) 修改主坐标轴：将"电器销售情况双轴数据透视图"中主坐标轴设置为"主刻度线类型"→"外部"，线条为"实线"，线条颜色为"紫色"，效果参照图3-3-90。

(4) 修改次坐标轴：将"电器销售情况双轴数据透视图"中次坐标轴设置为"单位"→"小"→"250"，"次刻度线类型"为"外部"，线条为"实线"，线条颜色为"绿色"，效果参照图3-3-91。

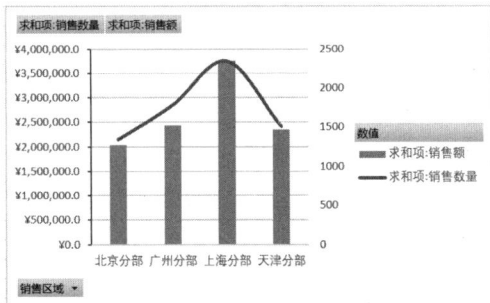

图3-3-90　修改主坐标轴

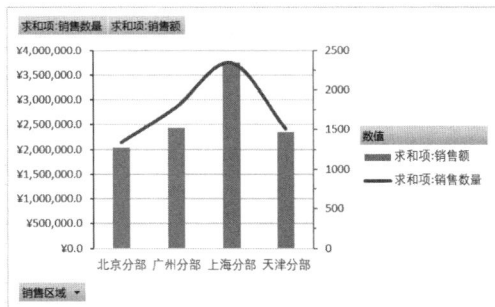

图3-3-91　修改次坐标轴

(5) 筛选双轴数据透视图中的数据：在"电器销售情况双轴数据透视图"中，添加

"产品名称"为报表筛选字段，并在透视图中筛选出"冰箱"和"空调"的销售数据，效果参照图3-3-92。

(6) 按"日期"分析数据透视图中的数据：在"电器销售情况双轴数据透视图"中，以"销售日期"为轴(类别)、"产品名称"为图例、"销售额"为均值项，在透视图中筛选出"冰箱"和"空调"的销售数据，效果参照图3-3-93。

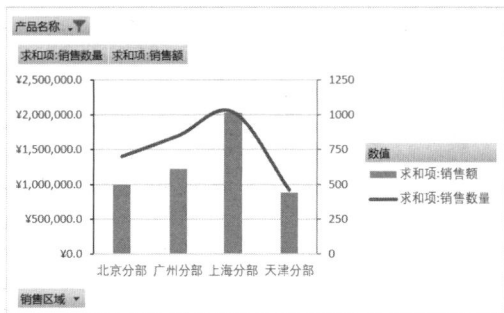

图3-3-92　筛选双轴数据透视图中的数据

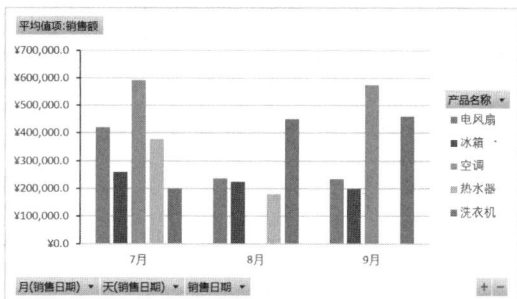

图3-3-93　按"日期"分析数据透视图中的数据

扫描二维码，阅读《案例3-6操作方法》

素质训练

大学生进行课外锻炼不仅有助于身体健康，还能促进心理、社交、认知、自我管理等多个层面的提升，为未来的学习和职业生涯打下坚实的基础。

请你为所在班级以学号、姓名、性别、年龄、锻炼项目、开始日期、结束日期、锻炼时长(小时)为表头，设计一个"班级课外锻炼进度跟踪表"。在美化表格的基础上，使用数据透视表，利用"锻炼项目"来查看不同项目的锻炼数据；使用"性别"来对比不同性别的锻炼数据，选择"锻炼时长(小时)"来计算总锻炼时长；使用图表，如柱状图、饼图、折线图等，显示每个锻炼项目的男女生锻炼时长对比，以及每个项目的总时长。

小资料

扫描二维码，阅读《Excel程序中常用创建图表和选择图表元素的快捷键汇总》

任务3.4 数据分析与管理

引导案例：公司库存管理数据分析

小赵是公司的库存数据分析师，每到季度末都要对库存情况进行复盘，为优化管理策略提供数据支持。他梳理了本季度的全维度库存数据，涵盖入库时间、仓储位置、产品分类、具体品名、实时数量和资金占用额。为探究不同品类、仓储位置与库存波动对销售表现的影响，小赵准备运用Excel的排序、筛选、合并计算、分类汇总等功能进行数据管理与分析。

根据案例回答下列问题：

(1) Excel数据分析处理功能主要包括哪些？

(2) 什么是排序功能？都有哪种类型的排序？

(3) 如何使用筛选功能？都有哪种类型的筛选？

(4) 使用分类汇总功能时需要注意什么？

(5) 常用的条件格式设置有哪些？

案例技能点分析：

(1) 对表格中的数据进行排序。

(2) 根据需求完成表格数据的筛选。

(3) 按照分类字段进行分类汇总。

(4) 设置指定数据区域的条件格式。

相关知识

3.4.1 认识数据分析工具

在Excel中使用排序、筛选、分类汇总和条件格式等功能，可以对大量数据进行统计和分析，提取有用信息和结论。

1. 排序

对数据进行合理的排序可以让数据显得更加直观。在Excel中，数据的排序规则主要有6种，分别是按列排序、按行排序、按字母排序、按笔划排序、按数字排序、按自定义序列排序。Excel中的默认排序规则是按列排序。

2. 数据筛选

对数据进行筛选可以在大量数据中筛选出所需内容。在Excel中，数据筛选主要有4种，分别是自动筛选、单个条件筛选、多条件筛选、数字筛选。

3. 分类汇总

对数据进行分类汇总，可以通过表中某列数据字段对数据进行分类汇总得到直观的汇总结果。执行分类汇总需要注意以下4点。

1) 汇总前先排序

创建分类汇总之前，需要按照设置汇总条件的字段对工作表中的数据进行排序。没有排序，就无法得到正确的分类汇总结果。

2) 一步生成汇总表

对表格按照分类汇总字段做好排序后，就可以执行【分类汇总】命令，设置分类汇总选项，一步生成汇总表。

3) 选择汇总级别

在Excel中，分类汇总表显示全部的3级汇总结果。可根据需要，设置显示不同级别汇总结果。

4) 汇总后还原

根据某个字段进行分类汇总后，可以取消分类汇总结果，还原到汇总前的状态。

3.4.2 表格数据的排序

1. 简单排序

【实操体验】在"库存产品情况表"中，以"仓库位置"字段为关键字进行"升序"排序。

操作方法1：打开"库存产品情况表.xlsx"文档，选择"仓库位置"列中的任意一个单元格，选择【数据】选项卡，在【排序和筛选】组中单击【升序】按钮↓(见图3-4-1)，即可看到按照"仓库位置"字段升序排序的表格，如图3-4-2所示。

图3-4-1 简单排序方法1   图3-4-2 按照"仓库位置"字段"升序"排序的表格

操作方法2：选择"库存产品情况表"数据区域中的任意一个单元格，选择【数据】选项卡，在【排序和筛选】组中单击【排序】按钮，弹出【排序】对话框，在【主要关键字】下拉列表中选择【仓库位置】选项，在【次序】下拉列表中选择【升序】选项，单击【确定】按钮，即可看到按照"仓库位置"字段排好序的表格，如图3-4-3所示。

图3-4-3 简单排序方法2

2. 多条件排序

【实操体验】在"库存产品情况表"中,以"仓库位置"字段为主要关键字进行"升序"排序,以"库存金额"字段为次要关键字进行"降序"排序。

操作方法:选择"库存产品情况表"数据区域中的任意一个单元格,选择【数据】选项卡,在【排序和筛选】组中单击【排序】按钮;弹出【排序】对话框,在【排序依据】下拉列表中选择【仓库位置】选项,在【次序】下拉列表中选择【升序】选项,单击【添加条件】按钮,在【次要关键字】下拉列表中选择【库存金额】选项,在【次序】下拉列表中选择【降序】选项,单击【确定】按钮(见图3-4-4),即可看到按照"仓库位置"和"库存金额"字段排好序的表格。

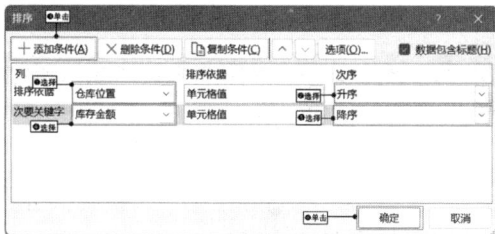

图3-4-4 多条件排序

3. 自定义排序

【实操体验】在"库存产品情况表"中,以"产品类别"字段为主要关键字,按照"电子产品,家居用品,食品,服装"序列进行排序,以"库存金额"字段为次要关键字进行"降序"排序。

操作方法:选择"库存产品情况表"数据区域中的任意一个单元格,选择【数据】选项卡,在【排序和筛选】组中单击【排序】按钮;弹出【排序】对话框,在【排序依据】下拉列表中选择【产品类别】选项,在【次序】下拉列表中选择【自定义序列】选项,单击【确定】按钮(见图3-4-5);在【自定义序列】列表框中选择【新序列】选项,在【输入序列】文本框中输入"电子产品,家居用品,食品,服装",中间用英文半角状态下的逗号隔开,单击【添加】按钮,新定义的序列就添加到了【自定义序列】列表框中,单击【确定】按钮,在【排序依据】中的【次序】下拉列表中选择【电子产品,家居用品,食品,服装】选项(见图3-4-6);单击【添加条件】按钮,在【次要关键字】下拉列表中选择【库存金额】选项,在【次序】下拉列表中选择【降序】选项,单击【确定】按钮(见图3-4-7),即可看到按照"产品类别"和"库存金额"字段排好序的表格,如图3-4-8所示。

图3-4-5 自定义排序(1)

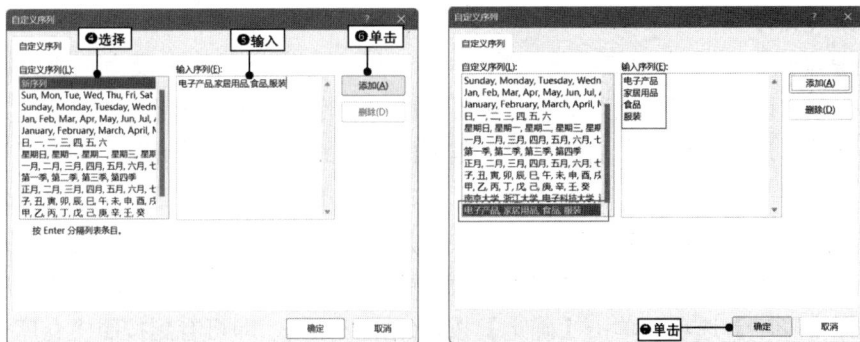

图3-4-6   自定义排序(2)

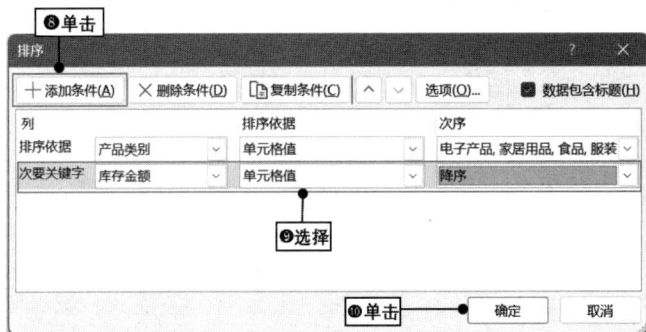

图3-4-7   自定义排序(3)

	A	B	C	D	E	F
1	入库日期	仓库位置	产品类别	产品名称	库存数	库存金额
2	2023-05-20	仓库B	电子产品	笔记本电脑	75	¥100,000.00
3	2023-09-05	仓库C	电子产品	平板电脑	80	¥70,000.00
4	2023-01-15	仓库A	电子产品	智能手机	100	¥50,000.00
5	2023-02-10	仓库B	家居用品	沙发	50	¥30,000.00
6	2023-06-15	仓库C	家居用品	床垫	40	¥25,000.00
7	2023-10-10	仓库A	家居用品	书架	60	¥18,000.00
8	2023-03-05	仓库A	食品	饮料	200	¥10,000.00
9	2023-07-10	仓库A	食品	调味品	150	¥5,000.00
10	2023-08-01	仓库B	服装	牛仔裤	250	¥20,000.00
11	2023-04-02	仓库C	服装	T恤	300	¥15,000.00

图3-4-8   自定义排序后的表格(4)

技巧提示：若要删除排序条件，打开【排序】对话框，单击【删除条件】按钮即可。

3.4.3　筛选出需要的数据

1. 自动筛选

【实操体验】筛选出"库存产品情况表"中仓库位置为"仓库A"的数据。

操作方法：选择"库存产品情况表"数据区域中的任意一个单元格，选择【数据】选项卡，在【排序和筛选】组中单击【筛选】按钮(见图3-4-9)；工作表进入筛选状态，各标题字段的右侧出现一个下拉按钮▼，单击【仓库位置】右侧的下拉按钮▼，在弹出的筛选列表中，取消选择【全选】复选框后选择【仓库A】复选框，单击【确定】按钮(见图3-4-10)，即可看到自动筛选后的表格，如图3-4-11所示。

图3-4-9 自动筛选(1)

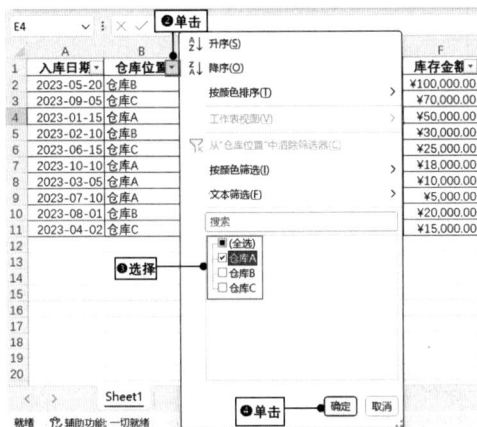

图3-4-10 自动筛选(2)

图3-4-11 自动筛选后的图表

技巧提示：若要恢复筛选项，返回筛选列表中，选择【全选】复选框即可，如图3-4-12所示。

图3-4-12 恢复自动筛选

2. 自定义筛选

【实操体验】筛选出"库存产品情况表"中库存金额为"大于或等于18000与小于或等于50000"的数据。

操作方法：工作表进入筛选状态后，单击【库存金额】右侧的下拉按钮 ▼ (见图3-4-13)，在弹出的筛选列表中，选择【数字筛选】选项，在其下一级列表中选择【自定义筛选】选项(见图3-4-14)，弹出【自定义筛选】对话框，将筛选条件设置为"库存金额大于或等于18000与小于或等于50000"，单击【确定】按钮(见图3-4-15)，即可看到自定义筛选后的表格，如图3-4-16所示。

图3-4-13　自定义筛选(1)

图3-4-14　自定义筛选(2)

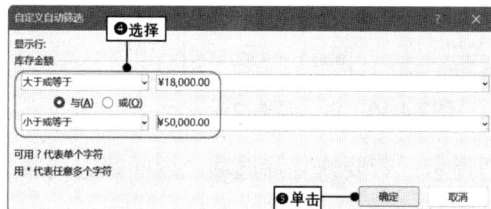

图3-4-15　自定义筛选(3)

图3-4-16　自定义筛选后的表格

技巧提示：取消筛选时，选择【数据】选项卡，在【排序和筛选】组中单击【筛选】按钮即可。

3. 高级筛选

在数据筛选过程中，如果需要用到多个复杂筛选条件，可以使用高级筛选功能。在使用高级筛选时，筛选结果可以显示在原数据表格中，也可以显示在新的位置。

【实操体验】筛选出"库存产品情况表"中产品类别为"家居用品"，库存金额为"小于30000"的数据，并将筛选结果复制到A16单元格开始的区域。

操作方法：在单元格C13:D14区域分别输入"产品类别""库存金额""家居用品""<30000"，选择"库存产品情况表"数据区域中的任意一个单元格，选择【数据】选项卡，在【排序和筛选】组中单击【高级】按钮(见图3-4-17)；弹出【高级筛选】对话框，在【列表区域】文本框中显示数据区域【$A$1:$F$11】，单击【条件区域】文本框右侧的【折叠】按钮⬆(见图3-4-18)；弹出【高级筛选-条件区域】对话框，在工作表中选择单元格区域C13:D14，单击【高级筛选-条件区域】对话框中的【展开】按钮⬇(见图3-4-19)；返回【高级筛选】对话框，即可在【条件区域】文本框中看到条件区域的范围，单击【确定】按钮(见图3-4-20)；完成以上操作后，产品类别为"家居用品"，库存金额为"小于30000"的数据就筛选出来了(见图3-4-21)；单击"库存产品情况表"中的任意一个单元格，再次选择【数据】选项卡，在【排序和筛选】组中单击【高级】按钮，弹出【高级筛选】对话框，单击【方式】组中【将筛选结果复制到其他位置】，在【复制到】文本框中，通过【折叠】按钮⬆和【展开】按钮⬇选择【$A$16:$F$16】单元格区域，单击【确定】按钮(见图3-4-22)，即可看到复制后的筛选结果，如图3-4-23所示。

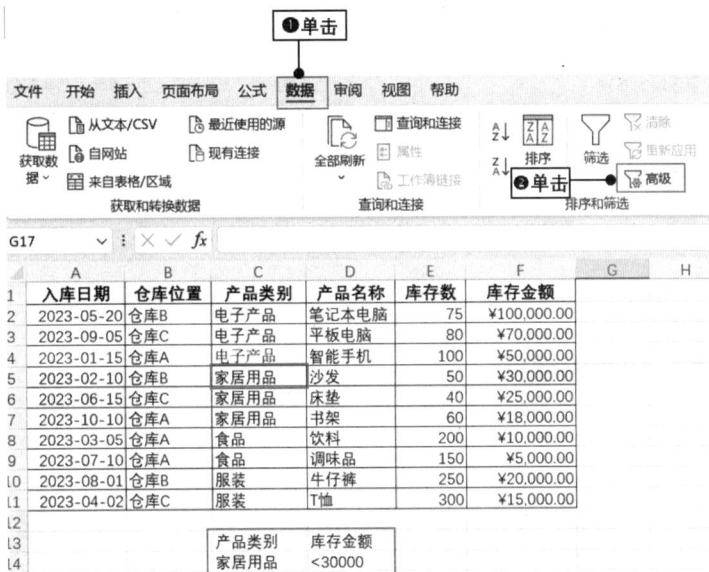

图3-4-17　高级筛选(1)

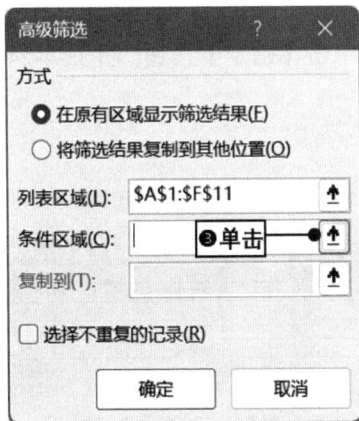

图3-4-18　高级筛选(2)

图3-4-19　高级筛选(3)

图3-4-20 高级筛选(4)

图3-4-21 高级筛选后的表格(1)

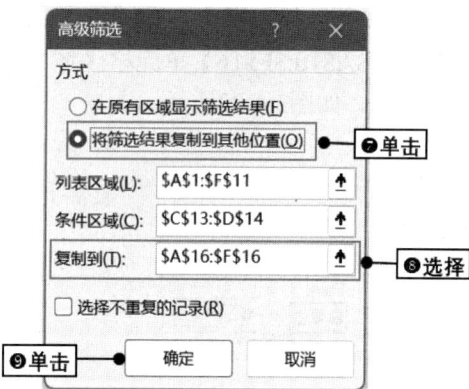

图3-4-22 高级筛选(5)

图3-4-23 高级筛选后的表格(2)

3.4.4 分类汇总表格数据

1. 简单分类汇总

1) 按分类字段排序

【实操体验】在"库存产品情况表"中，以"仓库位置"字段为关键字进行"升序"排序。

操作方法：选择"库存产品情况表"数据区域中的任意一个单元格，选择【数据】选项卡，在【排序和筛选】组中单击【排序】按钮，在【排序依据】下拉列表中选择【仓库位置】选项，在【次序】下拉列表中选择【升序】选项，单击【确定】按钮(见图3-4-24)，即可看到完成排序的表格，如图3-4-25所示。

图3-4-24 按分类字段排序

图3-4-25 按分类字段升序后的表格

2) 执行分类汇总

【实操体验】在排好序的"库存产品情况表"中，以"仓库位置"分类，对"库存金额"进行"求和"分类汇总，显示2级汇总结果。

操作方法：选择排好序的"库存产品情况表"数据区域中的任意一个单元格，选择【数据】选项卡，在【分级显示】组中单击【分类汇总】按钮(见图3-4-26)；弹出【分类汇总】对话框，在【分类字段】下拉列表中选择【仓库位置】选项，在【汇总方式】下拉列表中选择【求和】选项，在【选定汇总项】下拉列表中选择【库存金额】选项，单击【确定】按钮(见图3-4-27)，即可看到按"仓库位置"对"库存金额"进行"求和"分类汇总的第3级分类汇总结果，单击分类汇总区域左上角的数字按钮【2】(见图3-4-28)，即可查看2级分类汇总的结果，如图3-4-29所示。

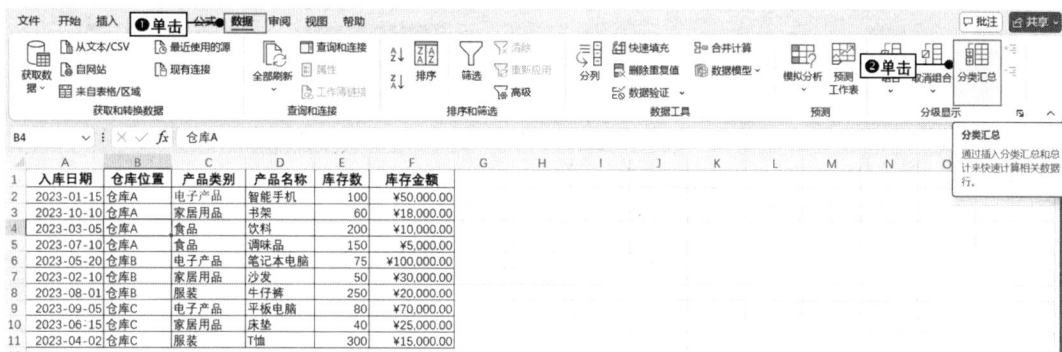

图3-4-26 执行分类汇总(1)

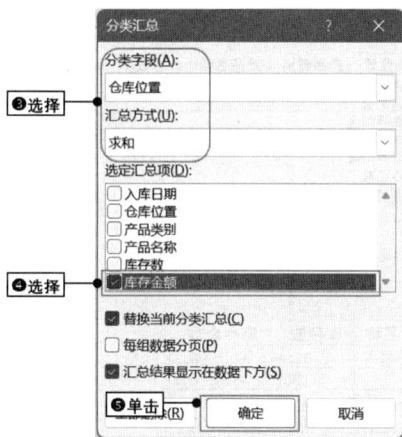

图3-4-27 执行分类汇总(2)

图3-4-28 执行分类汇总(3)

图3-4-29 执行分类汇总后的表格

2. 嵌套分类汇总

【实操体验】在简单分类汇总后的“库存产品情况表”中，对“库存金额”进行“平均值”分类汇总，显示4级嵌套分类汇总结果。

操作方法：选择分类汇总后“库存产品情况表”数据区域中的任意一个单元格，选择【数据】选项卡，在【分级显示】组中单击【分类汇总】按钮(见图3-4-30)；弹出【分类汇总】对话框，在【汇总方式】下拉列表中选择【平均值】选项，取消选择【替换当前分类汇总复选框】，单击【确定】按钮(见图3-4-31)；完成以上操作后，即可生成4级嵌套分类汇总结果，但结果仍然显示为3级嵌套分类汇总，单击分类汇总区域左上角的数字按钮【4】(见图3-4-32)，即可查看4级嵌套分类汇总的结果，如图3-4-33所示。

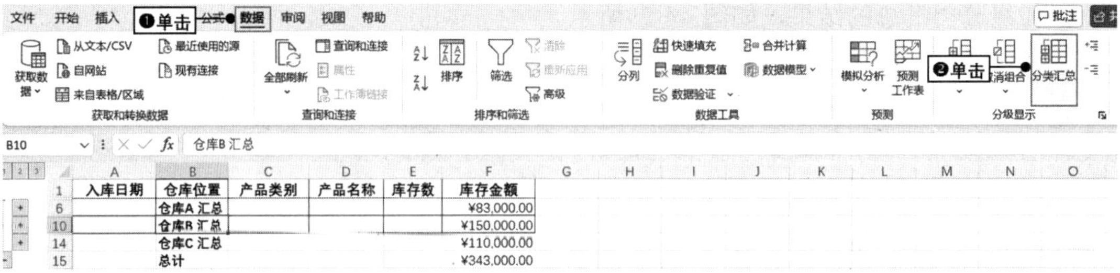

图3-4-30　嵌套分类汇总(1)

图3-4-31　嵌套分类汇总(2)

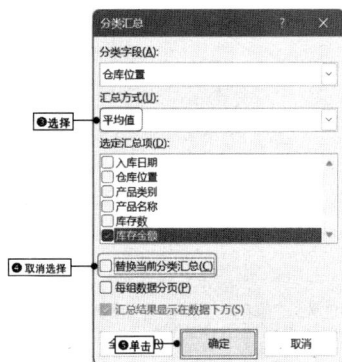

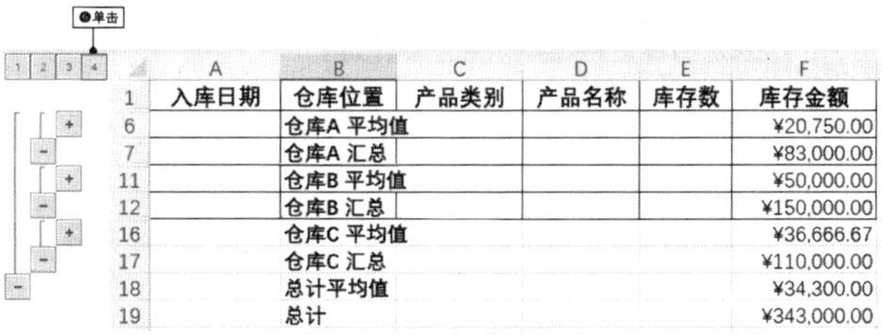

图3-4-32　嵌套分类汇总(3)

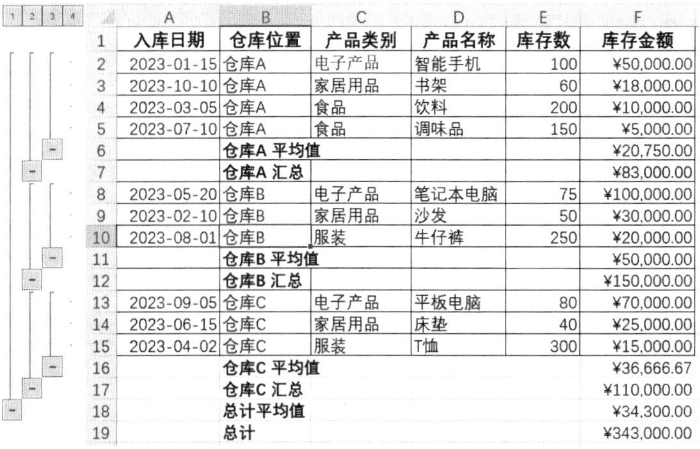

	入库日期	仓库位置	产品类别	产品名称	库存数	库存金额
2	2023-01-15	仓库A	电子产品	智能手机	100	¥50,000.00
3	2023-10-10	仓库A	家居用品	书架	60	¥18,000.00
4	2023-03-05	仓库A	食品	饮料	200	¥10,000.00
5	2023-07-10	仓库A	食品	调味品	150	¥5,000.00
6		仓库A 平均值				¥20,750.00
7		仓库A 汇总				¥83,000.00
8	2023-05-20	仓库B	电子产品	笔记本电脑	75	¥100,000.00
9	2023-02-10	仓库B	家居用品	沙发	50	¥30,000.00
10	2023-08-01	仓库B	服装	牛仔裤	250	¥20,000.00
11		仓库B 平均值				¥50,000.00
12		仓库B 汇总				¥150,000.00
13	2023-09-05	仓库C	电子产品	平板电脑	80	¥70,000.00
14	2023-06-15	仓库C	家居用品	床垫	40	¥25,000.00
15	2023-04-02	仓库C	服装	T恤	300	¥15,000.00
16		仓库C 平均值				¥36,666.67
17		仓库C 汇总				¥110,000.00
18		总计平均值				¥34,300.00
19		总计				¥343,000.00

图3-4-33　嵌套分类汇总后的表格

3.4.5　条件格式的应用

使用条件格式，当指定的单元格满足特定条件时，Excel就会将底纹、字体、颜色等格式应用到该单元格中，突出显示满足条件的数据。

1. 对单元格应用条件格式

【实操体验】在"库存产品情况表"中，将"库存金额大于30000"的数据记录设置单元格格式为"绿填充色深绿色文本"。

操作方法：打开"库存产品情况表.xlsx"文档，选择单元格区域F2:F11，选择【开始】选项卡，单击【样式】组中的【条件格式】按钮(见图3-4-34)；选择【突出显示单元格规则】→【大于】选项(见图3-4-35)；弹出【大于】对话框，在【为大于以下值的单元格设置格式】文本框中输入"¥30000"，在设置为下拉列表中选择【绿填充色深绿色文本】选项，单击【确定】按钮(见图3-4-36)，选择的数据区域就已应用条件格式，如图3-4-37所示。

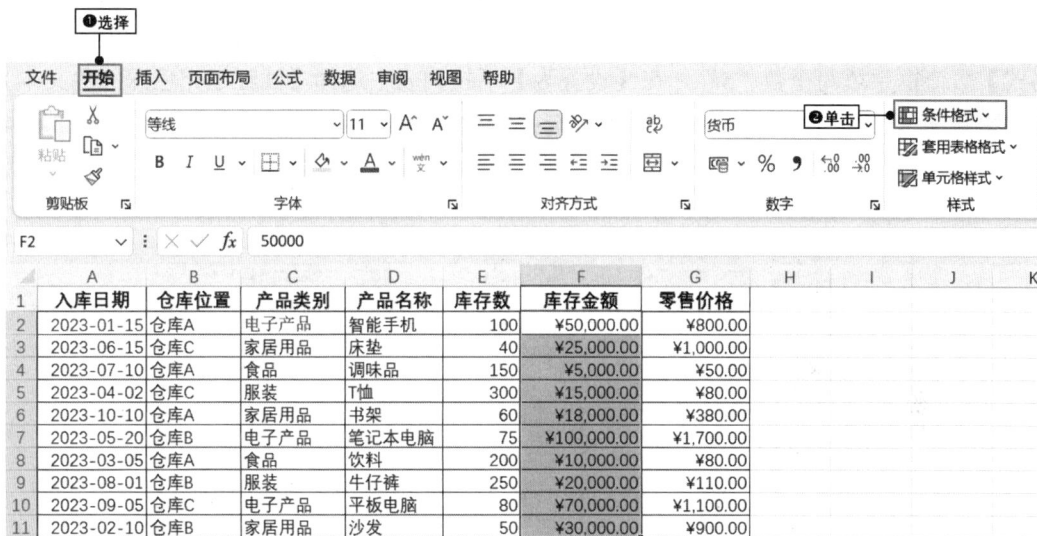

图3-4-34　对单元格应用条件格式(1)

图3-4-35　对单元格应用条件格式(2)

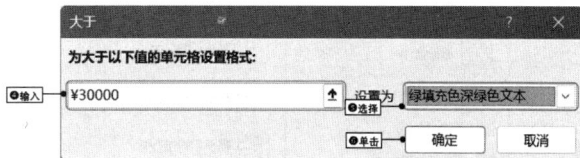

图3-4-36　对单元格应用条件格式(3)

	A	B	C	D	E	F	G
1	入库日期	仓库位置	产品类别	产品名称	库存数	库存金额	零售价格
2	2023-01-15	仓库A	电子产品	智能手机	100	¥50,000.00	¥800.00
3	2023-06-15	仓库C	家居用品	床垫	40	¥25,000.00	¥1,000.00
4	2023-07-10	仓库A	食品	调味品	150	¥5,000.00	¥50.00
5	2023-04-02	仓库C	服装	T恤	300	¥15,000.00	¥80.00
6	2023-10-10	仓库A	家居用品	书架	60	¥18,000.00	¥380.00
7	2023-05-20	仓库B	电子产品	笔记本电脑	75	¥100,000.00	¥1,700.00
8	2023-03-05	仓库A	食品	饮料	200	¥10,000.00	¥80.00
9	2023-08-01	仓库B	服装	牛仔裤	250	¥20,000.00	¥110.00
10	2023-09-05	仓库C	电子产品	平板电脑	80	¥70,000.00	¥1,100.00
11	2023-02-10	仓库B	家居用品	沙发	50	¥30,000.00	¥900.00

图3-4-37　应用条件格式的图表

2. 最前/最后规则

【实操体验】在"库存产品情况表"中，将"库存数"中最大的5项数据记录设置单元格格式为"浅红填充色深红色文本"。

操作方法：打开"库存产品情况表.xlsx"文档，选择单元格区域E2:E11，选择【开始】选项卡，单击【样式】组中的【条件格式】按钮(见图3-4-38)；选择【最前/最后规则】→【前10项】选项(见图3-4-39)，弹出【前10项】对话框，在【为值最大的那些单元格设置格式】数值框中填写个数"5"，在【设置为】下拉列表中选择【浅红填充色深红色文本】选项，单击【确定】按钮(见图3-4-40)，选择的数据区域就已应用条件格式，如图3-4-41所示。

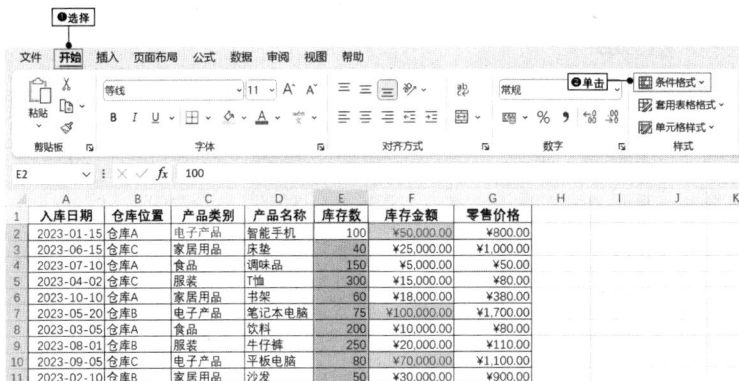

图3-4-38　最前/最后规则(1)

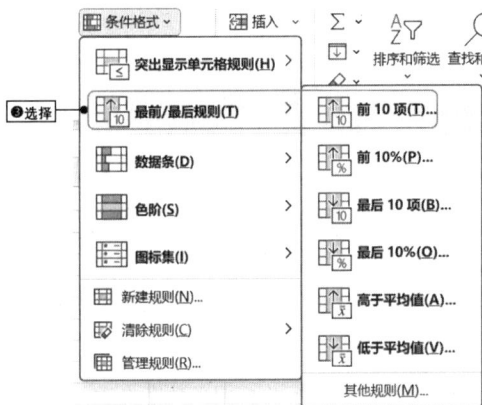

图3-4-39　最前/最后规则(2)

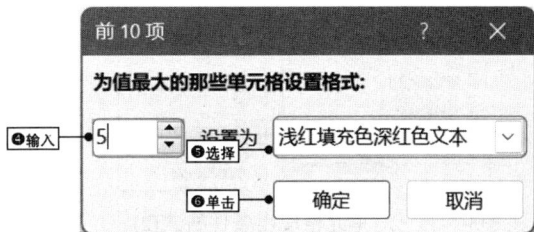

图3-4-40　最前/最后规则(3)

图3-4-41　应用最前/最后规则的图表

技巧提示：选择已设置规则的单元格区域E2:F11，选择【开始】→【样式】→【条件格式】→【清除规则】→【清除所选单元格的规则】选项(见图3-4-42)，即可清除所有单元格的条件格式，如图3-4-43所示。

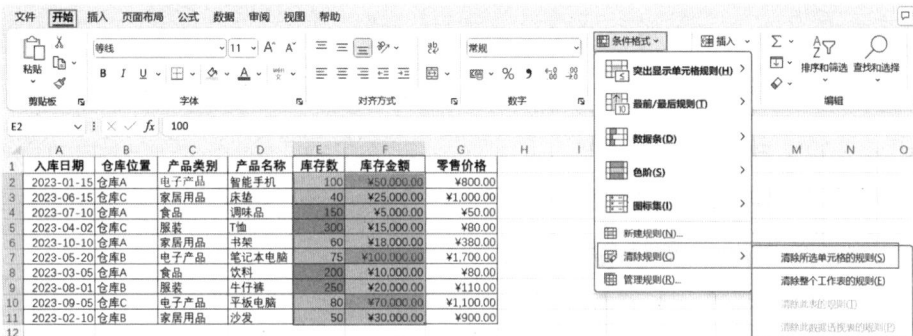

图3-4-42　清除规则

图3-4-43　清除规则后的图表

3. 数据条、色阶和图标集的应用

1) 数据条的应用

【实操体验】在"库存产品情况表"中，将"库存数"中的数据记录设置为渐变填充"紫色数据条"。

操作方法：打开"库存产品情况表.xlsx"文档，选择单元格区域E2:E11，选择【开始】选项卡，单击【样式】组中的【条件格式】按钮(见图3-4-44)；在弹出的下拉列表中选择【数据条】选项，在【渐变填充】组中选择【紫色数据条】选项，选择的数据区域就已应用数据条，如图3-4-45所示。

图3-4-44 数据条的应用(1)

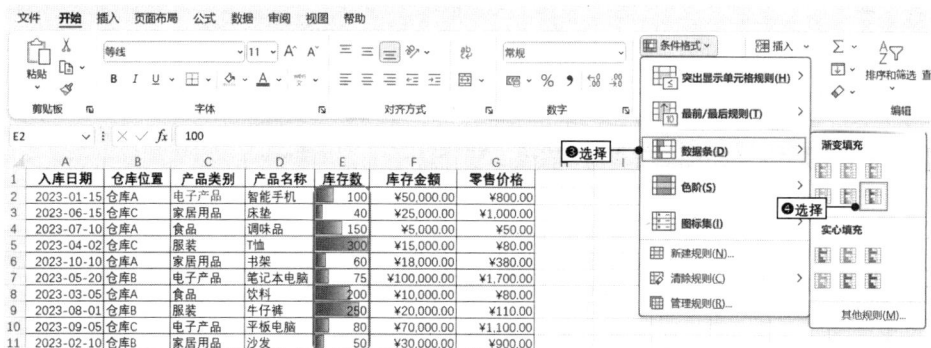

图3-4-45 数据条的应用(2)

2) 色阶的应用

【实操体验】在"库存产品情况表"中,将"零售价格"列中的数据记录设置为"绿-黄色阶"。

操作方法:打开"库存产品情况表.xlsx"文档,选择单元格区域E2:E11,选择【开始】选项卡,单击【样式】组中的【条件格式】按钮(见图3-4-46);在弹出的下拉列表中选择【色阶】→【绿-黄色阶】选项,选择的数据区域已应用色阶,如图3-4-47所示。

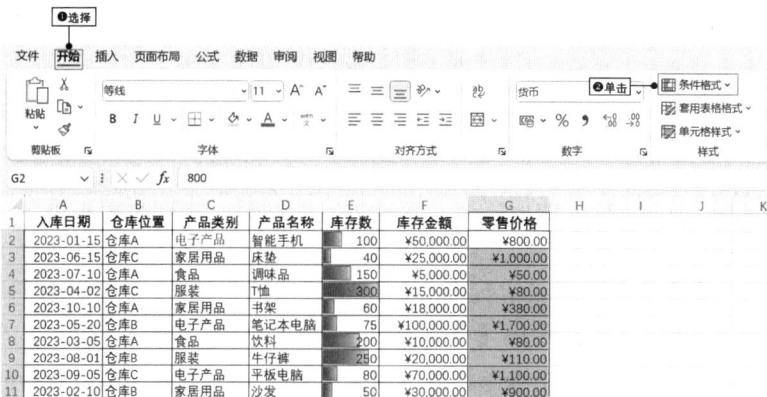

图3-4-46 色阶的应用(1)

图3-4-47 色阶的应用(2)

3) 图标集的应用

【实操体验】在"库存产品情况表"中,将"零售价格"列中的数据记录设置为"五向箭头(彩色)"图标集。

操作方法:打开"库存产品情况表.xlsx"文档,选择单元格区域F2:F11,选择【开始】选项卡,单击【样式】组中的【条件格式】按钮(见图3-4-48);在弹出的下拉列表中选择【图标集】选项,在【方向组】中选择【五向箭头(彩色)】选项,选择的数据区域已应用图标集,如图3-4-49所示。

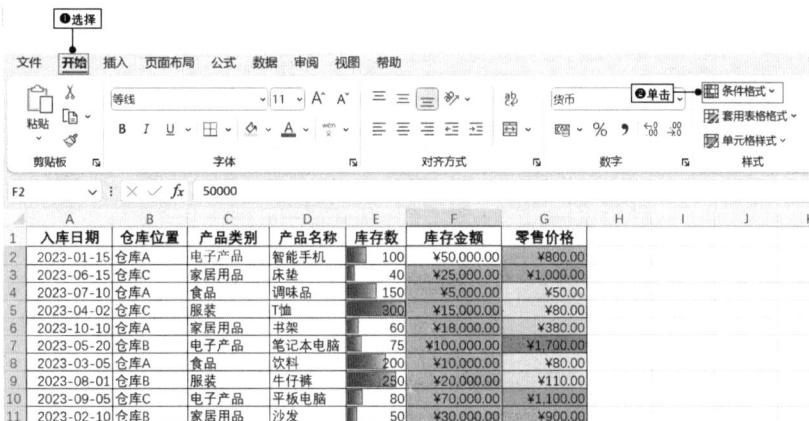

图3-4-48 图标集的应用(1)

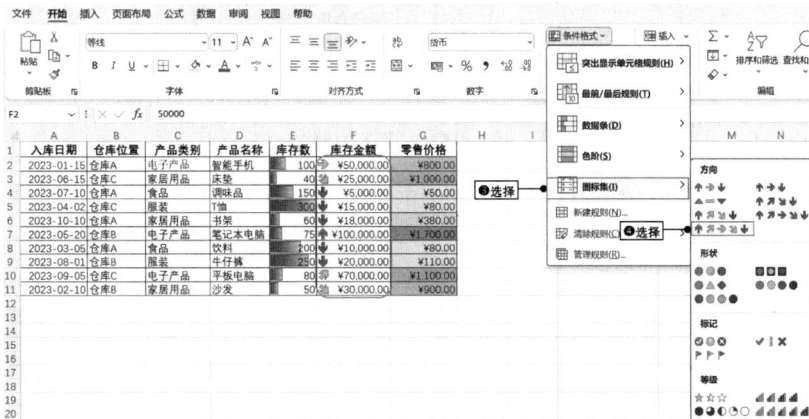

图3-4-49 图标集的应用(2)

⚙ 实训

知识训练

(1) 如何为指定数据排序?

(2) 如何按指定条件进行数据筛选?

(3) 简述分类汇总的操作方法。

(4) 简述条件格式设置的操作方法。

能力训练

【案例3-7】打开"客户服务数据表.xlsx"工作簿文件,按照操作要求,进行数据管理与分析。

操作要求:

(1) 排序:使用"Sheet1"工作表中的数据,以"服务类型"字段为主要关键字,按照"技术支持,售后服务,账户管理,咨询服务"序列进行排序,以"客户满意度评分"字段为次要关键字,进行"降序"排序,效果参照图3-4-50。

	A	B	C	D	E	F
1	服务日期	服务团队	服务类型	客户满意度评分	响应时间（分钟）	解决时长（小时）
2	2023/1/20	团队B	技术支持	4.7	12	1.8
3	2023/1/10	团队A	技术支持	4.5	10	1.5
4	2023/1/30	团队C	技术支持	4.4	11	2.1
5	2023/1/12	团队B	售后服务	4.8	15	2
6	2023/2/1	团队A	售后服务	4.8	9	1.6
7	2023/1/22	团队C	售后服务	4.3	20	2.5
8	2023/1/18	团队C	账户管理	4.9	8	1
9	2023/1/28	团队B	账户管理	4.1	18	1.2
10	2023/1/25	团队A	咨询服务	4.6	7	0.7
11	2023/1/15	团队A	咨询服务	4.2	5	0.5

图3-4-50　排序图例

(2) 筛选:使用"Sheet2"工作表中的数据,筛选出服务团队为"团队B",客户满意度评分"大于或等于4.5"的记录,效果参照图3-4-51。

	A	B	C	D	E	F
1	服务日期	服务团队	服务类型	客户满意度评分	响应时间（分钟）	解决时长（小时）
3	2023/1/12	团队B	售后服务	4.8	15	2
6	2023/1/20	团队B	技术支持	4.7	12	1.8

图3-4-51　筛选图例

(3) 高级筛选:使用"Sheet3"工作表中的数据,筛选出服务团队为"团队A",客户满意度评分为"大于等于4.5"的数据,并将筛选结果复制到A16单元格开始的区域,效果参照图3-4-52。

	服务日期	服务团队	服务类型	客户满意度评分	响应时间（分钟）	解决时长（小时）
16						
17	2023/1/10	团队A	技术支持	4.50	10.00	1.50
18	2023/1/25	团队A	咨询服务	4.60	7.00	0.70
19	2023/2/1	团队A	售后服务	4.80	9.00	1.60

图3-4-52　高级筛选图例

(4) 嵌套分类汇总：使用"Sheet4"工作表中的数据，以"服务类型"为关键字进行"升序"排序，以"服务类型"为分类，对"解决时长(小时)"进行"求和"分类汇总，再对"响应时间(分钟)"进行"平均值"分类汇总，并显示4级嵌套分类汇总结果，效果参照图3-4-53。

图3-4-53 嵌套分类汇总图例

(5) 条件格式：使用"Sheet4"工作表中的数据，将"解决时长(小时)"中的最大5项数据记录设置单元格格式为"黄填充色深黄色文本"；将"响应时间(分钟)小于等于10"的数据记录设置单元格格式为"背景色为绿色"；将"服务类型"列中的数据记录设置为"五向箭头(彩色)"图标集，效果参照图3-4-54。

图3-4-54 条件格式图例

扫描二维码，阅读《案例3-7操作方法》

素质训练:

数据分析与报表制作是企业管理和日常工作中不可或缺的技能,关乎着工作效率的提升和数据价值的挖掘。请使用 "文心一言" "Kimi" 等AI大模型,学习数据分析的方法和技巧,设计并制作一份具有实际应用价值的销售数据分析报表或员工绩效考核报表。

小资料

扫描二维码,阅读《常用Excel插件和工具介绍》

项目小结

Excel是一款强大的电子表格软件,具备数据录入、编辑和格式化功能,支持通过丰富的函数和公式进行复杂计算。它提供数据排序、筛选、汇总等管理工具,并能创建多样化的图表实现数据可视化。此外,Excel还支持VBA编程,可用于开发定制化的解决方案,提升工作效率。

扫码做题

项目4 PowerPoint演示文稿应用

项目描述

● PowerPoint是微软公司开发的一款演示文稿软件。用户使用PowerPoint可以创建包含文字、图表、图片、音频和视频等多种媒体形式的幻灯片，可以利用主题、模板、动画等修饰美化幻灯片，达到生动、丰富、多样的展示效果。PowerPoint在商业演示、教育学术、会议和娱乐等场景下都会被广泛使用，如撰写年度工作总结报告、产品营销方案、员工培训、业绩展示分析等。要制作各种演示文稿，应掌握PowerPoint的常用命令、核心功能及操作方法。本项目包括4个任务，即PowerPoint基本操作、演示文稿的元素处理、演示文稿的外观设计、演示文稿的动态效果和放映。

项目目标

● 知识目标：熟悉PowerPoint程序窗口；了解各种类型演示文稿制作流程；熟练掌握常用命令的功能和操作方法。

● 能力目标：能够按照正确的流程制作各种类型演示文稿；能够正确理解常用命令的功能，并合理应用命令进行演示文稿设置。

● 素养目标：学习PowerPoint不仅仅是掌握软件操作技能，还包括培养一系列的素养。这些素养包括视觉设计素养、内容组织能力、技术熟练度、创新思维、沟通技巧和较强的表达能力，以及随着软件更新和设计趋势的变化持续学习能力。

任务4.1　PowerPoint基本操作

引导案例：制作公司新员工入职培训演示文稿

小玲在某公司人事部任职，其中一项常态化的工作是负责新员工的入职培训。新员工培训能帮助新员工快速融入公司文化，理解工作职责，并提升工作效率。小玲通常使用PowerPoint制作培训演示文稿。

根据案例回答下列问题：

(1) 你熟悉PowerPoint 2021窗口操作界面吗？

(2) PowerPoint 2021的操作命令集中在哪个区域？

(3) 你能够快速创建演示文稿吗？

(4) 演示文稿中可以包含哪些元素？

案例技能点分析：

(1) Microsoft PowerPoint 2021广泛用于商业、教育和个人演示。

(2) 在PowerPoint 2021中创建任何文档之前，需要启动PowerPoint 2021程序并了解PowerPoint 2021窗口布局、掌握窗口界面的操作方法。

(3) 在程序窗口幻灯片编辑区按需输入编辑内容，并保存文档。

📖 相关知识

4.1.1　PowerPoint 2021程序窗口介绍

1. PowerPoint 2021的启动和退出

PowerPoint2021启动和退出的方法同Word程序，扫描右侧二维码阅读《启动和退出PowerPoint 2021操作方法》。

2. PowerPoint 2021程序窗口介绍

运行PowerPoint 2021程序，打开PowerPoint 2021程序窗口，PowerPoint 2021程序窗口如图4-1-1所示。

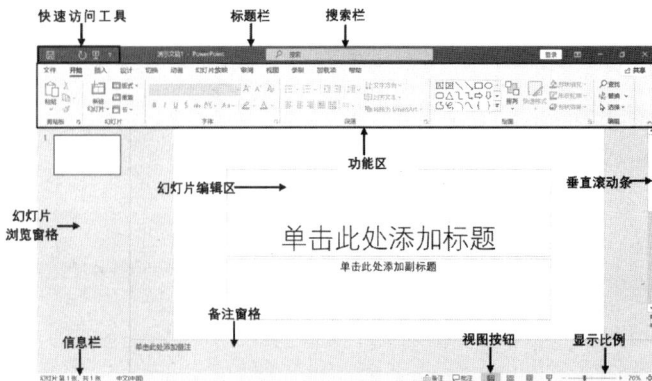

图4-1-1　PowerPoint 2021程序窗口

快速访问工具栏、标题栏、功能区、信息栏的显示与设置操作同Word程序。PowerPoint 2021程序窗口功能区下面有3个窗格，分别是幻灯片浏览窗格、幻灯片编辑区和备注窗格。

(1) 幻灯片浏览窗格。演示文稿由多张幻灯片组成，每个幻灯片中输入构成文档内容的元素，如文字、图形、图片等。幻灯片浏览窗格中显示演示文稿中所有幻灯片的缩略图。在幻灯片浏览窗格中可以选中幻灯片，对整个幻灯片进行操作，如新建幻灯片、移动幻灯片、复制幻灯片、隐藏幻灯片、删除幻灯片等。

(2) 幻灯片编辑区。幻灯片编辑区是编辑幻灯片内容的区域。用户可以在当前幻灯中输入各种元素，设置各种元素的格式、位置等。

(3) 备注窗格。备注窗格用于输入幻灯片元素以外的说明或注释。

3. 视图

PowerPoint 2021提供多种视图模式，满足不同场景下的编辑与演示需求。PowerPoint 2021有普通视图、幻灯片浏览视图、备注页视图、大纲视图、幻灯片放映视图和阅读视图。

(1) 普通视图是编辑幻灯片的主要视图，也是默认视图，用于编写和设计演示文稿。它包括幻灯片浏览窗格、幻灯片编辑区和备注窗格三个工作区域。

(2) 幻灯片浏览视图是以缩略图形式显示演示文稿的所有幻灯片，方便用户对幻灯片进行排序和组织，其操作逻辑与普通视图中的缩略图窗格保持一致。在【视图】选项卡【演示文稿视图】组中，单击【幻灯片浏览】，即可切换至幻灯片浏览视图。

在幻灯片浏览视图下，双击某张幻灯片或选中某张幻灯片，再按【Enter】键，即可返回普通视图。

(3) 在备注页视图中，用户可以输入适用于当前幻灯片的文本备注。这些备注可以打印出来，也可以在放映演示文稿时显示在演讲者观看的显示器上。在【视图】选项卡【演示文稿视图】组中，单击【备注页】，即可切换至备注页视图。备注页视图采用上下分栏布局，上方区域显示当前幻灯片缩略图，下方区域提供可编辑的备注占位符，支持添加文字说明、图片标注、表格数据等多种辅助元素。

在备注页视图下，双击幻灯片缩略图或选中幻灯片缩略图按【Enter】键，即可返回普通视图。

(4) 大纲视图用于显示幻灯片的组织结构，允许用户查看各幻灯片标题及核心内容，并可通过提升/降低标题层级的方式调整幻灯片内容的逻辑结构。在【视图】选项卡【演示文稿视图】组中，单击【大纲视图】，即可在PowerPoint程序窗口左侧显示"大纲窗格"。在大纲视图下，将插入点置于文字中，按【Tab】键可降低当前文字级别，按【Shift+Tab】可提高当前文字级别。

(5) 幻灯片放映视图用于向观众放映演示文稿。在放映状态下，用户不能编辑幻灯片的内容，但可通过数字墨迹工具进行实时标注。当退出放映模式时，系统将自动弹出对话框，询问用户是否保留墨迹注释内容。

(6) 阅读视图以窗口形式放映演示文稿。与"信息栏"中【读取视图】放映效果相同。

4.1.2　演示文稿基本操作

1. 创建演示文稿

在PowerPoint中，创建新文档的方法有多种。

【实操体验】创建空白演示文稿。

操作方法1：启动PowerPoint程序，在程序窗口中单击【空白演示文稿】(见图4-1-2和图4-1-3)，即可创建空白演示文稿。

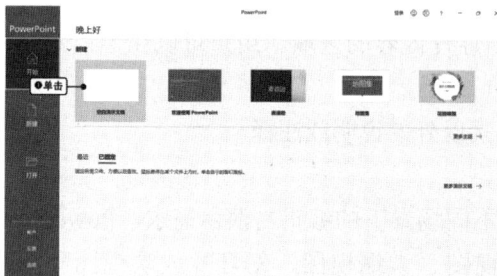

图4-1-2　创建空白演示文稿(1)

图4-1-3　创建空白演示文稿(2)

操作方法2：在桌面或某个目录的文档窗口中，右击空白处，在弹出的快捷菜单中选择【新建】→【Microsoft PowerPoint演示文稿】(见图4-1-4)，即可创建空白演示文稿。

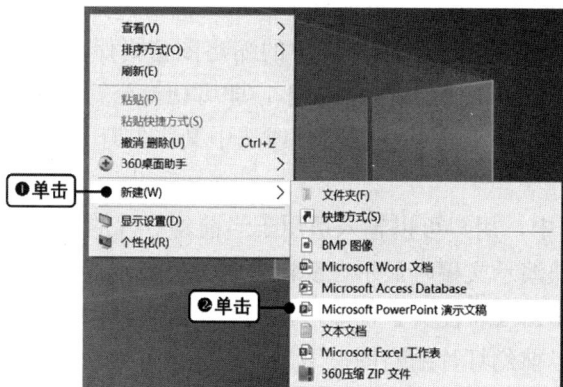

图4-1-4　快捷创建空白文档

技巧提示：

技巧1：在PowerPoint程序是活动窗口前提下，单击【文件】菜单，选择【新建】→【空白演示文稿】，可创建空白演示文稿。

技巧2：在PowerPoint程序是活动窗口前提下，按【Ctrl+N】，可创建空白演示文稿。

对于PowerPoint新手用户，若需快速创建设计效果美观的演示文稿，可以套用PowerPoint程序提供的模板或主题。

【实操体验】套用联机模板创建"员工培训1"演示文稿。扫描右侧二维码查看效果图。

操作方法：启动PowerPoint2021程序，在"开始屏幕"中单击【新建】，搜索联机模板中输入"员工培训"，单击"搜索"按钮(见图4-1-5)；在搜索结果中选择适合的模板，如"员工培训演示文稿"(见图4-1-6)；单击【创建】(见图4-1-7)，即可创建演示文稿。

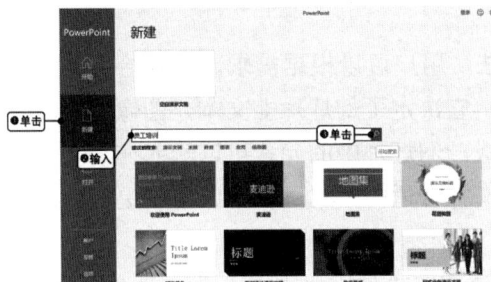

图4-1-5　套用模板创建"员工培训1"演示文稿(1)　图4-1-6　套用模板创建"员工培训1"演示文稿(2)

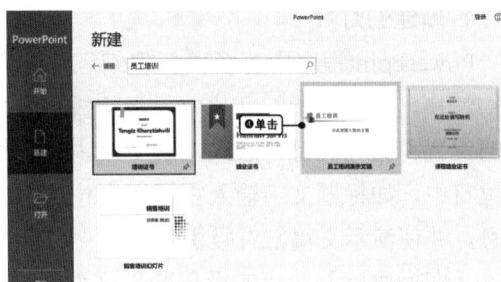

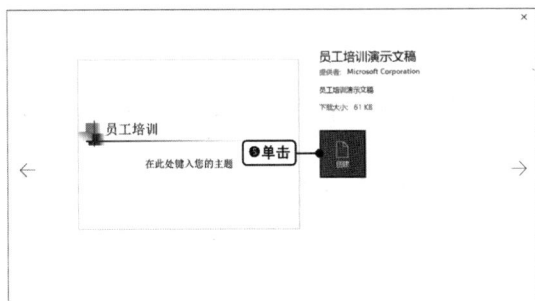

图4-1-7　套用模板创建"员工培训1"演示文稿(3)

2. 打印演示文稿

制作完成的演示文稿也可以打印输出。在打印演示文稿时，合理的设置可以确保打印效果符合预期。

1) 打印幻灯片

类似于Word文档打印页面，在打印演示文稿的幻灯片时，用户可以设置幻灯片的打印范围，默认打印全部幻灯片，也可以设置为打印所选幻灯片、打印当前幻灯片和自定义打印幻灯片。

2) 打印版式

除了打印整页幻灯片，用户可以选择其他打印版式，如备注页、大纲视图、讲义等打印模式。

备注页打印：打印幻灯片及其备注内容。

大纲视图打印：打印大纲内容。

讲义打印：每页打印多张幻灯片，如1、2、3、4、6或9张。

演示文稿的常规文件操作(如保存/另存、打开、关闭等)与Word中的对应操作逻辑一致，具体可参照Word相关章节说明。

4.1.3　编辑幻灯片

幻灯片是演示文稿中用于展示信息、数据、图像或视频等内容的页面。在PowerPoint程序中，每张幻灯片可以包含多种元素，如文本、图表、图片、形状、SmartArt图形、表格、音频和视频等。编辑幻灯片的相关操作指令可通过右键菜单快速访问。在幻灯片浏览窗格或浏览视图中，右击目标幻灯片，即可在弹出的上下文菜单中选择所需操作命令。

1. 新建幻灯片

PowerPoint程序中有多种新建幻灯片的方法，用户可以根据需求，选择恰当的版式新建幻灯片。版式是指幻灯片中元素的排列方式，它决定了幻灯片上文本、图像、图表等元素的位置和布局。每种版式由若干个占位符组成，幻灯片中的元素可以输入在类型一致的占位符中，如标题文字输入在标题占位符。选择合适的版式可以帮助用户更有效地传达信息，并使演示文稿富有吸引力。

【实操体验】在"实操体验"文件夹中创建空白"员工培训.pptx"，新建第2张幻灯片，版式为系统内置版式"比较"。

操作方法：启动PowerPoint程序，单击【空白演示文稿】，保存至"实操体验"文件夹中，文件命名为"员工培训.pptx"。在幻灯片浏览窗格中选中第1张幻灯片，在【开始】选项卡【幻灯片】组中，单击【新建幻灯片】，选择"比较"，如图4-1-8所示。

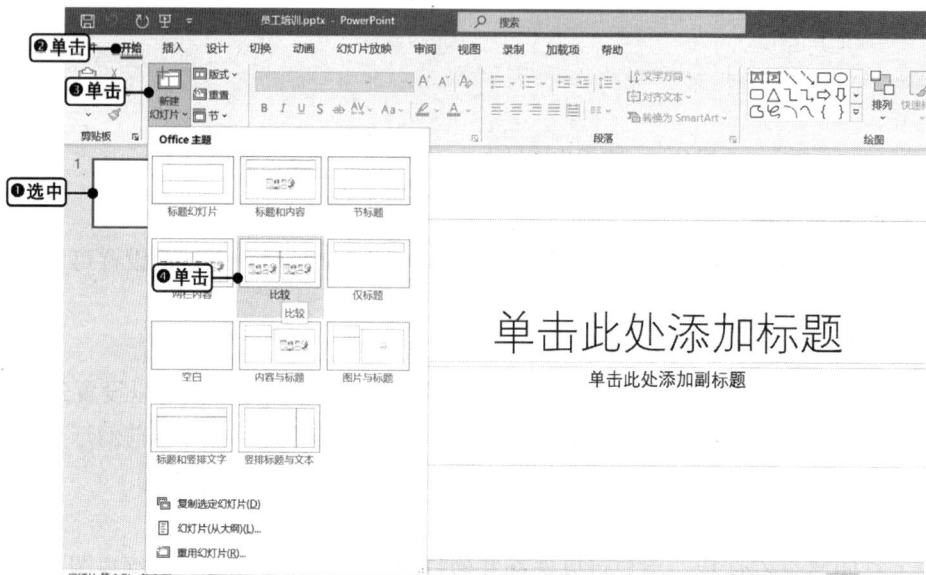

图4-1-8　新建"比较"版式幻灯片

【实操体验】在"员工培训.pptx"中新建第3张幻灯片，幻灯片版式与上一张幻灯片相同。

操作方法：在幻灯片浏览窗格中，选择第2张幻灯片后按【Enter】键，系统将自动沿用当前版式生成新幻灯片。

【实操体验】在"员工培训.pptx"中新建第4张幻灯片，该幻灯片保留源格式，重用"素材"文件夹中"员工培训.pptx"中最后一张幻灯片。

操作方法：在幻灯片浏览窗格中，选中第3张幻灯片，在【开始】选项卡【幻灯片】组中，单击【新建幻灯片】→【重用幻灯片】，在【重用幻灯片】任务窗格中单击【浏览】(见图4-1-9)；打开"素材"文件夹中的"员工培训.pptx"，勾选"保留源格式"，在幻灯片导入的列表中选择最后一张幻灯片，如图4-1-10所示。

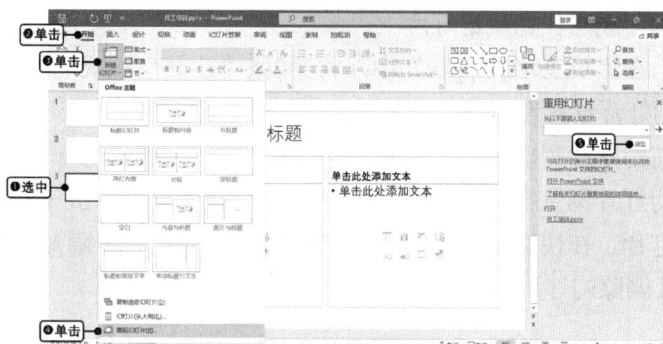

图4-1-9　重用幻灯片(1)

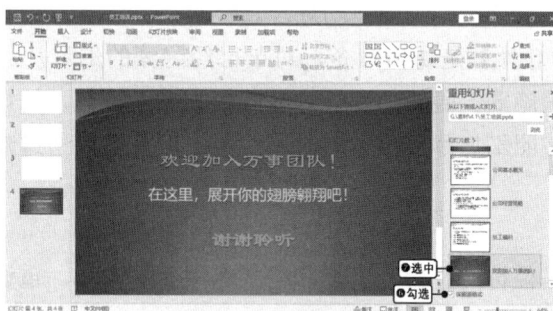

图4-1-10　重用幻灯片(2)

技巧提示：

技巧1：在幻灯片浏览窗格中新建幻灯片时，新建幻灯片的位置在选中的幻灯片之后。

技巧2：在幻灯片浏览窗格或幻灯片浏览视图状态选中某张幻灯片时，可按【Ctrl+M】组合键新建幻灯片。

技巧3：PowerPoint程序内置11种版式，用户可通过幻灯片母版创建个性化版式。

2. 更改幻灯片版式

【实操体验】在"员工培训.pptx"中更改第3张幻灯片版式为"内容与标题"。

操作方法：选中第3张幻灯片，在【开始】选项卡【幻灯片】组中，单击【版式】选择"内容与标题"，如图4-1-11所示。

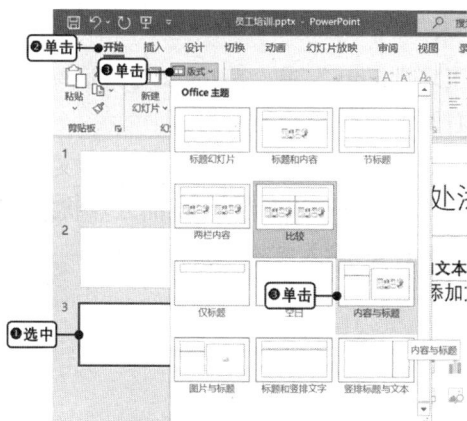

图4-1-11　更改幻灯片版式

3. 移动、复制、删除、隐藏幻灯片

【实操体验】 在"员工培训.pptx"中，将第2张"比较"版式的幻灯片移至最后，并将"比较"版式幻灯片设置为隐藏，再将隐藏的幻灯片删除。

操作方法：在幻灯片浏览窗格中，右击第2张"比较"版式幻灯片，在快捷菜单中单击【剪切】，在幻灯片浏览窗格中，右击结尾处，快捷菜单中单击【粘贴】；右击第4张"比较"版式幻灯片，在快捷菜单中单击【隐藏幻灯片】；右击隐藏的第4张幻灯片，在快捷菜单中单击【删除幻灯片】。

技巧提示：

技巧1：在幻灯片浏览窗格中右击某张幻灯片，在快捷菜单中单击【复制幻灯片】命令后，可在当前幻灯片后直接复制当前幻灯片。

技巧2：【隐藏幻灯片】是切换命令，对于已经隐藏的幻灯片，执行【隐藏幻灯片】命令，该幻灯片将取消隐藏。隐藏的幻灯片在编辑状态下可见，幻灯片序号会加反斜杠标记；隐藏的幻灯片在按照幻灯片顺序放映时不可见，但是可以通过超链接跳转到隐藏的幻灯片，将其放映。

4. 重设幻灯片

当用户对版式中占位符的位置、大小和格式等进行更改后，重设幻灯片可以将占位符的位置、大小和格式等恢复为初始版式。

4.1.4 在幻灯片中输入文本元素

1. 输入文本

在幻灯片中，文本不能直接输入在幻灯片上，而是需要输入在占位符、文本框、图形、表格等元素中。文本在各种元素中的格式设置与Word程序中格式设置基本相同。

(1) 在占位符中输入文本。

【实操体验】 在"员工培训.pptx"中，第1张幻灯片标题占位符输入"万事通公司员工培训"。扫描右侧二维码查看效果图。

操作方法：选中第1张幻灯片，将插入点置于标题占位符中，输入"万事通公司员工培训"。

(2) 在文本框中输入文本。

【实操体验】 在"员工培训.pptx"中，第1张幻灯片底端中间位置输入文本"讲师：小玲"，扫描右侧二维码查看效果图。

操作方法：选中第1张幻灯片，在【插入】选项卡【文本】组中，单击【文本框】→【绘制横排文本框】，光标状态呈现插入点状态，将光标移至页面底端中间位置单击生成文本框(见图4-1-12)，输入文本"讲师：小玲"。

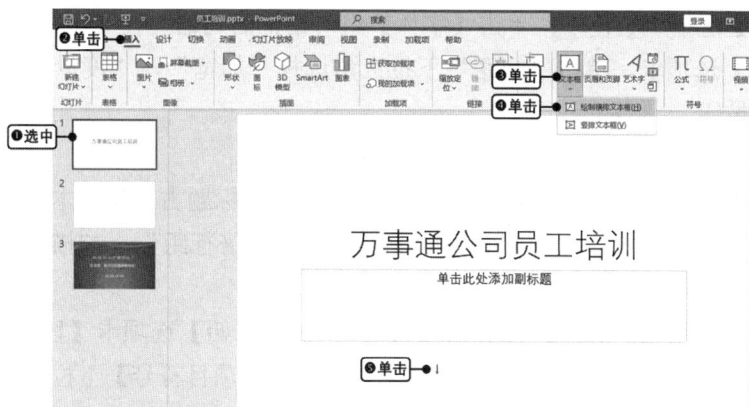

图4-1-12　插入文本框

2. 从大纲导入文本

在幻灯片中，可以从Word文档中导入1级到9级大纲级别文本，根据1级文本数量新建同数量的幻灯片，同时导入文本。

【实操体验】在"员工培训.pptx"中，在第2张幻灯片后开始导入"素材"文件夹中"名片.docx"文本。扫描右侧二维码查看效果图。

操作方法：选中第2张幻灯片，在【开始】选项卡【幻灯片】组中，单击【新建幻灯片】→【幻灯片(从大纲) 】，在【插入大纲】对话框中选中"素材"文件夹中的"名片.docx"，单击【插入】按钮，如图4-1-13所示。

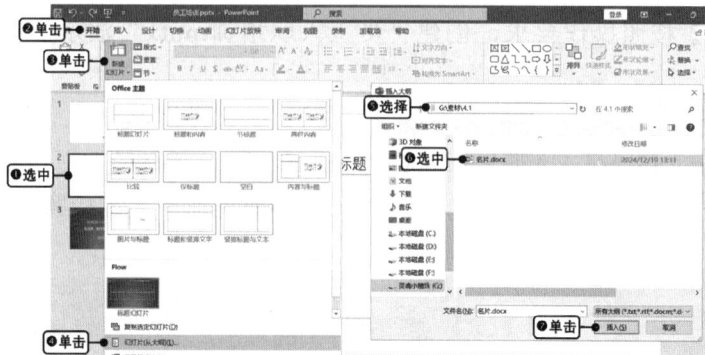

图4-1-13　从大纲导入文本

4.1.5　设置文本格式

在幻灯片中，文本格式设置与Word程序中文本格式设置基本相同。

1. 字体格式

【实操体验】在"员工培训.pptx"中，第1张幻灯片标题占位符字体格式为"加粗""阴影""紫色""间距加宽3磅"。扫描右侧二维码查看效果图。

操作方法：选中第1张幻灯片，光标移至标题占位符边线处，出现"十"字形箭头时单击选中整个标题占位符，在【开始】选项卡【字体】组中，依次单击 **B**、**S** 按钮，单击【字体颜色】选择"紫色",单击【字体】组对话框启动器,在【字体】对话框中切换至【字符间距】选项卡,单击"间距"下拉三角选择"加宽","度量值"输入"3",单击【确定】按钮。

2. 段落格式

【实操体验】在"员工培训.pptx"中,第4张幻灯片标题占位符文本居中对齐,内容占位符中的文本设置"➢"项目符号、"1.5倍行距"。扫描右侧二维码查看效果图。

操作方法:选中第4张幻灯片的标题占位符,在【开始】选项卡【段落】组中,单击【居中】按钮,选中内容占位符,在【段落】组中单击【项目符号】下拉三角选中"➢",单击【行距】选择"1.5"。

❀ 实训

知识训练

(1) 简述PowerPoint程序窗口组成。

(2) PowerPoint的视图有哪几种?编辑幻灯片元素在哪种视图下操作?

(3) 简述创建幻灯片的方法。

能力训练

【案例4-1】按照操作要求,创建"员工入职培训.pptx"演示文稿,效果样张如图4-1-14。

操作要求:

(1) 创建演示文稿"员工入职培训.pptx",保存至"实操体验"文件夹中。

(2) 在第1张幻灯片标题占位符输入文本"员工入职培训",副标题占位符插入系统当前日期,如图4-1-14所示。

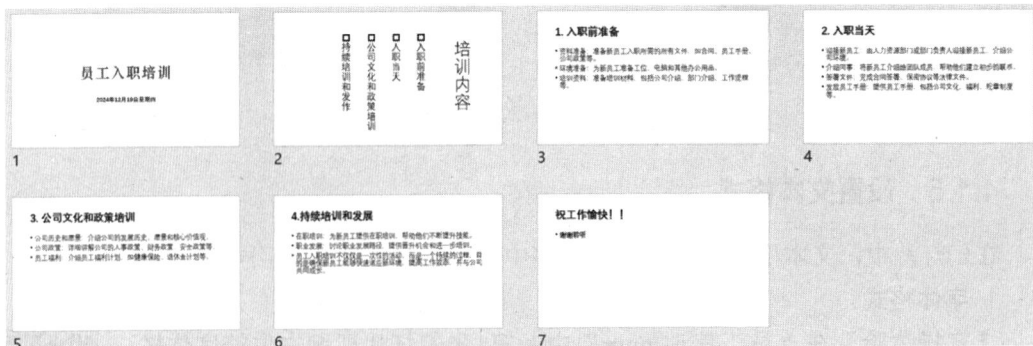

图4-1-14 案例4-1效果样张

标题占位符文本格式:"RGB:0,102,12""华文中宋""阴影""间距加宽5磅"。

副标题占位符文本格式:"加粗""对齐文本:中部对齐"。

(3) 新建第2张幻灯片，版式为"竖排标题与文本"，输入文本并设置格式，如图4-1-14所示。

标题占位符文本格式："字号：72""居中"对齐。

内容占位符文本格式："字号：40""对齐文本：居中""项目符号：□"。

(4) 从第3张幻灯片起内容从"素材"文件夹中"员工入职培训.docx"的大纲文本导入。

(5) 保存演示文稿。

扫描二维码，阅读《案例4-1操作方法》

素质训练

使用"文心一言""Kimi"等AI大模型，以"中国功勋人物"为关键字搜索相关资料，并选取自我感触深刻的一位中国功勋人物，将其事迹文本编辑整理在演示文稿中，以"学习中国功勋人物事迹"为主题使用进行演示文稿展示。

小资料

扫描二维码，阅读《流行演示文稿软件介绍》

任务4.2　演示文稿的元素处理

引导案例：制作超市促销画册

小玟在某连锁超市营销部任职，其中一项常态化的工作内容是定期策划超市的促销方案，并制作超市促销画册。超市促销画册作为一种营销工具，在零售业中扮演着重要的角色。它通过展示特价商品、促销活动和优惠信息，吸引顾客进店消费，同时推广新上架的商品，增加新产品的曝光率。小玟使用PowerPoint制作超市促销画册。

根据案例回答下列问题：

(1) 超市促销画册可以包括哪些元素？

(2) 如何将各种媒体元素添加到幻灯片上？各种媒体的展示效果如何设置？

案例技能点分析：

(1) 设计超市促销画册组成结构。

(2) 选取恰当的元素展示展品，元素可以有艺术字、图片、图像等。

(3) 将各种元素插入到演示文稿中，对比各种元素格式设置的异同。

相关知识

4.2.1　插入和编辑图片

在PowerPoint演示文稿中，可以插入多种元素，如图片、图形、表格等，以丰富演示内容。通过这些元素的组合使用，可以创建出既美观又具有信息量的演示文稿。

1. 插入图片

在幻灯片中，可以插入本地计算机存储的图片，也可以插入联机图片。

【实操体验】新建"产品推介.pptx"，保存至"实操体验"文件夹中。新建第2张"仅标题"版式幻灯片，在第2张幻灯片中插入"素材"文件夹中"d11.jpg"图片。

操作方法：启动PowerPoint程序，新建空白演示文稿，保存至"实操体验"文件夹；在幻灯片浏览窗格中，选中第1张幻灯片，在【开始】选项卡【幻灯片】组中，单击【新建幻灯片】，选择"仅标题"版式；选中第2张幻灯片，在【插入】选项卡【图像】组中，单击【图片】→【此设备】，在【插入图片】对话框中，选中"素材"文件夹中的"d11.jpg"，单击【插入】按钮，如图4-2-1所示。

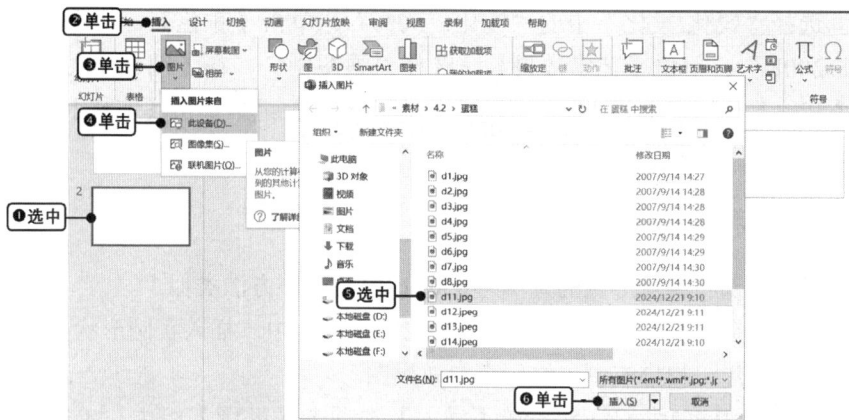

图4-2-1　插入此设备图片

技巧提示：单击幻灯片的内容占位符中媒体元素分类图标"图片"，即可快速插入图片。

【实操体验】在"产品推介.pptx"中，插入第3张默认版式的幻灯片，在第3张幻灯片中插入【图像集】中的"蛋糕"图片。

操作方法：在幻灯片浏览窗格中选中第2张幻灯片，按【Enter】键；选中第3张幻灯片，在【插入】选项卡【图像】组中，单击【图片】→【图像集】，在【图像集】对话框搜索框中输入"蛋糕"，在搜索结果中选中图片，单击【插入】按钮，如图4-2-2所示。

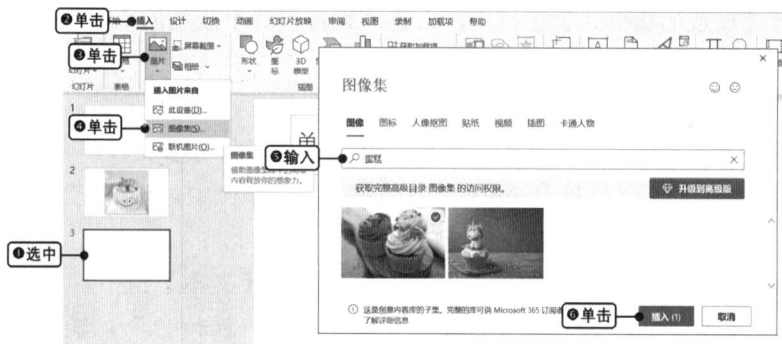

图4-2-2　插入图像集图片

技巧提示：在幻灯片中可以插入【联机图片】，插入联机图片的方法同【图像集】。这两种图片都需要联网进行搜索。

2. 编辑图片

在幻灯片中插入图片时，图片默认显示在幻灯片正中央，图片的大小根据当前幻灯片的尺寸自动缩放显示。用户可以利用PowerPoint程序中提供的图片编辑命令修改图片。

【实操体验】在"产品推介.pptx"中，设置第2张幻灯片中图片的格式，校正为"锐化50%"、色调为"色温：11200K"、艺术效果为"画图刷"、图片样式为"棱台矩形"，再如效果图所示剪裁和移动图片。扫描右侧二维码查看效果图。

操作方法：选中第2张幻灯片中的图片，在【图片格式】选项卡【调整】组中，单击

【校正】，选择"锐化/柔化"中的"锐化：50%"；单击【颜色】，选择"色调"中的"色温：11200K"；单击【艺术效果】，选择"画图刷"。在【图片样式】组中，单击样式列表【其他】按钮，选择"棱台矩形"；在【大小】组中单击【剪裁】，如效果图所示进行剪裁，拖动图片移动至要求位置。

4.2.2 插入和编辑形状

在幻灯片中插入和编辑形状的方法与在Word中的操作方法类似。

【实操体验】在"产品推介.pptx"中的第2张幻灯片中，插入正圆形状并设置效果点缀幻灯片。扫描右侧二维码查看效果图。

操作方法：选中第2张幻灯片，在【插入】选项卡【插图】组中，单击【形状】，选择"椭圆"，按【Shift】键同时拖动鼠标在幻灯片上绘制正圆，选中绘制的正圆，在【形状格式】选项卡【形状样式】组中，单击样式列表【其他】按钮，选择"强烈效果-金色，强调颜色4"，拖动正圆边缘调整大小(见效果图所示的黄色正圆)；以相同的方法绘制第2个正圆(见效果图所示的绿色正圆)。在幻灯片中，如果多个元素重合，可以右击某个元素，在弹出的快捷菜单中单击"置于顶层"或"置于底层"，以调整元素的叠放次序；拖动选中的黄色、绿色正圆，右击选中的两个正圆，在弹出的快捷菜单中单击"组合"，多次复制组合的图形；选中某个组合对象后，在【形状格式】选项卡【形状样式】组中设置"阴影""映像""棱台""三维旋转"等形状效果，单击【大小】组对话框启动器，在【设置形状格式】窗格中，设置"旋转"等不规则的点缀效果。

4.2.3 插入和编辑艺术字

在幻灯片中插入和编辑艺术字的方法与在Word中的操作方法类似。

【实操体验】在"产品推介.pptx"中的第2张幻灯片中，插入艺术字"Happy Hours"。扫描右侧二维码查看效果图。

操作方法：选中第2张幻灯片，在【插入】选项卡【文本】组中，单击【艺术字】，选择预设样式"填充：金色，主题色4；软棱台"，输入文本"Happy Hours"，选中艺术字，在【形状格式】选项卡【艺术字样式】组中，单击【文本填充】，选择"橙色，个性色4，深色25%"，单击【文本效果】，选择【转换】中的"上翘"，单击【大小】组对话框启动器，在【设置形状格式】任务窗格中如效果图所示设置"旋转"，拖动艺术字形状边缘，移动艺术字。

4.2.4 插入和编辑表格

在幻灯片中插入和编辑表格的方法与在Word中的操作方法类似。

【实操体验】在"产品推介.pptx"中，新建第4张默认版式幻灯片，在第4张幻灯片中，插入表格并设置表格格式。扫描右侧二维码查看效果图。

操作方法：在幻灯片浏览窗格中选中第3张幻灯片，按【Enter】键，新建第4张幻灯片；选中第4张幻灯片；在【插入】选项卡【表格】组中，单击【表格】，插入5列7行的表格；选中表格在【表设计】选项卡【表格样式】组中，单击样式列表【其他】按钮，选择"浅色样式3-强调4"，将表格第一行合并，设置底纹颜色为"金色，个性色4，深色50%"、渐变为"变体，线性向下"，输入文本"门店销售额统计表(万元)"；选中表格第2行，设置底纹颜色为"金色，个性色4，深色50%"，渐变为"浅色变体，线性向下"，其他单元格文本输入和格式设置如效果图所示。

4.2.5 插入和编辑图表

在幻灯片中插入和编辑图表的方法与在Excel中的操作方法类似。

【实操体验】在"产品推介.pptx"中，新建第5张默认版式幻灯片，在第5张幻灯片中，插入图表并设置图表格式。扫描右侧二维码查看效果图。

操作方法：在幻灯片浏览窗格中选中第4张幻灯片，按【Enter】键，新建第5张幻灯片；选中第5张幻灯片，在【插入】选项卡【插图】组中，单击【图表】，选择"簇状柱形图"；切换至第4张幻灯片，选中表格的第2~7行复制，切换至第5张幻灯片，在图表关联的Excel窗口中，右击A1单元格，在弹出的快捷菜单中单击"匹配目标格式"粘贴；选中图表，在【图表设计】选项卡中设置如效果图所示的图表样式。

4.2.6 插入和编辑SmartArt图形

SmartArt图形是微软Office套件中PowerPoint、Word和Excel中的一个功能，它允许用户快速创建各种专业级别的图表和图形，以直观地展示信息和数据。这些图形包括组织结构图、流程图、循环图、层次结构图、关系图、矩阵图等。

【实操体验】在"产品推介.pptx"中，新建第6张默认版式幻灯片，在第6张幻灯片中，插入SmartArt图形并设置SmartArt图形格式。扫描右侧二维码查看效果图。

操作方法：在幻灯片浏览窗格中选中第5张幻灯片，按【Enter】键，新建第6张幻灯片；选中第6张幻灯片，在【插入】选项卡【插图】组中，单击【SmartArt】，在【选择SmartArt图形】对话框中，单击"层次结构"→"层次结构列表"，单击【确定】按钮，如图4-2-3所示；选中SmartArt图形，单击SmartArt图形左边缘按钮，展开"在此处输入文字"窗格，如图4-2-4所示；按层次结构输入文字，右击某个层次的文字，在弹出的快捷菜单中根据需要选择"升级""降级""上移"和"下移"菜单项设置文字的级别和顺序，单击输入文字窗格折叠按钮；选中SmartArt图形，在【SmartArt设计】选项卡【SmartArt样式】组中，单击【更改颜色】选择"渐变循环-个性色4"，单击样式列表【其他】按钮，选择"优雅"；如效果图所示设置文字格式，并插入编辑幻灯片底端的箭头形状。

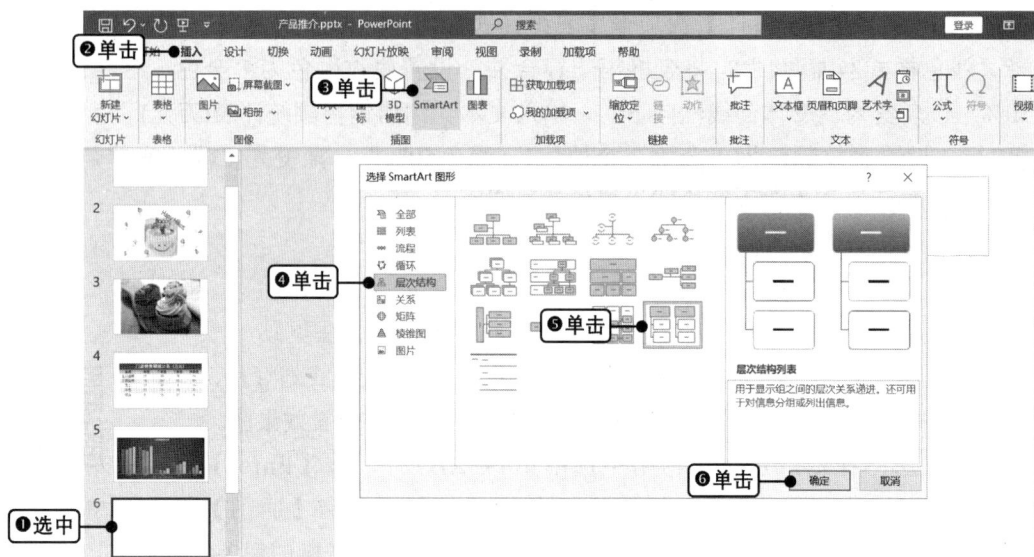

图4-2-3　插入SmartArt图形

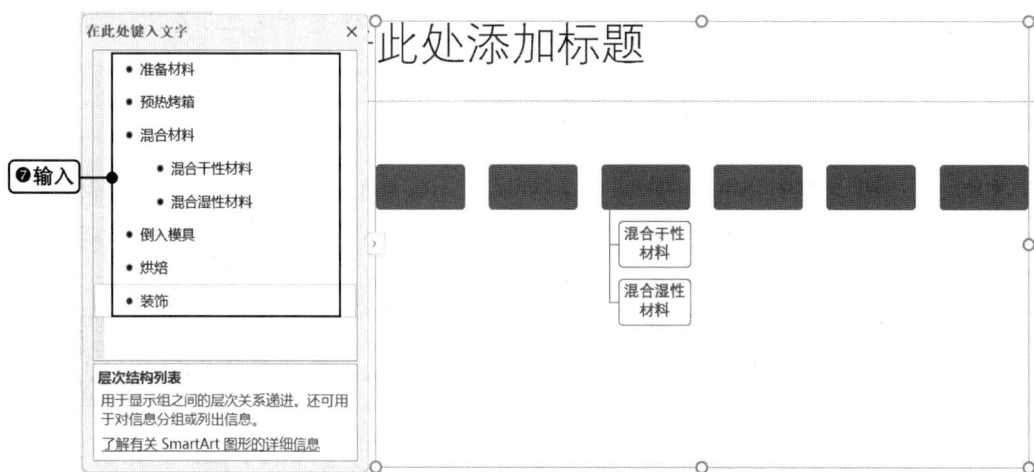

图4-2-4　输入SmartArt图形文字

4.2.7　插入页眉和页脚

在幻灯片中，页脚通常位于底端，用于显示一些固定的信息，如演讲者的姓名、演讲日期、幻灯片编号、公司或组织的标志等。

【实操体验】在"产品推介.pptx"中，将所有幻灯片插入页脚，显示日期、幻灯片编号，并显示文本内容为"蛋糕文化"。

操作方法：选中任意幻灯片，在【插入】选项卡【文本】组中，单击【页眉和页脚】，在【页眉和页脚】对话框的【幻灯片】选项卡中，选中"日期和时间""幻灯片编号"和"页脚"，并输入页脚文字"蛋糕文化"，单击【全部应用】按钮，如图4-2-5所示。

技巧提示：在【页眉和页脚】对话框中，设置页脚显示内容之后，单击【应用】按钮。页眉和页脚设置效果仅应用于当前幻灯片。

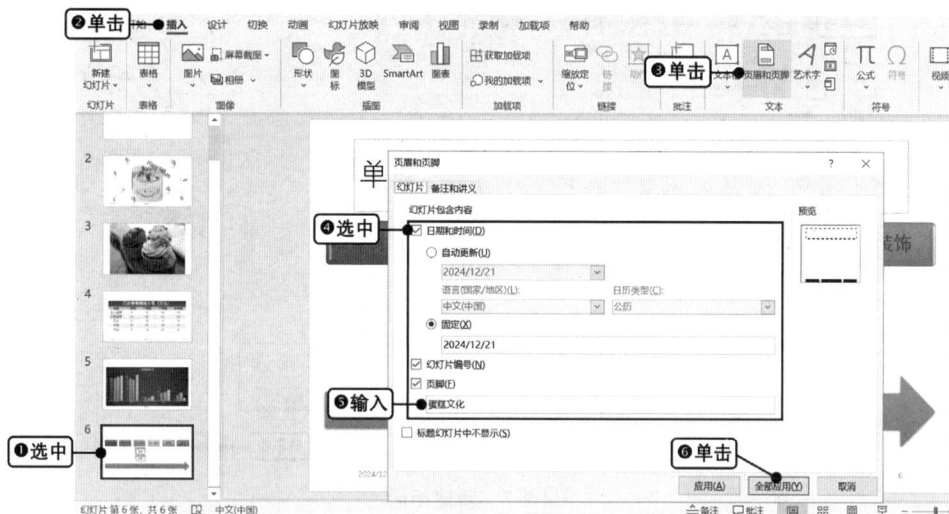

图4-2-5　插入页脚

4.2.8　制作相册

在PowerPoint中制作相册，是一种简单而有效地展示一系列图片的方式。

【实操体验】创建如图4-2-6所示的"蛋糕相册.pptx"演示文稿，保存至"实操体验"文件夹中。

图4-2-6　蛋糕相册效果

操作方法：启动PowerPoint程序，新建空白演示文稿，在【插入】选项卡【图像】组中，单击【相册】，在【相册】对话框中，单击【文件/磁盘】，选择"素材\蛋糕"文件夹中所有图片，单击【插入】按钮，在【相册】对话框中，"图片版式"设置为"2张图片"，"相框形状"设置为"柔化边缘矩形"，单击"主题"的【浏览】按钮，在【选择主题】对话框中，选择"Wisp.thmx"，单击【选择】按钮，在【相册】对话框中单击【创建】按钮，如图4-2-7所示。

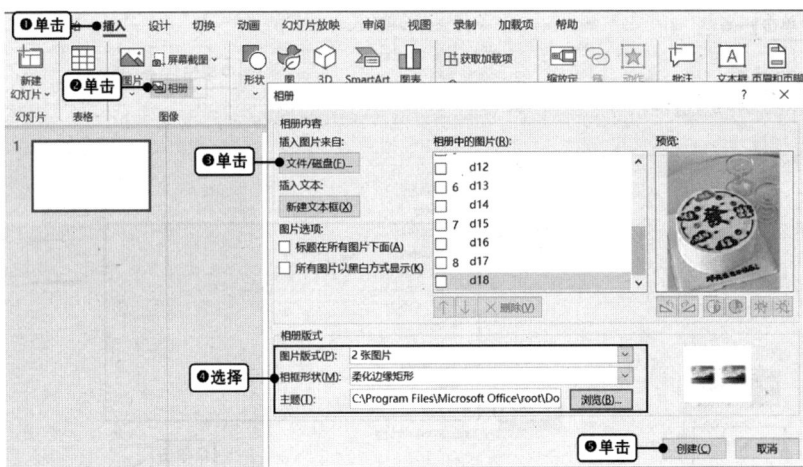

图4-2-7　新建相册

⚙ **实训**

知识训练

(1) 在幻灯片中可以插入哪些元素？

(2) 在幻灯片中插入文字和插入其他元素有什么区别？

(3) 简述在幻灯片中插入图表，设置图表数据、格式的方法。

能力训练

【**案例4-2**】按照操作要求，创建"超市促销画册.pptx"演示文稿。效果样张如图4-2-8所示。

图4-2-8　案例4-2效果样张

操作要求：

(1) 创建空白演示文稿"超市促销画册.pptx"，保存至"实操体验"文件夹中。

(2) 第1张幻灯片版式设置为"空白"，在第1张幻灯片插入元素及格式如下：

①插入矩形，填充色为"白色-橙色、线性向右渐变填充"，高度为19.05厘米、宽度为1厘米，移动至幻灯片右边缘对齐。

②复制矩形3次，调整第1张幻灯片矩形宽度和位置(见图4-2-8)。

③插入空心弧和正圆，调整第1张幻灯片形状、位置、大小、颜色等，正圆添加符号"￥"(见图4-2-8)。

④插入艺术字，调整第1张幻灯片艺术字格式(见图4-2-8)。

(3) 新建第2张默认版式幻灯片，插入"垂直框列表"SmartArt图形，输入文本设置格式；插入形状"爆炸形：14pt"，设置形状格式；插入艺术字，设置艺术字格式，如图4-2-8所示。

(4) 新建第3张默认版式幻灯片，插入形状"爆炸形：14pt"，设置形状格式；插入艺术字，设置艺术字格式；插入"素材\超市促销"文件夹中"t(1) -t(4)"图片，大小为6厘米×4厘米，插入文本框，输入文字并设置格式，插入形状"标注：下箭头"，添加文字并设置格式；所有元素调整位置，如图4-2-8所示。

(5) 第4~12张幻灯片制作方法同第3张幻灯片，第13张幻灯片制作同第1张。

(6) 为所有幻灯片插入日期时间。

(7) 保存演示文稿。

扫描二维码，阅读《案例4-2操作方法》

素质训练

使用"文心一言""Kimi"等AI大模型，以"中国功勋人物"为关键字搜索相关资料，选取除文字外的其他相关元素，将这些元素插入到介绍中国功勋人物演示文稿中，使演示文稿内容更加丰富。

小资料

扫描二维码，阅读《演示文稿中插入视频的技巧与方法介绍》

任务4.3 演示文稿的外观设计

引导案例：制作部门年度总结报告

小慧作为某公司销售部经理，在年末要对部门全年工作进行系统总结。年度总结作为企业管理的重要环节，其价值体现在多个维度：通过全面复盘过往工作，既能清晰梳理销售团队的业绩亮点与改进空间，为持续优化工作流程提供实证依据，又可基于市场趋势与业务需求，科学制订下年度销售目标与行动计划，为团队指明奋进方向。为高效呈现总结成果，小慧采用PowerPoint制作可视化报告。

根据案例回答下列问题：

(1) 通常年度工作总结报告由哪几部分构成？

(2) 同一部分内容需要在多张幻灯片时，通常这些幻灯片的布局是相同的，如何快速创建具有相同布局的幻灯片？

(3) 如何统一整个演示文稿所有幻灯片的外观效果？

案例技能点分析：

(1) 年度工作总结报告通常采用简约设计风格，可以应用PowerPoint程序内置简约风格主题或模板，也可以自定义主题或模板。

(2) 内页部分幻灯片整体风格和结构设计需要统一，有利于清晰展示总结报告结构。

(3) 可以对幻灯片进行页面修饰，使演示文稿在展示时更加吸引观众。

(4) 制作单张幻灯片时，通常按照"新建页面—设计版式—插入内容元素—设置元素样式"的流程进行操作。

📖 相关知识

4.3.1 幻灯片的页面设置

幻灯片页面设置涉及幻灯片的布局、尺寸、方向、背景等基本属性的配置，影响着演示文稿的外观、布局和最终的展示效果。

1. 幻灯片大小

不同的显示设备(如投影仪、显示器、电视屏幕)有不同的分辨率和宽高比。选择合适的幻灯片尺寸可以确保页面内容在不同设备上都能清晰显示，避免内容被裁剪或拉伸。

【实操体验】打开"素材"文件夹中"怀旧.pptx"，另存至"实操体验"文件夹中，再设置幻灯片大小为"宽屏(16∶9)"。

操作方法：在"素材"文件夹中双击打开"怀旧.pptx"，单击【文件】中【另存为】，在【另存为】对话框中，位置选择"实操体验"文件夹，单击【保存】。在【设计】选项卡【自定义】组中，单击【幻灯片大小】→【宽屏(16∶9)】，如图4-3-1所示。

图4-3-1　设置幻灯片大小

【实操体验】在"素材"文件夹中打开"怀旧.pptx"，自定义幻灯片大小，尺寸为"25厘米×20厘米"。

操作方法：在"素材"文件夹中双击打开"怀旧.pptx"，在【设计】选项卡【自定义】组中，单击【幻灯片大小】→【自定义幻灯片大小】，在【幻灯片大小】对话框中"宽度"输入"25厘米"、"高度"输入"20厘米"，单击【确定】按钮，如图4-3-2所示。

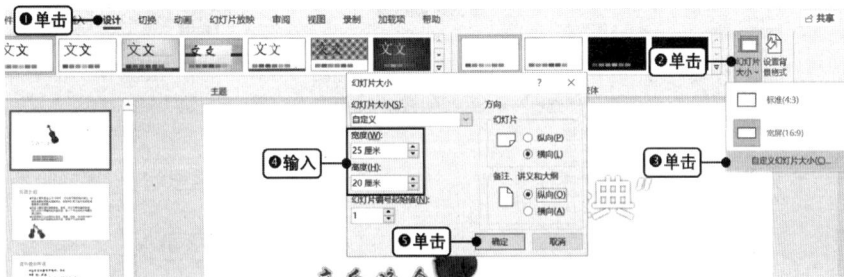

图4-3-2　自定义幻灯片大小

2. 幻灯片背景格式

幻灯片背景设计对提升演示文稿的视觉表现力和信息传递效能具有关键作用。用户可通过纯色填充、渐变填充、图案填充及纹理填充4种方式优化背景呈现。

【实操体验】在"素材"文件夹中"怀旧.pptx"中，设置第1张幻灯片背景填充为预设渐变"浅色渐变-个性色4""从中心""射线"。

操作方法：选中第1张幻灯片，在【设计】选项卡【自定义】组中，单击【设置背景格式】，在【设置背景格式】任务窗格中，选择"渐变填充"，"预设渐变"选择"浅色渐变-个性色4"，"类型"选择"射线"，"方向"选择"从中心"，如图4-3-3所示。

图4-3-3　设置幻灯片背景渐变填充

【实操体验】在"素材"文件夹中"怀旧.pptx"中,将"素材"文件夹中"背景.png"图片设置为所有幻灯片背景,如图4-3-4所示。

图4-3-4　幻灯片背景图片填充效果

操作方法:选中第1张幻灯片,在【设计】选项卡【自定义】组中,单击【设置背景格式】,在【设置背景格式】任务窗格中,选择"图片或纹理填充",单击"图片源"的【插入】按钮,在【插入图片】对话框中选择"素材"文件夹中的"背景.png",单击【插入】按钮,在【设置背景格式】任务窗格中单击【应用到全部】按钮,如图4-3-5所示。

图4-3-5　设置幻灯片背景图片填充

技巧提示:取消设置背景时,在【设置背景格式】任务窗格中,单击【重置背景】按钮即可。

4.3.2　幻灯片的外观统一

1. 主题

幻灯片的主题表现为视觉上贯穿整个演示文稿的统一风格。它包括颜色、字体、布局、图形等视觉元素的应用,同时主题要与演示文稿的内容和诉求相契合。设计主题的作用是增强演示的吸引力、一致性和专业性。

【实操体验】打开"素材"文件夹中"怀旧.pptx",另存至"实操体验"文件夹中,命名为"怀旧1.pptx"。为"怀旧1.pptx"中所有幻灯片应用内置主题"基础"。

操作方法:在"素材"文件夹中双击打开"怀旧.pptx",单击【文件】中【另存为】,在【另存为】对话框中,位置选择"实操体验"文件夹,单击【保存】。选中第1张幻灯片,在【设计】选项卡【主题】组中,单击主题列表【其他】下拉按钮,选择"基础",如图4-3-6所示。

图4-3-6　设置幻灯片内置主题

【实操体验】为"怀旧1.pptx"中所有幻灯片应用"艺术1.thmx"主题。

操作方法：选中第1张幻灯片，在【设计】选项卡【主题】组中，单击主题列表【其他】按钮，选择【浏览主题】，在【选择主题或主题文档】对话框中选择"素材"文件夹中"艺术1.thmx"，单击【应用】按钮，如图4-3-7所示。

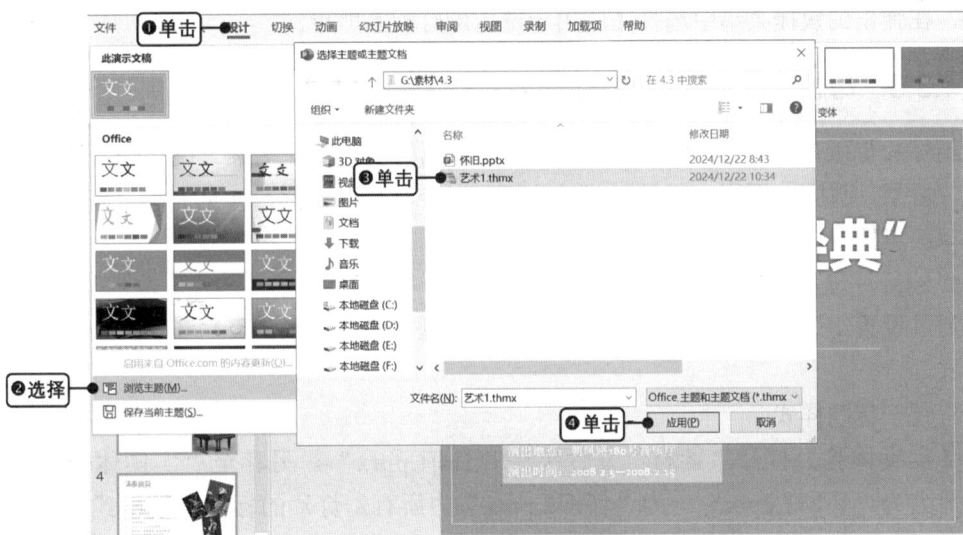

图4-3-7　设置幻灯片自定义主题

技巧提示：选中1张幻灯片应用主题，即默认所有幻灯片全部应用该主题；一个演示文稿中可以应用多个主题，选中幻灯片后，在主题列表中右击某个主题，在弹出的快捷菜单中选择【应用于选定幻灯片】即可。

2. 变体

在演示文稿变体应用下，用户可以根据不同的展示环境、受众需求或演示目的，对原始演示文稿的颜色、字体、效果和背景样式设计进行调整和定制。这些变体可以包括内容、结构、设计元素或演示风格的改变。

【实操体验】为"怀旧1.pptx"中所有幻灯片应用"颜色：蓝色暖调"变体。

操作方法：选中第1张幻灯片，在【设计】选项卡【变体】组中，单击变体列表【其他】按钮，选择【颜色】中的"蓝色暖调"，如图4-3-8所示。

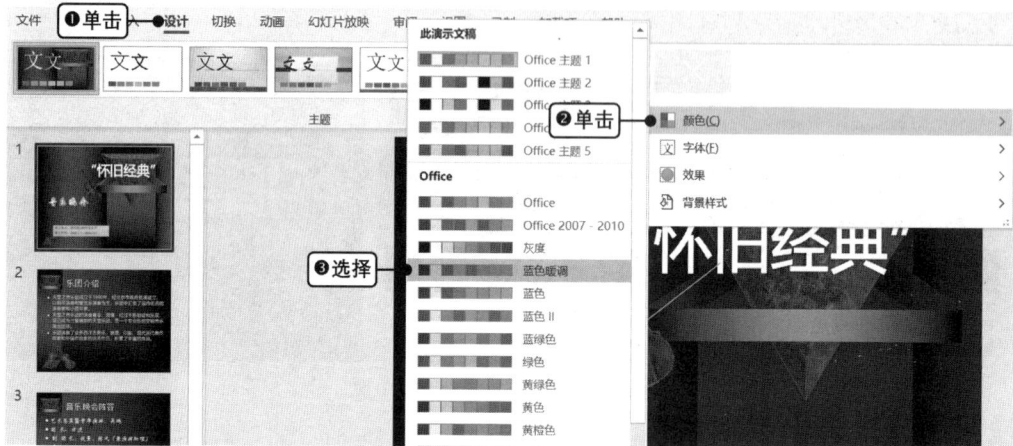

图4-3-8　设置幻灯片颜色变体

技巧提示：与应用主题类似，选中1张幻灯片应用变体，即默认所有幻灯片全部应用该变体；一个演示文稿中可以应用多个变体，选中幻灯片后，在变体列表中右击某个变体选项，在弹出的快捷菜单中选择【应用于选定幻灯片】即可。

4.3.3　母版

幻灯片母版是PowerPoint中用于统一设计规范的核心设计工具。统一幻灯片的字体、颜色、背景、页脚、页眉、标题样式等，还可以控制打印设置，如页眉和页脚信息。演示文稿母版包括幻灯片母版、讲义母版和备注母版。

1. 幻灯片母版

通过设置幻灯片母版，可以统一幻灯片的标题样式、背景、页眉和页脚，还可以自定义版式。

1) 统一标题样式

【实操体验】打开"素材"文件夹中"怀旧.pptx"，另存至"实操体验"文件夹中，命名为"怀旧2.pptx"。为"怀旧2.pptx"中所有幻灯片的标题设置格式为"华文琥珀""50""阴影""紫色""居中"。

操作方法：在【视图】选项卡【母版视图】组中，单击【幻灯片母版】，进入幻灯片母版编辑状态，如图4-3-9所示。在浏览窗格中选中最上方幻灯片母版，幻灯片母版设置将应用于所有幻灯片；选中"标题"占位符，在【开始】选项卡【字体】组中，单击【字体列表】，选择"华文琥珀"；单击【字号】列表，选择"50"；单击 S 按钮，选中阴影；单击【字体颜色】列表，选择"紫色"；在【段落】组中单击【居中】按钮，如图4-3-10所示。在【幻灯片母版】选项卡【关闭】组中，单击【关闭母版视图】。

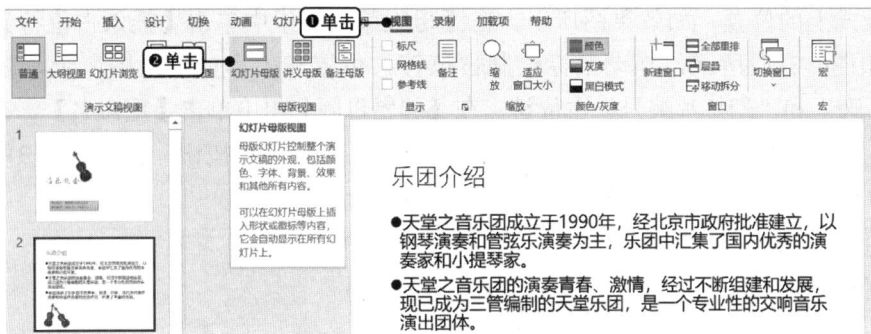

图4-3-9　设置幻灯片母版标题样式(1)

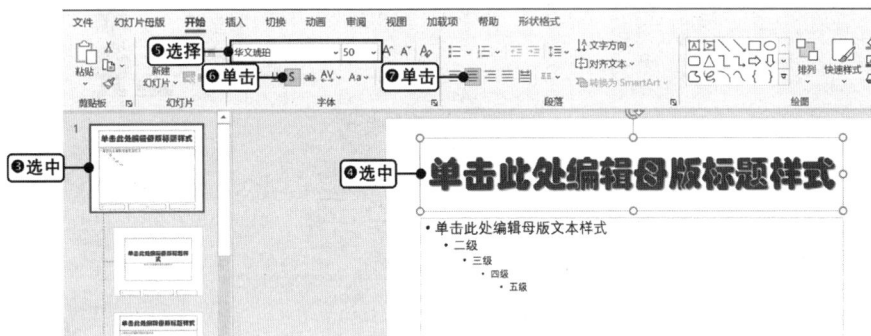

图4-3-10　设置幻灯片母版标题样式(2)

2) 统一添加元素

【实操体验】为"怀旧2.pptx"中所有幻灯片右上角位置添加"素材"文件夹的"音符.png"图片，图片格式"缩放10%"、艺术效果为"铅笔素描"。

操作方法：在【视图】选项卡【母版视图】组中，单击【幻灯片母版】，进入幻灯片母版编辑状态，在浏览窗格中选中最上方幻灯片母版，在【插入】选项卡【图像】组中，单击【图片】→【此设备】，选中"素材"文件夹中的"音符.png"，选中图片，在【图片格式】选项卡中单击【大小】组对话框启动器，缩放高度和宽度设置为"10%"，在【调整】组中单击【艺术效果】，选择"铅笔素描"，拖动图片移至幻灯片右上角边缘对齐，在【幻灯片母版】选项卡【关闭】组中，单击【关闭母版视图】。

3) 自定义版式

PowerPoint程序内置11种版式，用户可以直接选择内置版式，也可以根据幻灯片布局要求自定义版式。

【实操体验】在"怀旧2.pptx"中，自定义版式"用户1"，该版式左侧上下排列两个内容占位符，右侧垂直标题占位符，并在"怀旧2.pptx"中结尾处新建应用"用户1"版式的幻灯片。扫描右侧二维码查看效果图。

操作方法：

步骤1：自定义版式。在【视图】选项卡【母版视图】组中，单击【幻灯片母版】，在【幻灯片母版】选项卡【编辑母版】组中，单击【插入版式】，如图4-3-11所示。右击该版式标题占位符，在弹出的快捷菜单中单击【占位符方向】选择"垂直"，调整占位符在该版式上的位置，如效果图所示，在【母版版式】组中单击【插入占位符】→"内容"，如图4-3-12所示，拖动鼠标绘制占位符，位置和大小如效果图所示，删除"日期""页脚"和"幻灯片编号"占位符。在【编辑母版】组中单击【重命名】，在【重命名版式】对话框中输入版式名称"用户1"，单击【重命名】按钮，如图4-3-13所示。在【幻灯片母版】选项卡【关闭】组中，单击【关闭母版视图】。

图4-3-11 插入版式

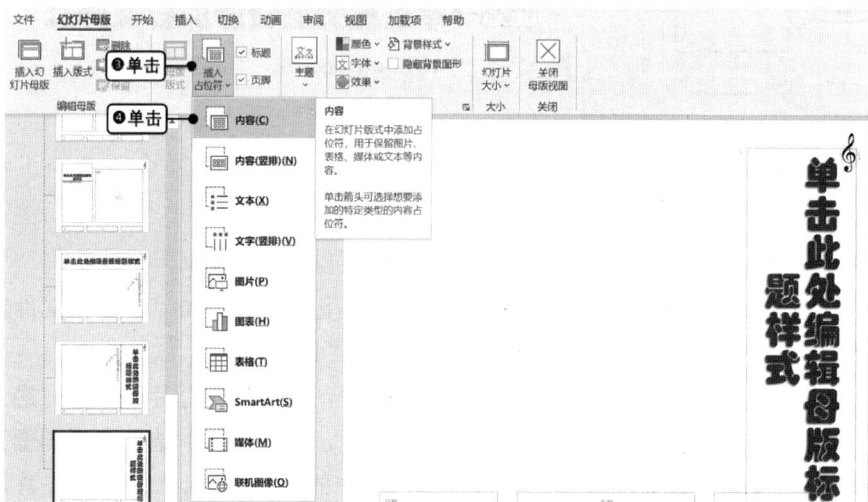
图4-3-12 插入占位符

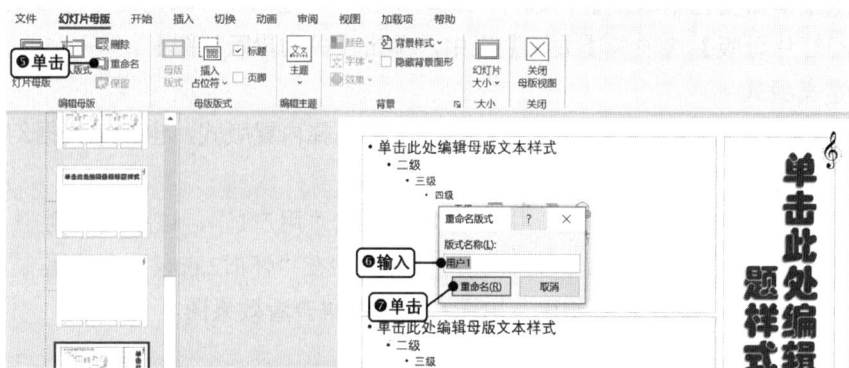
图4-3-13 重命名版式

步骤2：应用自定义版式。选中最后一张幻灯片，在【开始】选项卡【幻灯片】组中，单击【新建幻灯片】，选择"用户1"，如图4-3-14所示。

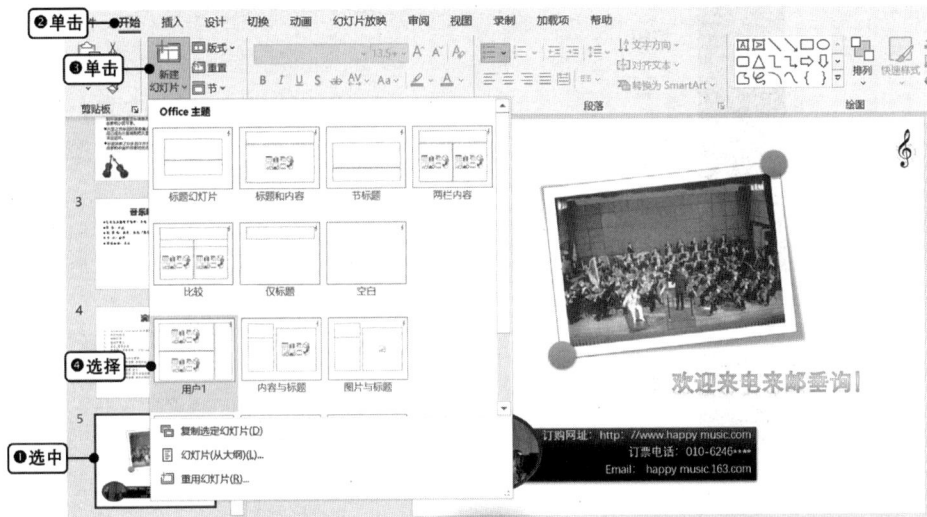

图4-3-14　新建"用户1"版式幻灯片

2. 讲义母版和备注母版

讲义母版是专为演示内容纸质化留存而设计的版式规范系统；备注母版是专为演讲者设计的辅助界面系统，用来设置备注信息。

【实操体验】设置"怀旧2.pptx"的讲义母版，页眉内容为"音乐的魅力"，页脚内容为"怀旧系列"，并查看讲义的打印效果。

操作方法：

步骤1：编辑讲义母版。在【视图】选项卡【母版视图】组中，单击【讲义母版】进入讲义母版编辑状态，选中"页眉"占位符输入"音乐的魅力"(见图4-3-15)，选中"页脚"占位符输入"怀旧系列"，在【讲义母版】选项卡【关闭】组中，单击【关闭母版视图】。

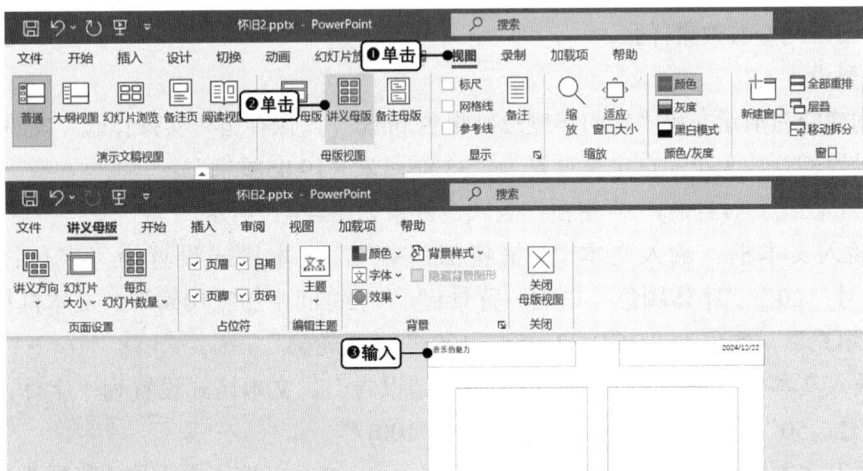

图4-3-15　设置讲义母版

步骤2：查看讲义打印效果。在【文件】菜单中单击【打印】，打印版式设置为"讲义(每页2张幻灯片)"，如图4-3-16所示。

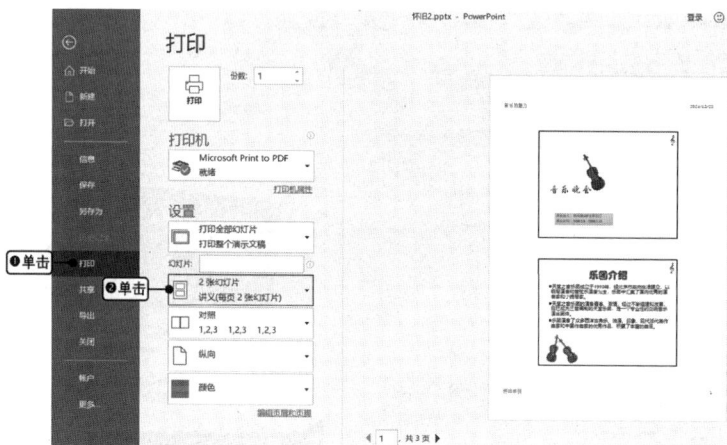

图4-3-16　查看讲义打印效果

技巧提示：备注母版设置方法与讲义母版设置方法相同；切换至"备注页"视图，可查看备注视图设置效果。

🛡 实训

知识训练

(1) 演示文稿中哪些设置可以统一幻灯片风格？

(2) 幻灯片背景格式中包括4种填充效果，分别是什么？

(3) 演示文稿包括3种母版，分别是什么？

能力训练

【案例4-3】按照操作要求，创建"部门年度总结报告.pptx"演示文稿。扫描右侧二维码查看效果样张。

操作要求：

(1) 创建空白演示文稿"部门年度总结报告.pptx"，保存至"实操体验"文件夹中。

(2) 设置幻灯片大小，自定义设置为"33.86厘米×19.05厘米"。

(3) 第1张幻灯片(封面)，"空白"版式，效果如图4-3-17所示。

① 插入文本框，输入文本"≻销售部门≺"，文本格式设置为"字体：微软雅黑""字号：20""字体颜色：白色，背景1""字符间距加宽10磅"；文本框格式设置为"纯色填充"，颜色为"RGB(33，88，100)""无轮廓"。

② 插入文本框，输入文本"2024年终总结报告"，文本格式设置为"字体：方正姚体""字号：50""字体颜色：RGB(33，88，100)"。

③ 插入文本框，输入文本"2024 Final Summary Report"，文本格式设置为"字体：微软雅黑Light""字号：20""字体颜色：黑色，文字1""淡色50%""对齐方式：分散对齐"；文本框长度与"2021年终总结报告"所在文本框长度一致。

④ 插入形状"大矩形"，形状格式设置为"形状轮廓：RGB(33，88，100)""粗细6

磅""无填充颜色""置于底层"，并适当调整大小和位置。

⑤ 插入形状"小矩形"(用于遮挡大矩形右边缘被文字断开部分)，形状格式设置为"填充白色""无轮廓""置于文字下层"。

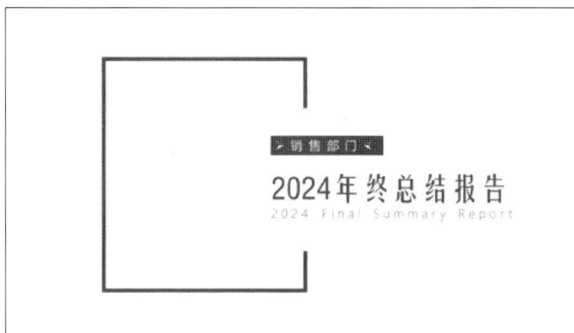

图4-3-17　第1张幻灯片(封面)效果

(4) 第2张幻灯片(目录)，"空白"版式，效果如图4-3-18所示。

① 插入矩形，形状格式设置为"高度：19.05厘米""蓝色填充""无轮廓"。

② 插入4个正圆，形状格式设置为"直径：2.2厘米""蓝色填充""轮廓：白色，粗细2.25磅"，并添加文字；文字格式设置为"字体：Calisto MT""字号：28""字体颜色：白色，背景1、加粗"。

③ 插入文本框，输入文本"Contents"，文本格式设置为"字体：Calisto MT""字号：首字母96，其他44""字体颜色：白色，背景1"。

④ 插入文本框，输入文本"目录"，文本格式设置为"字体：方正姚体""字号：36、字体颜色：白色、背景1"。

⑤ 插入直线，形状格式设置为"线条颜色：白色""开始箭头类型：圆形箭头"。

⑥ 插入文本框，输入文本(目录标题)，文本格式设置为"字体：微软雅黑""字号：24""字体颜色：蓝色、加粗"。

图4-3-18　第2张幻灯片(目录) 效果

(5) 自定义版式"销售部现状"(内页的版式)，效果如图4-3-19所示。

① 插入大矩形，形状格式设置为"高度：19.05厘米""填充：RGB(33，88，104)""无轮廓"。

② 插入小矩形(当前讲解内容的高亮颜色矩形)，形状格式设置为"蓝色填充""无

轮廓"。

③ 插入文本"2024年终总结"，文本格式设置为"字体：方正姚体""字体颜色：白色，背景1""阴影"，其中，文字"2024"的字号为"44"，文字"年终总结"的字号为"36"。

④ 插入文本框，输入文本"销售部现状"，文本格式设置为"字体：微软雅黑""字号：24""字体颜色：白色，背景1""加粗"。

⑤ 插入文本框，输入其他文字，文本格式设置为"字体：微软雅黑""字号：18""字体颜色：白色，背景1，深色35%"。

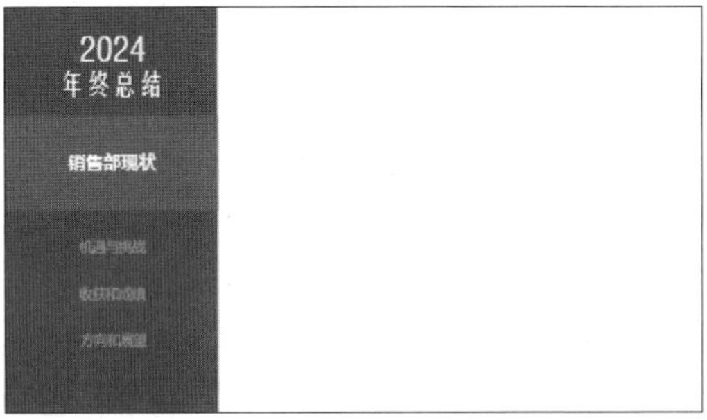

图4-3-19　自定义版式"销售部现状"效果　　　　扫描二维码，阅读《案例4-3操作方法》

(6) 同步骤5，自定义版式"机遇与挑战""收获和成绩""方向和展望"。

(7) 应用每个自定义版式另外新建两张幻灯片。

(8) 保存演示文稿。

素质训练

根据"学习中国功勋人物事迹"演示文稿的内容设计整体风格，从内容、页面、色彩等效果做到统一。

小资料

扫描二维码，阅读《利用在线资源和工具获取演示文稿主题和模板的途径与方法》

任务4.4　演示文稿的动态效果和放映

引导案例：制作幼儿字母教学课件

小美作为某幼儿园教师，要用PowerPoint制作适合幼儿学习的字母教学课件。她在设计课件时特别注重用色彩鲜艳、形象生动的图片和动画来吸引幼儿的注意力，激发他们主动学习的兴趣。遇到抽象的知识点，她会通过搭配图像、声音和动画来辅助说明，把复杂的概念变成具体形象的内容，帮助幼儿更好地理解和记忆。

根据案例回答下列问题：

(1) 幼儿字母教学课件中，字母在课件中以哪种形式(文字、艺术字、图片等)呈现最为合适？

(2) 如何设计形式新颖且吸引幼儿注意的教学课件？

(3) 如何快速演示到指定内容幻灯片，实现教学内容灵活展现？

案例技能点分析：

(1) 准备制作课件的素材，如图片、音频、视频等。

(2) 根据教学内容组织好素材，并添加到幻灯片中。

(3) 设计适合幼儿学习使用的演示文稿风格，包括动态效果设计。

(4) 设置幻灯片的放映效果并保存演示文稿。

📖 相关知识

4.4.1　动画

演示文稿中的动画效果可以帮助演讲者有效吸引观众注意，突出关键内容，增强信息的传达效果，并使演示更加生动有趣。常见的动画效果包括进入动画、强调动画、退出动画和路径动画4种。

1. 进入动画

进入动画是演示时元素首次出现的动态效果，如淡入、飞入、翻转等，用来引导观众的注意力。

【实操体验】打开"素材"文件夹中"九寨.pptx"，另存至"实操体验"文件夹中。为第1张幻灯片标题占位符添加"飞入"动画，方向为"自右上部"，持续时间为2秒，文本动画为"按字母"。

操作方法：选中第1张幻灯片中的标题占位符，在【动画】选项卡【高级动画】组中，单击【添加动画】，选择"进入"效果的"飞入"，如图4-4-1所示；在【动画】组中单击【效果选项】→【自右上部】，在【计时】分组中，持续时间输入"02.00"，如图4-4-2所示；在【高级动画】组中单击【动画窗格】，在【动画窗格】中单击动画列表下拉三角，选择【效果选项】，在【飞入】对话框的【效果】选项卡中，选择"按字母顺序"的文本动画，单击【确定】按钮，如图4-4-3所示。

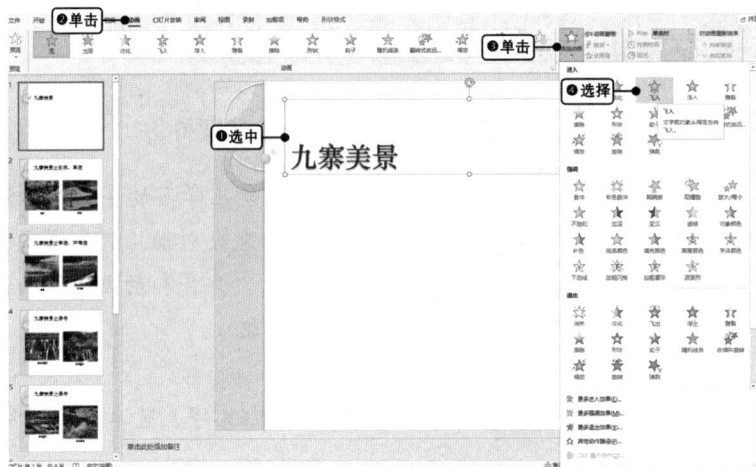

图4-4-1　添加进入效果动画

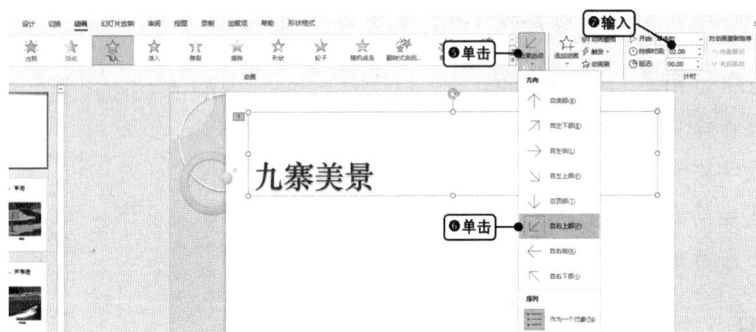

图4-4-2　设置动画选项

图4-4-3　设置文本动画

2. 强调动画

强调动画用于突出显示幻灯片上的特定元素，如放大、缩小、旋转、闪烁等，以吸引观众对特定信息的关注。

【实操体验】在 "九寨.pptx" 的第2张幻灯片中，将两张图片设置为相同动画效果：动画1效果为强调的 "脉冲"，持续时间为1秒，延时为1秒；动画2效果为强调的 "放大/缩小"，效果选项为 "较小"，开始为 "上一动画之后"，延时为1秒。

操作方法：选中第2张幻灯片的 "彩林" 图片，在【动画】选项卡【高级动画】组中，单击【添加动画】，选择"强调"效果中的"脉冲"，在【计时】组中持续时间输入"01.00"，延时输入"01.00"，如图4-4-4所示；在【高级动画】组中单击【添加动画】，选择"强调"效果中的"放大/缩小"，在【动画】组中单击【效果选项】，选择"分量"中的"较小"，在【计时】组中，"开始"处选择"上一动画之后"，"延时"处输入"01.00"，如图4-4-5所示；选中"彩林"图片，在【高级动画】组中单击【动画刷】，刷选"草海"图片。

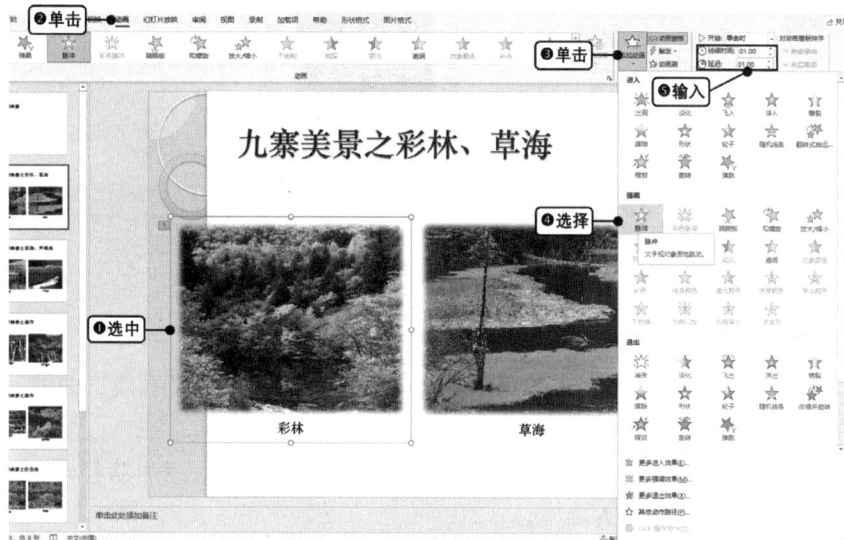

图4-4-4　添加强调效果动画1

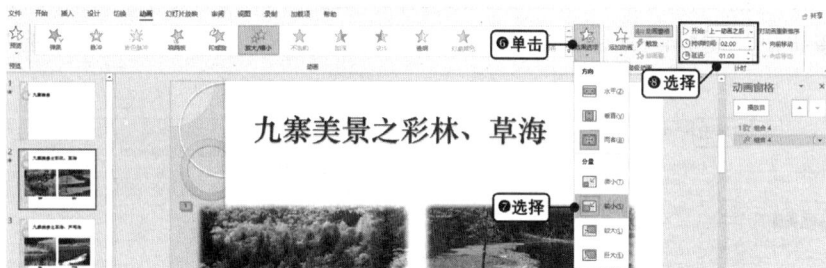

图4-4-5　添加强调效果动画2

3.退出动画

退出动画用于让元素在幻灯片中逐渐消失，比如淡出、飞出、收缩等。

【实操体验】在"九寨.pptx"的第4张幻灯片中，为"诺日郎瀑布"图片添加退出"弹跳"动画效果，单击标题触发动画；为"树正瀑布"图片添加退出"回旋"动画效果，单击标题触发动画。

操作方法：选中第4张幻灯片中的"诺日郎瀑布"图片，在【动画】选项卡【高级动画】组中，单击【添加动画】，选择"退出"效果中的"弹跳"，在【高级动画】组中单击【触发】→【通过单击】，选择要触发的"标题"；选中"树正瀑布"图片，在【动画】选项卡【高级动画】组中，单击【添加动画】→【更多退出效果】，在【添加退出效果】对话框中选择"回旋"，单击【确定】按钮，如图4-4-6所示；在【高级动画】组中单击【触发】→【通过单击】，选择要触发的"标题"。

图4-4-6 添加退出效果动画

4. 路径动画

路径动画是让对象按照自定义的路线来运动，这个路线可以是直线、曲线，也可以是自由绘制的。绿箭头是路径起点，红箭头是路径终点。

【实操体验】在 "九寨.pptx"的第8张幻灯片中，为文本添加路径动画"S形曲线1"，效果设置为"反转路径方向"。

操作方法：选中幻灯片8中的文本，在【动画】选项卡【高级动画】组中，单击【添加动画】→【其他动作路径】，在【添加动作路径】对话框中选中"S形曲线2"，单击【确定】按钮，如图4-4-7所示；在【动画】组中，单击【效果选项】，选择"反转路径方向"。

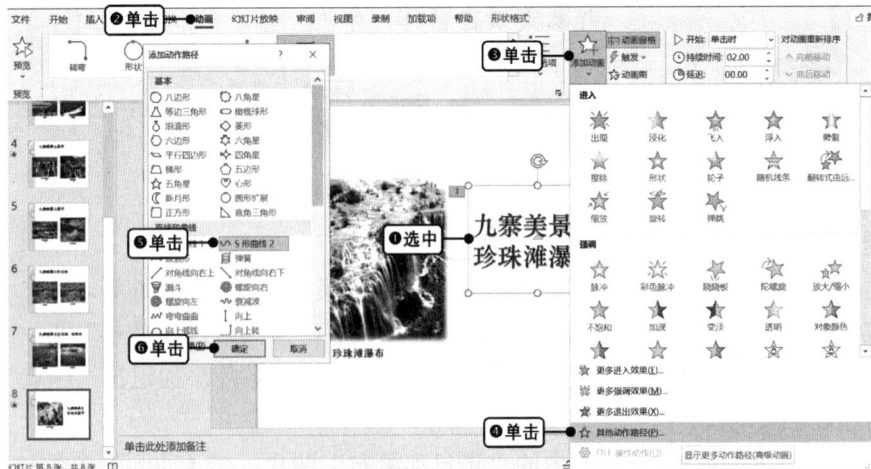

图4-4-7 添加路径效果动画

技巧提示：

技巧1：选中幻灯片中各种元素对象(如文本、图片、形状、表格等)，都可添加动画。

技巧2：可以在【动画窗格】中设置更多动画效果；动画窗格显示当前幻灯片中添加的所有动画，所有动画按照添加顺序从1开始依次编号并罗列在动画窗格中，拖动某动画列表可以调整动画顺序；单击某动画列表下拉三角，在菜单中单击【效果选项】设置动画其他效果选项。

技巧3：添加动画后，可以在【动画】选项卡【预览】组单击【预览】按钮，预览动画效果。

4.4.2 幻灯片切换

幻灯片切换是在演示文稿中，从一个幻灯片过渡到另一个幻灯片时使用的效果。这些切换效果可以增强演示文稿的视觉效果，使内容的过渡更加流畅。

【实操体验】在 "九寨.pptx" 中为所有幻灯片设置 "分割" 切换效果，方向为 "中央向上下展开"，持续时间为 "3秒"，设置自动换片时间为 "3秒"。

操作方法：选中任意一张幻灯片，在【切换】选项卡【切换到此幻灯片】组中，单击切换效果列表【其他】按钮，单击 "分割"，如图4-4-8所示；单击【效果选项】→【中央向上下展开】，在【计时】组中的 "持续时间" 输入 "03.00"，在 "换片方式" 中取消勾选 "单击鼠标时"、勾选 "设置自动换片时间" 并输入 "00:03.00"，单击【应用到全部】，如图4-4-9所示。

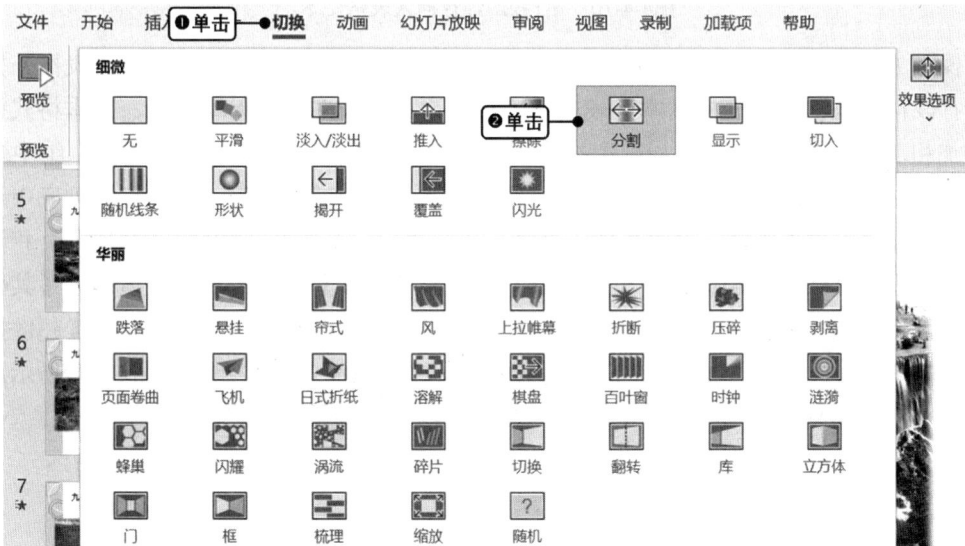

图4-4-8 设置幻灯片切换效果

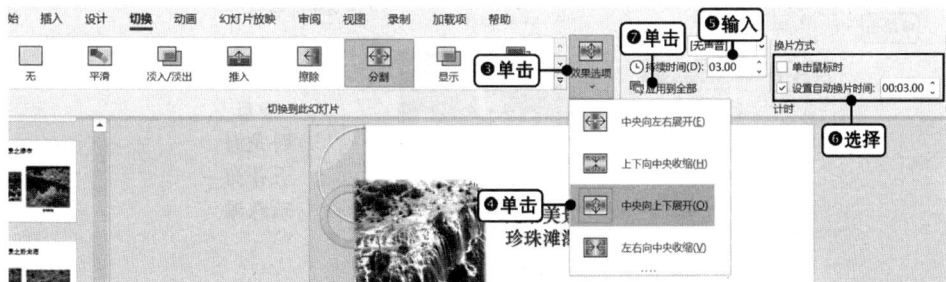

图4-4-9 设置幻灯片切换效果选项

4.4.3 超链接和动作

1. 超链接

在PowerPoint中，使用超链接可以增加演示文稿的互动性，能够快速跳转到特定的幻灯片、网页、文件或电子邮件地址。

【实操体验】在"九寨.pptx"的第1张幻灯片中插入1列7行表格，输入表格文本(见图4-4-10)并设置表格和文本格式；依次对表格中的文本设置超链接，其中"彩林""草海"链接到第2张幻灯片，"芦苇海"链接到第3张幻灯片，"瀑布"链接到第4张幻灯片，"卧龙海"链接到第6张幻灯片，"五花海"链接到第7张幻灯片，"珍珠滩"链接到第7张幻灯片；设置超链接文本颜色"为褐色，个性色，深色50%"。

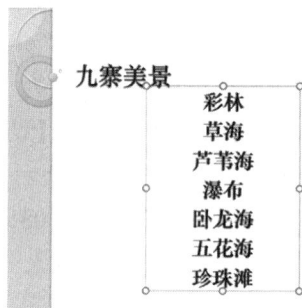

图4-4-10　第1张幻灯片插入表格文本

操作方法：选中第1张幻灯片，在【插入】选项卡【表格】组中，单击【表格】插入1列7行表格，依次输入表格文本，表格格式设置为"无边框""无填充"，文本格式设置为"加粗""36""居中"。选中文本"彩林"，在【插入】选项卡【链接】组中单击【链接】，在【插入超链接】对话框中，选择"本文档中的位置"，在幻灯片列表中选择标题为"九寨美景之彩林、草海"的幻灯片，单击【确定】按钮，如图4-4-11所示；相同的操作方法设置其他文本超链接。在【设计】选项卡【变体】组中，单击变体列表【其他】按钮，选择【颜色】→【自定义颜色】，在【新建主题颜色】对话框中，单击【超链接】旁的下接按钮选择"褐色，个性色5，深色50%"，单击【保存】按钮，如图4-4-12所示。

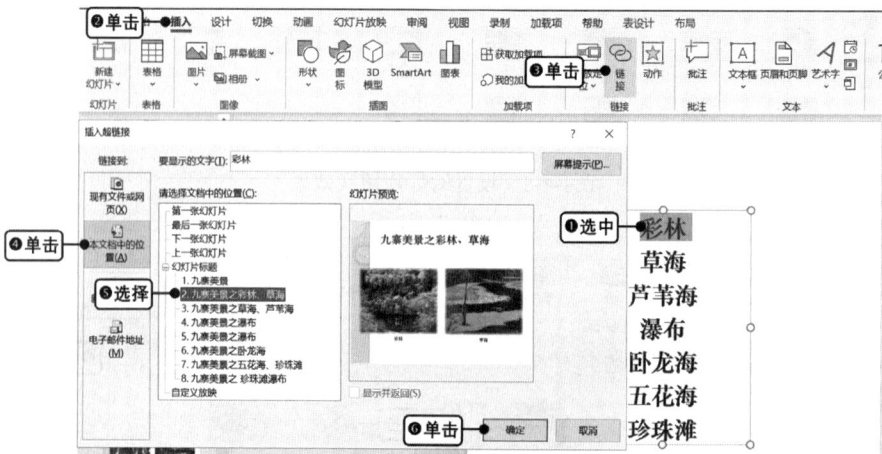

图4-4-11　插入超链接

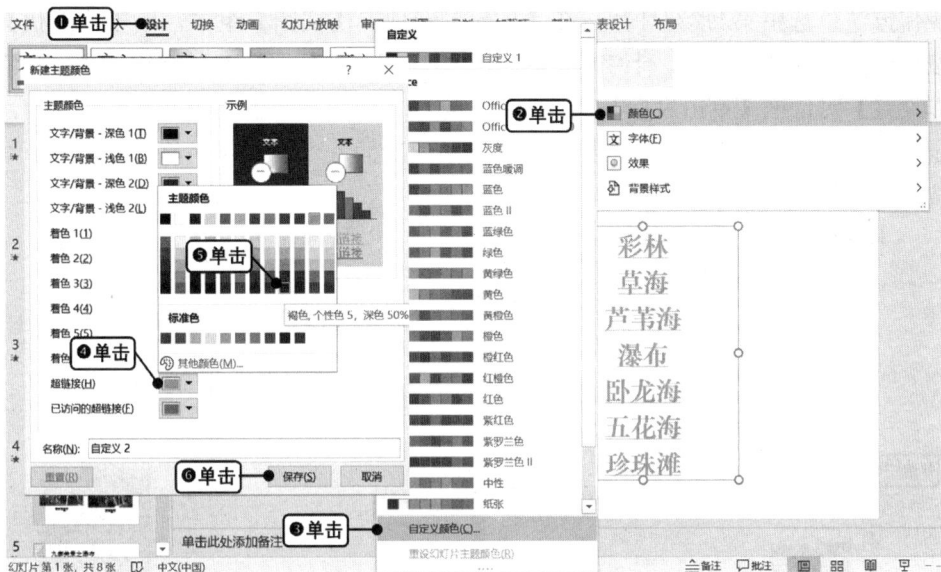

图4-4-12　设置超链接主题颜色

2. 动作

在PowerPoint中，动作是可以为幻灯片中的元素(如文本框、图片、形状等)设置交互式效果，允许用户在演示时通过点击或鼠标悬停来触发特定的操作，如链接到幻灯片、运行宏、运行程序等。

1) 插入预设动作按钮

在PowerPoint中，动作按钮是一种预设的图形按钮，可以用来触发特定的动作，如跳转到另一张幻灯片、运行宏、打开文件等。这些按钮具有内置的交互功能，使得演示文稿更加动态和友好。

【实操体验】在"九寨.pptx"中，为第1张幻灯片添加动作按钮"前进""转到结尾"，为第2至7张添加动作按钮"转到开头""后退""前进""转到结尾"，为第8张幻灯片添加动作按钮"转到开头""后退"，这些动作按钮都位于幻灯片左下角水平排列，效果如图4-4-13所示。

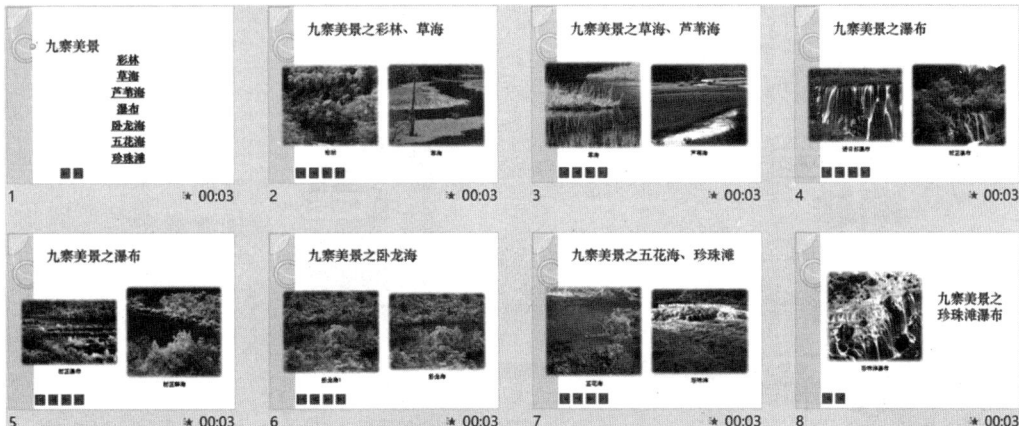

图4-4-13　插入动作按钮效果

操作方法：选中第2张幻灯片，在【插入】选项卡【插图】组中，单击【形状】选择动作按钮中的"转到开头"，十字形光标移至幻灯片左下角，拖动鼠标绘制动作按钮，在【操作设置】对话框【单击鼠标】选项卡中，选择【超链接到】"第一张幻灯片"，单击【确定】按钮，如图4-4-14所示。相同操作方法依次插入"后退""前进""转到结尾"动作按钮。其他幻灯片动作按钮可以进行复制。

图4-4-14　插入动作按钮

2) 为元素添加动作

【实操体验】在"九寨.pptx"中，为第8张幻灯片的文本添加动作，单击文本显示"珍珠滩瀑布.docx"。

操作方法：选中第8张幻灯片的文本，在【插入】选项卡【链接】组中单击【动作】，在【操作设置】对话框的【单击鼠标】选项卡中，选择【超链接到】"其他文件"(见图4-4-15)，在【超链接到其他文件】对话框中选择"素材"文件夹中的"珍珠滩瀑布.docx"，单击【确定】按钮。

图4-4-15　为元素添加动作

4.4.4　放映演示文稿

1. 放映设置

默认情况下，演示文稿会按照幻灯片的编号顺序逐页播放，用户可以根据演示文稿使用的场景和对象自定义演示文稿放映效果，包括自定义放映方案、排练计时、设置放映类型等。

1）自定义放映方案

【实操体验】在"九寨.pptx"中，自定义放映方案"奇数页放映"，播放第1、3、5、7幻灯片。

操作方法：在【幻灯片放映】选项卡【开始放映幻灯片】组中，单击【自定义幻灯片放映】→【自定义放映】，在【自定义放映】对话框中，单击【新建】按钮，如图4-4-16所示；在【定义自定义放映】对话框中输入幻灯片放映名称"奇数页放映"，在幻灯片列表中勾选奇数页，单击【添加】按钮，单击【确定】按钮，如图4-4-17所示。

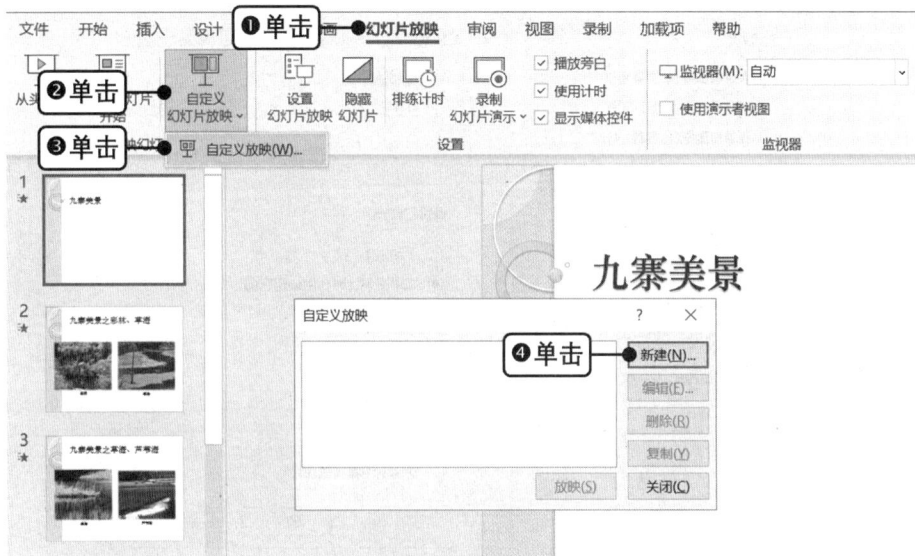

图4-4-16　自定义幻灯片放映(1)

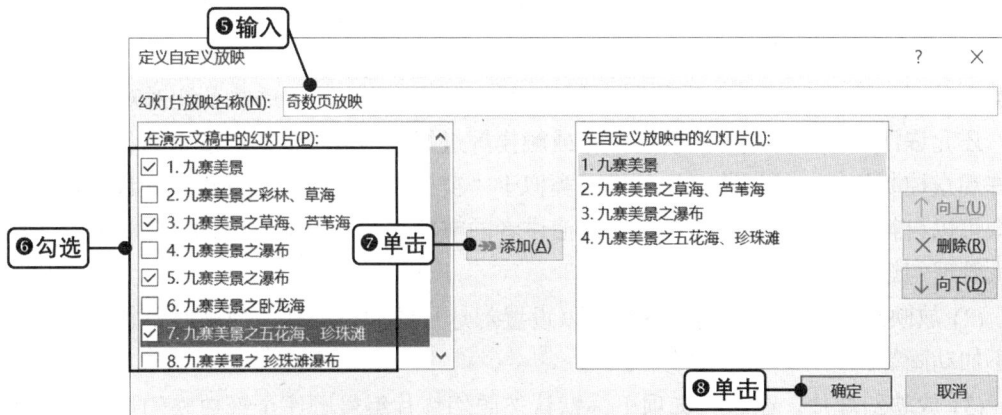

图4-4-17　自定义幻灯片放映(2)

2) 排练计时

排练计时这一功能可以帮助演讲者在正式演讲时更好地控制时间。

(1) 自定义排练计时。在【幻灯片放映】选项卡【设置】组中，单击【排练计时】，进入幻灯片放映计时状态，通过排练计时浮动窗格中的命令控制幻灯片的放映节奏，单击关闭按钮可结束计时。排练计时后，默认按照排练计时放映幻灯片。在【设置】组中取消勾选"计时"，即可手动放映幻灯片。

(2) 删除排练计时。在【幻灯片放映】选项卡【设置】组中，单击【录制幻灯片演示】，选择【清除】中【清除所有幻灯片中的计时】，即可删除排练计时这一功能。

3) 设置放映类型

在【幻灯片放映】选项卡【设置】组中，单击【设置幻灯片放映】，在【设置放映方式】对话框中设置放映类型、放映选项、放映幻灯片、推进幻灯片、多监视器等放映效果，如图4-4-18所示。

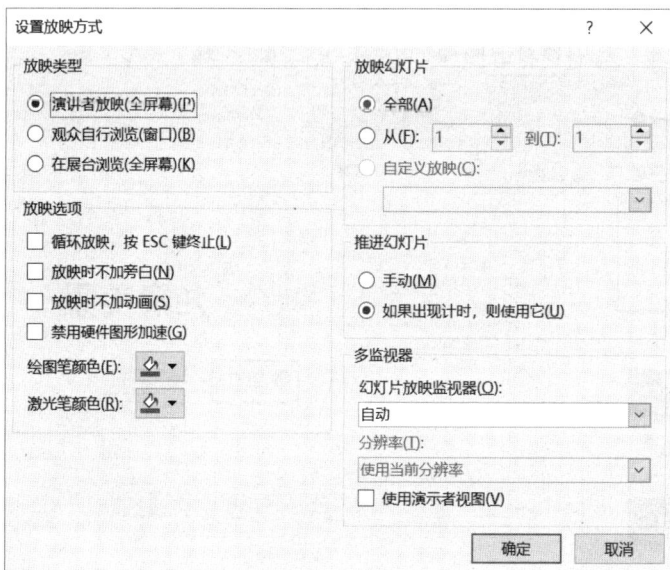

图4-4-18　设置放映方式

(1) 放映类型。放映类型包括"演讲者放映""观众自行浏览"和"在展台浏览"三种。"演讲者放映"模式是一种专为演讲者设计的视图，它提供了比标准全屏放映更多的功能和信息，如显示演讲者为每张幻灯片添加的备注或笔记，这些备注对观众是不可见的，还允许演讲者在幻灯片上使用鼠标或触摸屏进行书写或标注。"观众自行浏览"模式允许观众控制幻灯片的浏览，这种模式类似于"窗口模式"，但通常用于会议或展览中，观众可以自行查看幻灯片，而不是按照演讲者的节奏进行。"在展台浏览"模式通常用于无人管理幻灯片放映的场合。

(2) 放映选项。在这一选项下，可以设置幻灯片的循环放映、放映时不加旁白、放映时不加动画等。

(3) 放映幻灯片。在这一选项下，默认按照幻灯片编号顺序全部放映幻灯片，也可以设置幻灯片编号范围或选择已经定义好的自定义放映方案放映幻灯片。

(4) 推进幻灯片。在这一选项下，有手动和排练计时放映幻灯片两种方式。

(5) 多监视器。在多监视器环境下进行幻灯片放映时，演讲者可以在一个监视器上查看备注和控制幻灯片，而观众在另一个监视器上可看到演示内容，这样的设置有助于提升演讲的互动性和专业性。

2. 开始放映

在【幻灯片放映】选项卡【开始放映幻灯片】组中，单击【从头放映】或者按【F5】键，将从第1张幻灯片开始放映；单击【从当前幻灯片开始】或者按【Shift+F5】组合键，将从当前幻灯片开始放映；单击【自定义幻灯片放映】，选择已经定义好的放映方案，按照放映方案放映幻灯片。

3. 打包演示文稿

将演示文稿及其所有相关文件(如链接的文件、音频、视频等)打包成一个单独的压缩文件，即为打包演示文稿。这一功能便于内容的分发，也确保了跨设备播放时的内容完整性。

【实操体验】将"九寨.pptx"打包成"九寨"，保存至"实操体验"文件夹中。

操作方法：在【文件】菜单中单击【导出】→【将演示文稿打包成CD】→【打包成CD】按钮，在【打包成CD】对话框中，将CD命名为输入"九寨"，单击【复制到文件夹】按钮，在【复制到文件夹】对话框中，位置选择"实操体验"，单击【确定】按钮，如图4-4-19所示。

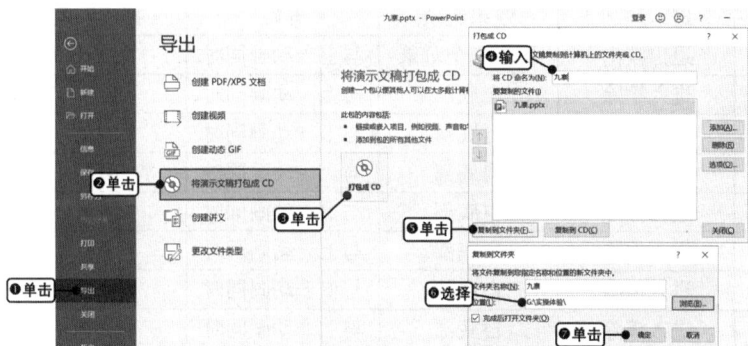

图4-4-19　演示文稿打包成CD

⚙ 实训

知识训练

(1) 在PowerPoint中，动画的类型都有哪些？

(2) 设置动画和切换的对象分别是什么？

(3) 放映幻灯片的推进方式是什么？

能力训练

【案例4-4】按照操作要求，创建"幼儿字母教学课件.pptx"演示文稿。效果样张如

图4-4-20所示。

图4-4-20 案例4-4效果样张

操作要求：

(1) 创建空白演示文稿"幼儿字母教学课件.pptx"，保存至"实操体验"文件夹中。

(2) 第1张幻灯片版式设置为"空白"，插入"素材"文件夹中"字母歌.mp3"，开始为"与上一动画同时"，设置放映时隐藏；插入艺术字"小朋友们让我们一起欣赏字母歌"，插入"素材\字母"文件夹中"A.png"-"Z.png"图片，如图4-4-19中第1张幻灯片所示，调整艺术字、图片大小和位置；设置艺术字、图片动画效果，如表4-1所示。

表4-1 案例4-4第1张幻灯片图片动画效果选项

对象	进入动画	效果选项	开始	持续时间	延迟
艺术字	退出淡出	作为一个对象	与上一动画同时	3.75	5
A.png	进入擦除	自底部	与上一动画同时	0.5	8
B.png	进入擦除	自底部	与上一动画同时	0.5	8.4
C.png	进入擦除	自底部	与上一动画同时	0.5	8.75
D.png	进入擦除	自底部	与上一动画同时	0.5	9.2
E.png	进入擦除	自底部	与上一动画同时	0.5	9.6
F.png	进入擦除	自底部	与上一动画同时	0.5	10
G.png	进入擦除	自底部	与上一动画同时	0.5	10.4
H.png	进入飞入	自底部	与上一动画同时	0.5	11.2
I.png	进入飞入	自底部	与上一动画同时	0.5	11.6
J.png	进入飞入	自底部	与上一动画同时	0.5	12
K.png	进入飞入	自底部	与上一动画同时	0.5	12.4
L.png	进入飞入	自底部	与上一动画同时	0.5	12.9
M.png	进入飞入	自底部	与上一动画同时	0.5	13.3
N.png	进入飞入	自底部	与上一动画同时	0.5	13.8
O.png	进入飞入	自左侧	与上一动画同时	0.5	14.6
P.png	进入飞入	自左侧	与上一动画同时	0.5	15
Q.png	进入飞入	自左侧	与上一动画同时	0.5	15.4
R.png	进入飞入	自顶部	与上一动画同时	0.5	16.25
S.png	进入飞入	自右侧	与上一动画同时	0.5	16.6
T.png	进入飞入	自右侧	与上一动画同时	0.5	17

（续表）

对象	进入动画	效果选项	开始	持续时间	延迟
U.png	进入飞入	自右侧	与上一动画同时	0.5	17.4
V.png	进入浮入	上浮	与上一动画同时	1	18.25
W.png	进入浮入	上浮	与上一动画同时	1	19.1
X.png	进入浮入	上浮	与上一动画同时	1	20
Y.png	进入浮入	上浮	与上一动画同时	1	20.4
Z.png	进入浮入	上浮	与上一动画同时	1	20.8

（3）新建第2张幻灯片，"空白"版式，设置"素材"文件夹中"南瓜2.jpeg"图片为背景，插入艺术字"A-G""H-N""O-U"和"V-Z"，其位置和大小如图4-4-19中第2张幻灯片所示。

（4）依次新建第3~6张幻灯片，版式为"空白"，每张幻灯片插入"素材\字母"文件夹中的字母名称的图片和音频，音频设置单击同字母图片触发播放、放映时隐藏，图片大小和位置、音频位置如图4-4-19中第3~6张幻灯片所示。

扫描二维码，阅读《案例4-4操作方法》

（5）新建第7张幻灯片，设置"素材"文件夹中"南瓜1.jpeg"为背景，插入艺术字"小朋友们学会了吗？"，艺术字样式和位置如图4-4-19中第7张幻灯片所示。

（6）超链接设置。第2张幻灯片为艺术字插入超链接，链接到对应的字母幻灯片上；第3~6张幻灯片插入"素材"文件夹中"南瓜3.png"图片，为图片插入超链接，链接到第2张幻灯片。

（7）放映幻灯片，查看放映效果。

（8）保存演示文稿。

素质训练

根据"学习中国功勋人物事迹"演示文稿的演示需求，设计元素动画和幻灯片切换效果，并进行放映演示。

小资料

扫描二维码，阅读《PowerPoint2021高级功能介绍》

项目小结

PowerPoint是实现用户在教育、商务和宣传中的演示需求的工具。利用PowerPoint，用户可以创建出既专业又具有吸引力的演示文稿。PowerPoint提供从制作到演示的全流程支持，用户通过创建、编辑、展示和分享包含文本、图表、图片、视频和动画效果的文件，实现跨平台传播与交互式展示。

扫码做题

项目5 新一代信息技术

项目描述

● 随着信息技术的迅猛发展，大数据、云计算、区块链和人工智能已逐渐成为推动社会、经济和技术进步的关键力量。党的二十大报告中提出"加快新一代信息技术全方位全链条普及应用，发展工业互联网，打造具有国际竞争力的数字产业集群"。大数据作为信息的基石，提供了深入洞察和决策支持；云计算以其强大的计算和存储能力，实现了资源的优化配置；区块链确保了数据的安全性和可追溯性；人工智能则通过模拟人类智能，为各行各业带来了革命性的改变。然而，这些技术的融合与应用仍面临诸多挑战。本项目旨在综合运用这些新一代信息技术，探索其在不同领域的创新应用，并解决相关问题。本项目包括4个任务，分别为大数据、云计算、区块链与人工智能。

项目目标

● 知识目标：掌握大数据、云计算、区块链和人工智能的基本概念、特征和发展历程；了解这些技术的原理、架构和实现方式；熟悉其各自的应用领域及未来发展趋势。

● 能力目标：能够根据具体任务需求选取合适的技术工具进行大数据的采集、预处理、存储、分析与可视化；能够构建和优化云计算平台，实现资源的有效管理；能够应用区块链技术解决数据安全性和可追溯性问题；能够研发和运用人工智能算法解决实际问题。

● 素养目标：培养以数据为基础的决策思维，提高分析和解决问题的能力；树立信息安全意识，尊重数据隐私和安全性；培养创新意识和团队协作能力，推动新一代信息技术的融合发展。

任务5.1 大数据

引导案例：数据启航探索大数据奥秘

小张是一名市场营销专业的在校大学生，对消费者行为和数据分析有着浓厚的兴趣。在一次市场调研课中，他注意到不同消费者在电商平台上的搜索结果和推荐商品存在明显差异。这引起了他的好奇心，认为是大数据分析在发挥作用。为了深入探究这一问题，小张决定组建一个团队，结合市场营销专业知识和大数据技术，开展一项关于大数据在市场营销中应用的研究。

根据案例回答下列问题：

(1) 什么是大数据？

(2) 大数据有什么特征？

(3) 大数据的关键技术有哪些？

案例技能点分析：

(1) 了解大数据定义、特征。

(2) 确定大数据开发的过程分为哪几步。

(3) 确定使用哪一种大数据分析平台完成项目。

相关知识

5.1.1 大数据概述

1. 大数据的定义

大数据是指在合理时间内无法通过常规软件工具进行捕捉、管理和处理的庞大数据集。作为一种具有海量规模、高增长率和多样化特征的信息资产，它需要借助新型处理模式才能实现更强的决策支持能力、深度洞察能力和流程优化能力。

2. 大数据的特征

与传统数据相比较，大数据具有以下几个特征。

(1) 体量巨大(volume)。传感器、物联网、工业互联网、车联网、手机、平板电脑等不断产生和积累数据，导致数据量从TB(1TB=1024GB)级别跃升到PB(1PB=1024TB)级别，甚至达到EB(1EB=1024PB)或ZB(1ZB=1024EB)级别。

(2) 类型繁多(variety)。数据类型不仅包括传统的结构化数据，如数字、符号等，还包含大量的半结构化和非结构化数据，如电子邮件、图片、文本、视频、音频、位置信息、链接信息、手机呼叫信息和网络日志等。

(3) 价值密度低(value)。在庞大、多样且快速生成的数据中，有价值的信息相对稀缺，且夹杂着大量冗余、噪声和低质量数据，提取难度大，需经深度分析才能发掘其价值。

(4) 处理速度快(velocity)。大数据技术能够利用高效算法和先进计算架构，在极短时间内对海量数据进行快速采集、处理和分析，实现实时或近实时的信息反馈和价值提取。

(5) 真实性(veracity)。通过海量、多源的数据交叉验证和先进处理技术，能够准确反映和逼近客观现实，确保信息的高度可信与准确。

3. 大数据的发展历程

1) 萌芽期(1980—2008年)

1980年，未来学家阿尔文·托夫勒在其著作《第三次浪潮》中首次提出"大数据"一词，尽管这一词语在当时并未引起广泛关注。20世纪80年代，Oracle和IBM的DB2等关系型数据库管理系统开始商用，银行使用DB2管理客户账户信息，实现了数据的集中化和规范化管理；1990年，Tim Berners-Lee发明了万维网，电子商务网站eBay和Amazon开始积累大量的用户交易数据，为后来的大数据分析奠定了基础；20世纪90年代，数据挖掘技术开始应用于商业领域，零售商通过分析销售数据来优化库存和制定营销策略。

2) 成长期(2009—2012年)

2009年，Yahoo推出了Hadoop平台，用于处理海量数据，Facebook使用Hadoop分析用户行为数据，以改进推荐算法和广告投放；2010年左右，NoSQL数据库如MongoDB和Cassandra开始受到关注，Twitter采用Cassandra来处理高速增长的用户推文数据；Amazon的EC2等云计算服务为大数据处理提供了灵活的计算资源，Netflix利用AWS云服务来存储和分析其庞大的用户观影数据。

3) 爆发期(2013—2015年)

2013年被称为"大数据元年"，Spark作为一种更快的大数据处理框架出现，百度使用Spark进行实时广告点击流分析，提高了广告投放的精准度；金融机构开始利用大数据进行风险控制和欺诈检测，摩根大通使用大数据分析来识别潜在的信用卡欺诈行为；Tableau和Power BI等数据可视化工具帮助企业更好地理解和利用大数据，可口可乐使用这些工具来分析市场趋势和消费者行为。2015年，中国政府发布了《促进大数据发展行动纲要》，推动大数据技术和应用的创新突破。

4) 大规模应用期(2016年至今)

大数据为人工智能提供了丰富的训练数据，谷歌的AlphaGo利用大量围棋棋谱进行数据训练，击败了人类顶尖棋手；新加坡的智慧交通系统通过分析交通流量数据来优化信号灯控制，减少拥堵；GE使用大数据分析飞机发动机的传感器数据，实现预测性维护，降低维修成本；IBM的Watson健康平台分析医疗记录和科研文献，为医生提供诊断和治疗建议。2016年，贵州获批建设首个国家级大数据试验区；中国城市大数据产业发展联盟成立；中国首台龙芯大数据一体机研制成功。2017年，《大数据产业发展规划(2016—2020年)》实施；2019年，大数据流式处理技术如Apache Flink取得了飞速发展；国内数据总量从2013年的0.8ZB增长到2023年的32.85ZB，中国成为全球数据增长最快的国家；云计算市场规模从2013年的1174亿元增长到2023年的6165亿元，阿里云、腾讯云和华为云等企业在技术创新和市场扩张方面持续发力；5G网络的全面覆盖和技术突破，我国在大数据领域取得了显著成就，为数字经济的持续发展奠定了坚实基础，并深刻影响了社会各领域的发展。

5.1.2 大数据的关键技术

当人们谈到大数据时，往往并非仅指数据本身，而是数据和大数据技术两者的综合。

1. 大数据技术

大数据技术是指用于处理、分析和解释大规模数据集的一系列技术和工具。大数据技术涵盖了从数据采集、存储、处理到分析和可视化的整个数据生命周期。

2. 大数据开发的工作流程

大数据开发工作流程涉及从数据采集到可视化的多个步骤，如图5-1-1所示。

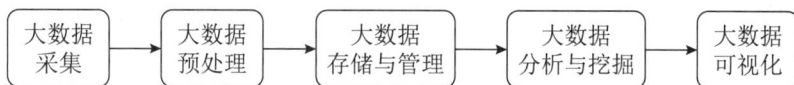

大数据采集 → 大数据预处理 → 大数据存储与管理 → 大数据分析与挖掘 → 大数据可视化

图5-1-1　大数据开发的步骤

1) 大数据采集

(1) 大数据采集的定义。大数据采集是指利用各种技术手段和工具，从多样化的数据源中获取大规模、复杂结构的数据集的过程。大数据采集是大数据生命周期中的起点，为后续的数据存储、处理、分析和应用提供原始数据。

(2) 数据来源。大数据采集的数据来源是广泛而多样的，具体分类与描述如表5-1-1所示，但这些分类并不是互斥的，很多数据源可能同时属于多个分类。此外，随着技术的发展和应用的深入，还可能出现新的数据来源。

表5-1-1　大数据采集的数据来源情况

数据来源	分类	描述
互联网数据	社交媒体数据	来自微博、微信、Twitter等社交平台的数据，包括用户发布的内容、互动数据等
	网页数据	通过爬虫技术从各类网站抓取的网页内容，如新闻、博客、论坛帖子等
	电商数据	来自电子商务平台的数据，包括商品信息、交易记录、用户评价等
	搜索引擎数据	用户在搜索引擎上的查询记录和搜索结果数据
企业内部数据	业务系统数据	来自企业内部的ERP、CRM、OA等业务系统的数据，如销售记录、客户信息、库存数据等
	日志数据	服务器日志、应用日志、安全日志等，记录了系统、应用的运行情况和用户行为
	数据库数据	企业内部数据库中存储的结构化数据，如关系型数据库和NoSQL数据库中的数据
物理世界数据	传感器数据	来自各种传感器的数据，如温度、湿度、压力等环境监测数据
	设备数据	来自工业设备、智能设备等的运行数据和维护记录
	地理位置数据	来自GPS、北斗等定位系统的地理位置数据
开放数据	政府开放数据	政府机构发布的公共数据，如人口统计、经济数据、政策法规等
	科研数据	科研机构发布的实验数据、研究成果等
	公共数据集	公开可用的数据集，如Kaggle、UCI等平台上的数据集
第三方数据	市场调研数据	来自市场调研机构的数据，如消费者行为分析、市场趋势预测等
	金融数据	来自金融机构的数据，如股票交易数据、信贷记录等
	广告数据	来自广告平台的数据，如广告点击率、用户画像等

(续表)

数据来源	分类	描述
多媒体数据	图像数据	来自摄像头、扫描仪等的图像和照片数据
	视频数据	来自视频监控、在线视频平台等的视频数据
	音频数据	来自麦克风、录音设备等的音频数据

(3) 数据采集技术。因大数据采集的数据来源不同，采集所使用的技术与工具也各不相同，具体如表5-1-2所示。当然在实际的数据采集中，也要根据需求和环境进行选择和配置采集技术，以实现高效、准确地采集大数据。随着技术的发展，新的数据采集技术与工具将不断涌现，为大数据处理提供更多的可能性。

表5-1-2　大数据采集技术与工具表

数据来源	数据采集技术	数据采集工具
互联网数据	网络爬虫	Scrapy、BeautifulSoup、Selenium
	API调用	cURL、Postman
	Web数据提取	Octoparse、ParseHub
	实时数据流采集	Apache Kafka、Apache Flume
企业内部数据	数据库连接	JDBC、ODBC
	SQL查询	SQLBuddy、SQLBrite
	数据库复制	Apache Sqoop、GoldGate
	ETL过程	Talend、Informatica、Apache NiFi
物理世界数据	物联网通信协议	物联网平台：AWS IoT、Azure IoT Hub
	数据边缘处理	Apache Edgent、EdgeX Foundry
	实时数据传输	MQTT、CoAP
开放数据	开放数据平台访问	Data.gov、OpenDataSoft
	数据格式转换	CSVKit、PyPDF2
	数据下载	Wget、curl
第三方数据	第三方数据服务API	Google Maps API、Twitter API
	数据交换协议	EDI(电子数据交换)软件
	数据购买	数据市场平台：DataMarket、Factual
多媒体数据	图像识别	OpenCV、TensorFlow
	视频分析	OpenCV、FFmpeg
	音频处理	Audacity、Python的speechrecognition库

2) 大数据预处理

大数据预处理是在数据分析和挖掘之前对原始数据进行一系列的处理，以提高数据的质量和可用性。预处理的目的是消除噪声、填补缺失值、纠正不一致性，并减少数据的复杂度，从而提高后续数据分析的效率和准确性。大数据预处理的步骤通常包括数据清洗、数据集成、数据规约、数据变换。

(1) 数据清洗。数据清洗旨在识别和纠正数据集中的错误，确保数据的质量和准确。数据清洗的具体操作包括识别与处理缺失值、异常值检测与处理、识别与删除重复数据、识别与纠正不一致性、统一数据格式、识别与修正错误数据、验证数据准确性等。

(2) 数据集成。数据集成是将来自不同数据源的数据合并到一个统一视图中的过程，以形成统一格式、质量可靠的数据集。数据集成的方法主要有联邦数据库、数据仓库和数据虚拟化。

• 联邦数据库在逻辑上被视为一个整体，但其物理上仍然是分散的，用户可以像访问单个数据库一样访问这些分布式数据库。

• 数据仓库从多个源系统中提取数据，这些数据经过清洗、转换和集成后，存储在一个中央仓库中，供用户进行查询和分析。

• 数据虚拟化通过创建一个虚拟层来统一访问多个异构数据源，而不需要实际移动或复制数据。

(3) 数据规约。数据规约是在尽可能保持数据原有效信息的基础上，通过减少数据量来提高数据分析和处理的效率，降低存储成本的过程。数据规约主要包括维度规约、数量规约和数据压缩。

• 维度规约旨在减少数据集的属性(或特征)数量，从而降低数据的复杂性。具体方法有特征选择、主成分分析(principal component analysis，PCA)、线性判别分析(linear discriminant analysis，LDA)、自编码器。

• 数量规约旨在减少数据集中的数据点数量，同时保留数据的整体分布和特性。具体方法有采样(随机采样、分层采样、聚类采样)、数据聚合、历史数据归档。

• 数据压缩旨在减少数据的存储空间，可以通过有损压缩或无损压缩来实现。常用的有损压缩方法有小波变换、离散余弦变换(discrete cosine transform，DCT)；无损压缩方法有Huffman编码、LZW编码、游程编码。

(4) 数据变换。数据变换是将原始数据转换成适合数据分析的格式或结构的过程，其目的是提高数据的质量、减少噪声、突出重要信息，以及使数据更适合特定的分析模型或算法。常用的数据变换方式有数据规范化、连续值离散化、数据汇总与聚集等。

• 数据规范化是将数据按比例缩放，使之落在一个特定的区间内，以消除不同量纲之间的影响，常见方法有最小-最大规范化、Z-score规范化、小数定标规范化。

• 连续值离散化是将连续的数值属性转换为离散的区间或类别，以便于某些分析方法的处理，常见方法有等宽离散化、等频离散化、基于聚类分析的离散化。

• 数据汇总与聚集是将多个数据点合并为一个总结性的数据点，以减少数据的复杂性，常见方法有统计汇总、分组聚集、时间序列聚集、空间聚集。

3) 大数据存储与管理

大数据存储与管理是指对海量数据进行有效存储、组织、维护和访问的过程，以满足数据的高效处理和分析需求。大数据存储与管理利用分布式文件系统、数据仓库、关系数据库、NoSQL数据库和云数据等，实现对结构化数据、半结构化数据和非结构化数据的存储及管理，具体技术如表5-1-3所示。

表5-1-3 大数据存储与管理的技术

大数据存储与管理的技术	具体描述
分布式文件系统	如Hadoop的HDFS，通过将数据分布存储在多个节点上，实现海量数据的存储和高效访问
数据仓库	用于存储经过清洗、整合的结构化数据，支持复杂的数据分析和查询
关系数据库	如MySQL、Oracle等，适用于存储结构化数据，支持SQL查询
NoSQL数据库	如MongoDB、Cassandra等，适用于存储半结构化数据和非结构化数据，具有高可扩展性和灵活性
云数据	利用云计算平台，如Amazon S3、Google Cloud Storage等，提供可扩展的存储服务

4) 大数据分析与挖掘

(1) 大数据分析。大数据分析是指对规模巨大的数据进行分析，以提取有用信息和形成结论为目的，对数据加以详细研究和概括总结的过程。大数据分析的方法主要有以下几类。

• 描述性分析：对数据进行基本的统计和描述，如计算均值、方差、频率等，以了解数据的基本特征。

• 诊断性分析：分析数据中的异常点、趋势变化等，以找出问题的原因。

• 预测性分析：利用历史数据建立模型，对未来的趋势进行预测。

• 指导性分析：在预测的基础上，提供具体的行动建议。

(2) 大数据挖掘。大数据挖掘是从大量的、不完全的、有噪声的、模糊的、随机的数据中，通过统计学、人工智能、机器学习等方法，提取隐含在其中的、人们事先不知道的，但又是潜在有用的信息和知识的过程。数据挖掘的常用算法有很多，它们可以应用于不同的数据挖掘任务，如分类、聚类、关联规则挖掘、序列模式挖掘等。常见的数据挖掘算法如表5-1-4所示。

表5-1-4 常见的数据挖掘算法

类别	算法
分类	决策树(decision trees)、朴素贝叶斯(naive bayes)、逻辑回归(logistic regression)、支持向量机(SVM)、随机森林(random forest)、梯度提升机(GBM)
聚类	K均值(K-means)、层次聚类(hierarchical clustering)、DBSCAN、谱聚类(spectral clustering)
关联规则挖掘	Apriori、FP-Growth
序列模式挖掘	GSP(generalized sequential patterns)、PrefixSpan
回归分析	线性回归、岭回归(ridge regression)、Lasso回归
其他	主成分分析(PCA)、神经网络、协同过滤

5) 大数据可视化

大数据可视化是指将大规模、复杂的数据集通过图形、图表、地图、动画等多种视觉形式进行表达和分析的过程。大数据可视化利用人类视觉系统对图形信息的强大处理能力，帮助用户更容易理解数据中的模式、趋势、关系和异常，从而支持决策制定、知识发现和故事叙述。

Excel是一款入门级工具，它提供了丰富的数据分析和可视化功能，如图表、透视表和条件格式等，特别适合中小型数据集的快速分析和展示；Python的某些库(如Plotly、Bokeh、Pyecharts)具有专业大数据可视化工具的特点和功能，其他库(如Matplotlib、Seaborn)虽然在数据可视化领域也非常重要，但更适合数据探索、快速原型设计或简单展示，而不是专业的大数据可视化工具。对于大规模、复杂的大数据项目，可能需要考虑使用更专业的工具。常用的大数据可视化工具如表5-1-5所示。

表5-1-5　常用的大数据可视化工具

工具名	具体描述
Tableau	一款企业级的数据可视化工具，支持多种数据源，能够快速创建交互式图表和仪表板
Power BI	微软推出的一款商业智能工具，提供数据整合、分析和可视化功能，适用于创建报告和仪表板
QIANKUN	一款国内的大数据可视化平台，提供数据采集、处理、存储、分析和可视化等一系列功能
D3.js (Data-Driven Documents)	一个JavaScript库，用于在网页上创建动态、交互式的数据可视化
ECharts	一个使用JavaScript实现的开源可视化库，能够运行在PC和移动设备上，兼容多种浏览器
Highcharts	一个基于JavaScript的图表库，支持多种图表类型，包括线图、柱状图、饼图等
Gephi	一个开源的网络分析软件，用于探索、分析和可视化网络图和网络结构
Plotly	一个基于Web的图表库，支持多种编程语言，可以创建交互式图表和仪表板
DataV	阿里云推出的一款数据可视化工具，提供丰富的图表模板和自定义功能
Looker	一个商业智能平台，提供数据探索、分析和可视化功能，支持SQL查询和实时数据更新

5.1.3　大数据分析处理平台

大数据处理平台是用于存储、管理和分析大规模数据集的软件和硬件基础设施。这些平台通常具备分布式计算能力，可以处理PB级甚至EB级的数据。常用的大数据处理平台主要有以下几种。

1. Hadoop

Hadoop是一个开源的大数据处理框架，由Apache软件基金会维护。它由多个组件构成，其核心组件为HDFS(hadoop distributed file system)和MapReduce。

(1) HDFS是一个分布式文件系统，用于存储大规模数据集，具有高容错性和高吞吐量的特点。

(2) MapReduce是一个编程模型，用于处理和生成大数据集。它将复杂的计算任务分解为可以并行处理的简单任务。

Hadoop适用于批处理任务，广泛应用于日志分析、数据挖掘和大规模数据集的存储和处理。

2. Apache Spark

Apache Spark 是一个开源的大规模数据处理框架，它提供了比 Hadoop 更快的处理速度和更丰富的功能。Apache Spark 支持内存计算，适用于实时数据处理和批处理任务。它由Spark Core、Spark SQL、Spark Streaming、MLlib和GraphX等多个组件构成。

(1) Spark Core提供了分布式数据集的编程抽象，支持多种数据源和数据处理任务。

(2) Spark SQL用于处理结构化和半结构化数据，提供了一个类似于 SQL 的查询接口。

(3) Spark Streaming用于处理实时数据流，可以与 Kafka 等消息队列集成。

(4) MLlib是一个机器学习库，提供了多种算法和工具，用于大规模数据的机器学习任务。

(5) GraphX用于图形计算和图形数据处理。

Apache Spark 适用于需要高速处理和复杂分析的场景，如实时数据分析、机器学习和图形计算。

3. Apache Flink

Apache Flink 是一个开源的流处理框架，提供了高效、可靠和可扩展的处理能力。Apache Flink 支持流处理和批处理任务，具有低延迟和高吞叶量的特点。它由DataStream API、Table API和Flink ML等多个组件构成。

(1) DataStream API用于处理无界和有界的数据流，支持事件时间和处理时间的语义。

(2) Table API提供了类似于 SQL 的查询接口，用于处理结构化数据。

(3) Flink ML是一个机器学习库，提供了多种算法和工具，用于大规模数据的机器学习任务。

Apache Flink 适用于需要实时处理和复杂事件处理的场景，如金融交易监控、物联网数据分析和实时推荐系统。

4. Kafka

Apache Kafka 是一个分布式流处理平台，主要用于构建实时数据管道和流处理应用程序。Apache Kafka 具有高吞吐量、可扩展性和容错性的特点，广泛应用于日志收集、实时监控和数据分析。它由Producer、Broker和Consumer等多个组件构成。

(1) Producer负责将数据发送到 Kafka 集群。

(2) Broker是Kafka 集群中的服务器，负责存储和处理数据。

(3) Consumer负责从 Kafka 集群中读取数据。

Apache Kafka 适用于需要高可靠性和高吞吐量的实时数据处理场景，如实时日志分析、消息传递和事件源架构。

5. Apache Storm

Apache Storm 是一个开源的分布式实时计算系统，适用于处理流数据。Apache Storm 提供了低延迟和高可靠性的处理能力，可以与 Hadoop 和 Spark 集成。Apache Storm由Topology、Spout和Bolt等多个组件构成。

(1) Topology是Storm 中的计算任务，由多个 Spout 和 Bolt 组成。

(2) Spout负责从外部数据源读取数据，发送到 Bolt。

(3) Bolt负责处理数据，执行计算任务。

Apache Storm 适用于需要实时处理和快速响应的场景，如实时数据分析、实时推荐和实时监控系统。

5.1.4 大数据的应用场景与发展趋势

1. 大数据的应用场景

大数据在商业、金融、医疗、城市、工业和教育等多个领域发挥重要作用，如市场分析、风险控制、疾病预测、交通管理、设备维护和个性化学习等。大数据通过深入分析海量数据，为企业决策、公共服务优化和个性化服务提供有力支持，推动各行业创新和效率提升。

(1) 商业智能：通过分析消费者行为、市场趋势和竞争对手情况，帮助企业制定更有效的营销策略；利用大数据分析客户需求、偏好和反馈，提供个性化的产品和服务，增强客户忠诚度。

(2) 金融科技：通过大数据分析借款人的信用历史、消费行为等，评估信用风险，预防欺诈；利用大数据和机器学习算法分析市场数据，实现自动化交易策略。

(3) 医疗健康：通过分析患者的健康数据、病史和生活方式，预测疾病风险，实现早期干预；基于大数据分析，为患者提供个性化的治疗方案。

(4) 智慧城市：通过分析交通流量、车辆行驶数据等，优化交通信号控制，减少拥堵；利用大数据分析监控视频、社交媒体等数据，预防犯罪，提高应急响应能力。

(5) 工业互联网：通过分析设备运行数据，预测设备故障，实现提前维护，减少停机时间；利用大数据分析供应链各环节的数据，优化库存管理，降低成本。

(6) 教育领域：通过分析学生的学习习惯、成绩等数据，提供个性化的学习资源和教学方案；利用大数据分析教育资源配置、教学质量等，提高教育管理效率。

2. 大数据的发展趋势

(1) 数据量持续增长：随着物联网、社交媒体等技术的普及，数据量将呈现爆炸式增长。

(2) 实时数据分析：对实时数据的处理和分析需求将越来越迫切，推动实时大数据技术的发展。

(3) 人工智能与大数据融合：人工智能技术将更多地应用于大数据分析，提高数据挖掘和预测的准确性。

(4) 数据隐私与安全：随着数据隐私法规的完善，数据安全和隐私保护将成为大数据发展的重要关注点。

(5) 跨领域数据融合：不同领域的数据将实现更多融合，产生新的价值和洞察。

(6) 边缘计算与大数据：边缘计算将推动大数据处理向边缘设备延伸，提高数据处理效率和实时性。

(7) 数据治理与标准化：数据治理将越来越受到重视，数据标准化和质量管理将成为大数据发展的重要基础。

(8) 大数据与云计算、区块链融合：大数据将与云计算、区块链等技术深度融合，形成更强大的数据管理和分析能力。

5.1.5 大数据的安全与风险

1. 常见安全问题和风险

(1) 安全问题。大数据在数据存储、数据隔离和数据访问三个方面均面临严峻安全挑战。在存储方面，需应对容量与性能瓶颈、数据丢失与损坏风险、泄露与非法访问威胁，以及备份与恢复困难；在隔离方面，多租户环境下的数据隔离、分类与分级、动态调整策略及隔离技术局限性等问题突出；在访问方面，复杂访问控制、身份认证与授权漏洞、日志管理困难及权限滥用风险交织。这些安全问题要求我们要综合技术、管理和法律手段，构建坚实的大数据安全防护体系。

(2) 风险。大数据风险涵盖多个层面，包括信息泄露、传输安全隐患和存储管理风险。信息泄露可能导致个人隐私和商业机密外泄，传输过程中的攻击和干扰威胁数据完整性和保密性，而存储管理中的设备故障、软件漏洞和策略缺失则影响数据的安全、可用性和可靠性。这些风险相互交织，对大数据的应用和发展构成严峻挑战，亟需综合应对措施来保障数据安全。

2. 大数据安全防护的基本方法

为了全面保障大数据安全，我们需要从三个方面实施基本防护。首先，建立大数据信息外部环境安全机制，包括物理环境安全、网络环境安全、访问控制机制和安全审计与监控，以构建一道坚固的安全防线；其次，对大数据文件系统应用强化安全防护技术手段，如数据加密、文件系统权限管理、数据完整性校验以及备份与恢复，确保数据在存储和传输过程中的安全性和可靠性；最后，着重解决大数据云计算数据安全问题，通过云平台安全加固、虚拟化安全、数据隔离、云服务安全审计以及多云和混合云策略，有效应对云计算环境中的特定安全挑战。这三方面的综合措施构成了一个多层次、全方位的大数据安全防护体系。

3. 自觉遵守和维护相关法律法规

自觉遵守和维护大数据相关法律法规对于保护个人隐私、维护数据安全、促进公平竞争、保障社会秩序以及推动大数据行业的健康发展至关重要。这些法律法规为大数据的应用提供了明确的法律框架和标准，确保了数据在各环节的合法、合规处理。我国已经颁布的大数据相关法律法规主要有以下几部。

(1)《中华人民共和国网络安全法》(2017年6月1日施行)，规定了网络运营者的数据安全保护义务，明确了个人信息的保护要求。

(2)《中华人民共和国数据安全法》(2021年9月1日施行)，确立了数据分类分级管理、数据安全风险评估、数据安全应急处置等制度。

(3)《中华人民共和国个人信息保护法》(2021年11月1日施行)，专门针对个人信息保护，规定了个人信息的收集、使用、处理、存储、传输等各个环节的保护要求。

(4)《关键信息基础设施安全保护条例》(2021年9月1日施行)，针对关键信息基础设施的安全保护，涉及大数据中心、云计算平台等。

(5)《网络安全审查办法》(2022年2月15日施行)，规定了网络安全审查的范围、程序和要求，涉及大数据产品和服务的安全审查。

(6)《数据出境安全评估办法》(2022年9月1日施行)，针对数据出境的安全评估，规定了评估流程、标准和要求。

⊛ 实训

知识训练

(1) 举例说明大数据采集的数据来源。

(2) 为什么要进行大数据的预处理？

(3) 大数据存储与管理的技术有哪些？

(4) 列举常用的数据挖掘算法。

(5) 简述大数据的应用场景与发展趋势。

能力训练

【案例5-1】智慧酒店管理——大数据提升宾客体验

小王是一名酒店管理专业的大学生，目前在一家酒店工作。在实习过程中，他发现该酒店的管理效率存在一定问题。为了更好地满足宾客多样化的需求，提升服务品质，小王决定利用大数据技术来分析宾客行为，优化服务策略，提高酒店管理效率。

请思考并设计满足小王需求的项目实施步骤和解决方案。

素质训练

使用"文心一言""Kimi"等AI大模型，以"中国在大数据领域的成就"为关键字搜索相关资料，并选取自我感触深刻的两个成就进行记录，从中学习科学家对科学技术探索的执着钻研精神，科学研究团队的协作精神；了解科技进步对国家综合实力的提升作用以及科技创新、科技强国的重要性；感受科学家、科学研究团队的爱国情怀。

小资料

扫描二维码，阅读《大数据发展史上的有趣故事：啤酒与尿布》

任务5.2 云计算

引导案例：云端电商创新探索

小李是一名电子商务专业的大学生，自入学起便对电商平台的运营模式及其背后的技术创新抱有浓厚兴趣与热忱。某次参加"云计算在电子商务中的革新应用"专题研讨会时，演讲嘉宾生动阐述了云计算技术如何重构电商行业格局、提升数据处理能力、优化用户体验以及降低运营成本。这些前沿观点犹如一把钥匙开启了他对"云智融合"的深层探索。这次思想碰撞让小李深刻意识到，云计算与电商的跨界融合正在孕育未来商业的新范式。他决心从云计算的基础知识开始学习，深入挖掘云计算技术的潜力，探寻为电商领域带来更多可能性的方法。

根据案例回答下列问题：

(1) 什么是云计算？

(2) 云计算有什么特点？

(3) 云计算的服务模式主要分为哪几种？

案例技能点分析：

(1) 了解云计算的部署模式。

(2) 掌握分布式计算的原理。

(3) 理解云计算的关键技术。

相关知识

5.2.1 认识云计算

1. 云计算的基础知识

1) 云计算的概念

云计算是一种通过互联网提供计算资源、软件和数据存储服务的模式。在这种模式中，用户可以按需访问和使用这些资源，而不需自己购买、维护和管理大量的硬件和软件设施，如图5-2-1所示。云计算的核心思想是将大量的计算资源集中起来，通过虚拟化技术进行资源池化，然后以服务的形式提供给用户。

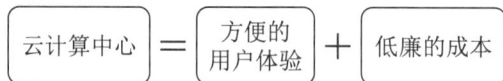

图5-2-1　云计算的概念图示

云计算概念的形成经历了互联网、万维网和云计算3个阶段。云计算可以理解为一种商业和技术结合的模式。从技术层面看，云计算利用了虚拟化、分布式计算、网络存储等多种先进技术，实现了计算资源的高效整合与灵活分配。从商业层面看，云计算则提供了一种全新的服务模式和商业模式，使得计算资源可以像水电一样按需使用、按量付费。

2) 云计算的特点

(1) 按需自助服务。用户可以根据需要自动获取计算能力，如服务器时间、网络存储等，不需要与服务提供商进行人工交互。

(2) 广泛的网络访问。服务通过互联网被提供，可以通过标准机制访问，并支持各种客户端设备。

(3) 资源池化。提供商将分散的计算资源集中管理，构建统一资源池，通过多租户架构为不同消费者提供服务。系统可根据用户需求，对物理资源和虚拟资源的配置参数进行动态调整与智能优化。

(4) 快速弹性。服务能力可以快速、弹性地被提供，有时甚至是自动提供，以适应需求的快速变化。而对于用户来说，可用的服务能力似乎是无限制的。

(5) 可度量的服务。云系统通过某种计量功能自动控制并优化资源的使用。资源的使用可以根据类型、消费量和用户进行透明的监控、控制和报告。

2. 云计算的应用行业与典型应用场景

云计算作为一种新兴的计算模式，已经在多个行业和领域得到了广泛应用。

1) 云计算的应用行业

(1) 在金融行业，大型银行通过云计算平台，实现了对海量数据的实时分析，从而快速响应市场变化，提高金融服务的效率。

(2) 在医疗行业，三甲医院通过云计算平台，实现了对患者病历、检验报告等数据的实时共享，提高了医疗资源利用效率，降低了医疗成本。

(3) 在制造业，企业通过云计算平台，实现了对生产线的实时监控和智能调度，提高了生产效率，降低了生产成本。

(4) 在教育行业，在线教育平台通过云计算平台，实现了对海量教学资源的在线共享，提高了教学效果，降低了教育成本。

(5) 在政务方面，政府机构利用云计算进行数据存储和分析，提升了公共服务效率，实现了政务信息化。

(6) 在电商行业，电商平台通过云计算处理海量交易数据，实现了实时库存管理和个性化推荐。

(7) 在交通行业，交通管理系统通过云计算分析实时交通数据，优化了交通流量，减少了拥堵。

(8) 在媒体和娱乐业，媒体公司利用云计算进行视频流式传输和实时转码，提升了内容分发效率。

2) 云计算的典型应用场景

(1) 数据备份与恢复。云计算提供了灵活的数据存储方案，可以将数据备份到云端，实现异地备份和容灾机制。

(2) 应用程序开发测试环境。云计算为开发人员提供了高效、可定制的开发测试环境，提高了开发效率和质量。

(3) 云游戏平台。云计算为游戏行业提供了高性能、高并发的游戏平台，降低了企业的运维成本，提升了用户的游戏体验。

(4) 虚拟桌面。云计算将多个用户的操作系统虚拟化在同一台物理服务器上，实现了跨平台办公和移动办公。

(5) 企业私有云。企业私有云帮助企业提升内部数据中心的运维水平，更好地控制了数据的安全性和隐私性。

(6) 云存储系统。云存储系统通过整合网络中多种存储设备，提供了灵活的存储、备份、复制和存档服务。

(7) 学术云。云计算为研究人员、大学教授和学生提供计算资源，使其能够方便快速地接入所需资源集群，服务于科研工作。

(8) 灾难恢复。云计算凭借分布式架构优势，已发展为灾难恢复领域的关键技术范式。通过自动化资源编排技术，可快速构建跨地域的灾备副本集群，实现分钟级故障切换能力，既满足严苛的RTO/RPO指标要求，又通过多活数据中心架构确保业务零中断运行。

3. 云计算的服务模式

1) 基础设施即服务(IaaS)

IaaS提供虚拟化的计算资源，如虚拟服务器、存储和网络。用户可以按需使用这些资源，并根据使用情况付费。用户不需要自行维护物理硬件，只需要关注操作系统的管理和应用程序的部署。IaaS适用于需要灵活扩展计算资源的企业，如启动新项目或应对突增流量。

2) 平台即服务(PaaS)

PaaS提供应用程序开发和部署的平台，包括操作系统、数据库、中间件等。用户可以在平台上开发、测试和部署应用程序，而不需要管理底层基础设施。PaaS简化了开发过程，提高了开发效率，适合开发团队使用，特别是需要快速迭代和部署应用的开发团队。

3) 软件即服务(SaaS)

SaaS提供软件应用程序，用户通过互联网使用这些应用程序，不需要安装和维护软件本身，不需要关心底层硬件和软件的维护。SaaS适用于需要快速部署和使用的应用，如客户关系管理(CRM)系统、电子邮件服务等。

4) 后端即服务(BaaS)

BaaS提供后端服务，如数据库管理、文件存储、身份验证等，使开发者可以专注于前端应用程序的开发。BaaS简化了后端服务的开发和管理，提高了开发效率，适用于移动应用和Web应用的开发，特别是需要快速实现后端服务的应用。

5) 函数即服务(FaaS)

FaaS提供无服务器计算，用户只需上传代码，不需要管理服务器，云平台会根据代码的执行需求自动分配资源。FaaS按代码执行时间付费，具有高度的可扩展性和灵活性，适用于事件驱动的应用，如数据处理、实时分析等。

4. 云计算的部署模式

1) 私有云(private cloud)

私有云是由单个组织独自使用的云计算环境，可以是组织内部部署的，也可以是由第三方托管的。私有云提供更高的安全性和控制力,适用于处理敏感数据或需要高度控制的环境,适用于大型企业、政府机构等需要高度数据安全和定制化服务的场合。

2) 公共云(public cloud)

公共云是由第三方服务提供商通过互联网向公众开放的云计算资源。公共云成本低廉、灵活、可扩展、高可用,用户按需付费使用即可。公共云适用于小型企业、初创公司和个人用户,以及需要灵活扩展资源的场景。

3) 混合云(hybrid cloud)

混合云结合了私有云和公共云的优点,允许数据和应用在私有云和公共云之间进行迁移。混合云提供更高的灵活性和可扩展性,同时保持对敏感数据的控制。混合云适用于需要灵活资源调度的企业,特别是那些有季节性或突发性资源需求波动的企业。

4) 社区云(community cloud)

社区云是由多个组织共享的云计算环境,这些组织通常有相似的需求和关注点。在社区云实现了成本和资源共享,适用于需要合作但又希望保持一定独立性的多个组织,如研究机构、非营利组织等。

5.2.2 云计算的技术架构

1. 分布式计算的原理

1) 分布式计算的概念

分布式计算是一种计算模式,它将一个大型的计算任务分解为多个小的、可管理的部分,然后将这些部分分配给网络中的多个计算节点并行处理。

2) 分布式计算系统

分布式计算系统是一种由多个独立计算节点组成的系统。这些节点通过计算机网络相互连接,共同协作,以解决单个节点难以处理的大型计算问题。在这类系统中,计算任务被分解为多个子任务,分配给不同的节点并行处理,最终将结果汇总,得到答案。分布式计算系统利用了并行性、可扩展性和容错性等特性,提高了计算效率和处理能力。分布式计算系统通常根据计算方式的不同,分为计算机集群系统和计算机网络系统。主流的分布式计算系统主要有Hadoop、Spark和Storm。Hadoop常用于离线的、复杂的大数据分析处理,Spark常用于离线的、快速的大数据分析处理,而Storm常用于在线的、实时的大数据分析处理。

2. 云计算技术架构的特点

1) 传统的IT部署架构

传统的IT部署架构通常是指在企业内部自行建设和维护的IT基础设施和服务。这种架构在云计算普及之前是主流的企业IT解决方案。传统IT部署架构存在的问题有以下几个:需要大量前期投资用于购买硬件和软件,以及持续的运维成本;硬件资源有限,扩展能力受到物理限制;需要专业IT团队进行管理和维护,复杂性较高。

2) 云计算模式部署架构

随着云计算技术的发展,许多企业开始转向云部署架构。云计算模式部署架构是一种基于互联网的计算模式，它提供了可扩展的、按需服务的IT资源。云计算模式部署架构的优势在于：按需获取资源，快速扩展或缩减规模；减少前期投资，按使用量付费；利用云提供商的冗余和灾难恢复能力提高服务的可靠性；快速部署新应用和服务，加速创新过程。

3. 云计算的关键技术

云计算的关键技术主要有网络技术、数据中心技术、虚拟化技术、分布式存储技术、云安全技术等。

1) 网络技术

网络是云计算的基础，提供了数据传输和通信的通道。高速、稳定的网络连接是确保云计算服务质量和性能的关键。

2) 数据中心技术

数据中心是云计算的物理基础，包括服务器、存储设备、网络设备等硬件设施。数据中心技术涉及高效能源管理、散热、容错、灾难恢复等方面。

3) 虚拟化技术

虚拟化是云计算的核心技术之一，它通过虚拟化软件将物理资源抽象成逻辑资源。虚拟化技术提高了资源利用率，实现了资源的动态分配和灵活管理。

4) 分布式存储技术

分布式存储技术将数据分散存储在多个节点上，提高了数据的可靠性和可扩展性。它能够支持大规模数据存储和处理，是云计算中数据管理的关键。

5) 云安全技术

云安全技术包括身份认证、访问控制、数据加密、防火墙等，旨在保护云计算环境中的数据和应用安全。随着云计算的普及，云安全变得越来越重要，是用户信任云计算服务的基础。

5.2.3 应用云计算的主流产品

1. Google云计算

Google Cloud Platform(GCP)是谷歌公司推出的全球领先公有云计算平台，提供高性能、可扩展、安全可靠的云计算服务。GCP涵盖计算、存储、数据库、网络、大数据分析、机器学习与人工智能等多个关键领域，其核心服务包括Google Compute Engine、Google Kubernetes Engine、Google App Engine和Google Cloud Storage等，支持灵活的资源部署和按需付费模式。GCP的全球基础设施确保低延迟和高可用性，以开放灵活的服务架构和成本效益高的解决方案著称，帮助企业实现数字化转型。同时，GCP提供强大的安全性和合规性保障，以及丰富的培训资源和认证课程，助力用户系统学习云计算技术和实现高效业务发展。无论是初创公司还是大型企业，GCP都能提供卓越的云计算服务，支持业务的快速发展和创新。

2. Amazon云计算

Amazon云计算，即Amazon Web Services (AWS)，是亚马逊公司推出的全球领先云计算服务平台，自2006年推出以来，以其技术创新、服务丰富、应用广泛而著称。AWS提供超过200项全功能服务，涵盖计算、存储、数据库、网络、数据分析、机器学习与人工智能等多个关键领域，支持灵活、可扩展的资源部署。AWS的全球基础设施覆盖多个区域和可用区，确保服务的高可用性和低延迟。AWS以按需付费模式提供成本效益高的解决方案，帮助初创公司、大型企业和政府机构实现业务敏捷性、创新加速和高效数字化转型。同时，AWS提供丰富的培训资源和认证课程，以及企业级支持服务，包括1对1定制解决方案和技术咨询，致力于为客户提供安全、合规、高效的云计算服务。

3. 阿里云计算

作为阿里巴巴集团旗下的全球领先云计算服务提供商，阿里云计算以强大的自主研发技术、高性能的计算与存储服务，以及安全可靠的数据保障体系著称。阿里云计算的产品线涵盖弹性计算、容器服务、多种数据库、网络服务以及大数据与AI解决方案，广泛应用于互联网、金融、制造和政府公共服务等多个行业。阿里云凭借全球布局的数据中心、完善的生态系统和创新驱动的研发实力，为企业提供全方位的云计算服务，支持其数字化、智能化转型，引领云计算行业的发展，助力企业共创美好未来。

4. 华为云计算

作为华为公司推出的综合性云计算服务品牌，华为云计算凭借在通信和信息技术领域的深厚积累，已成为全球领先的云服务提供商。华为云以技术领先、安全可靠、全球布局和全面服务为特点，提供包括高性能计算、大数据处理、人工智能、物联网等在内的先进云计算技术，以及云服务器、云存储、数据库、网络、安全、管理与监控等丰富的云服务产品。同时，华为云坚持开放合作，与合作伙伴共同打造生态系统，深入多个行业提供定制化解决方案，如金融云、政务云、医疗云等，助力企业实现数字化转型。此外，华为云注重创新驱动和可持续发展，通过鲲鹏处理器、升腾AI处理器等技术创新，以及绿色环保的能源管理，为企业、政府和社会带来更大的价值，成为企业数字化转型的首选合作伙伴。

⚙ 实训

知识训练

(1) 云计算的部署模式有哪些？

(2) 什么是分布式计算？

(3) 简述分布式计算系统。

(4) 列举应用云计算的主流产品。

(5) 云计算的应用行业和典型应用场景。

能力训练

【案例5-2】云端赋能机电运维——云计算优化设备管理效率

李明是一名机电工程专业的大学生，目前在一家大型制造企业的机电部门实习。在实习期间，李明注意到企业内的机电设备管理和维护工作存在效率低下、故障响应慢等问题，这直接影响到生产线的稳定运行和企业的整体运营效率。为了提升机电设备的运维效率，降低故障率，李明计划利用云计算技术构建一个智能运维平台，实现设备状态的实时监控、数据分析与预测性维护。

请思考并设计满足李明需求的项目实施步骤和解决方案。

素质训练

使用"文心一言""Kimi"等AI大模型，以"中国在云计算领域的成就"为关键字搜索相关资料，并选取自我感触深刻的2个成就进行记录，从中学习科学家对科学技术探索的执着钻研精神，科学研究团队的协作精神；了解科技进步对国家综合实力的提升作用以及科技创新、科技强国的重要性；感受科学家、科学研究团队的爱国情怀。

小资料

扫描二维码，阅读《云计算发展史上的有趣故事：Netflix与"猴子"的奇遇》

任务5.3 区块链

引导案例：区块链技术在会计领域的创新探索

小赵是会计专业的大学生，目前在一家会计师事务所实习。在一次事务所组织的内部培训活动中，小赵有幸聆听了一位资深会计师对区块链技术在会计行业中应用的深度剖析。这位会计师以生动的语言描绘了区块链技术如何彻底革新会计信息的记录、存储及验证流程，如何显著增强数据的透明度与安全性，以及区块链技术在削减欺诈风险与降低审计成本方面所展现的潜力。受此启发，小赵决定从区块链的基础知识开始学习，探寻为会计领域带来更多可能性的方法。

根据案例回答下列问题：

(1) 什么是区块链？

(2) 区块链的特性有哪些？

(3) 区块链的分类有哪些？

(4) 区块链的核心技术有哪些？

案例技能点分析：

(1) 了解公有链、联盟链和私有链。

(2) 掌握区块链的系统架构。

(3) 理解区块链的核心技术。

相关知识

5.3.1 认识区块链

1. 区块链的基础知识

1) 区块链的概念

区块链是一种分布式数据库技术，也被称为分布式账本技术。它通过一系列加密的区块来存储数据，这些区块按照时间顺序相连，形成了一个不可篡改的链条。每个区块都包含了一定数量的交易信息，以及一个指向前一个区块的哈希值，这样就将所有的区块连接起来，形成了一个连续的链条。

2) 区块链的发展历程

区块链的发展历程可以大致分为6个阶段，具体如表5-3-1所示。

表5-3-1　区块链的发展历程

发展阶段	具体描述
萌芽阶段(2008年以前)	在区块链技术出现之前，分布式计算、密码学、数字货币等领域的研究为其奠定了基础
起源阶段(2008—2009年)	2008年，中本聪(Satoshi Nakamoto)发布了比特币白皮书，提出了区块链技术的概念。2009年，比特币网络正式上线，区块链技术首次得到实际应用

发展阶段	具体描述
早期发展阶段(2010—2013年)	比特币逐渐获得关注,其他加密货币开始出现,如莱特币(litecoin),区块链技术开始引起技术社区和投资者的兴趣
快速发展阶段(2014—2016年)	以太坊(Ethereum)等区块链平台的出现,引入了智能合约的概念,扩展了区块链的应用范围,区块链技术开始被应用于金融、供应链、物联网等领域
创新探索阶段(2017—2019年)	ICOs (initial coin offerings) 的热潮推动了区块链项目的快速涌现,区块链技术开始与人工智能、大数据等技术融合,探索更多创新应用
成熟与整合阶段(2020年至今)	区块链技术逐渐成熟,企业级应用开始增多,如央行数字货币(CBDCs)、去中心化金融(DeFi)等;各国政府开始制定区块链相关的法律法规,推动行业的健康发展;区块链技术开始与实体经济深度融合,助力产业升级

2. 区块链的特性

区块链技术是一种分布式账本技术,它通过一系列技术手段实现了数据的去中心化存储、传输和验证。区块链具有去中心化、共识机制、可追溯性及高度信任4个主要特性。

1) 去中心化

去中心化意味着区块链网络中没有中心化的控制点,数据不是存储在单一的服务器或机构中,而是分布在整个网络的多个节点上。通过分布式账本技术,每个参与节点都拥有完整的账本副本,添加新数据需要网络中多个节点的共识。去中心化提高了系统的鲁棒性,减少了单点故障的风险,同时也增强了数据的安全性和隐私保护。

2) 共识机制

共识机制是区块链网络中所有节点就账本状态达成一致的过程。以比特币为例,系统要求参与者通过反复计算复杂数学题来竞争记账权,这种"算力比拼"虽耗能较大,却能确保网络安全性。另一些系统则根据用户持有数字货币的数量和时间来筛选记账人,持有数字货币越多、时间越长的用户越有可能获得验证资格。共识机制确保了区块链的不可篡改性,防止了双重支付等问题,维护了网络的稳定性和安全性。

3) 可追溯性

区块链上的每一笔交易都可以被追溯来源,因为每个区块都包含了前一个区块的哈希值,形成了一个连续的链。通过链式结构存储数据,每个区块都记录了交易的时间戳和顺序。可追溯性提高了数据的透明度,有助于审计和追踪资产流动,减少了欺诈和错误的可能性。

4) 高度信任

区块链通过设计原理和技术手段建立了高度信任的环境,不需要第三方机构来验证交易的真实性。结合去中心化、共识机制和加密技术,确保了数据的真实性和不可篡改性。高度信任降低了交易成本,加快了交易速度,同时也增强了参与者之间的信任关系。这些特性共同构成了区块链技术的核心价值,使其在金融、供应链、医疗、版权保护等多个领域具有广泛的应用前景。然而,区块链技术也存在一些挑战,如扩展性、能耗问题等。

3. 区块链的分类

根据网络范围和参与者的权限不同,区块链可分为公有链、联盟链和私有链3种。

1) 公有链(public blockchain)

公有链是任何人都可以参与的网络，没有任何限制，完全开放。在公有链中，任何节点都可以自由加入或退出网络，没有中心化的控制点；所有交易数据都是公开的，任何人都可以查看；通过共识机制(如工作量证明)来保证网络的安全性和数据的不可篡改性。比特币和以太坊是公有链的代表。公有链适用于需要高度去中心化和透明度的场景。

2) 联盟链(consortium blockchain)

联盟链是由多个组织共同维护的区块链，参与节点需要经过授权。在联盟链中，由多个预选的节点共同维护网络，这些节点通常属于不同的组织或机构；交易数据可以仅对联盟成员开放，对外部保持一定的保密性；参与节点需要经过授权，不是完全开放的。相对于公有链，联盟链的交易速度和效率通常更高，因为其节点数量较少。联盟链适用于多个组织之间的合作场景，如银行间结算、供应链管理等。Hyperledger和R3 Corda是联盟链的常见平台。

3) 私有链(private blockchain)

私有链是由单个组织或实体控制的区块链，参与节点由该组织内部决定。私有链由单个组织控制，参与节点由组织内部授权。在私有链中，交易数据不对外公开，只有授权的节点才可以访问。由于节点数量有限且受控，私有链的交易速度和效率通常是最高的。私有链适用于组织内部的数据管理和流程优化，如企业内部的财务管理、审计等。私有链通常用于企业内部或特定群体的应用场景，如企业的内部管理系统或数据库。

5.3.2　区块链的应用领域

区块链技术自2008年诞生以来，经历了多次重大演变，逐渐从最初的数字货币应用扩展到多个领域。目前，区块链的应用已延伸到物联网、智能制造、供应链管理、数字资产交易、企业金融等多个领域，将为云计算、大数据、移动互联网等新一代信息技术的发展带来新的机遇，有能力引发新一轮的技术创新和产业变革。

1. 金融领域

在金融领域，比特币、以太坊等加密货币逐渐被广泛接受，同时央行数字货币(CBDC)也在多个国家进行试点。区块链技术简化了跨境支付流程，显著减少了交易成本和时间。智能合约的引入实现了金融合约的自动执行，不仅提高了执行效率，还有效减少了违约风险。

2. 供应链领域

在供应链领域，区块链技术通过建立追溯系统记录产品从生产到交付的整个过程，显著提高了供应链的透明度。在物流管理方面，利用区块链技术实时更新货物状态并优化物流路线，有效减少了运输成本和时间。区块链还应用于库存管理，实现了实时库存监控和管理，进一步提升了供应链效率。

3. 政务领域

在政务领域，区块链技术被应用于身份认证，通过存储公民身份信息，提高了身份认证的安全性和便捷性。区块链投票系统的引入增强了选举的透明度和公正性，有效防止了舞弊行为。公共记录管理如土地登记、产权登记等也借助区块链技术，确保了记录的不可篡改性和可追溯性，提升了政府服务的效率和公信力。

4. 数字版权领域

在数字版权领域，区块链技术用于版权登记，能够永久记录版权信息，从而证明作品的原创性和所有权。通过区块链平台进行版权交易，可实现版权的快速转移和变现。区块链还助力版权保护，有效监测和防止版权侵权行为，切实保护创作者的合法权益。

5.3.3 区块链的核心技术

区块链的系统架构通常可分为6个层次，如图5-3-1所示。这些层次相互协作，共同构成了区块链技术的完整体系，确保了区块链的安全、高效、可扩展和广泛应用。

图5-3-1 区块链的系统架构

1. 数据层的核心技术

数据层是区块链的基础层，负责存储和管理所有交易数据，使用分布式账本技术，确保数据的安全、不可篡改和可追溯。在区块链的系统架构中，数据层是整个系统的基石，其核心技术主要包括以下几个方面。

1) 非对称加密算法

非对称加密算法使用一对密钥：公钥和私钥。公钥用于加密数据，私钥用于解密数据。在区块链中，公钥通常用于生成地址，而私钥用于签名交易，确保只有持有私钥的用户才能访问相关资产或执行操作。这种算法保证了数据在传输和存储过程中的安全性。

2) 哈希函数

哈希函数是一种将任意长度的数据映射为固定长度哈希值的函数。在区块链中，哈希函数用于确保数据的完整性。每个区块都包含一个哈希值，它是该区块所有交易数据的哈希结果。任何对区块数据的微小改动都会导致哈希值发生显著变化，从而使其容易被检测到。

3) 梅尔克(Merkle)树

梅尔克树是一种树形数据结构，用于高效地组织和验证大量数据。在区块链中，梅尔克树用于存储交易记录的哈希值。哈希值(梅尔克树的根)被存储在区块头中，用于快速验证特定交易是否包含在区块中，同时减少了数据验证所需的计算量。

4) 区块和链

区块是区块链中的基本数据单元，每个区块包含一系列交易记录、区块头和区块体。区块头包含区块版本、前一区块的哈希值、梅尔克树、时间戳、难度目标和随机数等信息。区块通过哈希值链接成链，形成区块链。这种结构保证了数据的连续性和不可篡改性。

5) 时间戳

时间戳是区块头的一部分，记录了区块生成的具体时间。时间戳用于证明交易发生的具体时刻，防止双重支付和确保交易的顺序性。同时，时间戳也为区块链提供了时间维度上的可追溯性。

6) 数字签名

数字签名是一种基于非对称加密算法的认证技术。在区块链中，数字签名用于验证交易的真实性和完整性。发送方使用私钥对交易进行签名，接收方使用发送方的公钥验证签名。如果签名验证成功，说明交易确实由持有私钥的发送方发起，且在传输过程中未被篡改。

2. 网络层的核心技术

网络层基于P2P网络，节点平等交互，包括全节点和轻量级节点。传播机制上，比特币经交易与区块广播及验证实现全网传播，以太坊用幽灵协议降低区块作废率。验证机制中，节点验证数据有效性，矿工节点校验交易并整合区块，其他节点确认新区块有效性后接入主链，保障系统稳定安全。

3. 共识层的核心技术

区块链共识层的核心技术确保了网络中所有节点对交易和区块的认可达成一致，从而维护了区块链的完整性和安全性，其核心技术主要包括以下几个方面。

1) 工作量证明算法(proof of work，PoW)

工作量证明是一种用于防止网络攻击的共识机制，最早在比特币中被采用。在PoW中，矿工需要解决复杂的数学难题，即通过不断试错来找到一个特定的哈希值。这个过程需要大量的计算资源，因此被称为"工作量证明"。第一个解决难题的矿工有权在区块链上添加一个新的区块，并得到一定的奖励(如比特币)。PoW的优点是能够有效防止双重支付和拒绝服务攻击；缺点是消耗大量能源，且确认交易时间较长。

2) 股权证明算法(proof of stake，PoS)

股权证明是一种替代工作量证明的共识机制，旨在减少能源消耗和提高交易效率。在PoS中，验证者和获得创建新区块的权利取决于他们持有的加密货币数量(股权)。持有更多股份的验证者更有可能被选中创建新区块，并获得相应的奖励。这减少了挖矿竞赛中的能源浪费。PoS的优点是能源效率高,减少了硬件需求;缺点是可能倾向于富有的验证者,导致网络中心化。

3) 股份授权证明算法(delegated proof of stake, DPoS)

股份授权证明是PoS的一种变种,旨在进一步提高共识机制的效率和去中心化程度。在DPoS中,持有加密货币的股东可以投票选举出一定数量的代表(见证人),由这些代表负责验证交易和创建新区块。代表的数量通常较少,这使得共识达成更快,交易处理速度更高。代表们轮流创建区块,并获得奖励。DPoS的优点是交易速度快,能源消耗低,且通过投票机制增强了去中心化;缺点是如果代表行为不端,可能会影响网络的安全性和稳定性。

4. 激励层的核心技术

激励层为维护区块链网络的节点提供激励,包括挖矿奖励、交易费用等机制,确保网络的自运行和自发展。区块链激励层的核心主要包括发行机制和激励机制,这两者共同确保了区块链网络的稳定运行和持续发展。

1) 发行机制

区块链的发行机制涵盖了初始发行、挖矿发行、通胀与通缩管理,以及分配机制等多个方面。初始发行通过创世区块和预挖确定初始货币供应;挖矿发行则借助工作量证明、权益证明等共识算法实现新币的逐步释放;通胀与通缩机制则用于调控货币供应量,以维持经济平衡;分配机制则确保新币公平分配给矿工、开发者及社区等各方,促进生态的健康发展。

2) 激励机制

区块链的激励机制包括交易手续费、挖矿奖励、权益激励、网络维护激励、开发者激励、社区激励及治理激励等多个层面。通过交易手续费和挖矿奖励直接激励矿工和验证者参与网络维护;权益激励鼓励持币者参与staking获取收益;网络维护激励和开发者激励分别保障了网络稳定和代码质量;社区激励和治理激励则激发了社区成员的参与热情,共同推动区块链项目的持续发展和完善。

5. 合约层的核心技术

合约层允许在区块链上运行智能合约。智能合约是自动执行、不可篡改的合约,为区块链应用提供灵活性和可编程性。合约层包含智能合约、虚拟机与编程语言。智能合约自动执行条款,靠共识保障透明高效。虚拟机如EVM提供隔离环境,确保跨节点一致执行。不同平台对虚拟机的选择存在差异化。编程语言如Solidity用于以太坊,简洁且结合紧密。区块链合约层,也称为智能合约层,是区块链技术的重要组成部分,它允许在区块链上执行自动化的、不要信任的合约。合约层的核心技术包括智能合约编程语言(如Solidity和Rust)、虚拟机(如Ethereum Virtual Machine)、编译器、合约标准(如ERC-20和ERC-721)、预言机、事件与日志、存储与访问模式、安全性与漏洞防护、互操作性、共识算法集成、隐私与匿名技术以及合约优化与性能提升等。这些技术共同构成了智能合约的编写、部署、执行和交互的基础,确保合约在区块链上的自动化、去中心化和安全运行,支持从去中心化金融到供应链管理等多种应用场景的实现。

6. 应用层的核心技术

应用层是构建在区块链技术基础之上的各种去中心化应用和服务，涵盖了金融应用、供应链管理、游戏、身份认证、社交媒体、预测市场、云存储等多个领域，通过智能合约和分布式账本实现数据的安全存储、透明传输和自动化执行。

◎ 实训

知识训练

(1) 区块链有哪些特性？
(2) 简述区块链的发展历程。
(3) 简述区块链的应用领域。
(4) 什么是非对称加密算法？
(5) 简述激励层的核心技术。

能力训练

【案例5-3】链动金融未来——区块链技术优化金融交易透明度与安全性

张伟是一名金融专业的大学生，目前在一家知名金融科技公司进行实习。在实习过程中，张伟深刻体会到传统金融交易系统中存在的信息不对称、交易透明度不足以及欺诈风险高等问题。这些问题不仅增加了交易成本，还严重损害了投资者信心，影响了金融市场的健康发展。为了改善这一现状，张伟决定探索区块链技术的应用，旨在构建一个更加透明、安全、高效的金融交易平台。

请思考并设计满足张伟需求的项目实施步骤和解决方案。

素质训练

使用"文心一言""Kimi"等AI大模型，以"中国在区块链领域的成就"为关键字搜索相关资料，并选取自我感触深刻的2个成就进行记录，从中学习科学家对科学技术探索的执着钻研精神，科学研究团队的协作精神；了解科技进步对国家综合实力的提升作用以及科技创新、科技强国的重要性；感受科学家、科学研究团队的爱国情怀。

小资料

扫描二维码，阅读《区块链发展史上的有趣故事：数字猫与以太坊》

任务5.4　人工智能

引导案例：人工智能技术在航海领域的创新探索

小张入职了一家航运企业，在一场新员工培训技术活动中，他聆听了一位资深航海专家关于人工智能技术在航海领域中应用的案例分享。这次培训仿佛为他打开了观察行业的全新维度，让他看见传统航海经验与尖端科技碰撞出的火花。培训结束后，小张决定从人工智能的基础知识开始学习，深入挖掘人工智能技术的潜力，探寻为航海领域带来更多可能性的方法。

根据案例回答下列问题：

(1) 什么是人工智能？

(2) 人工智能发展有哪几个层次？

(3) 人工智能常用核心技术有哪些？

(4) 什么是生成式人工智能？

案例技能点分析：

(1) 了解弱人工智能、强人工智能和超人工智能。

(2) 理解人工智能的核心技术。

(3) 掌握AIGC产业链各层。

相关知识

5.4.1　认识人工智能

1. 人工智能的基础知识

1) 人工智能的概念

人工智能(artificial intelligence，AI)是一门专注于研究、开发和模拟、延伸、扩展人类智能的理论、方法、技术及应用系统的科学技术。它融合了计算机科学、数学、逻辑学、认知科学、神经科学、哲学等多个学科的知识，旨在使机器能够执行通常需要人类智能才能完成的任务。

2) 人工智能发展的三个层次

人工智能的发展通常被划分为三个层次，这些层次代表了AI技术从基础到高级的不同发展阶段。首先是弱人工智能，是指低于人类智能水平的人工智能，它专注于特定任务，在其设计范围之外缺乏通用性，如无人超市管理系统、AlphaGo、无人驾驶系统、手机导航系统等；其次是强人工智能，是指和人类智能旗鼓相当的人工智能，它具备广泛的认知能力和自主意识，能够像人类一样理解和执行多种任务，尽管目前仍处于理论阶段；最后是超人工智能，它在所有领域都超越人类智能，具有自我改进和自我学习的能力，甚至可能形成自己的目标和价值观，尽管这仍属于科幻领域，但其潜在影响已引起广泛关注。这三个层次是人工智能从专用到通用，再到超越的演进过程。

3) 人工智能的基本特征

人工智能具备模拟人类智能的思维能力，能自主学习和适应环境，实现高效自动化任务执行，同时具备与人类自然交互的能力。随着技术发展，人工智能将展现更高的自主性、创造性及可扩展性，并在设计实现中注重可靠性与伦理安全性。

4) 人工智能的主要研究领域

人工智能的主要研究领域涵盖机器学习、自然语言处理、计算机视觉、机器人学、专家系统、智能代理、神经网络、深度学习、人机交互、知识表示与推理、规划与决策、多智能体系统以及伦理与法律等多个方面。这些领域相互交织，共同推动着人工智能技术的发展。

2. 人工智能发展简史

1) 人工智能的诞生(20世纪50年代)

人工智能的概念正式诞生于20世纪50年代，标志性事件是1956年的达特茅斯会议。此次会议聚集了众多科学家，他们共同探讨能否创造出可以思考的机器，以及如何实现机器的智能行为。会议确立了人工智能作为一门独立学科的地位，为后续的研究和发展奠定了基础。

2) 第一次浪潮，基于知识的专家系统(20世纪60—70年代)

人工智能的第一次浪潮以基于知识的专家系统为特征，主要发生在20世纪60—70年代。这一时期，研究者利用专家知识构建规则库，通过推理机进行问题求解。第一次浪潮的代表性成果包括DENDRAL化学分析系统和MYCIN医疗诊断系统等。然而，这一时期的研究也暴露出知识获取困难、推理能力有限以及难以处理不确定性和复杂性问题等局限性。

3) 第二次浪潮，机器学习与神经网络(20世纪80年代—90年代中期)

第二次浪潮标志着机器学习和神经网络的兴起，发生在20世纪80年代至90年代中期。研究者开始从数据中自动学习知识，利用神经网络模拟人脑功能。这一时期的研究取得了许多突破性进展，如决策树、支持向量机以及反向传播神经网络等。这些技术成功解决了某些特定领域的复杂问题，如手写体识别和语音识别等。

4) 第三次浪潮，深度学习与大数据(2006年至今)

第三次浪潮以深度学习和大数据为特征，始于2006年并持续至今。多层神经网络(深度学习)被广泛应用于从大数据中提取特征和知识。第三次浪潮的代表性成果包括卷积神经网络 (convolutional neural networks，CNN)、人工神经网络(artificial neural network, ANN)以及生成对抗网络(generative adversarial networks，GAN)等。这些技术在图像识别、自然语言处理、自动驾驶和智能家居等领域取得了显著成果，推动了人工智能的广泛应用和发展。未来，人工智能将与各行各业深度融合，实现全面智能化。

3. 人工智能应用领域

1) 工业领域

在工业领域，人工智能推动智能制造与工业4.0的发展，实现生产自动化、智能化，提升质量检测与控制效率，通过设备预测性维护减少停机时间，并优化供应链管理，实现智能化调度。

2) 农业领域

在农业领域，人工智能助力智能农业管理，提供精准种植建议，快速检测病虫害并给出防治建议，预测作物产量以指导销售策略，并实现精准施肥与灌溉，提高资源利用效率。

3) 医疗健康领域

在医疗健康领域，人工智能辅助疾病诊断与预测，加速智能药物研发，自动分析医疗影像提升诊断效率，并根据患者个性化数据提供治疗建议。

4) 金融科技领域

在金融科技领域，人工智能实现智能投顾，提供个性化投资建议，精准评估风险与信用评分，开发自动交易系统，提升交易效率，以及通过反欺诈检测保障金融安全。

5) 零售与电商领域

在零售与电商领域，人工智能通过智能推荐系统提升用户的个性化购物体验，优化库存管理，降低成本，部署客户服务机器人，提高服务效率，并引入虚拟试衣间，增强用户互动与满意度。

5.4.2 人工智能常用核心技术

1. 决策树

决策树是一种基于树结构的分类器，通过递归地将数据集分割成子集来构建模型。每个内部节点代表一个特征或属性，每个分支代表一个决策规则，而叶节点代表最终的结果或类别。决策树的学习过程包括特征选择、树构建和剪枝等步骤，旨在找到能够最好地分类训练数据的树结构。决策树具有直观、易于理解和解释的优点，但也容易出现过拟合，需要通过剪枝等技术来优化。

2. 贝叶斯分类器

贝叶斯分类器基于贝叶斯定理，通过计算给定特征条件下各个类别的后验概率来进行分类。典型的贝叶斯分类器是朴素贝叶斯分类器，它假设特征之间相互独立，从而简化了概率的计算。贝叶斯分类器在文本分类、垃圾邮件过滤等领域表现良好，因其计算简单、高效且在某些情况下非常有效。然而，其性能受到特征独立假设的影响，在实际应用中可能需要考虑特征之间的相关性。

3. 人工神经网络

人工神经网络(ANN)是一种模拟人脑神经元网络结构的计算模型，由大量相互连接的神经元(也称为节点)组成。每个神经元接收输入信号，通过激活函数处理后产生输出信号。ANN通过学习输入和输出之间的复杂映射关系来进行模式识别、分类和预测等任务。反向传播算法是ANN中常用的训练方法，通过最小化预测误差来调整神经元之间的连接权重。ANN具有强大的非线性建模能力，但需要大量数据进行训练，且容易陷入局部最优。

4. 卷积神经网络

卷积神经网络(CNN)是一种专门用于处理具有网格结构数据的深度学习模型。CNN通过卷积层、池化层和全连接层等层次结构来提取数据的空间特征。卷积层使用卷积核在输入数据上滑动，提取局部特征；池化层对特征进行下采样，降低数据维度并增加模型泛化能力；全连接层则用于将提取到的特征映射到最终的输出类别。CNN在图像识别、视频分析和自然语言处理等领域取得了显著成果，因其能够自动学习数据的层次化特征表示而受到广泛关注。

5.4.3 人工智能开发工具

1. 开发语言

常用的开发语言多种多样，包括Python、Java、C、R、JavaScript、Julia、Lisp、Scala、MATLAB和Go等。这些语言各具特色，如Python以其简洁和丰富的库支持在AI领域广受欢迎，Java在大型系统和企业级应用中表现突出，C语言则适用于高性能计算任务。其他语言如R语言在统计分析、JavaScript在Web端AI应用、Julia在数值分析、Lisp在早期AI研究、Scala在大数据处理、MATLAB在工程计算、Go在并发处理等方面也各有优势。选择合适的开发语言取决于项目需求、开发环境和团队技能。

2. 开发框架

常用的开发框架包括TensorFlow、PyTorch、Keras、Caffe、Microsoft CNTK、AutoGPT、LangChain和Spring AI Alibaba等。TensorFlow以其分布式训练和丰富的生态系统适用于各种深度学习应用；PyTorch以动态计算和用户友好的界面受到研究者和开发者的青睐；Keras则以其简单快速的原型设计能力而闻名；Caffe专注于计算机视觉任务；Microsoft CNTK支持多模态数据处理；AutoGPT和LangChain则适用于构建自主智能体和复杂AI系统；而Spring AI Alibaba为Java开发者提供了高效的AI应用开发解决方案。选择合适的开发框架取决于项目需求、开发环境和团队技能，这些框架共同推动了人工智能技术的快速发展和广泛应用。

3. 集成开发环境

常用的集成开发环境(integrated development environment，IDE)包括Cursor、Trae、Windsurf、Visual Studio和CLion等。Cursor基于VS Code提供智能代码补全和上下文感知聊天功能，适合日常编码和团队协作；Trae集成了主流AI模型，提供智能代码生成和聊天式项目构建，支持原生中文且完全免费；Windsurf通过深度上下文感知和多模型AI实现高效代码管理和实时协作；Visual Studio作为全能型IDE，支持多种语言和平台，适用于各种规模的项目；CLion专注于C/C开发，提供强大的代码分析和优化功能。这些IDE共同提升了人工智能开发的效率和质量，满足了不同开发需求和场景。

4. 开发平台

人工智能开发工具中的开发平台多种多样，包括字节跳动的Coze、腾讯AI开放平台、腾讯云TI平台、TensorFlow、PyTorch、Keras、Microsoft Cognitive Toolkit、Microsoft Azure AI、Google AI Platform、Amazon Web Services (AWS) AI和IBM Watson等。这些平台的特点不尽相同，如Coze提供无代码开发和丰富插件库，适用于快速构建聊天机器人；腾讯AI开放平台集成多项AI能力接口，覆盖语音、图像、自然语言处理等技术；腾讯云TI平台提供全栈式服务，涵盖数据获取到模型部署的全流程；TensorFlow和PyTorch作为主流深度学习框架，支持大规模数值计算和动态计算图；而Azure AI、Google AI Platform、AWS AI和IBM Watson等则提供全面的AI服务和工具，支持从数据预处理到模型训练和部署的完整工具链。这些平台共同为开发者提供了强大的支持和灵活的选择，推动了人工智能技术的广泛应用和创新发展。

5.4.4　生成式人工智能

1. 认识生成式人工智能

AI 是一种人工智能技术，专注于通过算法和模型自动生成新的、原创性的内容。这些内容可以包括文本、图像、音频、视频等多种形式。生成式人工智能(generative AI，GAI)利用深度学习、神经网络等先进技术，模仿人类的创造过程，从而产生出具有创意和实用价值的内容。而人工智能生成内容(AI generated content，AIGC)，是指通过人工智能技术，特别是生成式人工智能技术，自动创建的内容。这些内容可以是文章、新闻、音乐、艺术作品、设计图等。AIGC的核心是利用AI的生成能力，替代或辅助人类进行内容创作，提高内容生产的效率和质量。

GAI作为技术基础，提供了生成新内容的算法和模型；AIGC则是GAI技术的具体应用，展现了AI在创建文本、图像、音频和视频等内容的实际能力。两者相辅相成，共同推动了内容生成领域的创新和发展。

2. AIGC的发展历程

AIGC的发展经历了从萌芽到迅猛发展的完整历程，展现了人工智能技术的不断进步和巨大潜力。AIGC发展历程如表5-4-1所示。

表5-4-1　AIGC的发展历程

发展阶段	发展特点	代表性事件
萌芽阶段(20世纪50年代至90年代中期)	受限于计算能力和理论水平，早期的AIGC系统往往局限于特定领域，且性能有限	1950年，艾伦·图灵提出了图灵测试，作为判断机器是否具有智能的标准，为人工智能的发展提供了哲学基础
		1957年，第一支由计算机创作的音乐作品诞生
		1966年，约瑟夫·魏岑鲍姆开发了ELIZA，一个能够进行简单自然语言对话的计算机程序，其被认为是早期聊天机器人的代表
		20世纪80年代中期，IBM创造出能用语音控制的打字机，其能处理20000个英文单词
积淀阶段(20世纪90年代中期至21世纪10年代初期)	深度学习开始崭露头角，成为AIGC领域的重要突破点。AIGC的应用领域逐渐拓展，从简单的任务发展到更复杂的场景	1997年，IBM的深蓝战胜国际象棋世界冠军卡斯帕罗夫，展示了AI在复杂决策任务中的能力
		2007年，世界上第一部由人工智能创作的小说诞生，但该小说存在拼写错误、逻辑性不强、可读性不强等缺点
		2012年，微软展示了能够将英文语音转化为中文语音的全自动同声传译系统

(续表)

发展阶段	发展特点	代表性事件
迅猛发展阶段(21世纪10年代中期至今)	深度学习在多个领域取得突破性进展,推动AIGC技术迅猛发展，AIGC在各个领域得到广泛应用,深刻影响社会生活和工作方式	2014年,提出深度学习模型生成式对抗网络,广泛应用于图像生成、语音生成等场景
		2016年,谷歌的AlphaGo战胜围棋世界冠军李世石
		2017年,"小冰"推出世界上第一部完全由人工智能创作的诗集
		2018年,谷歌发布了BERT模型,大幅提升了自然语言处理(NLP)任务的性能
		2019年,DeepMind公司发布用以生成连续视频的DVD-GAN模型
		2020年,OpenAI发布的GPT-3模型,能够答题、写论文、生成代码、编曲、写小说
		2021年,OpenAI发布的DALL-E模型,能够根据文本描述生成图像
		2022年,Stability AI发布了一个开源的文本到图像生成模型——Stable Diffusion
		2022年11月,OpenAI发布了聊天机器人ChatGPT
		2023年,Anthropic发布的Claude系列模型,能够在遵循指示、解决推理问题和编写代码方面执行复杂任务
		2024年2月,OpenAI发布文生视频大模型Sora
		2024年12月,国产开源模型DeepSeek在多模态理解和复杂任务处理上的创新,进一步提升了AIGC的技术上限,成为全球关注的焦点

3. AIGC的产业格局

AIGC产业链分为基础算力层、大模型层、小模型层(或中间层)和应用层4个层次。

1) 基础算力层

基础算力层是AIGC产业链的基石,提供强大的计算能力和存储资源,支撑大模型训练和推理过程中的海量数据处理和复杂计算需求。基础算力层包括高性能计算机、云计算平台、数据中心等硬件设施,以及相应的软件和算法优化,确保算力的高效、稳定和可扩展。基础算力层作为数字世界的基石,汇聚着全球顶尖科技力量,如英伟达、英特尔、AMD、谷歌、亚马逊云服务、华为云、阿里云、腾讯云等。

2) 大模型层

大模型层是预训练的大模型层,如GPT、BERT、文心大模型、天工大模型等。这些模型通过海量数据学习,具备强大的语言理解、生成和推理能力,为上层应用提供通用的智能服务。大模型层需要大量的算力支持,同时涉及模型设计、训练、优化和部署等关键技术。

3) 小模型层(或中间层)

小模型层(或中间层)基于大模型进一步细化、定制和优化,形成针对特定领域或任务的中小型模型,如电商零售小模型、律法小模型、金融小模型、汽车小模型等。小模型层起到了承上启下的作用,既利用了大模型的通用能力,又满足了上层应用的多样化需求。

4) 应用层

应用层是面向个人用户的AIGC应用。从模态上看,应用层包括图像、音频、文本、视频等,如视频领域的Midjourney、音频领域的讯飞音乐、文本领域的文心一言、视频领域的影频科技等。应用层通过调用下层模型的能力,结合实际业务需求,开发出具有实用价值的AI应用,通过App、网页、小程序、聊天机器人等多种形态接入,如Kimi智能助手可通过微信小程序登录、文心一言支持网页直接登录,满足不同用户的使用习惯。

4. AIGC的典型模型

AIGC代表了人工智能技术从感知、理解世界到生成、创造世界的跃迁。这一技术的出现标志着人工智能从1.0时代进入2.0时代,即从单一功能的应用向通用人工智能阶段迈进。随着ChatGPT的成功,2023年全球各大科技公司纷纷推出自己的AIGC模型,"万模大战"正式开始,人工智能领域进入了一个新的竞争时代。AIGC典型模型如表5-4-2所示。

表5-4-2　AIGC典型模型

国内/国外	模型名称	简介
国内典型模型	文心大模型(百度)	功能:知识增强的NLP模型,具备理解、生成、逻辑、记忆四大能力 应用案例:百度知识图谱、百度文心大模型、跨模态内容智能生成等 登录方式:通过百度AI开放平台或文心大模型官网登录
	Kimi AI (Moonshot AI)	功能:自然语言处理、长文本处理、多语言对话支持 应用案例:文献管理、论文撰写、办公自动化等 登录方式:通过月之暗面科技有限公司官网登录
	星火大模型(科大讯飞)	功能:专注于语音识别和自然语言处理,具备语音识别、语义理解、文本生成等能力 应用案例:智能语音助手、智能翻译、智能客服等。 登录方式:通过科大讯飞开放平台登录
	百川智能	功能:多模态大模型,具备图文向量化、大词表目标检测、开放目标检测、多模态大语言模型等能力 应用案例:智能采编系统、AI面试评价系统等 登录方式:通过百川智能官网登录
	DeepSeek (深度求索)	功能:基于 Transformer 架构,具备强大的自然语言理解和生成能力,使用 Mixture-of-Experts (MoE) 架构、Multi-head Latent Attention (MLA) 和强化学习技术 应用案例:智能采编系统、AI面试评价系统、数学竞赛和代码生成任务 登录方式:通过DeepSeek官网或API接口登录

(续表)

国内/国外	模型名称	简介
国外典型模型	GPT系列 (OpenAI)	功能：大规模语言模型，具备文本生成、理解、翻译等多种能力 应用案例：文本生成、自动摘要、对话系统、代码生成等。 登录方式：通过OpenAI官网或API接口登录
	BERT (Google)	功能：基于Transformer的预训练语言表示模型，擅长自然语言理解任务 应用案例：搜索引擎优化、情感分析、问答系统等 登录方式：通过Google AI平台或API接口登录

5. 提示与提示工程

1) 提示(prompt)

提示(prompt)也称提示词或提示语，是用户向计算机程序或大语言模型传入的一个/组指令或一段文本，以引导其朝着用户的期望进行响应或行动。

在大模型时代，提示(prompt)一般指人类用于与大模型互动的文本，如问题、指令或闲聊，它是激发大模型潜力的钥匙，如图5-4所示。

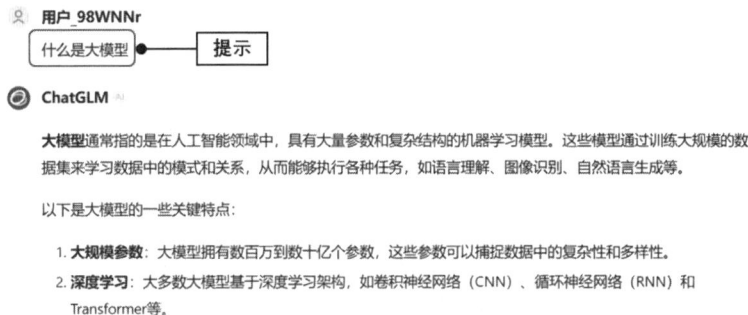

图5-4 提示图例

2) 提示工程(prompt engineering)

提示工程(prompt engineering)又称提示语工程，是指在广泛的各类应用及研究领域中，通过开发与优化提示词，从而让大模型输出预期结果的过程。简言之，即怎样写出好的提示词。

编写提示词有三个关键点：第一，明确自己的需求；第二，开发与优化提示词；第三，让大模型返回用户期望的结果。

依次向大模型输入以下三个提示，体会大模型输出内容的区别：

> 写一首关于大模型的诗。
> 写一首关于大模型的诗，要包含标题和正文。
> 写一首关于大模型的七言律诗，要包含标题和正文，正文共8句，注意严格遵守七言律诗的格式，并押韵。

6. 编写提示词的策略

编写提示词时，一是确保提示词清晰、简洁、具体，同时符合用户需求和场景特点；二是采用分层次、分阶段的方法，结合用户反馈持续优化，以提升提示词的准确性和有效性。编写提示词的策略有以下几个。

1) 编写清晰的提示

使用大模型时，通过清晰的提示逐步向大模型提问，没得到理想回复时多问几次，也可适当增加提问细节，反复确认。编写清晰提示的要点有以下几个。

(1) 让大模型扮演专家角色。

(2) 提供充分的背景或细节信息。

(3) 用分割符号区分不同的输入部分。

(4) 指定输出格式。

扫描右侧二维码，阅读《编写清晰的提示》，参考其中提示词，完成与大模型的交互。

2) 提供参考示例

(1) 零样本提示(zero-shot)。零样本提示(zero-shot)是提示工程中的一个重要概念，特别是在自然语言处理(natural language processing，NLP)和机器学习领域。它指的是在训练模型时，不直接提供特定任务或类别的示例，而是通过设计通用的提示来引导模型完成特定任务。零样本提示在多种NLP任务中都有应用，如文本分类、情感分析、问答系统、机器翻译等。例如，编写提示词时，将文本中隐含的情感分成中性、负面或正面。扫描右侧二维码，阅读《提供参考示例——零样本提示》，参考其中提示词，完成与大模型的交互。

(2) 少样本提示(few-shot)。少样本提示(few-shot prompting)是提示工程中的另一种重要方法，它介于零样本提示和传统监督学习之间。在少样本提示中，模型在执行任务前会接收少量示例(通常只有几个到几十个)，这些示例用于指导模型理解任务的要求和格式。少样本提示在多种NLP任务中都有应用，如文本分类、序列标注、问答系统等。例如，编写提示词时，根据文本中内容进行分类。扫描右侧二维码，阅读《提供参考示例——少样本提示》，参考其中提示词，完成与大模型的交互。

3) 让模型一步步思考

思维链(chain-of-thought，CoT)是一种提示工程技术，用于提高大型语言模型(如GPT系列)在复杂推理任务上的性能。通过在输入中显式地引导模型逐步思考问题，CoT可以模拟人类的推理过程，从而得到更为准确的结果。可通过示例或加入特定提示语让模型运用少样本提示和零样本思维链去解决复杂问题。

(1) 少样本提示(few-shot)思维链，即通过提供少量的示例(通常为几个到十几个)，并引导模型按照特定的思维链进行推理。这种思维链可以是问题分解、逐步推导、假设检验等。例如，使用提示词，从背景理解与问题定义出发，引导模型逐步思考问题，构建思维链与大模型交互。扫描右侧二维码，阅读《让模型一步步思考——少样本提示思维链》，参考其中提示词，完成与大模型的交互。

(2) 零样本提示(zero-shot)思维链。模型能够在没有特定任务训练的情况下，通过生成解释性的推理步骤来执行和解释新任务。例如，使用零样本提示思维链，设计一个现代简约的客厅。根据大模型回答反复修改提示词，与大模型进行交互得到理想的结果。扫描右侧二维码阅读，《让模型一步步思考——零样本提示思维链》，参考其中提示词，完成与大模型的交互。

4) 调用外部工具

大模型在自然语言处理和其他领域取得了显著成就，但它们也存在一些缺陷，例如，无法获取实时数据；对复杂的逻辑推理力有不逮；对强规则领域(数学、计算机程序等)的问题解决能力较弱且不稳定；等等。

这些问题可以通过模型本身解决，例如定期重新训练模型以包含最新数据；开发一个实时数据接入层，将实时信息整合到模型输入中；使用包含复杂逻辑推理任务的专门数据集进行训练等方法。用户也可以在实际使用中通过调用外部工具解决一部分，如调用搜索引擎、代码执行器、访问特定知识库等。但使用大模型的过程中我们也会发现，不同大模型对外部工具的集成情况不一，且各大模型都在快速发展中，而未来的功能可能随时发生变化。例如，调用搜索引擎获取当前某地空气质量指数；调用Python解释器计算"鸡兔同笼"问题等。扫描右侧二维码，阅读《调用外部工具》，参考其中提示词，完成与大模型的交互。

5) 将复杂任务分解成子任务

设计提示词时，将复杂任务分解成子任务是一个重要的策略。将复杂任务分解成子任务首先要确保大模型理解用户的意图和需求即要对齐双方沟通频道，再通过写大纲，针对每个部分逐个击破，最后进行总结收尾的策略，帮助大模型更好地理解和执行任务。例如，针对任务进行分解，引导模型逐步思考问题，与大模型进行交互，得到理想的结果。扫描右侧二维码，阅读《将复杂任务分解成子任务》，参考其中提示词，完成与大模型的交互。

6) 采用系统的提示框架

提示词框架是一种结构化的方法，用于构建和优化提示词(prompt)，以提高生成文本的质量、相关性和效率。这些框架通过明确不同的要素和环节，帮助用户更系统地思考和表达需求，从而获得更符合预期的结果。常见的提示词框架主要有ICIO框架、CRISPE框架、BROKE框架等，还有CREATE、TAG、RTF、ROSES、APE、RACE、TRACE等框架。这些框架可以根据具体需求和场景进行灵活应用和调整，帮助用户更有效地构建和优化提示词，从而获得更高质量、更符合预期的生成结果。例如"帮我制订一份健身计划，使用ICIO框架或CRISPE框架与大模型进行交互得到理想的结果"，便是系统的提示框架。扫描右侧二维码，阅读《采用系统的提示框架》，参考其中提示词，完成与大模型的交互。

7) 用结构化方式进行提示

结构化提示词是一种在自然语言处理领域中用来引导大模型生成特定格式文本的方法。它通过预先设定好的模板来约束模型的输出，使大模型按照特定结构和格式进行回答。这种方法可以帮助提高生成文本的质量和一致性，也可以减少模型出现错误或不恰当回答的可能性。

结构化提示词内容通常有框架、有层次，各层级内容以特定符号进行标记区分。例如"帮我制订一份健身计划，构建层次化ICIO框架提示词或结构化ICIO提示框架提示词与大模型进行交互得到理想的结果"，便是用结构化的方式进行提示的。扫描右侧二维码，阅读《用结构化方式进行提示》，参考其中提示词，完成与大模型的交互。

8) 自动生成提示词

大模型不仅能够根据提供的提示词生成用户所需的内容，还具备自动生成提示词的能力，从而进一步简化操作流程并提升用户体验。例如"编写一份《Python在财务中应用》的教案，参考前述编写提示词的原则与策略，通过大模型生成提示词，与大模型交互得到理想的结果"，便会自动生成提示词。扫描右侧二维码，阅读《自动生成Prompt》，参考其中提示词，完成与大模型的交互。

✿ 实训

知识训练

(1) 举例说明人工智能的主要研究领域。

(2) 简述人工智能发展简史。

(3) 列举人工智能常用核心技术与开发工具。

(4) 列举几个国内外AIGC模型典型代表。

(5) 简述编写提示词的原则与策略。

能力训练

【案例5-4】

小明刚入职一家高端私立眼科医院，他负责医院的电商运营。现在他需要向患者推广角膜塑形镜，要创作一篇电商文案。

请思考并尝试使用大模型辅助完成该电商文案。

素质训练

使用"文心一言""Kimi"等AI大模型，以"中国在人工智能领域的成就"为关键字搜索相关资料，并选取自我感触深刻的2个成就进行记录，从中学习科学家对科学技术探索的执着钻研精神，科学研究团队的协作精神；了解科技进步对国家综合实力的提升作用以及科技创新、科技强国的重要性；感受科学家、科学研究团队的爱国情怀。

小资料

扫描二维码，阅读《人工智能发展史上的有趣故事：自动驾驶与停车难题》

项目小结

　　新一代信息技术是以大数据、云计算、区块链、人工智能等为代表的新兴技术，它既是信息技术的纵向升级，也是信息技术之间及信息技术与相关产业的横向渗透整合。大数据技术能够高效处理海量数据，通过深入分析挖掘数据价值，为决策提供有力支持；云计算提供了灵活、可扩展的计算资源，实现了数据的高效存储和管理；区块链技术确保了数据的安全性和可追溯性，构建了可信赖的交易环境；人工智能则通过模拟人类智能，实现了自动化、智能化的数据处理和分析。这些技术相互融合，形成了强大的技术生态系统，提升了工作效率，推动了各行各业的创新和发展。

扫码做题